高等职业教育（本科）智能制造工程专业系列教材

智能制造导论

吴　拓　张友能　毛诗柱　编

机械工业出版社

本书是为高等职业院校机械类和近机械类各专业开设的“智能制造技术”相关课程而编写的。全书共7章，内容包括绪论、智能制造的标志性技术（含智能制造的基础技术、智能制造的支撑技术、智能制造的核心技术）、智能加工工艺（含智能加工概述、智能加工设备和加工工艺的智能优化）、智能制造生产管理（含智能制造生产管理新理念、ERP系统、MES和智能调度）、智能制造物流管理及其他智能管理（含SCM系统、CRM系统、人机交互工程、CPS和LP）、智能制造案例及智能制造的发展前景展望。本书内容丰富精炼、描述通俗易懂、知识链结构完整、导引效果突出。

本书可作为高等职业教育本科智能制造工程技术、机械电子工程技术和电气工程及自动化、智能控制技术等专业的教材，也可作为高等职业教育专科智能制造相关专业的教材，还可供智能制造企业中的工程技术人员参考阅读。

本书配有电子课件，凡使用本书作为授课教材的教师可登录机械工业出版社教育服务网（www. cmpedu. com），注册后下载。咨询电话：010-88379375。

图书在版编目（CIP）数据

智能制造导论 / 吴拓，张友能，毛诗柱编. -- 北京 ：机械工业出版社，2025. 3. --（高等职业教育（本科）智能制造工程专业系列教材）. -- ISBN 978-7-111-77472-3

Ⅰ. TH166

中国国家版本馆 CIP 数据核字第 20252C1F44 号

机械工业出版社（北京市百万庄大街22号 邮政编码100037）
策划编辑：薛 礼　　责任编辑：薛 礼 章承林
责任校对：曹若菲 李 婷　　封面设计：张 静
责任印制：单爱军
北京虎彩文化传播有限公司印刷
2025年4月第1版第1次印刷
184mm×260mm · 17印张 · 421千字
标准书号：ISBN 978-7-111-77472-3
定价：54.80元

电话服务
客服电话：010-88361066
010-88379833
010-68326294

网络服务
机 工 官 网：www. cmpbook. com
机 工 官 博：weibo. com/cmp1952
金 书 网：www. golden-book. com
机工教育服务网：www. cmpedu. com

前言

制造业是立国之本、兴国之器、强国之基，是国民经济的重要基础，各国政府均将其作为打造国家竞争能力和竞争优势的主要支撑之一，是国民经济可持续发展的战略基石。

随着以物联网、大数据和云计算为代表的新一代信息技术的快速发展，以及这些技术与先进制造技术的融合创新，全球兴起了以智能制造为代表的新一轮产业变革。当今世界正处于以数字化、网络化、智能化为特征的第四次工业革命的起点。当前，我国正面临全球制造业重新整合的挑战与机遇，抓住了智能制造，就抓住了工业化和信息化融合发展的命脉，就抓住了促进新质生产力发展的一个核心要素，就有望在新一轮制造业竞争中抢占制高点，从而能够有力地推动人类生态文明建设。新质生产力是创新起主导作用，摆脱传统经济增长方式、生产力发展路径，具有高科技、高效能、高质量特征，符合新发展理念的先进生产力质态。其特点是创新，关键在质优，本质是先进生产力。新质生产力是由技术革命性突破、生产要素创新性配置、产业深度转型升级而催生的当代先进生产力，它以劳动者、劳动资料、劳动对象及其优化组合的质变为基本内涵，以全要素生产率提升为核心标志 。

科技创新是发展新质生产力的核心要素，党的二十大报告提出，统筹推进国际科技创新中心、区域科技创新中心建设。科技要素在战略性新兴产业或未来产业发展中能发挥关键作用，是科学中心、技术中心和产业中心的融合，必须努力打造人工智能产业高地，充分发挥人工智能在创建新质生产力活动中的主导作用。

高素质的创新型人才是开展人工智能研究、支撑智能制造技术发展的第一资源。如何为我国制造业转型升级培养一大批高素质创新型专门人才，在这场技术变革乃至工业革命中履行新的使命和担当，是我国高等教育，尤其是高等工程职业教育的一项艰巨任务和神圣职责。我国智能制造工程领域人才的培养正在日益受到高度重视，凡是设有工科专业的高等院校，都在利用已有条件或正在努力创造条件开设智能制造相关课程，一些院校甚至增设了智能制造工程等相关专业，以期培养智能制造急需的高技术人才、高技能人才和高水平管理人才。

本书作为高等职业教育（本科）机械类和近机械类各专业学生学习智能制造技术的教材，旨在以工业 4.0 时代对智能制造的新概念、新内涵和新特征的认识为基础，力求全面系统地介绍智能制造的发展历史、技术基础、支撑技术和核心技术、推进和实施智能制造的原则和步骤等。智能制造是跨专业的，所涉及的知识与绝大多数工科专业有关；智能制造也是跨行业的，其核心技术不仅覆盖所有的制造行业，即便在某些非制造行业也能适用，因此，不管是教师、学生还是工程师，意欲全面地掌握智能制造相关的知识基本上是不可能的。为此，本书将着力点主要放在培养学生有关智能制造的理念、能力和思维方式上，引领学生边学习边思考，逐步树立“创新意识、效率意识、优化意识”。

为了更好地帮助学生认识、理解智能制造，编者将智能制造的相关知识组成一个较完整的知识链加以介绍。本书内容丰富精炼、描述通俗易懂、知识链结构完整、导引效果突出。

本书第 1、7 章由张友能编写，第 2、3、4 章由吴拓编写，第 5、6 章由毛诗杜编写，全书由吴拓统稿。

由于编者水平有限，书中难免有疏漏之处，恳请读者不吝批评指正。

编　者

目录

第1章

绪论

教学导航

【知识目标】

1. 熟悉机械制造业的发展历程，熟悉机械制造业发展阶段的划分方法。

2. 了解世界各国对智能制造研究的战略部署；了解我国的智能制造之路，熟悉我国发展智能制造的战略及其规划。

3. 重点掌握智能制造的基本概念，熟悉智能制造系统的概念；了解智能制造的相关概念；熟悉智能制造的基本特征；熟悉智能制造的关键环节；了解智能制造系统的基本架构。

【能力目标】

1. 通过学习，能初步编制一份个人的专业学习计划。

2. 通过学习，能初步判定自己面临的一套自动化制造系统是属于先进制造技术系统还是属于智能制造系统。

【素养目标】

通过学习，树立正确的唯物史观。认识到人类的历史，就是一个不断地从必然王国向自由王国发展的历史……在生产斗争和科学实验范围内，人类总是不断发展的，自然界也总是不断发展的，永远不会停止在一个水平上。因此，人类总得不断总结经验，有所发现，有所发明，有所创造，有所前进。

1.1 智能制造的崛起

1.1.1 制造技术的发展历程

1. 机械制造的兴起

众所周知，制造活动是人类进化、生存、生产和生活活动中的一个永恒主题，是人类物质文明和精神文明的基础。制造技术（Manufacturing Technology）正是随着人类的自身需求和社会生产力的进步而产生和发展起来的。

人类文明的历史经历了原始文明、农业文明、工业文明的历程。

从16世纪开始，欧洲的文艺复兴、科学革命和启蒙运动为工业革命准备了科学原理、知识和方法。18世纪60年代至19世纪40年代，英国发生了第一次工业革命，蒸汽机的发明使人类社会进入了工业时代，现代意义上的机械制造概念和机械制造业也随之诞生。在英语中，“manufacturing”的词根是来自拉丁文的“manus”和“facere”，分别表达“采用手工”和“做”的意思。第一次工业革命之后，“制造”的概念就更加广为人知。“制造”是指通过机器进行制作或生产产品，特别是大批量地制作或生产产品。机械制造也从此兴起，并成为人类生存、生活不可或缺而且不断蓬勃发展的行业——机械制造业。

2. 机械制造的变革

机械制造业的兴起给人类文明带来了翻天覆地的变化。人们的生产、生活出现了完全不同的格局，物质生活和精神生活发生了质的飞跃。人们对机械制造业的钟爱又更进一步地促进了这个行业的发展壮大和不断优化。机械制造业由小作坊逐步形成具有一定规模的小型企业、中型企业，大型企业也如雨后春笋般地发展起来。

两个多世纪以来，人们不断努力和变革，进行工业革命，使得而今的机械制造实现了工业化，实现了日新月异的飞速发展。机械制造工业化进程和产业革命紧密相连，制造业先后经历了机械化（工业1.0）、电气化（工业2.0）和信息化（工业3.0）三个阶段，现在正处于智能化（工业4.0）的第四个阶段，这四个阶段也被称为四次工业革命，如图1-1所示。

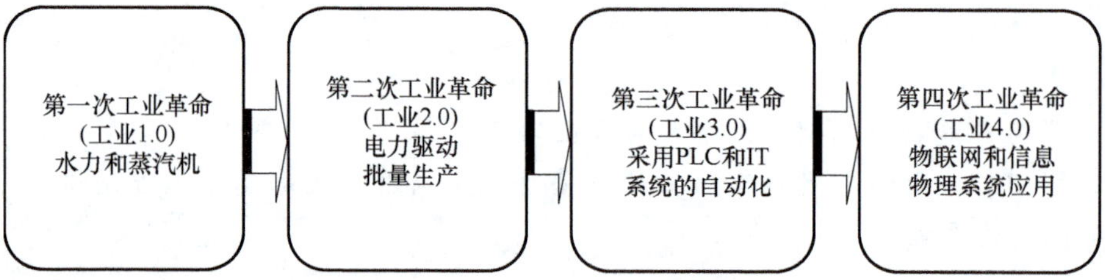

图1-1 四次工业革命

第一次工业革命（工业1.0）——机械化：1785年，瓦特对蒸汽机进行了重大改良后投入使用并迅速推广。由于蒸汽机可以为各种工作机提供动力，大大促进了机器设备的普及，全面促进了各种机械制造、蒸汽机制造、冶金和采矿以及化工等技术的发展，人类社会从此进入了“蒸汽时代”，制造业步入机械化发展阶段，即工业1.0阶段。工业1.0阶段以蒸汽机作为动力机，以机器代替手工劳动，以工业化生产代替小作坊制作，以蒸汽动力为代表的技术革命给全球带来了一场深刻的社会变革。这个阶段以蒸汽机的问世为标志，以纺织机械的革新为起点，实现了生产从手工工具到机械化大生产的重大转变，出现了大工业生产，引领了人类社会的工业文明。

第二次工业革命（工业2.0）——电气化：19世纪后半叶至20世纪初，随着西方国家资本主义经济的发展，新发现、新技术、新发明层出不穷。发电技术使得电力可以广泛应用于各种工业生产领域，以电力技术为主导的产业革命，极大地推动了化工、钢铁和冶金、内燃机等相关技术的全面发展，使汽车、机车、舰船和飞机等复杂产品的制造迅速兴起，促进了生产力和社会经济的快速发展。这一阶段制造业的发展，以基于电力驱动为代表的自动化为特征，极大地提高了生产力并改变了人类的生活方式，人类社会进入了具有深远影响的“电气时代”。

第三次工业革命（工业3.0）——信息化：起始于20世纪40年代并持续影响至今，以原子能技术、空间技术、电子计算机技术等新兴科学技术为代表，给信息技术、新能源技术、新材料技术、生物技术、空间技术和海洋技术等带来了全新的发展，产生了信息产业和高技术制造产业，如集成电路、计算机、通信设备、生物医药等一大批新兴产业，其核心是广泛应用以数字化为基础的信息技术（Information Technology，IT），制造业进入了信息化时代，其典型应用实例是由数控机床、自动传送机构和机器人组成的柔性制造系统（Flexible Manufacture System，FMS）和计算机集成制造系统（Computer Integrated Manufaturing System，CIMS）。工业3.0是人类科技和工业相结合的又一次飞跃，它不仅带来了生产和经济领域的变革，也引起了人类生活方式和思维方式的重大变化。

第四次工业革命（工业4.0）——智能化：这是又一场正在发生的新一代信息技术、人工智能技术融合应用于制造业的新的工业革命。人工智能（Artificial Intelligence，AI）和新一代信息与通信技术（Information and Communication Technology，ICT）与制造技术高度融合，将会使得工业生产的机器、存储系统和生产设施等融入信息物理系统（Cyber-Physical Systems，CPS，也称为赛博物理系统），使生产中的“人-机-物”互联互通，构建成智能工厂，进行智能生产。其中的机器、存储系统和生产设施将能够感知、处理、共享和交换信息，并进行自主决策，对设备、生产过程实现最优化控制或管控，形成一种以智能化为特征、虚实结合的全新生产方式，制造业走向工业4.0时代。

制造业发展各阶段的时代特点和生产模式见表1-1。

表1-1 制造业发展各阶段的时代特点和生产模式

阶段	主要标志	时代特点	制造技术特点	生产模式	制造装备及系统
工业1.0	蒸汽机动力应用	蒸汽时代	机械化	单件小批量	集中动力源的机床
工业2.0	电能和电力驱动	电气时代	标准化、刚性自动化	大规模生产	普通机床、组合机床、刚性生产线
工业3.0	数字化信息技术	信息化时代	柔性自动化、数字化、网络化	柔性化生产	数控机床、复合机床、FMS、CIMS
工业4.0	新一代信息技术	智能化时代	人-机-物互联，自感知、自分析、自决策、自执行	网络化协同、大规模个性化定制	智能化装备、增材制造、混合制造、云制造、信息物理系统

由表1-1可以大体看出制造技术的发展变迁。

从工业1.0到工业2.0，其变化特点是：从依赖工人技艺的作坊式机械化生产，走向产品和生产的标准化以及简单的刚性自动化生产。产品和生产的标准化主要表现在零件设计的标准化、制造工艺的标准化、检验和质量控制的标准化等方面。而刚性自动化可以通过过程可重复性来提高生产制造的速度。简单的刚性自动化主要通过简单的拾取和放置装置、基于振动的部件输送器、机械凸轮控制的机床运动等实现。但是刚性自动化系统缺乏柔性，系统只能按照固定的自动化动作开展生产，无法改变其设定的动作或工艺过程。

工业 3.0 的特点是：①采用先进的数控机床、机器人、可编程控制器（Programmable Logic Controller，PLC）和工业控制系统，实现敏捷的自动化，可适应产品多品种、批量可变化的柔性制造，相对于工业 2.0 具有复杂的自动化、数字化和网络化特征，生产更加追求效率、质量和柔性。②工业 3.0 采用数控机床、工业机器人和自动导引小车（Automated Guided Vehicle，AGV）等装备，并开始安装各种传感器和仪表，以采集装备状态和生产过程数据，从而用于制造过程的监测、控制和管理。③工业 3.0 具有网络化支持，通过联网，机器与机器、工厂与工厂、企业与企业之间能够进行实时和非实时通信、联通，实现数据和信息的交互和共享。传感器、数据共享和网络为制造业提供了全新的发展驱动力。

从工业 3.0 到工业 4.0，制造技术发展将面临的 4 个新的转变如图 1-2 所示。

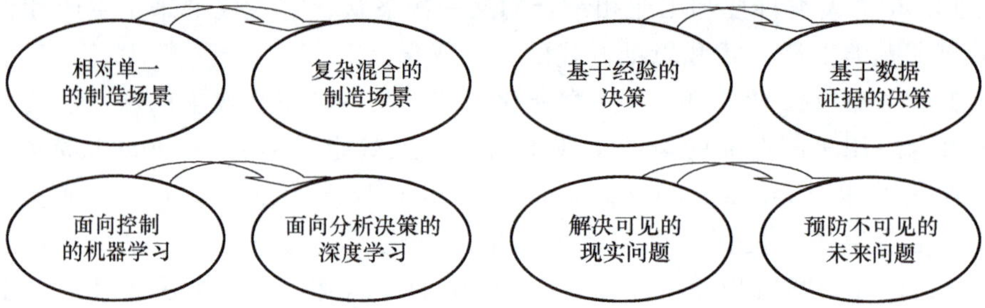

图 1-2　制造技术发展面临的 4 个新的转变

（1）从相对单一的制造场景转变为复杂混合的制造场景

工业 4.0 使传统的单一制造场景在产品的结构和材料、制造装备和工艺、制造系统的控制等方面在未来的制造环境中都将发生变化，出现越来越多的由各种要素集成、融合和混合的制造工艺，从而使制造场景变得越来越复杂，对界面接口、标准化、技术与经济的平衡等要求越来越高。

（2）从基于经验的决策转变为基于数据证据的决策

传统制造系统的生产计划、工艺规程制订和过程管理严重依赖于经验丰富的技术人员。但随着时代的变迁，老一代经验丰富的制造技术人员逐渐减少，大量的技艺、经验、诀窍也随之逐渐流失，因此，工业 4.0 启用智能分析系统，将原来基于经验的决策转化为可持续运行的基于数据证据的决策。

（3）从面向控制的机器学习转变为面向分析决策的深度学习

传统的基于人工智能的机器学习主要用于机器的控制，然而在网络化、大数据的环境中，需要在一些未知条件下，当数据状态动态变化时，仍能保持模型的鲁棒性（robustness，鲁棒性也就是健壮和强壮的意思，它是在异常和危险情况下系统生存的能力。如计算机软件在输入错误、磁盘故障、网络过载或有意攻击的情况下，能否不死机、不崩溃，就是该软件的鲁棒性），使用户预测和理解不可见的因果关系并做出优化的决策。

（4）从解决可见的现实问题转变为预防不可见的未来问题

制造系统运营中的问题可分为可见性问题和不可见性问题两大类，工业 4.0 通过对相互关联的多维系统的智能分析，对相关性和因果函数进行建模，可获得对制造过程中尚未出现的问题的分析、预测，并给出预警和控制，从而避免由制造过程中的不可见性问题所导致的不良后果的发生。

为了适应上述转变，工业 4.0 的制造技术将呈现如下新的技术特征。

1）基于经验知识和历史数据的传统制造过程优化，将发展成为基于大数据、数据分析、人工智能和深度学习的具有预测能力并适应未知场景变化的智能优化。

2）面向设备、过程控制的局部/内部闭环将扩展为基于泛在感知、物联网、工业互联网、云计算的大制造闭环。

3）大制造闭环系统中的数据处理不仅限于结构化数据，而且包括图像、自然语言，甚至社交媒体中的信息等大量非结构化数据。

4）按给定指令计划进行的物理生产过程以及为实现生产过程优化而进行的虚拟仿真等，将转向虚实融合的智能生产，也就是以不同层级的数字孪生、信息物理系统的形式，将虚拟空间里的数字仿真和物理空间里的生产过程深度融合，从而形成虚实交互融合、数据信息共享、实时优化决策、精准控制执行的生产系统和生产过程，使之不仅满足工业 3.0 时代的生产率、产品质量、可重复性、成本和风险控制的性能指标，并且进一步满足诸如灵活性、适应性和从失败或人为干预中学习的能力等新指标。

由此可见，工业 4.0 较之工业 3.0 产生了质的飞跃。

综上所述，工业 4.0 是机械制造不断进化而达到的一个新的技术顶峰，它是机械制造的一个新时代——智能制造时代。智能制造的崛起并非人们靠梦想得来的，而是人们在社会实践中发挥高度创造力，通过对多种先进制造技术的综合运用，充分利用信息技术，在工业 3.0 的基础上蜕变而来的。

1.1.2 智能制造的蓬勃兴起

1. 智能制造的早期研究

智能制造的研究始于 20 世纪 80 年代。1989 年 Kusiak 首次明确提出了“智能制造系统”（Intelligent Manufacturing System，IMS）一词，并将智能制造定义为“通过集成知识工程、制造软件系统和机器人控制来对制造技工们的技能与专家知识进行建模，以使智能机器可自主地进行小批量生产”。显然，最初智能制造的概念主要是突出它是由智能机器和人类专家共同组成的人机一体化智能系统，在制造过程中能进行分析、推理、判断、构思和决策等智能活动，通过人与智能机器的合作共事，扩大、延伸和部分地取代人类专家在制造过程中的脑力劳动。这是从技术方面阐述的，主要是描述一种面向生产制造过程的工程技术。

早期关于智能制造的特征主要从科学和技术两个方面进行描述，见表 1-2。

表 1-2 早期关于智能制造特征的描述

着眼点	具体内容提要
科学方面	智能制造体现了多信息感知与融合、知识的表达/获取/存储/处理、联想记忆功能、自学习/自适应/自组织/自维护、智能分解与集成、容错功能和智能控制等
技术方面	呈现出以“信息的泛在感知→自动实时处理→智能优化决策”为核心，将信息通信、自动化与制造技术等多学科交叉融合，横向实现“制造活动-产品价值网络”的集成，纵向实现“设备层-控制层-管理层”的集成，产品全生命周期实现“设计-生产-销售-售后”的多种集成

早期的智能制造研究主要从智能制造技术和智能制造系统这两个方面着手，见表 1-3。

表 1-3　早期的智能制造研究

研究方向	具体内容提要
智能制造技术	①智能制造基础理论(如制造经验与知识的表达、自适应控制理论、智能控制系统理论与方法等) ②智能化单元技术(柔性制造单元) ③智能机器技术等
智能制造系统	①在制造系统中用机器智能替代人的脑力劳动,使脑力劳动自动化 ②在制造系统中用机器智能替代熟练工人的操作技能,使得制造过程不再依赖于人的“手艺”(或“技艺”),或是在维持自动生产时,不再依赖于人的监视和决策控制,使制造系统的生产过程可以自主进行

2. 国外智能制造的发展战略

制造业在世界工业化进程中始终发挥着主导作用。在经济全球化和信息技术革命的推动下，国际制造业的生产方式正在发生着重大变革。智能制造（Intelligent Manufacturing，IM）把制造自动化的概念更新，扩展到柔性化、智能化和高度集成化。制造业的这一进程引起了世界各国的极大兴趣和高度重视，无不花费巨资和精力开展智能制造的研究。近年来，主要工业国家纷纷制订各种发展计划，促进传统制造业向先进制造业（Advanced Manufacturing Industry，AMI）转变，甚至将其作为各国发展的国家战略。

加快发展先进制造业，已经成为世界制造业发展的新潮流。在先进制造技术领域，德国、美国、日本等国家在全球一直处于领先地位，这些国家科技实力强，工业基础好，技术积累多，市场占有率高，而且在国家层面上，近些年出台了多项引导和支持先进制造技术发展的计划，均以数字化、网络化和智能化为主要方向，对各国制造技术领域的科技发展和产业振兴起到了极其重要的引领、鼓励和支持作用。

（1）德国“工业 4.0”和《国家工业战略 2030》

1）德国“工业 4.0”。2013 年 4 月，德国在汉诺威工业博览会上正式推出了“工业 4.0”（Industry 4.0）。在德国“工业 4.0”中提出了四次工业革命的划分，并指出现在面临的以智能制造为主导的第四次工业革命将通过充分利用信息与通信技术和赛博（Cyber）空间虚拟系统相结合的手段，使制造业向智能化转型，这也是德国“工业 4.0”的核心。

德国“工业 4.0”包括如下主要内容（图 1-3）：

① 一个核心——CPS。

② 两大主题——智能工厂（包括智能服务）和智能生产（包括智能物流）。

③ 三项集成——以价值网络为主线，实现不同企业间的三流合一（物流、资金流、信息流），实现一种社会化、生态化的协同生产的横向集成；纵向集成和网络化制造系统；通过产品全生命周期（价值链）和为客户需求而协作的不同公司，使现实世界与数字世界完成整合的端到端工程数字化集成。

④ 八个领域——标准化和参考架构、管理复杂系统、为工业建立全面宽频的基础设施、安全和保障、工作的组织和设计、培训和持续的职业发展、监管框架和资源利用率。

德国“工业 4.0”一经推出，立即受到了世界各国的高度关注，它不仅给德国工业产品生产与服务模式、价值创造过程、产业链分工等带来深刻的变化，还对全球的工业版图产生了深远的影响。

2）德国《国家工业战略 2030》。2019 年 11 月，德国政府正式发布了《国家工业战略

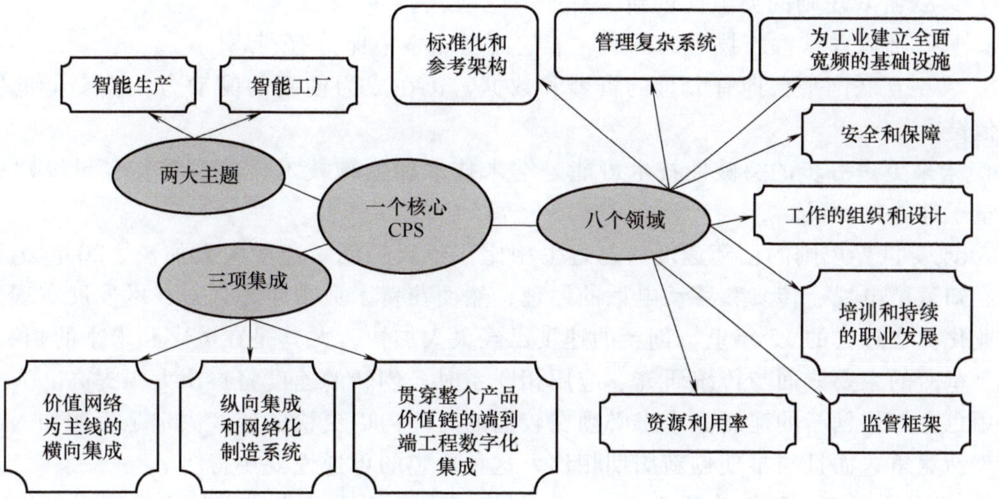

图 1-3 德国“工业 4.0”图解

2030》，其主要内容摘要如下：

① 主要目标。

a.《国家工业战略 2030》旨在与工业利益相关者一道，努力确保或重夺所有相关领域在国内、欧洲乃至全球的经济技术实力、竞争力和工业领先地位。

b. 该战略是长久确保与扩大德国整体经济实力、国民就业与繁荣的必然要求。

c. 该战略的一个目标是到 2030 年，逐步将工业在德国和欧盟的总增加值（Gross Value Added，GVA）中所占的比重分别扩大到 25% 和 20%。

② 现状。德国始终坚持以工业为基础的经济模式，德国工业具有极强的竞争力和创新力，其工业在国内总增加值中所占的比重达 23%，是全球成绩斐然的工业大国。德国已经或仍处于领先地位的关键工业领域包括：钢铁、铜及铝工业、化工产业、设备和机械制造、汽车产业、光学产业、医学仪器产业、环保技术产业、国防工业、航空航天工业和增材制造（3D 打印）等。

③ 挑战。德国工业在如下方面受到来自其他国家的挑战：低工资和低生产成本、电信技术、计算机和消费电子（智能手机、平板电脑等）、创新型碳纤维材料、汽车（减排、替代性交通工具与电动汽车、自动驾驶、新营运模式）、平台经济互联网、人工智能应用、新生物技术、高端创新领域等。同时，一些变化趋势也正在显现：颠覆性技术发展与生产力提高剥夺了许多国家和地区的现有工作，但同时新的、创新型的、面向未来的工作机会也可能不会出现在这些国家和地区。因此，如果德国和欧洲未能在颠覆性技术方面取得领先地位，就有可能损失巨大的增值空间。

德国最主要的国家竞争对手已经做出行动，并且都在重新定位。具有代表性的示例如下：

a. 美国政府的“美国优先”和“再工业化”广泛支持在人工智能、数字化、自主驾驶和生物技术方面的研发。

b. 日本经济的优势，尤其是人工智能、联网机器和机器人技术以及汽车工业。

c. 中国的“中国制造 2025”“中国新时代科技基金”“一带一路”倡议。

④ 改变游戏规则的突破性创新，有如下三项。

a. 只有拥有并掌握新技术的国家才能始终在竞争中保持有利地位。

b. 大型互联网平台拥有大量的资金和数据，正在成为创新的驱动力，改变全世界的附加价值链。

c. 未来更进一步的突破性技术可能是纳米技术和生物技术、新材料和轻量级建筑技术以及量子计算的发展。

⑤ 改变世界规则的创新速度。与过去相比，今天的创新速度大大加快。20 世纪初，人们已经知道了电视、传真和移动电话的原理，然而花费了数十年才通过技术发展实现了应用与商业化。在过去的 15 年里，创新的速度已经大大加快，尤其是在数字和未来的相关领域。当数字革命的主要方面与传统研究、应用相联系时，创新的速度将再次大幅提高。人工智能的应用也会加快创新的速度。未来必须在较短的时间内以更快的速度决定是否要加入某一领域的创新竞争，而且与早期创新周期相比，这种决定的可逆性要小得多。

⑥ 德国国家工业政策的参考点。在德国经济中，掌握工业技术的主导能力是维持德国未来生存能力的决定性挑战。德国经济必须能够经受住所有主要领域的全球竞争，特别是在关键技术和突破性创新方面。

a. 工业在经济附加值总额中所占的比重不仅仅是一个参考点，更是一个重要的目标。同时，这也是判断德国是否朝着正确方向发展的一个重要指标。

b. 保持一个闭环的工业增值链，是非常重要的。如果增值链的所有部分——从基础材料的生产到零部件制造和加工，再到分配、服务、研发，都集中于一个经济地区，将使各个环节更具抵抗力，也更有可能实现价值链的增值或扩大竞争优势。

c. 中小企业是德国的特色优势，强化对中小企业的支持也至关重要，许多中小企业已经用高度专业化的产品及其应用（隐形冠军群）“征服”了部分世界市场，具有强大的技术专长和竞争力，需要个性化的优惠与扶持。

d. 德国与欧洲的龙头企业：规模是关键！全球市场的出现，使得越来越多的领域开始浮现一个问题，即若要成功地参与国际竞争或提供特定的产品和服务，则越来越需要投入大量的资金。例如，大型商用飞机只能由一定规模的公司建造；铁路系统的建设与现代化需要开展众多大型工程，耗费超过 300 亿美元；全球市场中成功的大型互联网平台也需要庞大的资金。因此，工厂建设、国际金融、银行业以及许多产业，都需要处于同一水平的具有相当规模、实力雄厚的参与者。

（2）美国“工业互联网”和《先进制造业美国领导力战略》

1）美国“工业互联网”。美国通用电气（General Electric，GE）公司于 2012 年提出“工业互联网（Industrial Internet）”的概念，随后美国五家企业（GE、IBM、思科、英特尔和 AT&T）联合组建了工业互联网联盟（Industrial Internet Consortium，IIC）。

2013 年 6 月，GE 提出了“工业互联网革命”（Industrial Internet Revolution），指出“工业互联网”是一个开放的、全球化的网络，将人、数据和机器连接起来，其目标是升级那些关键的工业领域。如今在全世界有数百万种机器设备，从简单的电动摩托到尖端的核磁共振成像（MRI）设备，还有数万种复杂机械的集群，从发电的电厂到运输的飞机，“工业互联网”将使工业系统与高级计算、分析、传感技术及互联网进行高度的融合。

2015 年 6 月，IIC 发布《工业互联网参考架构》（Industrial Internet Reference Architecture，IIRA）。IIRA 包括商业视角、使用视角、功能视角和实现视角四个层级，并论述了系统安全、信息安全、灵活性、互操作性、连接性、数据管理、高级数据分析、智能控制、动态组合九大系统特性。IIRA 为工业互联网系统的各要素及相互关系提供了通用语言，开发者可为系统选取所需的要素，从而更快地实现和交付系统。

工业互联网的关键元素如下：

① 智能装备：以全新的方法将物理世界中的机器、设备、团队和网络通过先进的传感器、控制器和软件应用程序连接起来。

② 高级分析：使用基于物理的分析法、预测算法、自动化和材料科学、电气工程及其他关键学科的专业知识来分析机器设备与大型系统的运作方式。

③ 工作人员：建立员工之间的实时连接，连接各种工作场所的人员，以支持更为智能的设计、操作、维护以及高质量的服务与安全保障。

工业互联网将以上元素融合起来，通过智能机器间的互联并最终将“人-机”连接，实现数据端到端的流动和跨系统的流动，在数据流动技术基础上，结合软件和大数据分析形成智能化变革，形成新的模式和新的业态。

2）美国《先进制造业美国领导力战略》。2018 年 10 月，美国国家科学技术委员会下属的先进制造技术委员会发布了《先进制造业美国领导力战略》报告，提出了三大目标和任务，展示了未来 4 年内的行动计划，见表 1-4。

表 1-4 《先进制造业美国领导力战略》的三大目标和任务

目标	任务	优先计划
开发和转化新的制造技术	抓住智能制造系统的未来	智能和数字制造、先进工业机器人、人工智能基础设施、制造业网络安全
	开发世界领先的材料和加工技术	高性能材料、增材制造、关键材料
	确保通过国内制造获得医疗产品	低成本分布式药物制造、连续制造、组织和器官的生物制造
	保持电子设计和制造领域的领导地位	半导体设计工具和制造、新材料/器件/结构
	加强粮食和农业制造业	食品安全与加工、测试和可追溯性、粮食安全生产和供应链、改善生物基产品的成本和功能
教育、培训和集聚制造业劳动力	吸引和发展未来制造业劳动力	以制造业为重点的科学、技术、工程和数学（STEM）教育、制造工程教育、工业界和学术界的伙伴关系
	更新和扩大职业及技术教育途径	职业和技术教育、培养技术熟练的技工
	促进学徒获得行业认可的证书	制造业学徒计划、学徒资格认证计划登记制度
	熟练工人与所需行业相匹配	劳动力多样性、劳动力评估
扩展国内制造业供应链的能力	加强中小型制造商在先进制造业中的作用	供应链增长、网络安全扩展和教育、公私合作伙伴关系
	鼓励制造业创新的生态系统	制造业创新生态系统、新业务形成与发展、研发转化
	加强国防制造业基础	军民两用、购买“美国制造”、利用现有机构
	加强乡村社区的先进制造业	促进乡村繁荣的先进制造业、资本准入/投资和商业援助

影响美国先进制造业创新和竞争力的因素如下：

① 技术的快速发展与经济力量的结合正在改变产品和服务的构思、设计、制造、分配和支持方式。

② 先进制造业的发展需要大力发展制造业技术及基础设施。

③ 可靠和可预测的知识产权是投资先进制造业的关键点。

④ 新兴市场、进出口贸易都受到先进制造业的影响。

⑤ 保护和推进美国工业的贸易政策对于美国先进制造战略的成功至关重要。

⑥ 制造业推动全球经济发展。制造业与基础设施发展、创造就业机会以及国内生产总值（GDP）增长密切相关。

⑦ 坚实的国防工业基础，包括具有弹性供应链的、创新和可赢利的国内制造业是国家头等大事，对经济繁荣和国家安全至关重要。

⑧ 先进制造业劳动力需要在科学、技术、工程和数学方面做好高水平的准备。

⑨ 联邦、州和地方政府必须共同努力来支持先进制造业。

有关《先进制造业美国领导力战略》的几个关注点如下：

① 将通过促进美国制造技术的开发和转化、培育劳动力及扩展国内制造业供应链能力来扩大美国制造业就业，确保国防工业基础和繁荣经济，并明确提出要采取贸易保护政策促进制造业发展。

② 提出不应再把制造业与产品开发整体价值链分离，而是共同发展，并且在优先开发和转化的技术中不仅关注智能制造、人工智能、工业互联网、先进材料、连续制药、半导体等先进技术，也强调了普通药品、关键材料、食品及农产品等技术的重要性。这一态度表明为扩大就业及保证国内供应链安全，美国不再只关注有更高利润的产品设计及高端制造技术，也开始重视一般/低端制造业在其国内的发展。

③ 强调了知识产权对制造业的重要性，认为可靠的知识产权和法律体系才能有效激励私营部门投资制造研发。

（3）日本“工业价值链”和“超智能社会”

第二次世界大战后，日本制造业迅猛发展，20 世纪 70 年代，日本基本实现了工业现代化。到 20 世纪 80 年代，日本已经超越欧洲几大工业国，而且汽车、半导体等产业超过美国，成了世界第二大制造国，综合竞争力仅次于美国。日本制造业的优势主要集中在机械设备制造、汽车及关键零部件。

20 世纪 90 年代后，日本经济进入了长达 10 多年的衰退停滞期，但这并没有影响其先进制造业的发展。日本政府历来主张通过政府干预，用产业政策来引导和鼓励高新技术产业发展。早在 1980 年，日本政府就颁布了《推进创造性科学技术规划》，1985 年又制定了《促进基础技术开发税制》，实行税金扶持政策。1995 年，日本政府提出“科技创新立国”战略，颁布了《科学技术基本法》这一有关科技的根本大法，之后又通过了《科学技术基本计划》，后来又颁布了《制造业基础技术振兴基本法》。这一切都使得日本政府和地方机构在制定高新技术产业政策时有法可依，具有很强的法律制度保证性，依靠法律的强制性和激励性来推动先进制造业的发展。

近年来，迫于德国的“工业 4.0”和美国的“工业互联网”可能带来全球制造业的巨变，日本政府和产业界表现出强烈的危机感。2015 年 6 月日本经济产业省公布了《2015 年版制造白皮书》，提出倘若错过德国和美国引领的“制造业务模式”的变革，日本的制造业难保不会丧失竞争力。因此，日本制造业要积极发挥信息技术的作用，建议转型为利用大数据的“下一代”制造业。

1）日本制造业发展的特点主要表现在以下5个方面。

① 以耐用消费品产业为先导，大力发展重化工业和新兴产业。

② 大力引进先进技术，并强调技术的消化和创新，快速推进技术产品市场化，能对市场变动做出及时响应。

③ 自动化大规模生产，而且强调节能、环保。

④ 推行专业化协作和产业集群化，以几家高关联大企业为中心，形成联系紧密的产业群。

⑤ 强调管理科学化，不断创新生产管理模式。

2016年12月8日，日本《工业价值链参考架构》（Industrial Value Chain Reference Architecture，IVRA）正式发布，标志着日本智能制造策略正式落地。IVRA是日本智能制造独有的顶层架构，相当于美国工业互联网联盟的参考架构（IIRA）和德国“工业4.0”参考架构（RAMI 4.0），共有180多家机构作为日本工业价值链促进会（Industrial Value Chain Initiative，IVI）的主要成员参与（其中包括丰田、日立、安川电机、索尼等知名企业）。

2）日本智能制造的三大战略如下。

① 推动工业价值链的发展，建立日本制造的联合体王国。

② 通过机器人创新计划，以工业机械、中小企业为突破口，探索领域协调及企业合作的方式。

③ 利用物联网（Internet of Things，IoT）推进实验室（Laboratory，Lab），加大实验室与其他领域合作的新型业务的创出。

同时，2016年日本政府还推出“超智能社会”（Super Intelligent Society）战略，又称为“社会5.0”（Society 5.0），提出人类社会由狩猎社会、农耕社会、工业社会，逐渐变迁为信息社会，即将步入新的社会形态，科技产业生态体系正因开放式创新而不断改变，包括物联网、机器自动化、人工智能、大数据、智能医疗等先进科技正同步发生在你我的身边。这些科技看似彼此独立，却又唇齿相依，不仅带动产业经济与社会结构发生巨大变化，也导致了一场非连续性的颠覆性创新，正悄悄改变现有的生活方式。“超智能社会”制定了包含物联网、大数据、人工智能与机器自动化等在内的科技挑战目标，同时描绘了20年后未来人类的生存环境。无论是在生活环境还是在产业环境的背后，都有着高度计算机化、智能化的身影。针对制造、物流、销售、运输、医疗、金融和公共服务等工业领域，将在广泛的工业解决方案范围内引入转型变革，构建智能社会和支持系统，以实现智能社会发展的目标。其主要内容包括网络安全、物联网系统架构技术、大数据分析、人工智能、设备技术创新、网络创新和边缘计算等，参见图1-4。

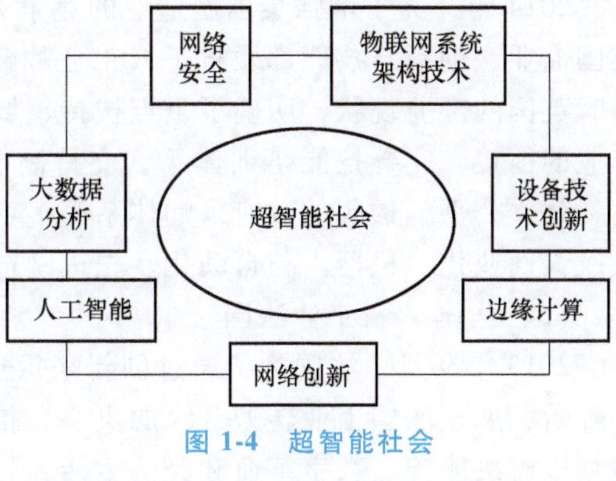

图1-4　超智能社会

该战略报告预期到 2035 年时，“社会 5.0”的超智能社会将呈现如下的面貌：包括单件物品的快速定制服务，均可利用大数据提供多样的定制化服务；能源自给自足的城市再造，如智慧能源管理；居家生活的健康管理，可将信息与通信技术应用于居家生活；日常生活使用的设施，例如利用虚拟现实与机器人提高生活便利性；营建工程从规划到维护管理，可利用人工智能、机器人来提供自动化与效率化的进行；多样化防灾、减灾系统可利用信息解析来进行高效率的救灾与支持；农产品的订购栽培，能借助大数据拟定经营策略，供应高附加价值农作物。

（4）“英国工业 2050 战略”

英国是第一次工业革命的起源国家。经过 20 世纪后期的起落，为增强英国制造业对全球的吸引力，英国政府积极推进制造基地建设，面向全球企业进行招商。2011 年 12 月，英国政府提出“先进制造业产业链倡议”，支持范围不仅包括汽车、飞机等传统产业，还包括全球领先的可再生资源和低碳技术等领域，投资 1.25 亿英镑用于打造先进制造业产业链，从而带动制造业竞争力的恢复。

随着新科学技术、新产业形态的不断涌现，传统制造模式和全球产业格局都发生了深刻的变化，英国政府于 2012 年 1 月启动对未来制造业进行预测的战略研究。该研究主要定位于 2050 年英国制造业发展，提出英国制造业发展与复苏的政策。2013 年 10 月，英国政府科技办公室推出了报告——《未来制造业：一个新时代给英国带来的机遇与挑战》，其中制定的英国工业到 2050 年的未来制造业发展战略被看作“英国版的工业 4.0”。该报告展望了 2050 年制造业的发展状况，并据此分析英国制造业的机遇和挑战。报告的主要观点是科技改变生产，信息与通信技术、新材料等将在未来与产品和生产网络融合，可极大地改变产品的设计、制造、供应甚至使用方式。英国政府科技办公室将其定义为：由新技术、新方法和新材料驱动，同时伴之以基于 3D 打印技术的本地化定制生产，走向产品加服务的商业模式。英国的产业形态是按需制造、分布式制造和产品服务化，技术形态是新兴技术群、数据网和智能基础设施，整个制造形态和商业模式都将发生变革。报告认为，未来制造业的主要趋势是个性化的低成本产品需求增大、生产重新分配和制造价值链的数字化。制造业不再是传统意义上的“制造后销售”，而是转变为“服务再制造（以生产为中心的价值链）”，这将对制造业的生产过程和技术、制造地点、供应链、人才甚至文化产生重大影响。

2014 年，为了增强英国制造业的竞争力，促使其可持续发展，并减少未来的不确定性，英国商业、创新与技能部发布了《工业战略：政府与工业之间的伙伴关系》。该文件分析了当时英国的产业现状，明确了重点扶持领域及前沿技术，提出通过创新平台加强创新研发与工业的衔接，完善技能培训体系，支持高成长性的小企业进行技术创新，激励商业合作创新，建立公平、透明的政府采购体系等多项政策措施，重点支持大数据、高能效计算、卫星及航天商业化、机器人与自动化、先进制造业等多个重大前沿产业领域。

（5）法国“新工业法国”

2013 年 9 月，法国为了通过创新来重造工业实力，使法国工业重新回到世界工业的第一阵营，展现法国工业转型升级的决心，推出了《新工业法国》10 年中长期战略规划。该规划以解决能源、数字革命和经济生活为目的，提出了 34 项优先发展的工业项目，如新一代飞机、环保汽车、建筑物节能改造及智能创新纺织技术等。

2015 年 5 月，法国政府对该规划进行了大幅调整。调整后的法国“再工业化”总体布局为“一个核心，九大支点”：一个核心即“未来工业”，主要内容是实现工业生产向数字制造、智能制造转型，以生产工具的转型升级带动商业模式变革；九大支点包括大数据经济、环保汽车、新资源开发、现代化物流、新型医药、可持续发展城市、物联网、宽带网络与信息安全及智能电网，如图1-5所示，旨在为“未来工业”提供支撑，提升人们日常生活的质量。

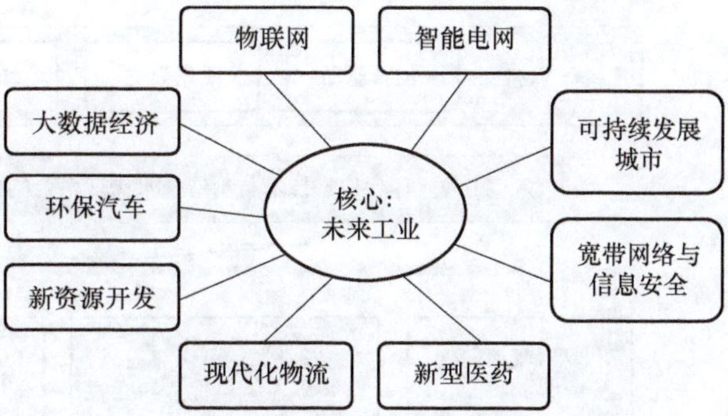

图1-5 法国“再工业化”总体布局

1.1.3 中国制造2025

我国制造业经过几十年的建设和发展，已建立起门类较全、独立完整、行业覆盖面广的产业体系，总体规模大幅提升，综合实力不断提高，工业化和现代化进程较快，我国已成为世界上的制造大国。

但是，与世界先进水平相比，我国制造业仍然大而不强，在自主创新能力、资源利用效率、产业结构水平、信息化程度、质量效益等方面差距明显，我国仍然面临着紧迫而艰巨的转型升级和跨越发展的任务。

1. 我国实施的制造强国战略

2015年5月，由工业和信息化部和中国工程院等共同规划的《中国制造2025》正式发布。规划提出：按照国家战略布局要求，实施制造强国战略，加强统筹规划和前瞻部署。力争通过三个10年的努力，到中华人民共和国成立100年时，把我国建设成为引领世界制造业发展的制造强国，为实现中华民族伟大复兴的中国梦打下坚实基础。

《中国制造2025》是我国实施制造强国战略第一个10年的行动纲领，其主要框架内容如图1-6所示。

创新驱动——坚持把创新摆在制造业发展全局的核心位置，完善有利于创新的制度环境，推动跨领域跨行业协同创新，突破一批重点领域关键共性技术，促进制造业数字化、网络化、智能化，走创新驱动的发展道路。

质量为先——坚持把质量作为建设制造强国的生命线，强化企业质量主体责任，加强质量技术攻关、自主品牌培育。建设法规标准体系、质量监管体系、先进质量文化，营造诚信经营的市场环境，走以质取胜的发展道路。

绿色发展——坚持把可持续发展作为建设制造强国的重要着力点，加强节能环保技术、工艺、装备推广应用，全面推行清洁生产。发展循环经济，提高资源回收利用效率，构建绿色制造体系，走生态文明的发展道路。

结构优化——坚持把结构调整作为建设制造强国的关键环节，大力发展先进制造业，改造提升传统产业，推动生产型制造向服务型制造转变。优化产业空间布局，培育一批具有核心竞争力的产业集群和企业群体，走提质增效的发展道路。

人才为本——坚持把人才作为建设制造强国的根本，建立健全科学合理的选人、用人、育人机制，加快培养制造业发展急需的专业技术人才、经营管理人才、技能人才。营造大众

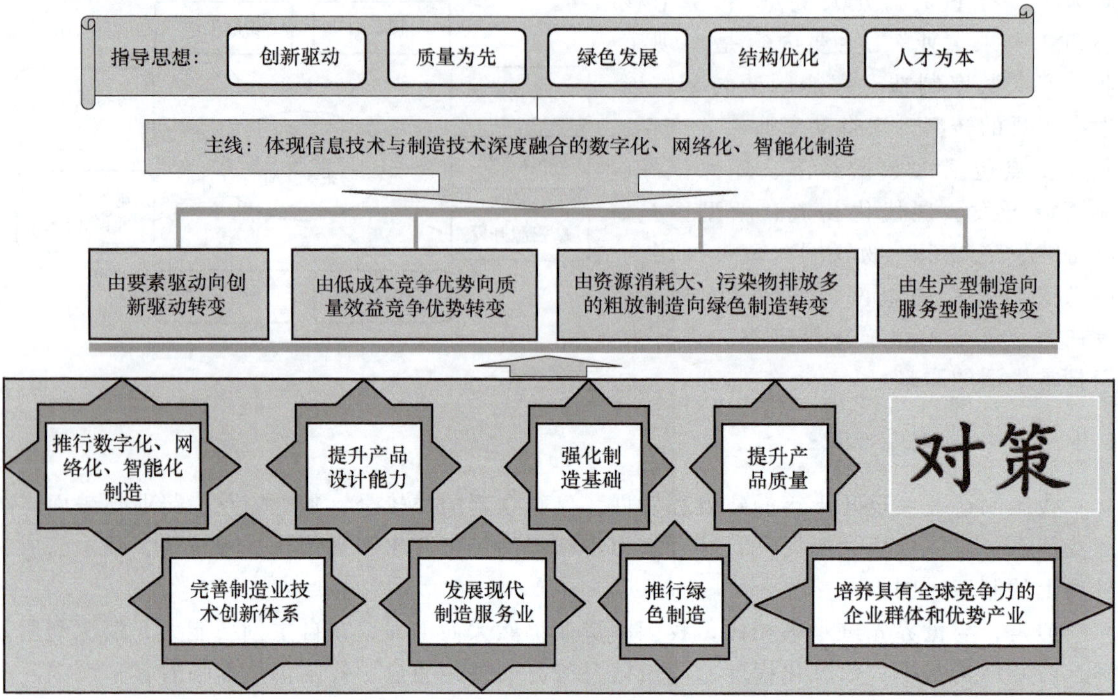

图 1-6 《中国制造 2025》的主要框架内容

创业、万众创新的氛围,建设一支素质优良、结构合理的制造业人才队伍,走人才引领的发展道路。

2. 1 条主线、4 大转变和 8 项对策

1)1 条主线:以体现信息技术与制造技术深度融合的数字化、网络化、智能化制造为主线。

2)4 大转变如下:

① 由要素驱动向创新驱动转变。

② 由低成本竞争优势向质量效益竞争优势转变。

③ 由资源消耗大、污染物排放多的粗放制造向绿色制造转变。

④ 由生产型制造向服务型制造转变。

3)8 项对策如下:

① 推行数字化、网络化、智能化制造。

② 提升产品设计能力。

③ 完善制造业技术创新体系。

④ 强化制造基础。

⑤ 提升产品质量。

⑥ 推行绿色制造。

⑦ 培养具有全球竞争力的企业群体和优势产业。

⑧ 发展现代制造服务业。

3. 重点领域

2015 年 9 月,国家制造强国建设战略咨询委员会正式发布《中国制造 2025》重点领域技术路线图。该技术路线图围绕经济社会发展和国家安全重大需求，确定的十大重点领域为：

1）新一代信息技术产业。

2）高档数控机床和机器人。

3）航空航天装备。

4）海洋工程装备及高技术船舶。

5）先进轨道交通装备。

6）节能与新能源汽车。

7）电力装备。

8）农机装备。

9）新材料。

10）生物医药及高性能医疗器械。

制造业覆盖面很广，为了确保用10年的时间，到2025年迈入制造强国行列，必须坚持整体推进、重点突破。《中国制造2025》围绕经济社会发展和国家安全重大需求，选择十大优势和战略产业作为突破点，力争到2045年达到国际领先地位或国际先进水平。

4. 智能制造是《中国制造2025》的主攻方向

我国传统制造业成本较低，但消耗大、环境代价高，已成为未来发展的重大约束。在经济发展新常态下，我国进入低成本传统优势逐步削弱、新的竞争优势尚未形成的新旧交替期；同时，投资和出口增速明显放缓，过去主要依靠要素投入、规模扩张的粗放发展模式难以为继，必须尽快形成经济增长新动力，塑造国际竞争新优势。

智能制造是中国面临的机遇与挑战，是我国机械制造业转型升级、实现由大到强发展的必由之路。智能制造将制造技术与数字技术、智能技术及新一代信息技术融合，以“互联网+”和“人工智能+”为依托，信息处理手段由“人的智能”向“机器智能”转变，工业生产组织方式从“资源依赖”转变为“数据依赖”，构建出一种高度灵活和可重构的生产方式和服务模式，提高整个生产系统的运行效率和资源利用率，实现制造装备的智能化、设计过程的智能化、加工工艺的优化、管理的信息化和服务的敏捷化/远程化等，打造“智能工厂”与“智能生产”，实现传统制造业的数字化转型和智能升级。

5. 制造强国“三步走”战略

以智能制造作为中国制造发展的主攻方向，强化智能制造基础能力，突破关键智能技术装备，形成智能制造新模式，将促进传统制造业的转型升级，加速建立制造业竞争新优势，实现制造强国目标。我国将通过“三步走”实现制造强国的战略目标。

第一步：力争用10年时间，迈入制造强国行列。到2020年，基本实现工业化，制造业大国地位进一步巩固，制造业信息化水平大幅提升。掌握一批重点领域关键核心技术，优势领域竞争力进一步增强，产品质量有较大提高。制造业数字化、网络化、智能化取得明显进展。重点行业单位工业增加值能耗、物耗及污染物排放明显下降。到2025年，制造业整体素质大幅提升，创新能力显著增强，全员劳动生产率明显提高，两化（工业化和信息化）融合上新台阶。重点行业单位工业增加值能耗、物耗及污染物排放达到世界先进水平。形成一批具有较强国际竞争力的跨国公司和产业集群，在全球产业分工和价值链中的地位明显提升。

第二步：到 2035 年，我国制造业整体达到世界制造强国阵营中等水平。创新能力大幅提升，重点领域发展取得重大突破，整体竞争力明显增强，优势行业形成全球创新引领能力，全面实现工业化。

第三步：中华人民共和国成立 100 年时，制造业大国地位更加巩固，综合实力进入世界制造强国前列。制造业主要领域具有创新引领能力和明显竞争优势，建成全球领先的技术体系和产业体系。

可以预期，经过“三步走”的三个阶段的不懈努力和奋斗，到 21 世纪中叶，我国制造业大国地位巩固、技术和产业体系领先、创新能力和综合实力增强，将真正实现“制造强国”之梦。

6. 我国智能制造体系建设的意义

目前，世界各国竞相大力发展智能制造，由发达国家倡导的面向 21 世纪的“智能制造系统”“信息高速公路”等国际研究计划是国家间进行高科技研究开发的重点和占领 21 世纪高科技制高点的象征。我国在智能制造方面也投入了相当多的人力和物力，而且越来越深刻地认识到智能制造对于我国的科技和经济的发展有着十分重大的意义。

1）智能制造是制造业发展的重要方向。近年来，智能制造已成为制造业发展的重要方向。其主要原因在于：

① 实体经济的战略意义再次凸显是直接原因。2008 年国际金融危机以来，世界经济竞争格局发生了深刻变化。一方面，实体经济的战略意义再次凸显，美国、德国、日本及英国等世界主要发达国家纷纷实施以重振制造业为核心的“再工业化”战略。另一方面，发达国家以信息网络技术、数字化制造技术应用为重点，力图依靠科技创新，抢占国际产业竞争的制高点，谋求未来发展的主动权。

② 企业提高核心竞争能力的要求是内在动力。多样化的市场需求和激烈的全球化竞争迫切需要企业迅速、高效地制造新产品，动态响应市场需求以及实时优化供应链网络。通过信息技术与智能技术的发展从根本上改变制造企业的生产运营模式，实现从产品设计、工艺规划、加工装配、检测监测、质量保证、生产执行到销售服务、报废回收等全生命周期的高效运行，以最小的资源消耗获取最高的生产率和最好的经济效益。

③ 新一代信息技术的高速发展是技术基础。传感技术、智能技术、机器人技术和数字制造技术的发展，特别是新一代信息技术和网络技术的快速发展，同时加上新能源、新材料、生物技术及现代管理技术等方面的突破，为智能制造提供了良好的技术基础和发展环境。

④ 制造智能化是历史发展的必然趋势。工业发达国家已经走过了机械化、电气化和数字化三个历史发展阶段，具备了向智能制造阶段转型的条件。未来必然是以高度集成化和智能化为特征的智能化制造系统，并以部分取代制造中人的脑力劳动为目标，即在整个制造过程中通过计算机将人的智能活动与智能机器有机融合，以便有效地推广专家的经验知识，从而实现制造过程的最优化、自动化和智能化。发展智能制造不仅是为了提高产品质量、生产率以及降低成本，而且也是为了提高快速响应市场变化的能力，以期在未来国际竞争中求得生存和发展。

2）智能制造是实现我国制造业高端化、智能化、绿色化的重要路径。

① 从全球各国制造业来看，智能制造在各国实施制造业战略中占有重要的地位。我国

的智能制造发展计划以加快新一代信息技术与制造技术融合为主线，以智能制造为主攻方向。可以看出，智能制造体系的建立与实施具有十分重要的现实意义。

② 虽然我国已经具备了成为世界制造大国的条件，但是制造业“大而不强”，面临着来自发达国家加速重振制造业以及其他发展中国家以更低生产成本承接劳动密集型产业的“双重挤压”。就我国目前的国情而言，传统制造业总体上处于转型升级的过渡阶段，相当多的企业在很长时间内的主要模式仍然是劳动密集型，在产业分工中仍处于中低端环节，产品附加值低，产业结构不合理，技术密集型产业和生产性服务业都较弱。

③ 在国际社会智能发展的大趋势下，国际化、工业化、信息化、市场化和智能化已经成为我国制造业不可阻挡的发展方向。制造技术是任何高新技术的实现技术，只有通过制造业升级才能将潜在的生产力转化为现实生产力。在这样的背景下，我国必须加快推进信息技术与制造技术的深度融合，大力推进智能制造技术研发及产业化水平，以应对传统低成本优势所带来的挑战。此外，随着智能制造的发展，还可以应用更节能环保的先进装备和智能优化技术，从根本上实现我国生产制造过程的节能减排。

因此，发展智能制造既是符合我国制造业发展的内在要求，也是重塑我国制造业新优势、实现转型升级的必然选择，应该提升到国家发展战略目标的高度。

1.1.4 各国智能制造发展特点比较

如前所述，作为名列全球制造业排行榜前 4 位的中国、美国、日本和德国，在面向未来高科技创新和制造业发展方面，都基于全球态势和本国国情，考虑战略态势、未来趋势、模式创新、关键技术等诸多因素，制定了各自的国家发展目标和发展战略，并已推进实施。

综合考虑各国制造业和制造技术方面的历史、现状和未来战略，表 1-5 从技术特点、竞争优势、模式创新和价值创造 4 个方面，比较了德国、美国、日本和中国 4 个国家在智能制造方面的发展特点。

德国作为制造业基础雄厚的工业大国，技术上是工厂自动化（Factory Automation，FA）和信息技术（Information Technology，IT）的全球提供者，一直以先进的工厂自动化系统、高品质的机械产品和制造装备以及信息技术产品的提供者身份立于世界制造业，创新和质量是“德国制造”的精髓。德国的精密机床、光学仪器、汽车、医疗仪器、电子通信产品等享誉全球；德国面向未来制造的长远标准则是德国制造业竞争优势的无形的强大基础支撑；未来将在大规模定制化生产方面实现模式创新，为全球用户提供更多更好的大规模定制化产品和服务，成批量地满足各种用户的个性化需求；在价值创造方面，则以工厂大量生产出“德国制造”优质产品并行销全球而创造价值。

表 1-5 不同国家智能制造发展特点比较

国别	德国	美国	日本	中国
计划名称	《国家工业战略 2030》	“工业互联网”和《先进制造业美国领导力战略》	“工业价值链”和“超智能社会”	《中国制造 2025》
技术特点	FA/IT 技术提供者	IT 服务平台提供者	制造商和智能制造单元结合	两化深度融合

（续）

国别	德国	美国	日本	中国
竞争优势	面向未来制造的长远标准	大数据、人工智能	制造业从今天到明天的高效迁移	产业转型升级
模式创新	规模定制化	工业物联网商业创新	开放结构与闭环调节相结合的策略	互联网+、人工智能+
价值创造	工厂创造价值	数据创造价值	人、知识创造价值	从成本、速度转向创新、质量创造价值

美国具有强大的工业体系和工业技术基础，曾经多年保持全球制造业第一的位置，在航空航天、数字制造、先进工业机器人、高性能材料、医疗产品及药物、工业软件等方面具有领先优势，近年来的“再工业化”和“工业互联网革命”，使美国制造业呈现出新的增长趋势。从技术特点角度来看，美国是全球 IT 服务平台提供者，将发展新一代 IT 技术和产业，尤其是促进工业互联网和物联网与制造技术的结合，推进和扩大在制造业中的应用；在竞争优势方面，美国面向未来，紧紧抓住大数据和人工智能的发展契机，以期在新的战略制高点上形成领先竞争优势；在模式创新方面，则在过去以互联网创新改变人们互联通信、社交和消费模式之后，以工业物联网、工业互联网为基础实现商业模式再创新，实现“人-机-物”互联，再创交通、工业生产的新场景和新模式；在价值创造方面，美国将由传统的以物质财富生产为主的价值创造，更多地转向以基于工业物联网、大数据、云计算和人工智能的数据作为新的财富，产生和创造价值。

日本在制造领域也有深厚的基础和积淀，在精密机械、高端机床、机器人、汽车、集成电路制造装备、电子产品等方面掌握核心关键技术，具有明显的竞争优势。近年来，日本进一步强调制造商和智能制造单元的结合，从知识和工程、需求和供应链、递阶层级三个维度体现出智能制造整体技术特点；日本制造业需要从今天积淀的技术、人才和基础实现到明天的高效迁移，才能保持其竞争优势；在模式创新方面，突出开放结构与闭环调节相结合的策略；在价值创造上，更加关注人的价值、知识的价值，以此为基础创造新的价值。

我国从 2010 年开始，制造业增加值已跃居全球首位，成为名副其实的制造大国。我国高度重视发展制造业，技术上倡导和注重信息化与工业化的“两化”深度融合；以数字化转型、智能化升级来加快实现制造业从低端向中高端的转型升级；在模式创新上，将以“互联网+”和“人工智能+”为重点，加快制造业在供应链、产品设计、生产过程、营销和服务等方面的模式创新；从过去注重发挥成本、速度的优势创造价值，转向追求通过创新发展、提升质量和塑造品牌，来实现价值创造。

1.2 智能制造概要

1.2.1 智能制造的基本概念

1. 智能制造

关于智能制造的定义多种多样，以下仅举几例供大家深度理解参考。

1）智能制造：将机器智能融合于制造的各种活动中，以满足企业相应的目标。

【注：机器智能包括计算、感知、识别、存储、记忆、呈现、仿真、学习、推理……既包括传统智能技术〔如传感、基于知识的系统（KBS）等〕，也包括新一代人工智能技术（如基于大数据的深度学习）。一般来说，人工智能分为计算智能、感知智能和认知智能3个阶段。第一阶段为计算智能，即快速计算和记忆存储能力。第二阶段为感知智能，即视觉、听觉、触觉等感知能力。第三阶段为认知智能，即能理解、会思考。认知智能是目前机器与人差距最大的领域，让机器学会推理和决策异常艰难。】

2）智能制造是以智能技术为代表的先进制造，包括以智能化、网络化、数字化和自动化为特征的先进制造技术的应用，涉及制造过程中的设计、工艺、装备（结构设计和优化、控制、软件、集成）和管理。

【注：根据定义，智能制造中相关设备的配置原则如下：

① 具有网络化功能的设备。

② 能适应生产现场无人化的设备。

③ 具有“神经”系统的设备。

④ 能进行数据分析的设备。】

3）美国能源部对智能制造的定义是：智能制造是先进传感、仪器、监测、控制和过程优化的技术和实践的组合，它们将信息和通信技术与制造环境融合在一起，实现工厂和企业中能量、生产率和成本的实时管理。

【注：当前，智能制造一般指综合集成信息技术、先进制造技术和智能自动化技术，在制造企业的各个环节（如经营决策、采购、产品设计、生产计划、制造、装配、质量保证、市场销售和售后服务等）融合应用，实现企业研发、制造、服务和管理全过程的精确感知、自动控制、自主分析和综合决策，形成了一种具有高度感知化、物联化和智能化特征的一种新型制造模式。】

4）我国工业和信息化部将智能制造定义为：基于新一代信息通信技术与先进制造技术深度融合，贯穿于设计、生产、管理、服务等制造活动的各个环节，具有自感知、自学习、自决策、自执行、自适应等功能的新型生产方式。

【注：智能制造具有以智能工厂为载体、以关键制造环节智能化为核心、以端到端数据流为基础、以网络互联为支撑等特征，可有效满足产品的动态需求、缩短产品研制周期、降低运营成本、提高生产率、提升产品质量、降低资源和能源消耗。】

智能制造是一种集自动化、智能化和信息化于一体的制造模式，是信息技术特别是互联网技术与制造业的深度融合、创新集成，目前主要集中在智能设计（智能制造系统）、智能生产（智能制造技术）、智能管理、智能制造服务这4个关键环节，同时还包括一些衍生出来的智能制造产品。智能制造需要实现的目标有4个：产品的智能化、生产的自动化、信息流和物资流合一，以及价值链同步。

从智能制造的定义和智能制造要实现的目标来看，传感技术、测试技术、信息技术、数控技术、数据库技术、数据采集与处理技术、互联网技术、人工智能技术、生产管理等与产品生产全生命周期相关的先进技术均是智能制造的技术内涵。

2. 智能制造系统

智能制造系统：把机器智能融入包括人和资源形成的系统中，使制造活动能动态地适应需求和制造环境的变化，从而满足系统的优化目标。

【注一：资源包括原材料、能源、设备、工具、数据等；需求可以是外部的（不仅考虑用户的，还应考虑社会的），也可以是企业内部的；环境包括设备工作环境、车间环境、市场环境等。】

【注二：系统是一个相对的概念，如图 1-7 所示。】

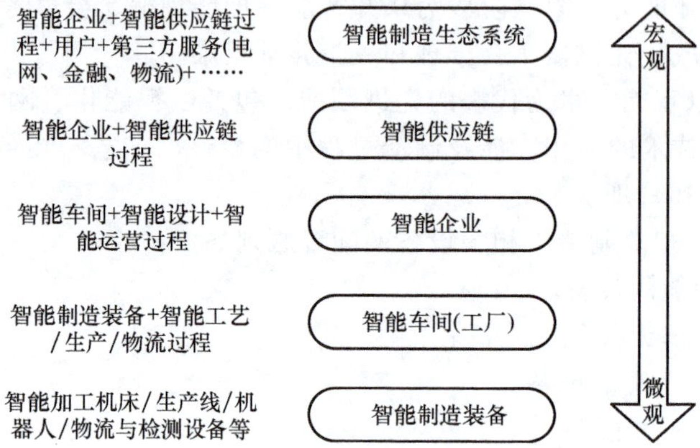

图 1-7　智能制造系统的层次

3. 智能制造的相关概念

对智能产品性能的描述以及对智能制造其他相关概念的描述分列如下。

（1）有关智能产品性能的概念

1）自感知：能够感知外部世界、获取外部信息。

2）自学习：通过与环境的相互作用，不断学习积累知识，使自己能够适应环境变化。

3）自决策：能够对外界刺激做出反应，形成优化操作、协调控制的决策并传达相应的信息。

4）自执行：能够很好地贯彻既定的战略意图，并按要求达成特定任务目标。

5）自适应：在处理和分析过程中，根据处理数据的数据特征自动调整处理方法、处理顺序、处理参数、边界条件或约束条件，使其与所处理数据的统计分布特征、结构特征相适应，以取得最佳的处理效果。

6）自诊断：对工作过程中感知的信号和数据进行存储、计算等处理，实时监测工作环境和工作状态，对故障进行判别、诊断和报警。

【注：人工智能系统既能够存储感知到的外部信息以及由思维产生的知识，同时也能够利用已有的知识对信息进行分析、计算、比较、判断、联想、决策。】

（2）与智能制造相关的概念

1）智能设计：应用智能化的设计手段及先进的数据交互信息系统来模拟人类的思维活动，承担设计过程中各种复杂任务，辅助设计人员获得最优的产品设计成果和效益。

2）智能生产：借助先进的检测、加工设备及仿真手段，实现对加工过程的建模、仿真预测和对加工系统的监测与控制；集成现有的加工知识，使加工系统能够根据实时工况自动优选加工参数，调整自身状态，获得最优的加工性能和最佳的加工质量。

3）智能管理：在个人智能结构与组织智能结构基础上实施的管理。

4）智能制造服务：以用户为中心，实现自动识别用户意见的显性和隐性需求，并且可以主动、高效、安全、绿色地满足其需求。

5）数字工厂：数字工厂是在计算机虚拟环境中，对整个生产过程进行仿真、评估和优化，并进一步扩展到整个产品生命周期的新型生产组织方式。它依靠的是信息的集成，是现代数字制造技术与计算机仿真技术相结合的产物，主要作为沟通产品设计和产品制造之间的桥梁。

6）智慧工厂：智慧工厂是在数字工厂的基础上，利用物联网技术和监控技术加强信息管理和服务；提高生产过程可控性、减少生产线人工干预，以及合理计划排程，同时集初步智能手段和智能系统等新兴技术于一体，构建高效、节能、绿色、环保、舒适的人性化工厂。（智慧工厂已经具有了自主能力，可进行采集、分析、判断、规划；通过整体可视技术进行推理预测，利用仿真及多媒体技术，将实境扩增展示设计与制造过程；系统中各组成部分可自行组成最佳系统结构，具备协调、重组及扩充特性；系统已具备了自我学习、自行维护能力。智慧工厂实现了人与机器的相互协调合作。）

【数字工厂、智慧工厂和智能制造三者的区别是什么？

智慧工厂是在数字工厂基础上的升级版，但是与智能制造还有很大差距。智能制造系统在制造过程中能进行智能活动，诸如分析、推理、判断、构思和决策等。通过人与智能机器的合作，去扩大、延伸和部分地取代技术专家在制造过程中的脑力劳动。它把制造自动化扩展到柔性化、智能化和高度集成化。

智能制造系统不只是人工智能系统，而是人机一体化智能系统，是混合智能。智能制造系统可独立承担分析、判断、决策等任务，突出人在制造系统中的核心地位，同时在智能机器配合下，更好地发挥人的潜能，机器智能和人的智能真正地集成在一起，互相配合，相得益彰。】

4. 智能制造的特征

与传统的机械制造不同，智能制造不只是针对生产端，衡量标准也不仅仅是自动化率，而是要充分发挥人的智慧，创建崭新的制造模式，实现效率最大化。在智能制造背景下，企业追求的不是单纯的“智能”，而是“智慧”。拼投资、拼装备，提升工厂的自动化水平并不难，但衡量一个工厂是否先进，不是看谁投资大、谁的自动化率高，而是要看谁能充分发挥人的智慧，通过人与自动化设备的有机融合，实现资源占用最小、效率发挥最大化。

与传统的制造相比，智能制造的特征见表1-6。

表1-6 智能制造的特征

特征	具体内涵
自律能力强	所谓自律能力，就是搜集与理解环境信息和自身的信息，并进行分析判断和规划自身行为的能力。只有具有自律能力的设备才称为智能机器，智能机器在一定程度上表现出独立性、自主性和个性，甚至相互间还能协调运作与竞争。强有力的知识库和基于知识的模型是自律能力的基础
实现人机一体化，甚至无人化制造	人机一体化突出了人在制造系统中的核心地位，同时在智能设备的配合下，能更好地发挥人的潜能，使人机之间表现出一种平等共事、相互“理解”、相互协作的关系，使二者在不同的层次上各显其能，相辅相成。因此，在智能制造系统中，高素质、高智能的人将发挥更好的作用，机器智能和人的智慧将真正地集成在一起，互相配合，相得益彰。工业机器人、机械手臂等智能设备的广泛应用，使工厂无人化制造成为可能。数控加工中心、智能机器人和三坐标测量仪及其他柔性制造单元，让“无人工厂”更加触手可及

（续）

特征	具体内涵
采用虚拟现实技术	虚拟现实技术是以计算机为基础，融信号处理、动画技术、智能推理、预测、仿真和多媒体技术为一体，借助各种音像和传感装置，虚拟展示现实生活中的各种过程、物件等，因而也能模拟制造过程和未来的产品，从感官和视觉上使人获得完全如同真实的感受。虚拟现实技术是实现虚拟制造的支持技术，也是实现高水平人机一体化的关键技术之一。虚拟现实技术的特点是可以按照人们的意愿任意变化，这种人机结合的新一代智能界面，是智能制造的一个显著特征
具备自组织能力与超柔性	智能制造系统中的各组成单元能够依据工作任务的需要，自行组成一种最佳结构，其柔性不仅表现在运行方式上，而且表现在结构形式上，所以称这种柔性为超柔性，如同一群人类专家组成的群体，具有生物特征
学习能力与自我维护功能强	智能制造系统能够在实践中不断地充实知识库，具有自学习功能。同时，在运行过程中可以自行诊断故障，并具备对故障的自行排除、自行维护能力。这种特征使智能制造系统能够自我优化并适应各种复杂的环境
基于大数据分析的生产决策以及生产设备网络化	在智能制造背景下，信息技术渗透到了制造业的各个环节，条形码、二维码、射频识别（Radio Frequency Identification，RFID）、工业传感器、工业自动控制系统、工业物联网、企业资源计划及 CAD/CAM/CAE/CAI 等技术的广泛应用，使得数据日益丰富，但对数据的实时性要求也在提高。这就要求企业顺应制造的趋势，利用大数据技术，实时纠偏，建立产品虚拟模型，模拟并优化生产流程，从而降低生产能耗与成本。借助物联网，通过各种信息传感设备，实时采集任何需要监控、连接、互动的物体或过程等各种需要的信息，实现物与物、物与人，以及所有的物品与网络的连接，以方便识别、管理和控制

5. 智能制造的关键环节

智能制造的关键环节包括智能设计、智能产品、智能生产、智能管理和智能服务，如图 1-8 所示。

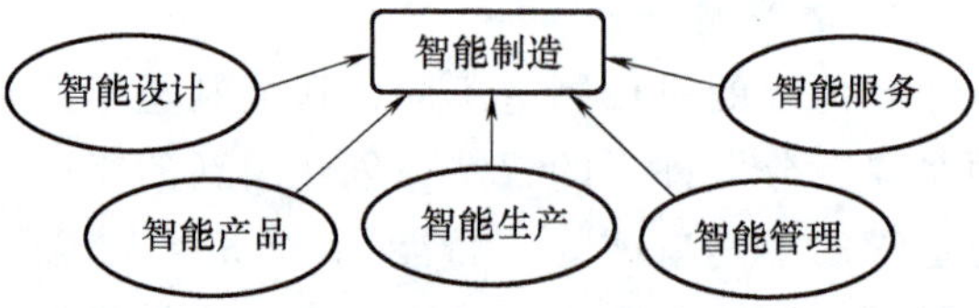

图 1-8　智能制造的关键环节

1）智能设计。设计是指在工业产品全生命周期价值链中，设计师有目的、有计划地进行技术性的创作与创意活动，包括构建对象、系统，或制订用于活动、过程实现的规范或计划等。智能设计仅涉及工业产品及其生产领域中的设计活动，如各种工业产品设计、制造工艺设计、生产线设计等方面，它是指应用现代信息技术，采用计算机模拟或实现人类的思维和创作活动，提高设计的智能水平，从而使计算机能够更多、更好地承担设计过程中的各种复杂任务，成为设计人员的重要辅助工具。智能设计是随着设计自动化、专家系统、计算机集成制造系统（Computer Integrated Manufacturing System，CIMS）、人工智能等理论和技术的发展而产生并发展起来的。其初期的形态是一种设计型专家系统，自 20 世纪 80 年代起，CIMS 的快速发展催生了智能设计——人机智能化设计系统。

2）智能产品。从功能角度看，智能产品可以定义为一类部分或全部具有感知、计算、数据存储、通信和交互等智能化特征的产品和装备。从构成角度看，智能产品可以定义为一类由产品（物）、传感器、通信单元、微处理器和控制器等组成的嵌入式系统。智能产品实例有智能手机、智能手表、智能机床、无人机和自动驾驶汽车等。智能产品在产品制造、物流、使用和服务过程中，能够实现自感知、自诊断、自适应和自决策等功能。

3）智能生产。CPS应用于智能制造中，将以一种新的赛博物理融合的信息物理生产系统（CPPS）形式，将智能机器、存储系统和生产设施相融合，使人、机、物等能够相互独立地自动交换信息、触发动作和自主控制，实现一种智能的、高效的、个性化的、自组织的生产方式，构建出智能工厂，实现智能生产。除了基本的加工/装配活动，还涉及计划调度、物流配送、质量控制、生产跟踪、设备维护等业务活动。智能生产的管控能力体现为形成“优化计划-智能感知-动态调度-协调控制”的大闭环生产流程，提升生产线的可配置性、自主化和适应性，从而对异常变化具有快速响应能力。

4）智能管理。一般意义的智能管理（Intelligent Management，IM）涉及的范围很广。在智能制造领域，智能管理是指新一代信息技术/人工智能、管理科学等与先进制造技术及制造工程相互结合、相互渗透而产生的新技术及其应用，旨在综合利用先进管理理论、方法、技术和系统，提高企业生产质量和效率，拓展价值增值空间，保证生产运营系统安全，满足诸如大规模批量定制生产、个性化小批量生产等现代生产的需求。

在智能制造中的智能管理，是在管理信息系统（Management Information System，MIS）、办公自动化系统（Office Automation System，OAS）、决策支持系统（Decision Support System，DSS）等技术的基础上，与专家系统、知识工程、模式识别、机器学习等方法和技术相结合，应用于企业商务运营（Enterprise Business Operation，EBO）、制造运营管理（Manufacturing Operation Management，MOM）和工业自动化控制运行管理等，从而实现“人-机-物”的高效整合与协调运行。

5）智能服务。智能服务是指借助产品与服务的融合，完成分散化制造资源的有机整合、不同类竞争力的高度协同，实现综合利用企业内外部资源，并提供规范、可靠的新型服务。当传统产品发展到智能产品并与大数据相结合后，用户和制造商都希望能够充分利用大数据，从而催生了智能服务。如利用“产品+服务”“互联网+服务”“智能+服务”等，推动供给侧发展，企业从传统的以产品为中心向以服务为中心转变，将重心放在解决方案和产品服务中，实现全生命周期中的价值增值。

1.2.2 实现智能制造的条件和要素

1. 实现智能制造必须具备的条件

在机械制造业进入自动化时代一段时间后，机器人受到了许多行业的青睐和热捧，甚至有人以为这就是智能制造时代，认为“智能制造就是多用机器人”。显然，这种认识是错误的，是对智能制造的概念缺乏真正的认知。

其实，智能制造首先是从状态感知开始的，要做到真正的智能制造，必须具备以下4个基本条件。

1）需要廉价、敏锐、实用的传感器。

2）要有一个信息化平台驱动。

3）数字化一切可数字化之物，要进行数学化设计。

4）网络化一切可连接之物，要实现互联网传输。

机器人要能够代替人完成全部或部分施工，但机器人远远不是智能制造的全部，而且对眼下的中国制造业来说，自动化程度并不是越高越好，正如专家所说，“对一家生产制造型企业来说，必须实现人、机器、机器人的合理分工和协同作业，才能最大幅度地提高生产率，而并不是只盯着自动化程度的高低。”

2. 智能制造的要素

为落实《中国制造2025》总体部署，按照《智能制造发展规划（2016—2020年）》《智能制造工程实施指南（2016—2020年）》的要求，工业和信息化部开展了2018年智能制造试点示范项目推荐工作。其中明确了2018年智能制造试点示范项目要素，下面了解一下工业和信息化部是如何判定不同类型智能制造的要素条件的，或者说智能制造是怎样具体呈现的。

（1）离散型智能制造

1）车间/工厂的总体设计、工艺流程及布局均已建立数字化模型，并进行模拟仿真，实现规划、生产、运营全流程数字化管理。

2）应用数字化三维设计与工艺技术进行产品工艺设计与仿真，并通过物理检测与试验进行验证与优化。建立产品数据管理（PDM）系统，实现产品设计、工艺数据的集成管理。

3）制造装备数控化率超过70%，并实现高档数控机床与工业机器人、智能传感与控制装备、智能检测与装配装备、智能物流与仓储装备等关键技术装备之间的信息互联互通与集成。

4）建立生产过程数据采集和分析系统，实现生产进度、现场操作、质量检验、设备状态、物料传送等生产现场数据自动上传，并实现可视化管理。

5）建立车间制造执行系统（MES），实现计划、调度、质量、设备、生产、能效等管理功能。建立企业资源计划（ERP）系统，实现供应链、物流、成本等企业经营管理功能。

6）建立工厂内部通信网络架构，实现设计、工艺、制造、检验、物流等制造过程各环节之间，以及制造过程与制造执行系统和企业资源计划系统的信息互联互通。

7）建立工业信息安全管理制度和技术防护体系，具备网络防护、应急响应等信息安全保障能力。建立功能安全保护系统，采用全生命周期方法有效避免系统失效。

通过持续改进，实现企业设计、工艺、制造、管理、物流等环节的产品全生命周期闭环动态优化，推进企业数字化设计、装备智能化升级、工艺流程优化、精益生产、可视化管理、质量控制与追溯、智能物流等方面的快速提升。

（2）流程型智能制造

1）工厂总体设计、工艺流程及布局均已建立数字化模型，并进行模拟仿真，实现生产流程数据可视化和生产工艺优化。

2）实现对物流、能流、物性、资产的全流程监控，建立数据采集和监控系统，生产工艺数据自动数采率达到90%以上。实现原料、关键工艺和成品检测数据的采集和集成利用，建立实时的质量预警。

3）采用先进控制系统，工厂自控投用率达到90%以上，关键生产环节实现基于模型的先进控制和在线优化。

4）建立制造执行系统，生产计划、调度均建立模型，实现生产模型化分析决策、过程量化管理、成本和质量动态跟踪以及从原材料到产品成品的一体化协同优化。建立企业资源计划系统，实现企业经营、管理和决策的智能优化。

5）对于存在较高安全与环境风险的项目，实现有毒有害物质排放和危险源的自动检测与监控、安全生产的全方位监控，建立在线应急指挥联动系统。

6）建立工厂通信网络架构，实现工艺、生产、检验、物流等制造过程各环节之间，以及制造过程与数据采集和监控系统、制造执行系统、企业资源计划系统之间的信息互联互通。

7）建立工业信息安全管理制度和技术防护体系，具备网络防护、应急响应等信息安全保障能力。建立功能安全保护系统，采用全生命周期方法有效避免系统失效。

通过持续改进，实现生产过程动态优化，制造和管理信息的全程可视化，企业在资源配置、工艺优化、过程控制、产业链管理、节能减排及安全生产等方面的智能化水平显著提升。

（3）网络协同制造

1）建立网络化制造资源协同云平台，具有完善的体系架构和相应的运行规则。

2）通过协同云平台，展示社会/企业/部门制造资源，实现制造资源和需求的有效对接。

3）通过协同云平台，实现面向需求的企业间/部门间创新资源、设计能力的共享、互补和对接。

4）通过协同云平台，实现面向订单的企业间/部门间生产资源合理调配，以及制造过程各环节和供应链的并行组织生产。

5）建立围绕全生产链协同共享的产品溯源体系，实现企业间涵盖产品生产制造与运维服务等环节的信息溯源服务。

6）建立工业信息安全管理制度和技术防护体系，具备网络防护、应急响应等信息安全保障能力。

通过持续改进，网络化制造资源协同云平台不断优化，企业间、部门间创新资源、生产能力和服务能力高度集成，生产制造与服务运维信息高度共享，资源和服务的动态分析与柔性配置水平显著增强。

（4）大规模个性化定制

1）产品采用模块化设计，通过差异化的定制参数，组合形成个性化产品。

2）建立基于互联网的个性化定制服务平台，通过定制参数选择、三维数字建模、虚拟现实或增强现实等方式，实现与用户深度交互，快速生成产品定制方案。

3）建立个性化产品数据库，应用大数据技术对用户的个性化需求特征进行挖掘和分析。

4）个性化定制平台与企业研发设计、计划排产、柔性制造、营销管理、供应链管理、物流配送和售后服务等数字化制造系统实现协同与集成。

通过持续改进，实现模块化设计方法、个性化定制平台、个性化产品数据库的不断优化，形成完善的基于数据驱动的企业研发、设计、生产、营销、供应链管理和服务体系，快速、低成本满足用户个性化需求的能力显著提升。

（5）远程运维服务

1）采用远程运维（运维——负责运行、维护）服务模式的智能装备/产品应配置开放的数据接口，具备数据采集、通信和远程控制等功能，利用支持 IPv4、IPv6 等技术的工业互联网，采集并上传设备状态、作业操作、环境情况等数据，并根据远程指令灵活调整设备运行参数。

2）建立智能装备/产品远程运维服务平台，能够对装备/产品上传数据进行有效筛选、梳理、存储与管理，并通过数据挖掘、分析，向用户提供日常运行维护、在线检测、预测性维护、故障预警、诊断与修复、运行优化、远程升级等服务。

3）智能装备/产品远程运维服务平台应与设备制造商的产品生命周期管理（PLM）系统、客户关系管理（CRM）系统、产品研发管理系统实现信息共享。

4）智能装备/产品远程运维服务平台应建立相应的专家库和专家咨询系统，能够为智能装备/产品的远程诊断提供智能决策支持，并向用户提出运行维护解决方案。

5）建立信息安全管理制度，具备信息安全防护能力。通过持续改进，建立高效、安全的智能服务系统，提供的服务能够与产品形成实时、有效互动，大幅度提升嵌入式系统、移动互联网、大数据分析、智能决策支持系统的集成应用水平。

远程运维服务其实就是在用户的计算机出现问题的时候，可以远程帮助用户进行维护，其工作核心主要是保障产品上线后的稳定运行，对在此期间出现的各种问题进行快速解决，并在日常工作中不断优化系统架构和部署的合理性，以提升服务的性能、可用性。

（6）工业互联网

1）建立工业互联网工厂内网，采用工业以太网、工业 PON、工业无线网、IPv6 等技术，实现生产装备、传感器、控制系统与管理系统等的互联，实现数据的采集、流转和处理；利用 IPv6、工业物联网等技术，实现与工厂内、外网的互联互通，支持内、外网业务协同。

2）采用各类标识技术自动识别零部件、制品、工序、产品等对象，在仓储、生产过程中实现自动信息采集与处理，通过与国家工业互联网标识解析系统对接，实现对产品全生命周期管理。

3）实现工厂管理软件之间的横向互联，实现数据流动、转换和互认。

4）在工厂内部建设工业互联网平台，或利用公众网络上的工业互联网平台，实现数据的集成、分析和挖掘，支撑智能化生产、个性化定制、网络化协同、服务化延伸等。

5）通过部署和应用工业防火墙、安全监测审计、入侵检测等安全技术措施，实现对工业互联网安全风险的防范、监测和响应，保障工业系统的安全运行。

（7）人工智能

1）关键制造装备采用人工智能技术，通过嵌入计算机视听觉、生物特征识别、复杂环境识别、智能语音处理、自然语言理解、智能决策控制以及新型人机交互等技术，实现制造装备的自感知、自学习、自适应、自控制。

2）结合行业特点，基于大数据分析技术，应用机器学习、知识发现与知识工程以及跨媒体智能等方法，在产品质量改进与缺陷检测、生产工艺过程优化、设备健康管理、故障预测与诊断等关键环节具备人工智能特征。

3）目标产品采用智能感知、模式识别、智能语义理解、智能分析决策等核心技术，实现复杂环境感知、智能人机交互、灵活精准控制、群体实时协同等方面性能和智能化水平的显著提高。

4）人工智能技术已在产品开发、制造过程等产品全生命周期过程中实际运用，实现对制造过程的优化，同时，技术方案和应用模式等具有可复制性、可推广性。

1.2.3　智能制造系统的架构

《国家智能制造标准体系建设指南（2018 年版）》指出：智能制造系统架构从生命周期、系统层级和智能特征三个维度对智能制造所涉及的活动、装备、特征等内容进行描述，主要用于明确智能制造的标准化需求、对象和范围，指导国家智能制造标准体系建设。智能制造系统架构如图 1-9 所示。

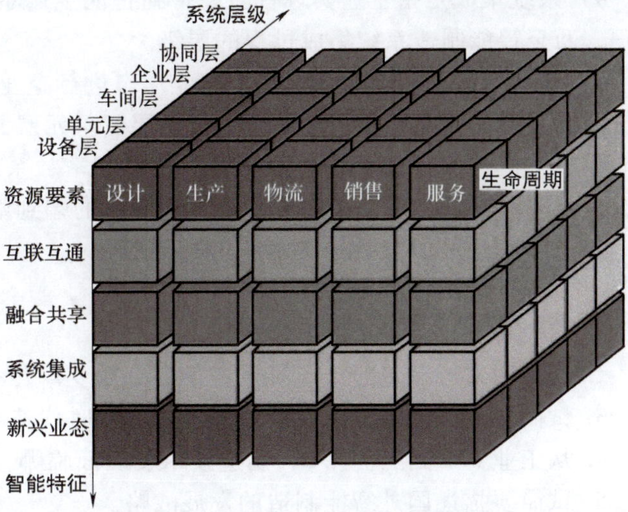

图 1-9　智能制造系统架构

1. 生命周期

生命周期是指从产品原型研发开始到产品回收再制造的各个阶段，包括设计、生产、物流、销售和服务等一系列相互联系的价值创造活动。生命周期的各项活动可进行迭代优化，具有可持续性发展等特点，不同行业的生命周期构成不尽相同。

1）设计是指根据企业的所有约束条件以及所选择的技术来对需求进行构造、仿真、验证、优化等的研发活动过程。

2）生产是指通过劳动创造所需要的物质资料的过程。

3）物流是指物品从供应地向接收地的实体流动过程。

4）销售是指产品或商品等从企业转移到用户手中的经营活动。

5）服务是指提供者与用户接触过程中所产生的一系列活动的过程及其结果，包括回收等。

2. 系统层级

系统层级是指与企业生产活动相关的组织结构的层级划分，包括设备层、单元层、车间层、企业层和协同层。

1）设备层是指企业利用传感器、仪器仪表、机器、装置等，实现实际物理流程并感和操控物理流程的层级。

2）单元层是指用于工厂内处理信息、实现监测和控制物理流程的层级。

3）车间层是实现面向工厂或车间的生产管理的层级。

4）企业层是实现面向企业经营管理的层级。

5）协同层是企业实现其内部和外部信息互联和共享过程的层级。

3. 智能特征

智能特征是指基于新一代信息通信技术使制造活动具有自感知、自学习、自决策、自执行和自适应等一个或多个功能的层级划分，包括资源要素、互联互通、融合共享、系统集成和新兴业态五层智能化要求。

1）资源要素是指企业生产时所需要使用的资源或工具及其数字化模型所在的层级。

2）互联互通是指通过有线、无线等通信技术，实现装备之间、装备与控制系统之间、企业之间相互连接及信息交换功能的层级。

3）融合共享是指在互联互通的基础上，利用云计算、大数据等新一代信息与通信技术在保障信息安全的前提下，实现信息协同共享的层级。

4）系统集成是指企业实现智能装备到智能生产单元、智能生产线、数字化车间、智能工厂，乃至智能制造系统集成过程的层级。

5）新兴业态是企业为形成新型产业形态进行企业间价值链整合的层级。

智能制造的关键是实现贯穿企业设备层、单元层、车间层、企业层和协同层不同层面的纵向集成，横跨资源要素、互联互通、融合共享、系统集成和新兴业态不同级别的横向集成，以及覆盖设计、生产、物流、销售和服务的端到端集成。

习题与思考题

1. 简要说明机械制造的发展历程。
2. 试说明机械制造经历了哪些变革。每次变革各有什么特征？
3. 试简要说明机械工业发展的各个阶段的时代特点和生产模式。
4. 从工业 3.0 到工业 4.0，制造技术发展面临哪些新的转变？
5. 试简要描述国外智能制造的发展战略。
6. 试阐述我国是如何实施制造强国战略的。
7. 何谓“智能制造”？几种关于“智能制造”的定义中包含了哪些共同信息？
8. 何谓“智能制造系统”？智能制造系统包含哪些关键环节？
9. 智能制造具有哪些特征？
10. 简要说明实现智能制造的要素及条件。

第2章

智能制造的标志性技术

教学导航

【知识目标】

1. 熟悉实现智能制造必不可少的基础技术；熟悉机器视觉技术、射频识别技术的基本知识；掌握智能检测技术、智能控制技术的基本知识。

2. 掌握3D打印技术的工作流程，熟悉各种3D打印方法。

3. 熟悉数据、大数据、工业大数据、制造大数据、云计算的概念；掌握数据的获取和处理方法；熟悉云管理层的架构及云计算的模式；熟悉数字孪生的概念及其关键技术，了解数字孪生在智能制造中的应用。

4. 了解建模与仿真技术的特点，熟悉建模与仿真技术的技术体系，了解建模与仿真技术的发展趋势。

【能力目标】

1. 通过学习，能初步进行机器视觉系统的调整与维护。

2. 通过学习，能初步进行3D打印的实际操作。

【素养目标】

通过学习，充分认识到加快数字中国建设，就是要适应我国发展新的历史方位，全面贯彻新发展理念，以信息化培育新动能，用新动能推动新发展，以新发展创造新辉煌。要为推进新型工业化，加快建设制造强国、质量强国、航天强国、交通强国、网络强国、数字中国做出自己应有的贡献。

2.1 智能制造的基础技术

2.1.1 机器视觉技术

1. 机器视觉系统的组成

机器视觉也称为计算机视觉，是一种以机器视觉产品代替人眼的视觉功能，利用计算机对机器视觉设备采集的图像或者视频进行处理，从而实现对客观世界的三维场景的感知、识别和理解的技术。

机器视觉技术涉及人工智能、神经生物学、心理物理学、计算机科学、图像处理和模式识别等多个技术领域。它主要利用计算机来模拟人或者再现与人类视觉有关的某些智能行为，从客观事物的图像中提取信息，分析特征，最终用于工业检测、工业探伤、精密测控、自动生产线及各种危险场合工作的机器人等。

机器视觉系统是一种非接触式的光学传感系统，它同时集成软硬件，能够自动地从所采集的图像中获取信息或者产生控制动作。该系统主要由图像的采集（信息拾取）、图像的处理和分析（特征提取、模式识别和数据融合）、输出或显示三部分组成。

图像的采集实际上是将被测物体的可视化图像和内在特征转换成能被计算机处理的系列数据，它主要由光源、镜头、相机和图像采集卡等组成。图像的处理和分析主要依赖于工业计算机图像处理技术，包括图像增强、数据编码与传输、平滑、边缘锐化、分割、特征抽取、图像识别与理解等。经过这些处理后，输出的图像质量得到相当大程度的提升，既改善了图像的视觉效果，又便于计算机对图像进行分析、处理和识别。

一般一个典型的工业机器视觉系统除了包含如光源、被测目标、光学系统、图像捕捉系统、图像采集卡与数字化、智能图像处理与决策等部分外，还有根据机器视觉检测结果来进行后续具体功能实现的控制执行器来控制相应的执行机构。图 2-1 所示为机器视觉系统的组成示意图。机器视觉系统的主要组成部分如下：

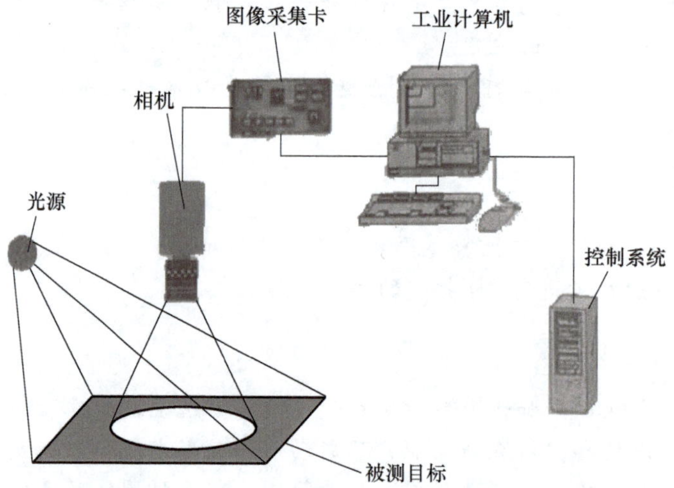

图 2-1　机器视觉系统的组成示意图

1）光源。光源一般应尽可能突出目标，在物体需要检测的部分与非检测的部分之间尽可能产生明显的区别，增加对比度；保证足够的亮度和稳定性；物体位置的变化不影响成像的质量。在机器视觉系统应用中多采用透射光和反射光。常用的光源类型有卤素灯、荧光灯和 LED 灯。

2）光学系统。机器视觉系统的光学系统主要指光学镜头。像差（全称色像差）是指实际光学系统中，由非近轴光线追迹所得的结果和近轴光线追迹所得的结果不一致，形成影像与高斯光学（一级近似理论或近轴光线）的理想状况的偏差。

常见的衡量光学镜头成像质量优劣的像差有球差、慧差、像散、场曲、畸变和色差6种。为此，在选用镜头时需要考虑成像面积、焦距、视角、工作距离和视野等参数。

3）图像捕捉系统。图像捕捉系统主要由相机组成，现在主要以高分辨率数码相机为主。数码相机是一种半导体器件，能够把光学影像转化为数字信号。该器件具有光电转换信息存储和延时等功能，并且集成度高、能耗低，在固体图像传感、信息存储和处理等方面得到广泛应用。目前，在机器视觉系统中以面阵相机应用居多。

4）图像采集卡。它是图像采集部分和图像处理部分的接口，一般具有以下功能模块：

① 图像的接收与模数转换模块：负责图像信号的放大与数字化。

② 相机控制输入/输出接口：负责协调相机进行同步或实现异步重置拍照、定时拍照等。

③ 总线接口：负责通过计算机内部总线高速输出数字数据，一般是PCI接口。

5）图像信号处理系统。图像信号处理系统是机器视觉系统的核心，主要依靠计算机运算来实现。视觉信息的处理技术主要依赖于图像处理方法。

6）控制系统与执行机构。机器视觉系统最终功能的实现要依靠对图像信号进行处理得到的计算结果进行判断，然后将控制信号输入控制系统后由执行机构来实现。根据应用场合的不同，控制系统可以是由单片机、PLC等组成的控制部件，执行机构可以是机电系统、液压系统或气动系统中的一种。

2. 机器视觉系统的工作原理及工作过程

机器视觉系统输出的是经过运算处理后的检测结果，而并非视频信号。机器视觉系统首先将相机摄取的目标转换成图像信号，传送给专用的图像处理系统；图像处理系统根据像素分布、亮度和颜色等信息，通过模/数转换器将其转换成数字信号并对这些数字信号进行各种运算来提取目标的面积、长度、数量和位置等特征；然后根据预设的容许度和其他条件输出尺寸、角度、偏移量、个数、合格与否等结果；最后，控制系统实时获得检测结果后，指挥执行机构按相应的控制动作运动。

一个完整的机器视觉系统的主要工作过程如下：

1）当定位检测器探测到有物体已经运动至接近摄像系统的视野中心时，立即向图像采集部分发送触发脉冲。

2）图像采集部分按照事先设定的程序和延时，分别向相机和照明系统（光源）发出启动脉冲。

3）相机完成一帧图像扫描后立即停止扫描，而后重新开始新的一帧图像扫描；或者相机在启动脉冲到来之前处于等待状态，待启动脉冲到达后再启动新一帧图像扫描。

4）事先设定曝光时间，在相机开始新的一帧图像扫描之前打开曝光机构。

5）另一个启动脉冲打开灯光照明，灯光的开启时间应该与相机的曝光时间匹配。

6）相机曝光后，正式开始一帧图像的扫描和输出。

7）图像采集部分接收模拟视频信号，通过模/数转换器将其数字化，或者直接接收相机数字化后的数字视频数据。

8）图像采集部分将数字图像存放在处理器或计算机的内存中。

9）处理器对图像进行处理、分析和识别，获得测量结果或逻辑控制值。

10）处理结果控制执行机构的动作、进行定位、纠正运动的误差等。

由此可见，因为大多数机器视觉系统的监控对象都是运动物体，系统与运动物体的匹配和协调动作尤为重要，所以对系统各部分的动作时间和处理速度有严格的要求，从而使得机器视觉系统变成一个比较复杂的系统。在机器人、飞行物体制导等应用领域，甚至对整个系统或者系统中某一部分的重量、体积和功耗都会有严格的要求。

3. 智能制造工厂对机器视觉系统的需求

日臻成熟的机器视觉技术伴随计算机技术与现场总线技术已成为现代加工制造业不可或缺的重要组成部分，广泛应用于食品、化妆品、制药、建材、化工、金属加工、电子制造、包装和汽车制造等行业。

机器视觉系统在智能制造工厂中扮演着重要的角色，可以有效增加产能，提高产品合格率。当选择应用小型机器视觉系统时，传统工业智能相机的优势是体积小、集成度高、便于开发使用；嵌入式机器视觉系统的优势在于配置相当有弹性，可配备较高等级的 CPU 处理器，支持多通道相机，扩展性强。

在选用机器视觉系统时，需要考虑以下因素：

1）处理器计算性能。在机器视觉系统进行图像采集与分析的过程中，处理器的计算能力至关重要。图像数据被采集到系统后，必须通过系统处理器进行计算与图像质量优化，若能通过现场可编程门阵列（FPGA）的支持，将图像的矩阵计算在交给 CPU 计算之前做好过滤及优化处理，则可大幅加速图像处理，降低 CPU 的负担。

2）图像传感器的优劣。图像传感器是机器视觉系统的灵魂，直接影响图像的质量。机器视觉系统用于高端高速的检测时，传感器的质量和尺寸会成为选用系统时必须考虑的重点。

3）生产线环境。工厂的生产线环境通常较为恶劣。如果机器视觉系统需要就近配置在严苛的生产线环境中，则应根据需求确定是否选用具备防水、防尘能力的产品。

4）软件开发环境。软件开发的难易程度与整合度的高低是所有将机器视觉系统导入智能化系统的工程人员心中的一大隐忧，也往往是决定项目成败的最重要因素，此处如何缩短开发周期，降低开发成本是关键。

由于机器视觉系统可以快速获取大量信息，易于自动处理也便于集成设计信息和加工控制信息，因而在现代自动化生产中应用机器视觉技术可大大提高生产率和生产的自动化程度。

2.1.2 射频识别技术

射频识别（RFID）技术是一种利用射频通信实现的非接触式自动识别技术。在 RFID 系统中，识别信息存放在电子数据载体中，这种电子数据载体称为应答器。应答器中存放的识别信息由阅读器读写，从而达到识别目标和数据交换的目的。目前，射频识别技术广泛应用于各类 RFID 标签和卡的读写和管理。

1. RFID 技术的基本原理

在 RFID 系统中，射频识别部分主要由阅读器和应答器两部分组成，它们之间的通信采用无线的射频方式进行耦合。射频识别涉及的无线电频率范围很广，在实际应用中，对距离、速率及应用的要求不同，需要的射频性能也不尽相同。

RFID 基本原理如图 2-2 所示。

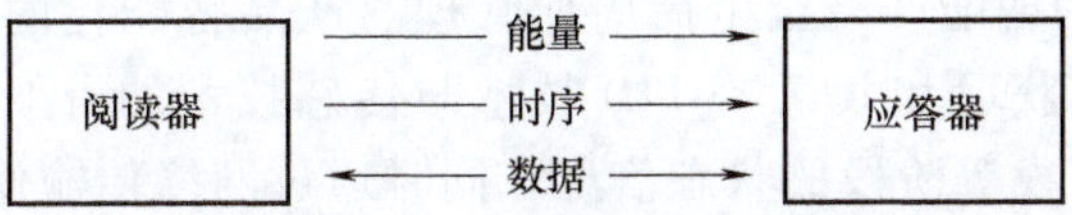

图 2-2 RFID 基本原理框图

阅读器和应答器之间主要靠能量、时序和数据三个方面来完成交互：

1）阅读器产生射频载波为应答器提供工作所需能量。

2）阅读器与应答器之间通常采用询问-应答的方式进行信息交互，两者必须遵循严格的时序关系，该时序也由阅读器提供。

3）阅读器与应答器之间可以实现双向数据交换，阅读器通常采用载波间隙、脉冲位置调制、编码解调等方式向应答器传送命令和数据；应答器存储的数据信息则采用对载波的负载调制方式向阅读器传送。

根据射频耦合方式的不同，RFID 系统可以分为电感耦合系统和反向散射耦合系统两大类。电感耦合也称为磁耦合，是阅读器和应答器之间通过磁场（类似变压器）的耦合方式进行射频耦合，能量（电源）由阅读器通过载波提供。反向散射耦合也称为电磁耦合，其理论和应用基础来自雷达技术。

RFID 技术作为一种特殊的识别技术，区别于传统的条码、插入式 IC 卡和生物（例如指纹）识别技术，具有如下特征：

1）通过电磁耦合方式实现非接触自动识别。

2）须用无线电频率资源，并且须遵守无线电频率使用的众多规范。

3）由于存放的识别信息是数字化的，因此通过编码技术可以方便实现多种应用。

4）可以方便地进行组合建网，以完成多种规模的系统应用。

5）涉及计算机、无线数字通信、集成电路和电磁场等众多学科。

2. RFID 技术在智能制造中的应用

RFID 技术与制造技术相结合，可有效地提升生产率、产品质量和企业管理水平。在制造过程中，应用 RFID 技术具有以下优势：

1）实现生产数据采集的自动化和实时化，克服企业计划层与控制层之间的“信息断层”，及时掌握生产计划和生产线的生产状态。

2）有效地跟踪、控制和管理生产所需的资源及在制品的状态，增强生产现场物料配送的及时性和准确性，对生产过程实现透明化和可视化管理。

3）加强生产过程质量监控和跟踪能力，提高产品质量和生产线整体生产率；借助 RFID 技术在识别、感知、联网和定位等方面的强大功能，将其应用于复杂零件制造过程管理，可有效提升其制造效率和品质，降低装配差错率。

RFID 技术在智能制造中的应用主要有以下几个方面：

1）基于 RFID 技术的数字化车间管理。RFID 技术在数字化车间中主要用于产品管理、设备智能维护和车间混流制造。采用 RFID 技术可实现产品与主机之间的信息交互、产品的可视化跟踪管理及元器件寿命定量监控与预测。通过集成 RFID 技术的智能传感器还可在线监测设备关键部位的运转情况，并通过网络与后台服务器通信，实现加工设备性能特征的在线监测、运行状态评估与风险预警、设备早期故障诊断与专家支持。

2）基于RFID技术的智能产品全生命周期管理。产品智能化的关键之一在于如何实现其全生命周期信息的快速获取和共享。RFID技术与传感技术的有效集成能实时、高效地获取产品在加工、装配和服役等阶段的状态信息，同时通过网络传输使生产商及时掌握产品全生命周期的工况信息，为制造企业后台服务支撑、远程指令下达以及用户的个性化设计改进提供有力的数据支持。

3）基于RFID技术的制造物流智能化。将RFID系统与制造企业自动出入库系统集成，可实现在制品和货品出入库自动化与货品批量识别。RFID技术和GPS技术集成可以实现制造企业在制品的精确定位，同时通过网络传输，实现物流信息共享与产品全程监控，从而优化企业采购过程。将智能物流系统与ERP（企业资源计划）系统、MES（制造执行系统）无缝对接，可以实现快速响应订单并降低产品库存，提升制造企业在制品物流管理的智能化水平。

RFID技术应用于智能制造领域，将加快智能制造领域的技术创新，促进智能制造技术的快速发展，拓展智能制造的研究领域，逐步减少高品质产品制造对专家的依赖性，彻底改变现有的生产方式和制造业竞争格局。

2.1.3 智能检测技术

1. 检测技术概述

在人类的各项生产活动和科学实验中，为了了解和掌握整个过程的进展及最终结果，经常需要对各种基本参数或物理量进行检查和测量，从而获得必要的信息，并以其作为分析、判断和决策的依据。因此可以认为，检测技术就是人们为了对被测对象所包含的信息进行定性的了解和定量的分析所采取的一系列技术措施。

20世纪以来，各种先进制造技术层出不穷，用于制造汽车、机床、飞机、火箭、机器人、计算机、移动通信设备等的各种机电设备，这些设备的机电系统大多是集机械、电子、信息、控制于一体的复杂机电系统，这些机电系统的创新设计、运行监测、故障诊断等均涉及检测技术。可以说，熟悉和掌握检测技术对于适应现代科技发展需要和培养创新开发能力有着十分重要的现实意义。

检测技术的完善和发展促进了现代科学技术的进步，现代化检测手段所达到的水平在很大程度上决定了科学研究的深度和广度。检测技术水平越高，提供的信息越精确、越可靠、越丰富、越全面，科学研究取得突破性进展的可能性就越大。此外，理论研究的一些成果必须通过试验和观测来加以验证，这同样也离不开检测技术。当然，科学技术的进步也不断地对检测技术提出新的要求，检测技术也从中获得了向前发展的动力；科学技术的新成果不断应用到检测技术中，有力地促进了检测技术现代化。检测技术与现代化生产和科学研究就是这样存在着一种密不可分、互相促进的依赖关系。

科学技术的迅猛发展为实现检测技术的现代化创造了条件，主要表现在以下三个方面：

1）新原理、新材料、新工艺的研究成果将产生更多品质优良的新型传感器。例如光纤传感器、液晶传感器、压敏传感器、微生物传感器，可代替视觉、嗅觉、触觉、听觉的各种仿生传感器和超高温、超高压、超低压和超高真空等极端参数的新型传感器，以及高精度、小型化和集成化的传感器等，这些都是检测技术的发展方向。

2）带处理器的智能化仪表的出现。检测系统和检测装置正在迅速地由模拟式、数字式向智能化方向发展，将检测技术自动化推进到一个崭新的水平，未来的检测系统和检测装置，不仅能自动地协调工作，而且还有数据处理和故障诊断功能，能自动调零、自动校准、自动转换量程、自动选择功能、自动处理数据和修正误差、自动定时测量、自动诊断故障、双向通信、存储信息和记忆等。

3）国防工业和工业控制领域大量使用的结构型传感器正在向高稳定性、高可靠性和高精度方向发展，并且将敏感元件和电路组装在一起，向着有源化方向发展，减小了装置体积，提高了信噪比和精度。

2. 工业过程检测

工业过程检测是指在生产过程中，为及时掌握生产情况和监视、控制生产过程，而对其中一些变量进行的定性检查和定量测量。

检测的目的是获取各过程变量值的信息。根据检测结果可对影响过程状况的变量进行自动调节或操纵，以达到提高质量、降低成本、节约能源、减少污染和安全生产等目的。

检测技术涉及的内容非常广泛，包括被检测信息的获取、转换、显示及测量数据的处理等技术。随着科学技术的不断进步，特别是随着微电子技术、计算机技术等高新科技的发展及新材料、新工艺的不断涌现，检测技术也在不断发展，并且已经成为一门实用性和综合性很强的新兴学科。

工业过程检测具有如下特点：

1）被测对象形态多样。有的被测对象为气态、液态、固态介质及其混合体，有的被测对象具有特殊性质（如强腐蚀、强辐射、高温、高压、深冷、真空、高黏度、高速运动等）。

2）被测参数性质多样，有温度、压力、流量、液位等热工量，也有各种机械量、电工量、化学量、生物量，还有某些工业过程要求检测的特殊参数（如纸浆的打浆度）等。

3）被测变量的变化范围广，如被测温度可以是1000℃以上的高温，也可以是0℃以下的低温甚至超低温。

4）检测方式多种多样，既有断续测量又有连续测量，既有单参数检测又有多参数同时检测，还有每隔一段时间对不同参数的巡回检测等。

5）检测环境比较恶劣。在工业过程中，存在着许多不利于检测的影响因素，如电源电压波动，温度、压力变化，以及在工作现场存在水汽、烟雾、粉尘、辐射、振动等。

为适应工业过程检测的上述特点，要求检测仪表不仅具有良好的静态特性和动态特性，还要针对不同的被测对象和测量要求采用不同的测量原理和测量手段。因此，检测仪表的种类繁多，而且为了适应工业过程中对检测技术提出的新要求，还将有各式各样的新型仪表不断涌现。

3. 智能检测

智能检测就是利用计算机及相关仪器，实现智能化和自动化的检测过程。智能检测技术是指能自动获取信息，并利用有关知识和策略，采用实时动态建模、在线识别、人工智能、专家系统等技术，对被测对象（过程）实现检测、监控、自诊断和自修复的技术。智能检测技术包括传感技术、微电子技术、计算机技术、信号分析与处理技术、数据通信技术、模式识别技术、可靠性技术、抗干扰技术、人工智能技术等。

智能检测除了前面所述机器视觉技术、射频识别技术外，还包括利用声、光、磁和电等特性，不损害或不影响被测对象使用性能的无损检测（Non-destructive Testing，NDT）技术。无损检测技术分为常规无损检测技术和非常规无损检测技术。常规无损检测技术有超声检测（Ultrasonic Testing，UT）、射线检测（Radiographic Testing，RT）、磁粉检测（Magnetic particle Testing，MT）、渗透检测（Penetrant Testing，PT）、涡流检测（Eddy current Testing，ET）等。非常规无损检测技术有声发射（Acoustic Emission，AE）检测、红外热成像（Infrared Thermography）等。

无损检测技术具有非破坏性、全面性、全程性、可靠性的显著特点。无损检测技术正在朝着便携化、袖珍化、多种检测方法综合一体化、大型自动化、检测结果显示数字图像化、检测结果评定智能化等方向发展。

以下介绍三种比较成熟和常用的无损检测技术。

（1）超声检测

超声检测是指通过超声波与工件相互作用，对反射、透射和散射的波进行研究，并对工件进行缺陷检测、几何特性测量、组织结构和力学性能变化的检测和表征，进而对其特定应用性进行评价的技术。

利用频率在 20kHz 以上的声波即超声波检测物体内部结构的方法始于 1930 年，到 1944 年，美国研制成功脉冲反射式超声检测仪。20 世纪 50 年代，超声检测广泛进入工业检验领域。20 世纪 60 年代，德国等国家研制出高灵敏度和高分辨率的超声波仪器，有效地解决了焊缝超声检测问题，使超声检测的应用进一步扩大。

超声波被用于无损检测，主要是因为有以下几个特性：

1）超声波在介质中传播时，遇到界面会发生反射。

2）超声波指向性好，且频率越高，指向性越好。

3）超声波传播能量大，对各种材料的穿透力较强。

超声检测方法见表 2-1。

表 2-1　超声检测方法

检测方法	具体操作
接触法与液浸法	接触法就是使探头与涂有薄层耦合剂的工件表面接触进行探伤的方法。耦合剂主要起传递超声波能量的作用。此法操作方便，但对工件表面粗糙度的要求较严。接触法可采用直探头和斜探头。液浸法就是将探头与工件全部浸入液体，或在探头与工件之间局部充以液体进行检测的方法。由于探头不直接与工件接触，因而易于实现自动化检测，也适用于检测表面粗糙的工件
纵波脉冲反射法	纵波脉冲反射法又分为一次脉冲反射法和多次脉冲反射法。一次脉冲反射法是以一次底波为依据进行检测的方法。超声波以一定的速度向工件内传播，一部分超声波遇到缺陷时反射回来，另一部分超声波继续传至工件底面后也反射回来。发射波、缺陷波和底波经过放大后进行适当处理就可以求出缺陷的部位及缺陷的大小。多次脉冲反射法是以多次底波为依据进行检测的方法，主要用于结构致密性较差的工件
横波检测法	横波检测法是指超声波以一定角度入射到工件中产生波形转换，利用横波进行检测的方法。横波入射工件后，当所遇缺陷与声束垂直或夹角较大时，超声波发生反射，从而检测出缺陷。横波法通常用于单探头法检测，也可用于双探头法检测
表面波检测法	表面波检测法是表面波沿着工件表面传播，检测表面缺陷的方法。表面波沿着工件表面传播的过程中，遇到裂纹、表面划痕或棱角等均会发生反射，在反射的同时，部分表面波仍继续向前传播。值得注意的是，用表面波检测对工件表面粗糙度的要求较高。表面波的能量随着传播的增加而显著降低，实际检测的有效深度为一个波长左右

（续）

检测方法	具体操作
兰姆波检测法	兰姆波检测法是使兰姆波沿着薄板或薄壁管的板厚或壁厚方向上的两表面及中间传播来进行检测的方法。当工件中有缺陷时，在缺陷处产生反射，就会出现缺陷波
穿透法检测	穿透法检测可以用连续波，也可以用脉冲波。在连续波穿透法检测中，当工件内无缺陷时，接收能量大；当工件内有缺陷时，因为部分能量被反射，接收能量减小；当缺陷很大时，声能全部被缺陷反射，则接收的能量减小为零。这种方法由于缺陷阻止声波通过，在缺陷后形成声影，故又称为声影法检测。在脉冲波穿透法中，当工件内无缺陷时，接收能量大；当工件内有缺陷时，接收能量减小；当有很大的缺陷时，声波被全部阻挡，接收能量为零。穿透检测法灵敏度低，不能检测小缺陷，也不能对缺陷定位，但适用于检测超声衰减大的材料，同时也避免了盲区

（2）射线检测

在射线检测中应用的射线主要是X射线、γ射线和中子射线。X射线和γ射线属于电磁辐射，而中子射线是中子束流。此处介绍射线检测领域中应用最广泛的X射线检测。

X射线检测是利用X射线通过物质的衰减程度与被通过部位的材质、厚度和缺陷的性质有关的特性，使胶片感光成黑度不同的图像来实现的。

X射线检测常用的方法是照相法，即将射线感光材料（通常用射线胶片）放在工件的背面接收通过工件后的X射线，胶片曝光后经暗室处理，就会显示出物体的结构图像。根据胶片上影像的形状及其黑度的不均匀程度，就可以评定工件中有无缺陷及缺陷的性质、形状、大小和位置。此法的优点是灵敏度高，直观可靠、重复性好，是X射线检测法中应用最广泛的一种常规方法。由于生产和科研的需要，还可用放大照相法和闪光照相法以弥补其不足。放大照相法可以检测出材料中的微小缺陷。

X射线检测技术可分为质量检测、厚度测量、物品检查、动态研究四类应用。X射线检测不会损坏被检测物体，方便实用，可以实现其他检测手段无法实现的独特检测效果。

（3）磁粉检测

磁粉检测是一种利用漏磁和合适的检验介质发现工件表面和近表面不连续性的方法。

当磁力线穿过铁磁材料及其制品时，在其磁性不连续处将产生漏磁场，形成磁极。此时撒上干磁粉或浇上磁悬液，磁极就会吸附磁粉，产生用肉眼能直接观察的明显磁痕。可借助该磁痕来显示铁磁材料及其制品的缺陷情况，在合适的光照下显示出不连续性的位置、大小、形状和严重程度。

磁粉检测可检测露出表面、用肉眼或放大镜不能直接观察到的微小缺陷，也可检测埋藏在表面下几毫米的未露出的近表面缺陷。磁粉检测能探查气孔、夹杂、未焊透等体积型缺陷，对面积型缺陷更灵敏，更适用于检测因淬火、轧制、锻造、铸造、焊接、电镀、磨削、疲劳等引起的裂纹等缺陷。

磁粉检测与超声检测和射线检测相比，具有灵敏度高、操作简单、结果可靠、重复性好、缺陷容易辨认等优点。但这种方法仅适用于检测铁磁材料的表面和近表面缺陷，磁粉检测的深度也有局限性，属于表面探伤类。

4. 智能检测系统

智能检测系统和所有的计算机系统一样，由硬件、软件两大部分组成。智能检测系统的硬件部分主要包括各种传感器、数据采集系统、处理芯片、输入/输出接口与输出隔离驱动电路。其中，处理芯片可以是微机，也可以是单片机、DSP 等具有较强处理计算能力的芯片。

(1) 智能检测系统中的传感器

详见 2.1.4 小节。

(2) 数据采集系统

数据采集系统是计算机、智能检测系统与外界物理世界联系的桥梁，是获取信息的重要途径，可对整个系统进行控制和数据处理。它的核心是计算机，而计算机所处理的是数字信号，因此，输入的模拟信号必须进行模/数（A/D）转换，将连续的模拟信号量化。所以，数据采集系统一般由多路开关、放大器、采样保持器和 A/D 转换器等几部分组成。设计数据采集系统时，需要根据被测信号的特点以及对系统性能的要求，选择系统的结构形式。常见的数据采集系统有：多通道共享采样保持器和 A/D 转换器、多通道同步型数据采集系统、多通道并行型数据采集系统。

(3) 智能仪器的基本结构

智能仪器实际上是一个专用的微型计算机系统，由硬件和软件两大部分组成。

智能仪器的硬件部分主要包括主机电路、模拟量输入/输出通道、人机接口电路、标准通信接口电路等。主机电路用来存储程序、数据并进行一系列的运算和处理，通常由微处理器、程序存储器、输入/输出（I/O）接口电路等组成，或者它本身就是一台单片机。模拟量输入/输出通道用来输入/输出模拟信号，主要由 A/D 转换器、D/A 转换器和有关的模拟信号处理电路等组成。人机接口电路的作用是实现操作者和仪器之间的联系，主要由仪器面板中的键盘和显示器等组成。标准通信接口电路用于实现仪器与计算机之间的联系，以便使仪器可以接收计算机的程控命令。

智能仪器的软件部分主要包括监控程序和接口管理程序两部分。其中，监控程序面向仪器面板中的键盘和显示器，接口管理程序主要面向通信接口。

(4) 智能仪器的现状与发展趋势

20 世纪 70 年代以来，在新技术革命的推动下，尤其是微电子技术和微型计算机技术的快速进步，使电子仪器的整体水平发生了很大变化，先后出现了独立式智能仪器、通用接口总线（GPIB）自动测试系统、插卡式智能仪器（个人仪器）和 VXI 总线仪器系统，近年来又发展出了 PXI 总线仪器系统等。

独立式智能仪器（简称智能仪器）即自身带有微处理器，能独立进行测试的电子仪器，是现阶段智能化电子仪器的主体。

独立式智能仪器在结构上自成一体，因而使用灵活方便，并且仪器的技术性能可以做得很高。这类仪器在技术上已经比较成熟，不仅大多数传统的电子仪器已有相应换代的智能仪器产品，而且还出现了不少全新的仪器类型和测试系统体系，使现代电子测量与仪器发生了根本性的变化。独立式智能仪器几乎都配有 GPIB（或 RS-232C）通信接口，可以很方便地组成自动测试系统。

自动测试系统具有极强的通用性和多功能性，对于不同的测试任务，只需增减或更换“挂”在它上面的仪器设备，编制相应的测试软件，而系统本身不变。这种自动测试系统特别适用于要求测量时间极短而数据处理量极大的测试任务，以及测试现场对操作人员有害或操作人员参与操作会产生人为误差的测试场合。

插卡式智能仪器是在独立式智能仪器的基础上伴随着个人计算机（PC）而创造出的一种新型仪器。插卡式智能仪器系统是由不同功能的仪器卡、插卡箱和一台 PC 有机结合而构成的自动测试系统。由于插卡式智能仪器和插卡式智能仪器系统充分地利用了 PC 的软件、硬件资源，因而相对于传统独立式智能仪器和由独立式智能仪器构成的 GPIB 仪器系统来说，极大地降低了成本，大幅度缩短了研制周期，显现出广阔的发展前景。

VXI/PXI 总线是开放式结构，对所有仪器生产厂家和用户都是公开的，即允许不同生产厂家生产的卡式仪器在同一机箱中工作，从而使 VXI/PXI 总线仪器系统很快就成为测试系统的主导结构。VXI 总线仪器系统是面向模块式结构的仪器的总线仪器系统，与 GPIB 系统相比，其性能有了较大幅度的提高。智能仪器的未来发展见表 2-2。

表 2-2　智能仪器的未来发展

发展方向	具体内涵
微型化	微型智能仪器指微电子技术、微机械技术、信息技术等综合应用于仪器的生产中，从而使仪器成为体积小、功能齐全的智能仪器，它能够完成信号的采集、线性化处理、数字信号处理，控制信号的输出、放大，与其他仪器的接口、与人的交互等功能
多功能化	这种多功能的综合型产品不但在性能上比专用脉冲发生器和频率合成器好，而且在各种测试功能上提供了较好的解决方案
人工智能化	利用计算机模拟人的智能，可无须人的干预而自主地完成检测或控制功能，用于机器人、医疗诊断、专家系统、推理证明等方面，人工智能在现代仪器仪表中的应用，使人们不仅可以解决用传统方法很难解决的一类问题，而且有望解决用传统方法根本不能解决的问题
网络化	伴随着网络技术的飞速发展，Internet 技术正在逐渐向工业控制和智能仪器仪表系统设计领域渗透，可实现智能仪器仪表系统基于 Internet 的通信能力及对设计好的智能仪器仪表系统进行远程升级、功能重置和系统维护。 在线系统编程（ISP）技术是对软件进行修改、组态或重组的一种新技术，它消除了传统技术的某些限制和连接弊病，有利于在线设计、制造与编程。ISP 器件灵活且易于用软件修改，便于设计开发。由于 ISP 器件可以像任何其他器件一样在印制电路板（PCB）上处理，因此，编程 ISP 器件不需要专门的编程器和较复杂的流程，只需要通过 PC、嵌入式系统处理器甚至 Internet 远程网进行编程
虚拟仪器	虚拟仪器是智能仪器发展的新阶段。测量仪器的主要功能都是由数据采集、数据分析和数据显示三大部分组成的。在虚拟现实系统中，数据分析和显示完全用 PC 的软件来完成。因此，只要额外提供一定的数据采集硬件，就可以与 PC 组成测量仪器。这种基于 PC 的测量仪器称为虚拟仪器。在虚拟仪器中，使用同一个硬件系统，只要应用不同的软件编程，就可得到功能完全不同的测量仪器。可见，软件系统是虚拟仪器的核心，“软件就是仪器”。传统的智能仪器主要在仪器技术中使用了某种计算机技术，而虚拟仪器则强调在通用的计算机技术中吸收仪器技术。作为虚拟仪器核心的软件系统具有通用性、通俗性、可视性、可扩展性和升级性，能为用户带来极大的利益

（5）智能仪器的人机接口

人机接口是人与仪器交换信息的通道，是智能仪器智能的一个重要体现。一个优秀的人机接口可以增强仪器的功能，提高仪器的工作效率，降低对操作人员的要求，从而提高仪器智能化的水平。

智能仪器的人机接口通常有四种类型，即问答对话式（Question and Answer）、专用指令语言式（Command Language）、菜单式（Menu）和预定义式（Pre-defined Method）。其中，问答对话式和菜单式接口以菜单的形式在屏幕上显示，操作方法简单，对操作者要求较低，适合新手操作使用，而专用指令语言式和预定义式接口对接口设计和仪器操作的要求较高，设计周期较长，而且要求对操作者进行专门培训，但对于有经验的使用者来说，其操作灵活快捷，能迅速地与计算机通信。目前，大型精密仪器大多采用菜单式和专用指令语言式接口作为主要的交互形式，或者采用多种交互形式混合使用的接口。

（6）虚拟仪器概述

虚拟仪器是基于计算机的仪器。计算机和仪器的密切结合是目前仪器发展的一个重要方向。粗略地说，这种结合有两种方式：一种是将计算机装入仪器，其典型的例子就是所谓智能化的仪器，随着计算机功能的日益强大及其体积的日趋缩小，这类仪器的功能也越来越强大，目前已经出现含嵌入式系统的仪器；另一种方式是将仪器装入计算机，以通用的计算机硬件及操作系统为依托，实现各种仪器功能。虚拟仪器主要是指这种方式。

虚拟仪器是现代仪器技术与计算机技术结合的产物。随着计算机技术特别是计算机的快速发展，CPU 处理能力的增强、总线吞吐能力的提高及显示器技术的进步，人们逐渐意识到，可以把仪器的信号分析和处理、结果的表达与输出功能转移给计算机来完成。这样一来，可以利用计算机的高速计算能力和宽大的显示屏更好地实现原来的功能。如果在计算机内插上一块数据采集卡，就可以把传统仪器的所有功能模块都集成在一台计算机中。而软件就成为虚拟仪器的关键，任何一个使用者都可以通过修改虚拟仪器的软件来改变它的功能。

虚拟仪器的主要特点如下：

1）尽可能采用通用的硬件，各种仪器的差异主要是软件。

2）可充分发挥计算机的能力，有强大的数据处理功能，可以创造出功能更强的仪器。

3）用户可以根据自己的需要定义和制造各种仪器。

虚拟仪器实际上是一个按照仪器需求组织的数据采集系统。

5. 智能检测新技术

（1）智能传感器与网络智能传感器

智能传感器是当今世界上正在迅速发展的高新技术，其定义为：传感器通过信号调理电路与微处理器赋予智能的结合，兼有信息检测与信息处理功能的传感器就是智能传感器。这一定义突破了传感器与微处理器结合必须在工艺上集成在一块芯片上的限制，而着重于赋予两者智能的结合，可以使传感器的功能由以往只起信息检测作用，扩展到兼有信息处理功能，因此智能传感器是既有获取信息又有信息处理功能的传感器。

智能传感器过去主要用于过程工业，如今在离散自动化领域和商业领域中都有广泛应用，尤其是近十年，由于半导体技术的迅速发展，使微控制器的功能不断升级，价格不断下降，从而引起工业传感器设计的革命，也使检测技术的发展跃上一个新台阶。

智能传感器的功能特点如下：

1）提高了检测的准确度。

2）可设置灵活的检测窗口。

3）快捷方便的按钮编程。

4）具有学习功能。

5）可以有多种输出形式及数字通信接口等。

6）具有自诊断功能。

7）智能化使开发新应用更经济、更方便。

（2）智能传感器网络化的实现

传感器与网络相连，是信息技术发展的一种必然趋势。

1）利用现场总线技术。在自动化领域，现场总线控制系统（Fieldbus Control System，FCS）正在逐步取代一般的集散控制系统（Distributed Control System，DCS），各种基于现场总线技术的智能传感器/执行器技术也得到迅速发展。同时，现场总线控制系统是一个开放式和全分散式的控制系统，它作为智能设备的连接纽带，把挂接在总线上作为网络节点的智能设备连接为网络系统，并进一步构成自动化系统，实现基本控制、补偿运算、参数修改、报警、显示、监控、优化及管控一体化的综合自动化功能，这是一项以智能传感器、控制、计算机、数字通信、网络为主要内容的综合技术。

现场总线技术的出现导致了传统控制系统结构的变革，形成了新型的网络集成式全分布控制系统。现场总线系统具有较高的测控能力，将微机置入现场设备，使设备具有数字计算和数字通信能力，为实现其远程传送创造了条件。借助其网络功能，可实现异地控制或远程控制，也可以更好、更方便地了解生产现场和自控设备的运行状态，以便进行故障诊断等工作。

现场总线控制系统综合了数字通信技术、计算机技术、自动控制技术、网络技术和智能仪表等多种技术手段，从根本上突破了传统的“点对点”式的模拟信号或数字-模拟信号的局限性，构成一种全分散、全数字化、智能、双向、互连、多接点的通信与控制系统。相应的控制网络结构也发生了较大的变化。

2）利用 Intranet/Internet 技术。对于大型数据采集系统（特别是自动化工厂所用的数据采集系统）而言，由于其中的传感器/执行器数以万计，特别希望能减少其中的总线数量，最好能统一为一种总线或网络，这样不仅有利于简化布线、节省空间、降低成本，而且方便系统维护。同时，现有工厂和企业大都建有企业内部网（Intranet），基于 Intranet 的信息管理系统（IMS）成为企业运营的公共信息平台，为工厂现代化提供了有力的保障。

Intranet 和 Internet 采用相同的技术原理，都基于全球通用的 TCP/IP，让传感器/执行器在应用现场实现 TCP/IP，使现场测控数据就近登录网络，在网络所能及的范围内适时发布和共享，是具有 Internet/Intranet 功能的网络化智能传感器/执行器的研究目标，也是目前国内外竞相研究与发展的前沿技术之一。

具有 Internet/Intranet 功能的网络化智能传感器是在智能传感器的基础上实现网络化和信息化，其核心是使传感器本身实现 TCP/IP。随着电子信息技术的高速发展，通过软件方式或硬件方式可以将 TCP/IP 嵌入智能化传感器中。

2.1.4　智能传感器

传感技术作为信息获取技术，是现代信息技术的三大支柱之一。传感技术是以传感器为核心逐渐外延，与测量学、电子学、光学、机械、材料学和计算机科学等多门学科密切相关，由多种技术相互渗透、相互结合而形成的新技术密集型工程技术，是现代科学技术发展的基础。现代传感技术与现代信息技术的另外两个支柱——信息传输技术、信息处理技术正逐渐融为一体，其内涵已发生深刻变化。

1. 传感器的定义及其组成

国家标准 GB/T 7665—2005 对传感器的定义为：能感受被测量并按照一定的规律转换成

可用输出信号的器件或装置，通常由敏感元件和转换元件组成。所谓可用输出信号，是指便于处理与传输的信号，即把外界非电信息转换成电信号输出。随着科学技术的发展，传感器的输出信号更多地将是光信号，因为光信号更便于快速、高效地处理与传输。从该定义可以看出：

1）传感器是测量装置，能完成检测任务。

2）传感器的输出量是某一被测量，可能是物理量，也可能是化学量、生物量等。

3）它的输出量是某种物理量，这种量要便于传输、转换、处理、显示等，这种量可以是气、光、电学量，但主要是电学量。

4）输出与输入有对应关系，且应有一定的精确程度。

传感器的组成框图如图 2-3 所示。敏感元件是在传感器中能直接感受或响应被测量的元件，即被测量通过传感器的敏感元件转换成一个与之有确定关系、更易于转换的非电学量，这一非电学量通过转换元件被转换成电学量。转换电路的作用是将转换元件输出的电学量转换成易于处理的电压、电流或频率量。应该指出，有些传感器已将敏感元件与转换元件合二为一。

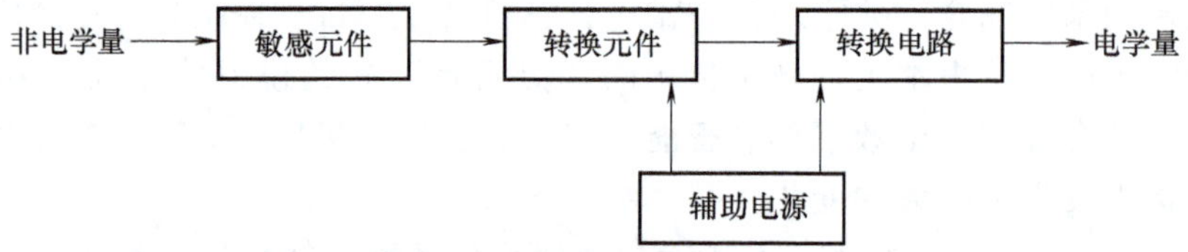

图 2-3 传感器的组成框图

在智能制造过程中，要使用各种传感器来监视和控制制造过程中的各个参数，使设备工作在正常状态或最佳状态，并使产品达到良好的质量。如果没有众多优良的传感器，智能制造也就失去了基础。

2. 传感器的分类

传感器有很多种分类方法，比较常用的分类见表 2-3。

表 2-3 传感器的分类

分类方法	具体分类
按传感器的物理量分类	分为位移、力、速度、温度、湿度、流量、气体成分等传感器
按传感器的工作原理分类	分为电阻、电容、压差、霍尔、光电、光栅、热电偶等传感器
按传感器输出信号的性质分类	分为输出为“1”“0”或“开”“关”等开关量的开关型传感器；输出为模拟量的模拟型传感器；输出为脉冲或代码的数字型传感器
按传感器的能量转换情况分类	分为能量控制型传感器和能量转换型传感器，前者需要外电源，后者主要由能量转换元件构成，不需要外电源

传感器中使用最多的应属力传感器（含应变式、电容式、压阻式、压电式）、位移传感器（含电位器式、霍尔式、光栅、磁栅、容栅、电感式、超声波）、速度传感器（含磁电式、光电式、光纤、激光）、温度传感器（含热电阻与热敏电阻、热电偶、红外热像）。

1）常用传感器：热电式传感器（将温度转换成电量的装置）、应变式传感器（利用电阻应变效应将应变转换成电阻的相对变化的装置）、电感式传感器（基于电磁感应原理将被测量转换成电感量变化的装置)、电容式传感器(将被测量转换成电容量变化的装置)、压电式传感器(利用某些材料的压电效应将力转变为电荷或电压输出的装置)、磁电式传感器(通过磁电作用将被测量转换为电信号的装置)、光电式传感器(用光电元件将光能转换成电能的装置)、超声波传感器(利用超声波的传播特性进行工作,其输出为电信号的装置)。

2)新型传感器:光纤传感器(分为利用光纤本身的某种敏感特性或功能制成的功能型传感器和光纤仅仅起传输光波的作用而必须在光纤端面或中间加装其他敏感元件才能构成传感器的传光型传感器)、红外传感器(将辐射能转换为电能的一种传感器,又称为红外探测器)、气敏传感器(能将被测气体浓度转换为与其成一定关系的电量输出的装置)、生物传感器(利用生物或生物物质做成的、用以检测与识别生物体内的化学成分的传感器)、机器人传感器(能将机器人目标物特性或参量变换为电量输出的装置)、智能传感器(带有微处理器且兼有信息检测、信息处理、信息记忆、逻辑思维与判断功能的传感器)、数字传感器(能把被测模拟量直接转换成数字量输出的传感器)。

3. 传感器的技术指标

1)输出线性度:指传感器输出量与输入量之间的实际关系曲线偏离直线的程度,有零基线性度、端基线性度、独立线性度和绝对线性度四种表示方法。

2)灵敏度:传感器输出的变化量 ΔY 与引起此变化量的输入变化量 ΔX 之比即为灵敏度。

3)输出平滑性:指传感器在测量时,输出信号随时间的稳定性。

4)降功耗曲线:传感器的输出功率与温度的关系曲线称为降功耗曲线。

5)迟滞:传感器在正反行程中的输出输入曲线的不重合现象称为迟滞。

6)重复性:指传感器在输入按同一方向做全量程连续多次变动时所得的特性曲线不一致的程度。

7)分辨率与阈值:分辨率是指传感器在规定测量范围内所能检测出的被测输入量的最小变化值。阈值是能使传感器输出端产生可测变化量的最小被测输入量值,即零点附近的分辨能力。

8)稳定性:又称长期稳定性,即传感器在相当长的时间内保持其原性能的能力。

9)漂移:指在一定时间间隔内,传感器的输出存在着与被测输入量无关的、不需要的变化。漂移常包括零点漂移和灵敏度漂移,每一种漂移又可分为时间漂移(简称时漂)和温度漂移(简称温漂)。

10)精确度:精确度是以测量误差的相对值来表示的。传感器与测量仪表精确度等级以一系列标准百分数值(如0.005,0.02,0.05,…,1.5,2.5)进行分档。这个数值是在规定条件下,传感器和测量仪表允许的最大绝对误差值相对于其测量范围的百分数。

4. 智能传感器

(1)智能传感器的构成

随着微处理器技术的迅猛发展及测控系统自动化、智能化的发展,要求传感器准确度高、可靠性强、稳定性好,并且具备一定的数据处理能力,并能够自检、自校、自补偿。20世纪70年代以来,随着微处理器技术、信息技术、检测技术和控制技术的迅速发展,对传感器提出了更高的要求,不仅要具有传统的检测功能,而且要具有存储、判断和信息处理功能,促使传统传感器产生了质的飞跃,由此智能传感器诞生了。所谓智能传感器,就是一种带有微处理器的、兼有信息检测、信号处理、信息记忆、逻辑思维与判断功能的传感器，就是将传统的传感器和微处理器及相关电路组成一体化的一种结构，可以对信号进行检测、分析、处理、存储和通信，具备了人类的记忆、分析、思考和交流的能力，即具备了人类的智能，所以称之为智能传感器。

智能传感器系统的一般结构框图如图 2-4 所示。其中作为系统“大脑”的微型计算机，可以是单片机、单板机，也可以是微型计算机系统。

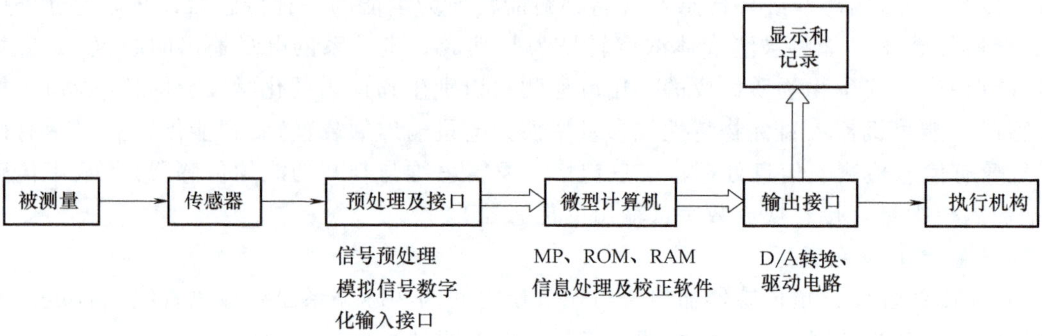

图 2-4　智能传感器的一般结构框图

(2) 智能传感器的功能

智能传感器是具有判断能力、学习能力和创造能力的传感器。智能传感器的功能见表 2-4。

表 2-4　智能传感器的功能

具备功能	具体内涵
自校准功能	操作者输入零值或某一标准值后，自校准软件可以自动地对传感器进行在线校准
自补偿功能	智能传感器在工作中可以通过软件对传感器的非线性、温度漂移、响应时间等进行自动补偿
自诊断功能	智能传感器在接通电源后，可以对传感器进行自检，检查各部分是否正常。在内部出现操作问题时，能够立即通知系统，通过输出信号表明传感器发生故障，并可诊断出发生故障的部件
数据处理功能	智能传感器可以根据内部的程序自动处理数据，如进行统计处理、剔除异常数值等
双向通信功能	智能传感器的微处理器与传感器之间构成闭环，微处理器不但能够接收、处理传感器的数据，还可以将信息反馈至传感器，对测量过程进行调节和控制
信息存储和记忆功能	智能传感器能够对输入信息进行分类储存，并按要求进行保留(记忆)，以备后查
数字信号输出功能	智能传感器输出数字信号，可以很方便地与计算机或接口总线相连

(3) 智能传感器的特点

与传统的传感器相比，智能传感器主要有以下特点：

1) 利用微处理器不仅能提高传感器的线性度，而且能够对各种特性进行补偿。

2) 提高了测量可靠性，测量数据可以存取，使用方便，对异常情况可做出应急处理。

3) 测量精度高，可对测量值进行各种零点自校准和满度校正，可以采用非线性误差补偿等多项新技术，因此测量精度及分辨率都得到了大幅度提高。

4）灵敏度高，可进行微小信号的测量。

5）具有数字通信接口，能与微型计算机直接连接，相互交换信息。

6）能进行多参数、多功能的测量，这也是新型智能传感器的一大特色。

7）随着微电子技术的迅速推广，智能传感器正朝着超小型化、微型化、微功耗，即短、小、轻、薄的方向发展，以满足航空、航天及国际尖端技术领域的需求，并且为开发便携式、袖珍式检测系统创造了有利条件。

目前，智能传感器正向单片集成化的方向发展，借助于半导体技术将传感器部分与信号调理电路、接口电路和微处理器等制作在同一块芯片上，从而形成大规模集成电路。最终目标是成为具有对外界信息进行检测、逻辑判断、自行诊断、数据处理、自适应能力的集成一体化多功能传感器。

（4）智能传感器的分类

智能传感器按其结构可分为模块式智能传感器、混合式智能传感器和集成式智能传感器三种。

1）模块式智能传感器。这种智能传感器由许多互相独立的模块组成。将微型计算机、信号调理电路模块、输出电路模块、显示电路模块和传感器装配在同一壳体内，组成模块式智能传感器。这种传感器的集成化程度不高、体积较大，但比较实用。模块式智能传感器一般由如图 2-5 所示的几个部分构成。

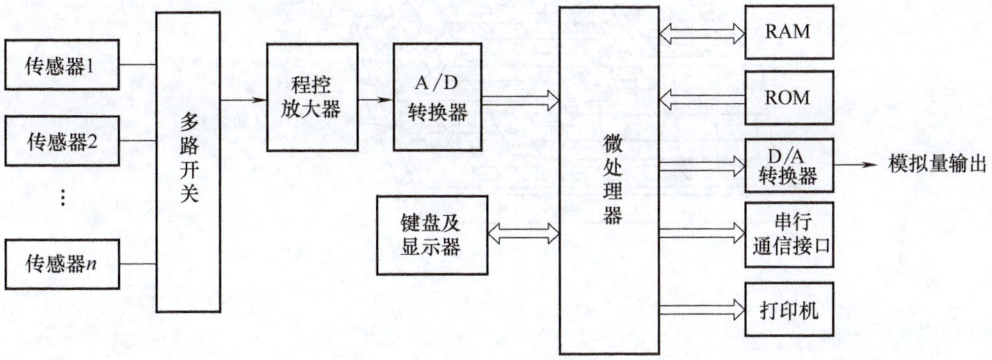

图 2-5　模块式智能传感器的构成

2）混合式智能传感器。混合式智能传感器将传感器、微处理器和信号调理电路等各个部分以不同的组合方式集成在几个芯片上，然后装配在同一壳体内。目前，混合式智能传感器作为智能传感器的主要类型被广泛应用。混合式智能传感器的内部结构如图 2-6 所示。

3）集成式智能传感器。集成式智能传感器将一个或多个敏感元件与微处理器、信号调理电路集成在同一芯片上。它一般是三维立体器件。这种结构是在平面集成电路的基础上，一层一层地向立体方向制作的多层电路。目前，集成式智能传感器技术正在起步。集成式智能传感器是 21 世纪最具代表性的高新技术成果之一，也是当今国际科技界研究的热点。随着微电子技术的飞速发展和微米、纳米技术的问世，大规模集成电路工艺日臻完善，集成电路的集成度越来越高。集成式智能传感器现已成功使各种数字电路芯片、模拟电路芯片、微处理器芯片和存储电路芯片等芯片的价格大幅下降，促进了其自身的落地应用，势必在未来的传感技术中发挥更重要的作用。集成式智能传感器具有多功能、一体化、精度高、适于大

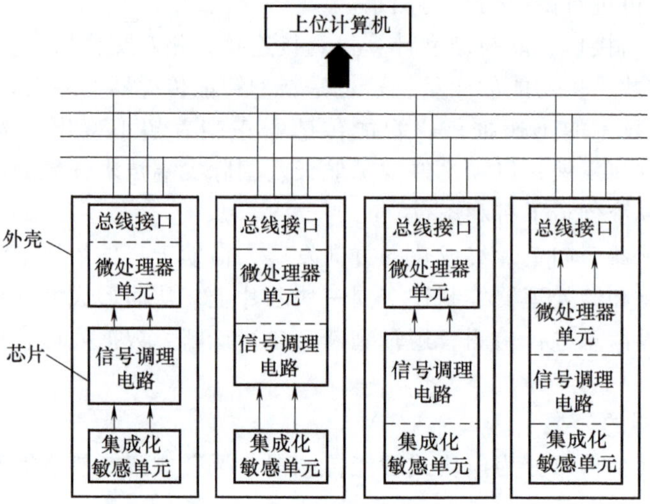

图 2-6　混合式智能传感器的内部结构

批量生产、体积小和便于使用等优点，是未来智能传感器继续发展的方向。图 2-7 所示为三维多功能单片智能传感器的结构。

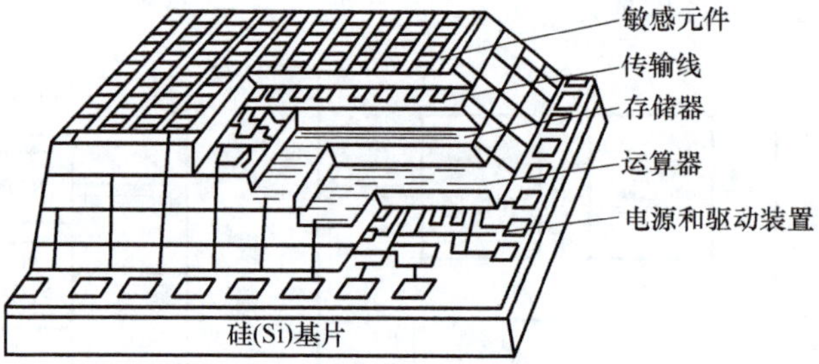

图 2-7　三维多功能单片智能传感器的结构

2.1.5　智能控制

智能控制是智能制造的基础之一。智能控制系统的控制流程如图 2-8 所示。在整个智能控制系统中，控制器居于系统的核心地位。

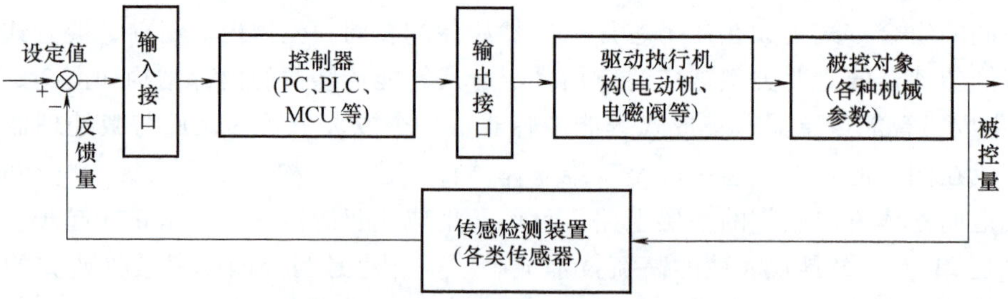

图 2-8　智能控制系统的控制流程图

1. 智能控制产生的背景及发展智能控制的重要意义

（1）智能控制的产生背景

控制理论的发展经历了古典控制、现代控制和智能控制三个阶段。其中，古典控制理论主要解决单输入单输出的控制问题，主要采用传递函数、频率特性、根轨迹法等频域方法；现代控制理论利用状态空间法描述系统的动态过程，主要解决多输入多输出的控制问题。习惯上，将古典控制理论和现代控制理论统称为传统控制理论，其共同特点是须建立被控对象的数学模型，用数学公式刻画被控对象的动态行为，以明确被控对象的输入量与输出量之间的数学关系，如古典控制理论中的传递函数、现代控制理论中的状态方程。

传统控制理论在相当长的一段时间内是解决控制问题的有力工具，时至今日仍然在工业控制中发挥着重要作用。但随着科学技术的飞速发展，被控对象越来越多样化，控制任务越来越复杂，传统控制理论遇到了很多难以解决的问题：

1）传统控制系统的设计与分析是建立在精确的系统数学模型基础上的，而实际系统由于存在复杂性、非线性、时变性、不确定性和不完全性等，一般无法获得精确的数学模型。

2）研究这类系统时，必须提出并遵循一些比较苛刻的假设，而这些假设在应用中往往与实际不相吻合。

3）对于某些复杂的和包含不确定性的对象，根本无法以传统的数学模型来表示，即无法解决建模问题。

4）为了提高性能，传统控制系统可能变得很复杂，从而增加了设备的初投资和维修费用，降低了系统的可靠性。

面对这些挑战，自动控制工作者的任务就是：

1）拓展视野，着力创新，发展新的控制概念和控制方法，采用非完全模型控制系统。

2）采用开始时知之甚少和不甚正确的、但可以在系统工作过程中加以在线改进，使之成为知之较多和日臻正确的系统模型。

3）采用离散事件驱动的动态系统和本质上完全断续的系统。

从这些任务可以看出，系统与信息理论以及人工智能思想和方法将深入建模过程，不再把模型视为固定不变的，而是视为不断演化的实体。所开发的模型不仅含有解析与数值，而且包含定性和符号数据。它们是因果性的和动态的，高度非同步的和非解析的，甚至是非数值的。对于非完全已知的系统和非传统数学模型描述的系统，必须建立包括控制律、控制算法、控制策略、控制规则和协议等理论。实质上，这就是要建立智能化控制系统模型，或者建立传统解析和智能方法的混合（集成）控制模型，而其核心就在于实现控制器的智能化。

人工智能的产生和发展正在为自动控制系统的智能化提供有力支持。自动控制既面临严峻挑战，又存在良好发展机遇。为了解决面临的难题，一方面要推进控制硬件、软件和智能的结合，实现控制系统的智能化；另一方面要实现自动控制与计算机科学、信息科学、系统科学以及人工智能的结合，为自动控制提供新思想、新方法和新技术，创立边缘交叉新学科，推动智能控制的发展。自动控制的发展过程如图 2-9 所示。

近十年来，随着人工智能和机器人技术的快速发展，对智能控制的研究掀起了一股新的热潮。各种智能决策系统、专家控制系统、学习控制系统、模糊控制系统、神经网络控制系统、主动视觉控制系统、智能规划和故障诊断系统等已被应用于各类工业过程控制系统、智能机器人系统和智能化生产（制造）系统中。

近年来，以计算智能为基础的一些新的智能控制方法和技术已被先后提出来。这些新的智能控制系统有仿人控制系统、进化控制系统和免疫控制系统等。把源于生物进化的进化计算机制与传统反馈机制相结合，可实现一种新的控制——进化控制；而把自然免疫系统的机制和计算方法用于控制，则可构成免疫控制。进化控制和免疫控制是两种新的智能控制方案，其研究推动了智能控制的发展。

（2）发展智能控制的重要意义

智能控制作为一门新的学科登上国际科学舞台和大学讲台，是控制科学与工程界以及信息科学界的一件大事，具有十分重要的科学意义和长远影响。

1）为解决传统控制无法解决的问题找到一条新的途径。多年来，自动控制一直在寻找新的出路。现在看来，出路之一就是实现控制系统的智能化，即智能控制，以期解决面临的难题。

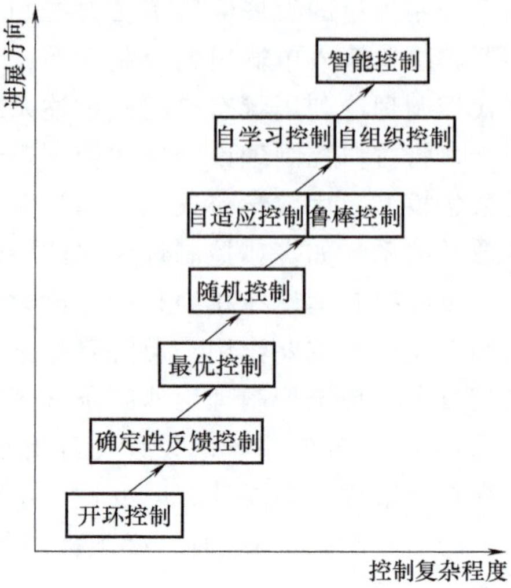

图 2-9　自动控制的发展过程

2）促进自动控制向着更高水平发展。从智能控制的发展过程和已取得的成果来看，智能控制的产生和发展正反映了当代自动控制的发展趋势，是历史的必然。智能控制已发展成为自动控制的一个新的里程碑，发展成为一种日趋成熟和日臻完善的控制手段，并获得日益广泛的应用。

3）激发学术界的思想解放，推动科技创新。智能控制采用非数学模型、非数值计算、生物激励机制和混合广义模型，并可与反馈机制相结合，组成灵活多样的控制系统和控制模式，激励人们解放思想、大胆创新。

4）为实现脑力劳动和体力劳动的自动化——智能化做出贡献。由于智能控制的应用，一些过去无法实现自动化的劳动，已实现智能自动化。

5）为多种学派合作树立了典范。与人工智能学科相比，智能控制学科具有较大的容他性，而且没有出现过于激烈和对立的争论。早在智能控制建立的初期，许多智能控制专家实际上就已把不同认知学派的思想融合贯穿在智能控制学科之中。

智能控制采用各种智能化技术实现复杂系统和其他系统的控制目标，是一种具有强大生命力的新型自动控制技术，在航天、航海、复杂工业流程、机器人、带有生物化学变化的加工过程等领域已获得日益广泛的应用。

2. 智能控制的内涵及特点

（1）智能控制的内涵

智能控制是典型的多学科交叉的产物，涵盖了人工智能、自动控制、运筹学、信息论、仿生学、系统论、心理学、计算机科学等众多学科。其中，人工智能是智能控制产生和发展的重要基础。

通俗地说，智能控制是驱动智能机器自主地实现其目标的过程。或者说，智能控制是一类无需人的干预就能够独立地驱动智能机器实现其目标的自动控制。

和许多新兴的学科一样，智能控制尚没有统一的定义，有多种不同的描述，从学科结构理论上说，先后已提出了智能控制是二元、三元和四元交集的论述。1986 年中国学者蔡自兴教授提出了智能控制四元交集结构理论，即认为智能控制是自动控制、人工智能、运筹学和信息论的交集，如图 2-10 所示。

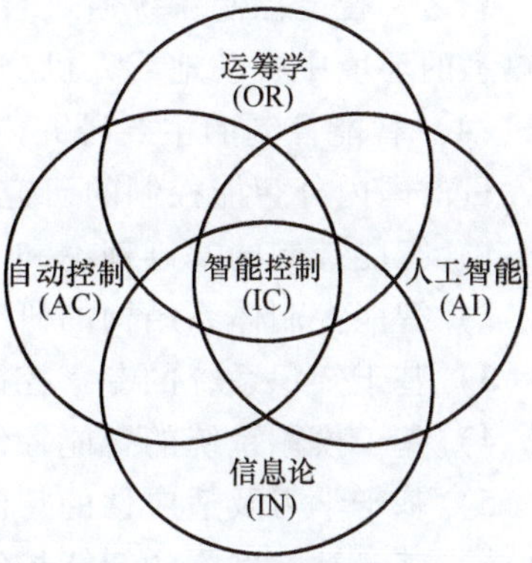

图 2-10 智能控制四元交集结构理论结构

（2）智能控制系统的功能特点

无论是从智能控制的各种定义，还是从实际控制中对智能控制系统的要求来看，智能控制就是一类无需（或仅需尽可能少的）人的干预就能够独立地驱动智能机器实现其目标的自动控制。智能控制系统一般具有如下功能特点：

1）自学习功能。智能控制系统具有很好的学习能力，能够从外界环境中获取信息，并进行识别、记忆和学习，通过不断地积累知识和经验来逐步提高控制系统的性能。

2）自适应功能。智能控制系统在被控对象的动力学特性变化、外部环境变化、运行条件变化等情况下均能进行良好的控制，即使系统某一部分发生故障也能实现控制。

3）自组织功能。智能控制系统对于复杂的任务和多种传感器信息具有自行组织与协调的功能，当出现多目标时，可自行决策进行解决，实现系统的优化配置。

4）优化功能。智能控制系统能够不断优化控制参数和控制系统的结构形式，以获得最优的控制性能。除以上功能外，智能控制系统还应具有相当的在线实时响应能力和友好的人机界面，以保证人机互助和人机协同工作。

（3）智能控制系统与传统控制系统的关系和差别

智能控制与传统的或常规的控制有密切的关系，不是相互排斥的。传统控制往往包含在智能控制之中，智能控制也利用常规控制的方法来解决“低级”的控制问题，力图扩充常规控制方法并建立一系列新的理论与方法来解决更具有挑战性的复杂控制问题。但是，智能控制与传统自动控制相比，还存在着巨大的差别：

1）传统的自动控制是建立在确定的模型基础上的，而智能控制的研究对象则存在模型严重的不确定性，即模型未知或知之甚少。

2）传统的自动控制系统的输入或输出设备与人及外界环境的信息交换很不方便，而智能控制能够更加深入而灵活地和系统进行信息交流，能够用文字、图样、立体形象、语言等形式输出信息。

3）传统的自动控制系统对控制任务的要求要么使输出量为定值（调节系统），要么使输出量跟随期望的运动轨迹（跟随系统），因此具有控制任务单一性的特点，而智能控制系统的控制任务可能比较复杂，它要求系统对一个复杂的任务具有自动规划和决策的能力等。

4）传统的控制理论对线性问题有较成熟的理论，而智能控制为解决复杂的非线性问题以及工业过程中动态的、在线运动的问题等找到了行之有效的途径。

5）与传统自动控制系统相比，智能控制系统具有足够的关于人的控制策略、被控对象及环境的有关知识以及运用这些知识的能力；以知识表示的非数学广义模型和以数学表示的混合控制过程，采用开、闭环控制和定性及定量控制结合的多模态控制方式；具有变结构特点，能总体自寻优，具有自适应、自组织、自学习和优化能力；具有补偿及自修复能力和判断决策能力。

总之，智能控制系统通过智能机自动地完成其目标的控制过程，其智能机可以在熟悉或不热悉的环境中自动地或人机交互地完成拟人任务。

（4）智能控制的主要研究内容

目前国内外智能控制的研究方向及内容主要如下：

1）智能控制的基础理论和方法研究。

2）智能控制体系结构的研究。

3）基于知识系统的专家控制。

4）基于模糊系统的智能控制。

5）基于学习及适应性的智能控制。

6）基于神经网络的智能控制系统。

7）基于信息论和进化论的学习控制器研究。

8）基于感知信息的智能控制系统。

9）计算机智能集成制造系统、智能计算系统、智能并行控制系统，智能容错控制系统、智能机器人等。

3. 智能控制器的分类

智能控制器的种类比较多，一般分类如下：

1）基于个人计算机（PC）的控制系统：包括工业控制计算机和工业 I/O 接口板。

2）基于微处理器（MCU）的控制系统：包括单片机、嵌入式处理器和数字信号处理器（DSP）。

3）基于可编程控制器（PLC）的控制系统：顺序控制。

4）其他控制系统：包括数控系统（NCS）、集散控制系统（DCS）和现场总线控制系统（FCS）等。

4. 智能控制的几个重要分支

由于研究者对人类智能的认识和模拟的思路与方法各有不同，因此，与传统控制理论不同，智能控制不是一套独立的知识体系，而是对所有具有“智能”特点的控制理论的统称。智能控制包含了多个分支，如专家控制、分级递阶控制、模糊控制、神经网络控制、遗传算法等，各个分支之间没有明显的关联，但可以相互融合。下面简要介绍智能控制中的几个重要分支。

（1）专家控制

专家控制是专家系统理论和控制技术相结合的产物。专家系统的实质是一个计算机程序系统，其中包含了人类专家的知识和经验，从而可以让计算机像人类专家那样去解决各种问题，目前可以处理预测、诊断、设计、规划等诸多工程问题。专家控制不需要被控对象的数学模型，因此是解决不确定性系统控制的一种有效方法。

（2）分级递阶控制

分级递阶控制建立在自适应控制和自组织控制的基础上，属于最早的智能控制理论之一。分级递阶控制遵循“精度随智能降低而提高”的原则，将控制系统分为组织级、协调级和执行级。组织级通过人机接口与用户交互，执行最高决策的控制功能，监视并指导协调级和执行级的所有行为；协调级在组织级和执行级之间起连接作用；执行级通常是执行一个确定的动作。

（3）模糊控制

模糊控制的理论基础是模糊集理论，这一理论使用数学方法表达如“比较好”“非常大”等这类日常生活中对事物的模糊描述。模糊控制的基本出发点是人在操控某一系统时依靠的是经验，并且人在实际控制过程中不进行精确计算，而是使用模糊化的推理，如“如果温度很高，则降低电压”。因此，模糊控制的核心是对经验的有效总结，并将经验转化为相应的模糊控制规则。

（4）神经网络控制

神经网络方法试图通过模拟人的神经系统的结构和运行机制来解决各种工程问题。神经网络的功能主要是对输入数据进行映射，从而得到输出。而控制问题实质上也是映射问题，即对被控系统的输出数据进行映射，从而得到控制系统的输出，用于解决强非线性系统、无法建立数学模型的系统的控制问题。

（5）遗传算法

遗传算法是一种寻优方法，常用于模糊控制规则的优化和神经网络的权阈值寻优。这一算法充分体现了人工智能的特色和思想。它模拟生物遗传原理，并遵循自然界中“适者生存，不适者淘汰”的生物繁衍规律，算法向寻优目标逐步靠近的过程相当于生物通过多代遗传产生最优个体的过程。遗传算法是处理非线性、高维、多极值寻优问题的有力工具。

（6）仿生智能控制

仿生智能控制的基本思想是在控制过程中利用计算机模拟人的控制行为和功能，最大限度地识别和利用控制系统动态过程所提供的特征信息进行启发和直觉推理，从而实现对缺乏精确模型的对象进行有效的控制。从某种意义上来说，智能控制就是仿生和拟人控制，即模仿人和生物的控制机构、行为和功能所进行的控制。神经控制、进化控制、免疫控制等都属于仿生控制，而递阶控制、专家控制、学习控制和仿人控制等则属于拟人控制。

（7）学习控制系统

研究用机器来代替人类从事体力和脑力劳动（包括控制作用），就是研究用机器代替人的思维。在人类的进化过程中，学习功能起着十分重要的作用。学习控制正是模拟人类自身各种优良的控制调节机制的一种尝试。学习控制系统是一个能在其运行过程中逐步获得受控过程及环境的非预知信息，积累控制经验，并在一定的评价标准下进行估值、分类、决策和不断改善系统品质的自动控制系统。

（8）集成智能控制系统

将几种智能控制方法或机理融合在一起而构成的智能控制系统称为集成智能控制系统。如模糊控制与神经网络的融合、基于遗传算法的模糊控制系统、专家模糊控制系统、混沌模糊控制系统等。

5. 可编程控制器

下面以常用的可编程控制器为例，介绍智能控制器的工作特点与应用。

（1）可编程控制器及其特点

可编程逻辑控制器最初只能进行计数、定时及开关量的逻辑控制。随着计算机技术的发展，可编程逻辑控制器的功能不断扩展和完善，已远远超出了逻辑控制的范围，具有算术运算、数字量智能控制、监控和通信联网等多方面的功能，已变成了实际意义上的一种工业控制计算机。于是，美国电器制造商协会将其正式命名为可编程控制器。由于它与个人计算机

(Personal Computer）的英文简称PC相同，因此为表示区别，人们习惯上将其称为PLC。IEC（国际电工委员会）对PLC做了定义：PC（即PLC）是一种数字运算操作的电子系统，专为在工业环境下应用而设。它采用可编程序的存储器，用来在其内部存储、执行逻辑运算、顺序控制、定时、计数和算术运算等操作指令，并通过数字式或模拟式的输入与输出，控制各种类型的机械或生产过程。

PLC的功能特点如下：

1）编程方法简单。梯形图是使用最广泛的PLC编程语言，其电路符号和表达方式与继电-接触器控制系统电路原理图相似，梯形图语言形象直观，易学易懂，编程软件将它编译成数字代码，然后下载到PLC去执行。

2）功能强、性价比高。一台小型PLC内有成百上千个可供用户使用的编程元件，可以实现非常复杂的控制功能。与功能相同的继电-接触器控制系统相比，PLC具有很高的性价比，还可以通过通信联网，实现分散控制，集中管理。

3）硬件配套齐全，用户使用方便，适应性强。PLC产品已经标准化、系列化、模块化，配备有品种齐全的各种硬件装置供用户选用，用户能灵活、方便地进行系统配置，组成不同功能和不同规模的系统。PLC的安装接线也很方便，有较强的带负载能力。

4）可靠性高，抗干扰能力强。PLC用软件代替大量的中间继电器和时间继电器，仅剩下与输入和输出有关的少量硬件元件，因触点接触不良造成的故障大为减少。

5）系统的设计、安装和调试工作量少。PLC用软件功能取代了继电-接触器控制系统中大量的中间继电器、时间继电器和计数器等器件，使控制柜设计、安装和接线工作量大大减少。

6）维修工作量小，维修方便。PLC的故障率很低，且有完善的自诊断和显示功能。PLC或外部的输入装置和执行机构发生故障时，可以根据PLC上的发光二极管或编程器提供的故障代码迅速查明故障原因，硬件故障时采用更换模块的方法可以迅速排除故障。

7）体积小、能耗低。复杂的控制系统使用PLC可以减少大量的中间继电器和时间继电器。小型PLC的体积仅相当于几个继电器的大小。PLC的配线比继电-接触器控制系统的配线少得多，故可以省下大量的配线和附件，减少安装接线的工时，从而可以节省大量的费用。

近年来，微处理器的使用，特别是单片机的大量应用，大大增强了PLC的功能，并且使PLC与计算机控制系统之间的差别越来越小。高档PLC更是如此，实现了单体设备简单控制到胜任运动控制、过程控制及集散控制等各种任务的跨越。PLC已被广泛应用于各种生产机械和生产过程的自动控制中，成为一种最重要、最普及、应用场合最多的工业控制装置，被公认为现代工业自动化的三大支柱（PLC、机器人和CAD/CAM）之一。

（2）可编程控制器的基本结构

PLC的基本结构如图2-11所示，由图可知，PLC由5部分组成。

1）中央处理器。中央处理器（CPU）是可编程控制器的核心，它在系统程序的控制下完成逻辑运算、数学运算以及协调系统内部各部分工作等任务。PLC中配置的CPU常用的有三类：通用微处理器、单片机和位片式微处理器。在PLC中，CPU主要有以下功能：

① 接收从编程器输入的用户程序和数据。

② 诊断电源、PLC内部电路的工作故障和编程中的语法错误等。

③ 通过输入接口接收现场的状态或数据，并存入输入映像寄存器或数据寄存器中。

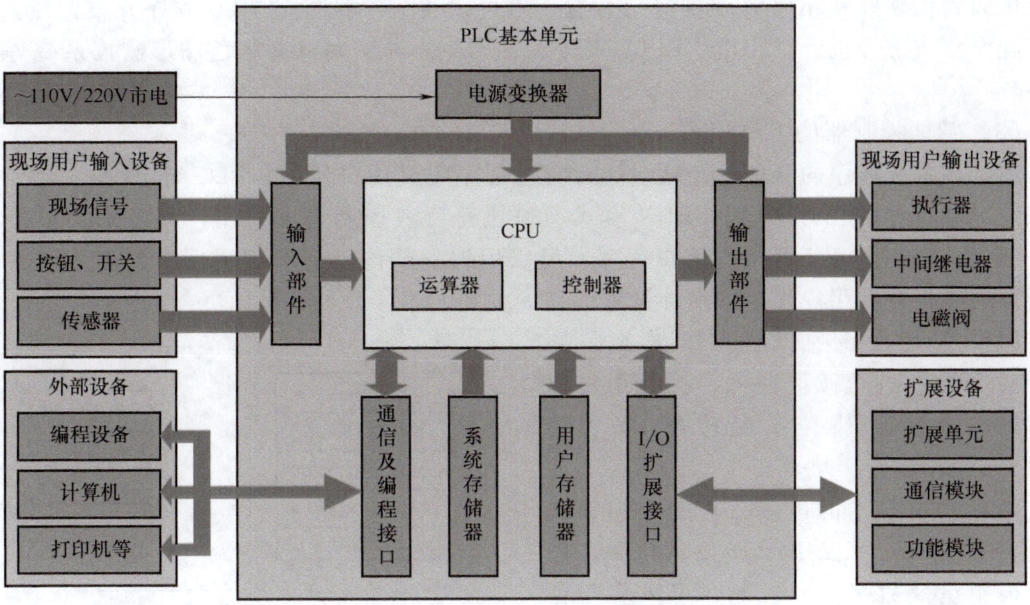

图 2-11　PLC 的基本结构

④ 从存储器逐条读取用户程序，经过解释后执行。

⑤ 根据执行的结果，更新有关标志位的状态和输出映像寄存器的内容，通过输出单元实现输出控制。有些 PLC 还具有制表打印或数据通信等功能。

2）存储器。存储器主要有两种：

① 可读/写操作的随机存储器 RAM。

② 只读存储器，又分为 ROM（不能修改）、EPROM（紫外线可擦写）和 EEPROM（电可擦写）三类。

存储器区域按用途不同分为程序区和数据区。在 PLC 中，存储器主要用于存放系统程序、用户程序及工作数据。

3）输入/输出单元。输入/输出单元通常也称为 I/O 单元或 I/O 模块，是 PLC 与工业生产现场之间的连接部件。PLC 通过输入接口可以检测被控对象的各种数据，以这些数据作为 PLC 对被控对象进行控制的依据；同时，PLC 又通过输出接口将处理结果输送给被控对象，以实现控制的目的。I/O 接口根据输入、输出信号的不同可以分为数字量输入/输出、模拟量输入/输出等。

4）电源。PLC 配有开关电源，以供内部电路使用。PLC 电源的稳定性好、抗干扰能力强，对电网提供的电源稳定性要求不高；有备用锂电池，可确保外部故障时内部重要数据不至于丢失。

5）外部设备。PLC 最重要的外部设备是编程器，它是 PLC 应用与维护不可缺少的工具。编程器的作用是编辑、调试以及输入用户程序，也可在线监控 PLC 内部状态和参数，与 PLC 进行人机对话。编程器可以是专用编程器，也可以是配有编程软件包的通用计算机系统。专用编程器由 PLC 生产厂家生产，专供该厂家生产的某些 PLC 产品使用，使用范围有限，价格较高。目前，大多是使用以个人计算机为基础的编程器，用户只要购买 PLC 厂家提供的编程软件和相应的硬件接口装置，就可以得到高性能的 PLC 程序开发系统。PLC 还可配设盒式磁带机、打印机、EPROM 写入器及高分辨率大屏幕彩色图形监控系统等外部设备。

（3）智能控制器的工作模式

PLC 在系统程序的管理下，通过运行应用程序完成用户任务。PLC 有 RUN（运行）与 STOP（停止）两种工作模式。RUN 模式通过执行反映控制要求的用户程序来实现控制功能。STOP 模式是 CPU 不执行用户程序，可以用编程软件创建和编辑用户程序，设置 PLC 的硬件功能，并将用户程序和硬件设置信息下载到 PLC。

PLC 采用循环扫描工作模式，如图 2-12 所示，进行读取输入、执行用户程序、处理通信请求、自诊断检查、改写输出等。

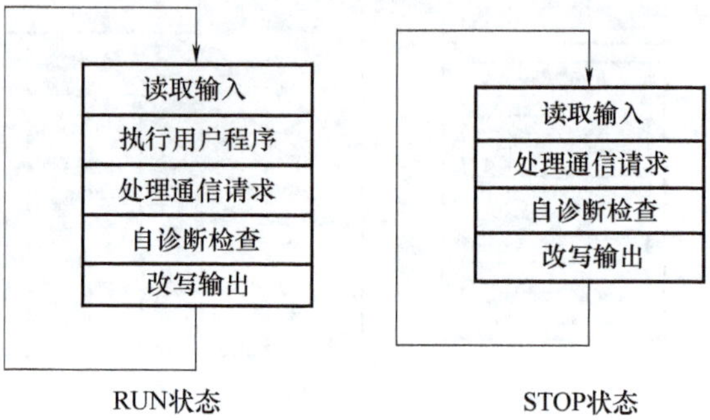

图 2-12　PLC 的循环扫描工作模式

随着 PLC 技术的进步，它的应用领域不断扩大。PLC 不仅用于开关量控制，还用于模拟量及数字量的控制，可采集与存储数据，还可对控制系统进行监控；还可联网、通信，实现大范围、跨地域的控制与管理。PLC 已日益成为工业控制装置家族中一个重要的角色。目前，PLC 在国内外已被广泛应用于钢铁、石油、化工、电力、建材、机械制造、汽车、轻纺、交通运输、环保及文化娱乐等各个行业。

6. 智能控制的应用

智能控制现有和潜在的应用领域众多，如机器人、计算机集成制造、航空航天、农业生产、社会经济管理、交通运输管理、环保、家用电器等。现举几例进行说明。

（1）复杂工业过程的智能控制

在石油、化工、冶金等生产过程中，难免会存在大量的非线性和不确定性，如原材料的变化及其自身的非线性、生产设备的非线性、生产任务的不同、不正常工况的干扰等。同时，生产过程也需要优化调度。目前，神经网络已应用于炼油厂的生产过程控制中，专家系统已应用于轧钢控制和高炉控制中，模糊控制系统已应用于粮食烘干过程控制中，模糊专家系统已应用于啤酒发酵生产中。

（2）机器人智能控制

可以说，机器人是机械技术和智能控制理论的完美结合。虽然目前机器人的智能化程度还未达到人类的智能水平，但已在很多方面有所突破，如机器人的避障控制、寻迹和跟踪控制、机器臂的柔顺控制等。另外，国外已开发出能够自如动作的舞蹈机器人、能够直立行走并能完成跳跃的双足机器人、能够进行管道缺陷检测和修复的机器人等。

（3）工程机械智能控制

在矿山、建筑工地、垃圾清理场和道路工程中，总是有大量的挖掘和铲土作业。要完成这些工作，经常使用像挖掘机、装载机这样一些既复杂又昂贵的机器。为了让驾驶员脱离恶劣的工作环境，提高劳动生产率、改善机器的使用状况、降低机器的使用费用，对这类机器的自主作业的控制，已引起普遍的重视。但在实际工地上，在不能预测的、非结构化的、动态的岩土挖掘与铲装工作环境中，进行铲斗阻力的预测是不可能的，对铲斗的运动只能依靠在当前状态下数据的反馈来做出实时的在线决策。在完全自主的岩土挖掘与铲装作业中，采用的控制结构遵循了基于行为的控制概念，通过把一项复杂的工作任务分解成很多简单的组成部分，这些组成部分分别由一些铲装行为来实现，来解决岩土挖掘与铲装的控制问题。

（4）家用电器智能控制

家用电器是智能控制的一个重要应用场合。各种家用电器都工作在非线性、时变的、不确定的环境中。例如，在空调控制中，空调所处的环境条件是时变的、不确定的，空调控制器输出的控制信号所产生的作用在一段时间之后才会体现出来，因此又具有时滞性；在洗衣机控制中，每一次洗涤衣物的多少、衣物的材质、衣物的干净程度均不一样，所以它也是一种非线性不确定系统。所以，传统控制理论在家电控制方面效果甚微。目前，应用了智能控制的家用电器为数众多，如洗衣机、空调、电冰箱、电饭锅等。

另外，智能控制还在农田灌溉、城市污水处理、石油开采、飞行器控制等多个领域中获得成功应用，并表现出了较强的灵活性和实用性。可以说，凡是传统控制能够解决的问题，智能控制也能够解决，而传统控制不能够解决的问题，智能控制往往会取得良好的效果。正是因为有新的解决问题的思想，智能控制才能成为新一代的控制方法，并具有十分广阔和诱人的应用前景。

2.2　智能制造的支撑技术

如前所述，随着电子计算机和信息技术的广泛应用，制造过程的自动化控制程度得到大幅度的提高，工业 3.0 以数字化、自动化为标志，工厂不仅采用 PC、PLC 和单片机等控制设备进行生产，而且涌现出各类先进制造技术，还出现了各种各样的机器人。制造业经历的这场历史性变革导致了智能制造的奋然崛起。

智能制造实际上是一种将网络化、数字化和自动化等融为一体的先进技术，智能制造并不等于先进制造技术，但源于先进制造技术。智能制造的核心是制造，本质是先进制造，基础是数字化，趋势是人机融合的智能。因此，可以说先进制造技术就是智能制造的支撑技术。

2.2.1　支撑智能制造的先进制造技术

1. 制造自动化技术

（1）制造自动化的概念

制造自动化是人类在长期的生产活动中不断追求的主要目标之一，制造自动化技术是先进制造技术中的重要组成部分。早期制造自动化的概念认为，在一个生产过程中，机器之间的零件转移不用人去搬运就是“自动化”，狭义地理解为制造自动化就是用机器（包括计算机）代替人的体力劳动或脑力劳动。随着制造技术、电子技术、控制技术、计算机技术、信息技术、管理技术的发展，制造自动化已远远突破这一传统的概念，具有更加宽广和深刻的内涵。而今，制造自动化是指“大制造概念”的制造过程中的所有环节均采用自动化技术，实现制造全过程的自动化，也就是对制造过程进行规划、运作、管理、组织、控制与协调优化，以使产品制造过程实现高效、优质、低耗、及时和洁净的目标。

制造自动化的功能目标是多方面的，可用 TQCSE 功能目标模型来描述，见表 2-5。

表 2-5 制造自动化的功能目标

功能目标	具体内涵
T 表示时间(Time)	指采用自动化技术，缩短产品制造周期，加快产品上市，提高生产率
Q 表示质量(Quality)	指采用自动化技术，提高和保证产品质量
C 表示成本(Cost)	指采用自动化技术，有效地降低成本，提高经济效益
S 表示服务(Service)	指利用自动化技术，更好地做好市场服务工作，也能通过替代或减轻制造人员的体力和脑力劳动，直接为制造人员服务
E 表示环境(Environment)	其含义是制造自动化应该有利于充分利用资源，减少废弃物和环境污染，有利于实现绿色制造及可持续发展战略

T、Q、C、S、E 是相互关联的，它们共同构成制造自动化功能目标的有机体系。

制造自动化代表着先进制造技术的水平，促使制造业逐渐由劳动密集型产业向技术密集型和知识密集型产业转变，以其柔性化、集成化、敏捷化、智能化、全球化的特征来满足市场快速变化的要求，是制造业发展的重要表现和重要标志，也体现了一个国家的科技水平。

(2) 制造自动化技术的发展沿革

制造自动化技术的发展与制造技术的发展密切相关。制造自动化技术的生产模式经历的几个发展阶段见表 2-6。

表 2-6 制造自动化技术的发展阶段

发展阶段	具体体现
第一阶段	刚性自动化，包括自动单机和刚性自动线：本阶段应用传统的机械设计与制造工艺方法，采用专用机床和组合机床、自动单机或自动化生产线进行大批量生产。其特征是高生产率和刚性结构．很难实现生产产品的改变
第二阶段	数控加工，包括数控(NC)和计算机数控(CNC)，数控加工设备包括数控机床、加工中心等。其特点是柔性好、加工质量高，适应于多品种、中小批量(包括单件)产品的生产
第三阶段	柔性制造。本阶段的特征是强调制造过程的柔性和高效率，适用于多品种、中小批量的生产，涉及的主要技术包括成组技术(GT)、计算机直接数控和分布式数控(DNC)、柔性制造单元(FMC)、柔性制造系统(FMS)、柔性加工自动线(FML)、离散系统理论和方法、仿真技术、车间计划与控制、制造过程监控技术、计算机控制与通信网络等
第四阶段	计算机集成制造(CIM)和计算机集成制造系统(CIMS)。其特征是强调制造全过程的系统性和集成性，以解决现代企业生存与竞争的 TQCSE 问题
第五阶段	新制造自动化模式，包括智能制造、敏捷制造、虚拟制造、网络制造、全球制造和绿色制造

(3) 制造自动化技术的研究内容

制造自动化技术的主要研究内容见表 2-7。

表 2-7 制造自动化技术的主要研究内容

研究方向	具体内容
单元系统的研究	以一台或多台数控加工设备和物料储运系统为主体的单元系统在计算机统一控制管理下，可进行多品种、中小批量零件的自动化加工生产，是现代集成制造系统的重要组成部分，是自动化工厂车间作业计划的分解决策层和具体执行机构

（续）

研究方向	具体内容
制造过程的计划和调度的研究	研究表明，一个机械零件在传统的制造过程中，只有 1% 的时间在机床上，而在 95% 的时间里，零件是在不同的地方和不同的机床之间运输或等待。减少这 95% 的时间，是提高制造生产率的重要方向，而优化制造过程的计划和调度是减少 95% 的时间的主要手段
柔性制造技术的研究	FMS 的研究已有较长历史，目前的研究主要围绕 FMS 的系统结构、控制、管理和优化运行等方面进行
制造系统的系统技术和集成技术的研究	系统技术包括制造系统分析技术、制造系统建模技术、制造系统运筹技术、制造系统管理技术和制造系统优化技术等；集成技术包括制造系统中的信息集成和功能集成技术（如 CIMS）、过程集成技术（如并行工程）、企业间集成技术（如敏捷制造）等
制造自动化系统中人的作用的研究	人们通过对无人化的制造自动化问题进行反思，对于人在制造自动化系统中有着机器无法替代的重要作用进行了重新认识，提出了“人机一体化制造系统”“以人为中心的制造系统”等新思想，其内涵就是发挥人的核心作用，将人作为系统结构中的有机组成部分，使人与机器处于优化合作的地位，实现制造系统中人机集成的决策机制，以取得制造系统的最佳效益
适应现代生产模式的制造环境的研究	当前，并行工程（Concurrent Engineering，CE）、精益生产（Lean Production，LP）、敏捷制造（Agile Manufacturing，AM）、虚拟制造（Virtual Manufacturing，VM）、仿生制造（Bionic Manufacturing，BM）和绿色制造（Green Manufacturing，GM）等现代制造模式的提出和研究，推动了制造自动化技术的研究和应用的发展，适应了现代制造模式应用的需要
底层加工系统的智能化和集成化的研究	目前世界上 IMS 计划中，提出了智能完备制造系统（Holonic Manufacturing System，HMS）。HMS 是由智能完备单元复合而成的，其底层设备具有开放、自律、合作、适应柔性、可知、易集成和鲁棒性好等特性。另外，世界上刚刚出现的虚拟轴机床，变革了传统机床的工作原理，在性能上更具许多独特优势。又如快速原型制造（Rapid Prototyping Manufacturing）是一种有利于实现集成制造的新技术

（4）制造自动化技术的发展趋势

制造自动化技术的发展趋势见表 2-8。

表 2-8　制造自动化技术的发展趋势

发展趋势	具体体现
制造敏捷化	敏捷化是制造环境和制造过程面向 21 世纪制造活动的必然趋势，所包括的内容有柔性、重构能力、快速化的集成制造工艺等
制造网络化	基于 Intranet/Internet 的制造已成为制造业重要的发展趋势。制造网络化包括制造环境内部的网络化，实现制造过程的集成；制造环境与整个制造企业的网络化，实现制造环境与企业中工程设计、管理信息系统等各个子系统的集成；企业与企业间的网络化，实现企业间的资源共享、组合与优化利用；通过网络，实现异地制造等
制造虚拟化	基于数字化的虚拟化技术主要包括虚拟现实（VR）、虚拟产品开发（VPD）、虚拟制造（VM）和虚拟企业（VE）。制造虚拟化主要是以制造技术和计算机技术支持的系统建模技术和仿真技术为基础，集现代制造工艺、计算机图形学、并行工程、人工智能、人工现实技术和多媒体技术等多种高新技术为一体，由多学科知识构成的一种综合系统技术。它将现实制造环境及其制造过程通过建立系统模型映射到计算机及其相关技术所支撑的虚拟环境中，在虚拟环境下模拟现实制造环境及其制造过程的一切活动和产品制造全过程，并对产品制造及制造系统的行为进行预测和评价。虚拟制造是实现敏捷制造的关键技术

（续）

发展趋势	具体体现
制造智能化	智能化是制造系统在柔性化和集成化基础上的进一步发展和延伸，未来的研究重点是具有自律、分布、智能、仿生、敏捷、分形等特征的新一代自动化制造系统。智能制造技术的目标在于通过人与智能机器的合作共事，去扩大、延伸和部分地取代专家在制造过程中的脑力劳动，以实现制造过程的优化
制造全球化	IMS 计划和敏捷制造战略的发展和实施，促进了制造业的全球化。随着网络全球化、市场全球化、竞争全球化、经营全球化的出现，全球化制造的研究和应用迅速发展，主要包括市场的国际化，产品销售的全球网络化；产品设计和开发的国际合作及产品制造的跨国化；制造企业在世界范围内的重组与集成，如动态联盟公司；制造资源的跨地区、跨国家的协调、共享和优化利用；全球制造体系结构的即将形成
制造绿色化	近些年来，出现了一个新的制造理念，即最有效地利用资源和最低限度地产生废弃物。这是当前世界上环境问题的治本之道，绿色制造的概念也由此产生。绿色制造是一个综合考虑环境影响和资源利用效率的现代制造模式，其目标是使产品从设计、制造、包装、运输、使用到报废处理的整个产品生命周期中，对环境的负作用最小，资源利用效率最高。绿色制造已成为可持续发展战略对制造业的具体要求和体现。对制造环境和制造过程而言，绿色制造主要涉及资源的优化利用、清洁生产和废弃物的最少化及综合利用

2. 数控技术

现代数控技术综合了机械加工技术、自动控制技术、检测技术、计算机和微电子技术，是当今世界上机械制造业的高技术之一。现代制造技术的发展过程是制造技术、自动化技术、信息技术和管理技术等相互渗透和发展的过程，而数控技术以其高精度、高速度、高可靠性等特点已成为现代制造技术的技术基础。世界上各工业发达国家都把发展数控技术作为机械制造业技术革命的重点。

（1）数控技术的发展历程

数控技术按照控制系统的发展，经历了五个阶段，见表 2-9。

表 2-9 数控技术的发展历程

发展阶段	具体内容
1948 年	美国帕森斯公司提出了数控机床的初始设想。1952 年，美国麻省理工学院试制成功世界上第一台数控机床。这是一台三坐标数控立式铣床，采用的是脉冲乘法器原理，其数控系统全部采用电子管器件，称之为第一代数控系统
1959 年	由于在计算机行业中研制出晶体管器件，因而数控系统开始广泛采用晶体管和印制电路板，从而跨入第二代数控系统
1965 年	小规模集成电路以其体积小、功耗低广泛应用于数控系统，使得数控系统的可靠性得以进一步提高。数控系统发展到第三代
1970 年	在美国芝加哥国际机床展览会上，首次展示以小型计算机取代专用计算机的第四代数控系统，即计算机数控（Computer Numerical Control，CNC）系统
1974 年	美、日等国家的数控生产厂家，在美国英特尔公司开发的微处理器技术基础上，首先研制出以微处理器为核心的数控系统（Micro-computer Numerical Control，MNC）。由于中、大规模集成电路的集成度和可靠性高，价格低廉，这种以微处理器技术为特征的第五代数控系统很快占据领先地位

（2）数控系统的组成和结构特点

数控加工是指数控机床在数控系统的控制下，自动地按给定的程序进行机械零件加工的过程。数控系统发展水平的高低直接决定了数控加工技术的发展水平。

数控系统是由输入程序、输入输出设备、CNC 装置、可编程控制器、主轴驱动装置和进给驱动装置等组成的。

数控系统的核心是 CNC 装置。CNC 装置采用存储程序的专用计算机，由硬件和软件两部分组成，软件在硬件环境支持下运行，完成一部分或全部数控功能，其组成和结构见表 2-10。

表 2-10　CNC 装置的组成和结构

组成		具体结构
硬件结构	单微处理机结构	在此结构中，只有一个微处理机集中控制、分时处理数控加工的多个任务。有的 CNC 装置有两个以上的微处理机，但只有一个微处理机能够控制系统总线，而其他微处理机则成为专用的智能部件，不能控制系统总线，不能访问主存储器
	多微处理机结构	此结构是指具有两个或两个以上的微处理机构成的处理部件，处理部件之间采用紧耦合，有集中式操作系统，共享资源；或者具有两个或两个以上的微处理机构成的功能模块，功能模块间采用松耦合，由多重操作系统有效地实行并行处理 多微处理机 CNC 装置采用模块结构，一般由 6 种功能模块组成，即 CNC 管理模块，CNC 插补模块，位置控制模块，可编程控制模块，操作、控制数据输入输出及显示模块，存储器模块
软件结构		软件结构取决于装置中软件和硬件的分工，也取决于软件本身的工作性质。CNC 系统软件包括零件程序的管理软件和系统控制软件两部分。零件程序的管理软件实现屏幕编辑、零件程序的存储及调度管理、与外界的信息交换等功能。系统控制软件是一种前后台结构式的软件。前台程序（即实时中断服务程序）承担全部实时功能，而准备工作及协调处理则在后台程序中完成。后台程序是一个循环运行的程序，在其运行过程中，实时中断服务程序不断插入，共同完成零件加工任务

数控系统是一个专用的实时多任务计算机控制系统，其控制软件中融合了当今计算机软件技术的许多先进技术，其中最突出的是多任务并行处理和多重实时中断。多任务并行处理所包含的技术有：CNC 装置的多任务；并行处理的资源分时共享和资源重叠流水处理；并行处理中的信息交换和同步等。

（3）数控技术的发展趋势

科学技术的飞速发展，制造技术的不断进步，社会对产品多样化需求的加强，产品的更新换代加速、品种多样，中小批量生产的比重明显增加，以及加工制造业向更高层次的 FMS、CIMS 发展的需要等，都要求现代数控机床向更高的速度、更高的精度、更高的可靠性及更完善的功能方向发展。数控系统的发展对数控技术起决定作用。概括起来讲，数控系统的发展趋势见表 2-11。

表 2-11　数控系统的发展趋势

发展趋势	具体体现
总线式、模块化结构的 CNC 系统	采用多微处理机、多主总线体系结构，提高系统的计算能力和响应速度。模块化有利于满足用户需要，构成最小至最大系统

（续）

发展趋势	具体体现
在 PC 基础上开发 CNC 系统	充分利用通用 PC 丰富的软件资源，随 PC 硬件的升级而升级，适当配置高分辨率的彩色显示器。通过图像、多窗口、菜单驱动以及多媒体等方式，得到友好的人机界面
PC 数控	PC 作为人机界面，同时利用其大容量的存储能力和较强的通信能力，又可作为机床控制使用，成为 PC 数控
开放性	现代数控系统要求控制系统的硬件体系结构和功能模块具有兼容性，软件的层次结构、模块结构、接口关系等均符合规范标准，以方便机床制造商将特殊经验植入系统，让数控机床用户拥有自动化开发环境
数控功能丰富，控制功能加强	大容量存储器的应用和软件的模块化设计，不仅丰富了数控功能，同时也加强了 CNC 系统的控制功能。它具备通信联网能力，支持多种通用和专用的网络操作，为工厂自动化提供了基础设备
实现多过程、多通道控制	将多种控制功能，如刀具破损检测、物料搬运、机械手控制等，都集成到数控系统中，使系统实现多过程、多通道控制，即具有一台机床同时完成多个独立加工任务，或控制多台和多种机床的能力
面向车间编程和智能化	面向车间编程（Workshop-Oriented Programming，WOP）技术和智能化。系统能提供会话编程、蓝图编程和 CAD/CAM 等面向车间的编程技术和实现二、三维加工过程的动态仿真，并引入在线诊断、模糊控制等智能机制

3. FMS（柔性制造系统）

（1）FMS 的产生和发展

机械制造自动化已有几十年的历史，从 20 世纪 30 年代到 20 世纪 50 年代，人们主要在大量生产领域里建立由自动车床、组合机床或专用机床组成的刚性自动化生产线。这些自动化生产线具有固定的生产节拍，要改变生产品种是非常困难和昂贵的。随着市场对产品多样化、低制造成本及短制造周期等需求的日趋迫切，同时由于微电子技术、计算机技术、通信技术、机械与控制设备的进一步发展，制造技术已经向信息密集的柔性自动化生产方式及知识密集的智能自动化方向发展。从 20 世纪 60 年代开始到 20 世纪 70 年代，计算机技术得到了飞速发展，计算机控制的数控机床在自动化领域中取代了机械式的自动机床，因此使建立适合于多品种、小批量生产的柔性加工生产线成为可能。作为这种技术具体应用的柔性制造系统、柔性制造单元和柔性加工自动线等柔性制造设备纷纷问世，其中柔性制造系统最具代表性。

FMS 是一种高效率、高精度、高柔性的加工系统，是制造业向现代自动化（计算机集成制造系统、智能制造系统、无人工厂）发展的基础设备。柔性制造技术将数控技术、计算机技术、机器人技术以及生产管理技术等融为一体，通过计算机管理和控制实现生产过程的实时调度，以最大限度地发挥设备的潜力，减少工件搬运过程中的等待时间损失，使多品种、中小批量生产的经济效益接近或达到大批量生产的水平，从而解决了机械制造业高效率与高柔性之间矛盾的难题，被称为是机械制造业中一次划时代的技术革命。世界上第一条 FMS 自 1967 年在英国问世以来，就显示出强大的生命力。

经过十多年的发展和完善，到 20 世纪 70 年代末 80 年代初，FMS 开始走出实验室而逐渐成为先进制造企业的主力装备。20 世纪 80 年代中期以来，FMS 获得迅猛发展，几乎成了生产自动化的热点。一方面，这是由于单项技术如 NC 加工中心、工业机器人、CAD/CAM、资源管理及高技术等的发展，提供了可供集成一个整体系统的技术基础；另一方面，世界市场发生了重大变化，由过去传统、相对稳定的市场发展为动态多变的市场，为了在市场中求生存、求发展，提高企业对市场需求的应变能力，人们开始探索新的生产方式和经营模式。近年来，FMS 作为一种工厂自动化的先进模式已为国际上所公认，FMS 作为当今世界制造自动化技术发展的前沿科技，是实现计算机集成制造（CIM）、智能制造（IM）、精益生产（LP）、敏捷制造（AM）等先进制造生产模式的基础，为未来机械制造工厂勾画出一幅宏伟的蓝图，将成为 21 世纪机械制造业的主要生产模式。

（2）FMS 的定义及基本组成

在我国有关标准中，FMS 被定义为：由数控加工设备、物流储运装置和计算机控制系统等组成的自动化制造系统。它包括多个柔性制造单元，能根据制造任务或生产环境变化迅速进行调整，适用于中小批量和多品种生产。

从上述定义可以看出，FMS 主要由三部分组成：多工位的数控加工系统、自动化的物流系统和计算机控制的信息系统，见表 2-12。

表 2-12　FMS 的组成

组成	具体内涵
加工系统	加工系统能以任意顺序自动加工各种工件，并能自动地更换工件和刀具。加工系统通常由两台以上的数控机床、加工中心或柔性制造单元以及其他的加工设备所组成
物流系统	在 FMS 中，工件、工具流统称为物流，物流系统即物料储运系统，由输送系统、储存系统和操作系统组成，通常包含传送带、有轨运输车、无轨运输车、搬运机器人、上下料托盘、交换工作台等机构，能对刀具、工件和原材料等物料进行自动装卸、运输和储备
信息系统	信息系统包括过程控制及过程监视两个系统，能够实现对 FMS 的运行控制、刀具监控和管理、质量控制，以及 FMS 的数据管理和网络通信

（3）FMS 的主要功能及优点

常见的 FMS 一般具有以下功能：

1）作业计划与调度功能。

2）制造功能，在柔性制造系统中，由数控机床这类设备承担制造任务。

3）自动输送工件和刀具的功能。

4）自动监测（对刀具磨损、破损的监测）、自动补偿、自动诊断等功能。

5）自动交换工件和刀具的功能。

6）自动保管毛坯、工件、半成品、工夹具、模具的功能。

FMS 的上述功能是在计算机系统的控制下协调一致地、连续地、有序地实现的。制造系统运行所必需的作业计划以及加工或装配信息，预先存放在计算机系统中，根据作业计划，物流系统从仓库调出相应的毛坯、工夹具，并将它们交换到对应的机床上。在计算机系统的控制下，机床依据已经传送来的程序，执行预定的制造任务。FMS 的“柔性”是计算机系统赋予的，被加工的工件种类变更时，只需变换其程序，而不必改动设备。

从 FMS 的构成和功能可以看出，FMS 的优点和效益见表 2-13。

表 2-13 FMS 的优点和效益

具备优点	具体效益
有很强的柔性制造能力	由于 FMS 备有较多的刀具、夹具以及数控加工程序，因而能接受各种不同的工件加工任务，柔性度很高。FMS 的这一“柔性”特点，对新产品开发特别有利
提高设备利用率，减少设备成本与数量	在 FMS 中，工件是安装在托盘上输送，并通过托盘快速地在机床上进行定位与夹紧的，节省了工件装夹时间。此外，因借助计算机管理而使加工不同工件时的准备时间大为减少，有很多准备工作可在机床工作时间内同时进行。机床利用率的提高使得每台机床的生产率提高，相应地可以减少设备数量，降低成本
减少直接生产工人，提高劳动生产率	FMS 除了少数操作由人力控制（如装卸、维修和调整）外，可以说正常工作的完成主要是由计算机自动控制的。在这一控制水平下，FMS 通常实施 24h 工作制，将所有靠人力完成的操作集中安排在白班进行，晚班除留一人看管之外，系统完全处于无人操作状态下工作，直接生产工人大为减少，劳动生产率提高
减少在制品数量，提高对市场的反应能力	由于 FMS 具有高柔性、高生产率以及准备时间短等特点，能够对市场的变化做出较快的反应，故没有必要保持较大的在制品和成品库存量
提高产品质量	FMS 自动化水平高，工件装夹次数和经过的机床数减少，夹具的耐久性好。工人可把注意力更多地放在机床和工件的调整上，有助于工件加工质量的提高
可以逐步地实现实施计划	若建一条自动线，FMS 可进行分步实施，每一步的实施都能进行产品的生产，因为 FMS 的各个加工单元都具有相对独立性

4. CIMS（计算机集成制造系统）

（1）CIM 与 CIMS 的概念

CIM 的概念是美国的约瑟夫·哈林顿博士于 1973 年首先提出的。哈林顿提出的 CIM 概念中有两个基本观点：

1）企业生产的各个环节，即从市场分析、产品设计、加工制造、经营管理到售后服务的全部生产活动是一个不可分割的整体，要紧密连接，统一考虑。

2）整个生产过程实质上是一个数据的采集、传递和加工处理的过程，最终形成的产品可以看作是数据的物质表现。

哈林顿当时是根据计算机技术在工业生产中的应用，预见其今后发展的必然趋势而提出的 CIM 概念，这一概念直到 20 世纪 80 年代才被广泛接受。随着制造业的发展，CIM 的内涵也不断得以丰富和发展。目前取得的基本共识是，CIM 模式将成为工业企业新一代生产组织方式，并成为 21 世纪的主要生产方式。我国“863 计划”对 CIM 提出了如下定义：CIM 是一种组织、管理与运行企业生产的新哲理，它借助计算机软硬件，综合运用现代管理技术，以实现产品高质、低耗、上市快，从而使企业赢得市场竞争。

CIMS 是基于 CIM 哲理而形成的现代制造系统，是 CIM 思想的物理体现。我国“863 计划”CIMS 专家组将它定义为：CIMS 是通过计算机硬件和软件，并综合运用现代管理技术、制造技术、信息技术、自动化技术、系统工程技术，将企业生产全部过程中有关人、技术、经营管理三要素及其信息流与物流有机地集成并优化运行的复杂的大系统。

（2）CIMS 的基本组成

CIMS 一般由四个功能系统和两个支撑系统组成，见表 2-14。

表 2-14　CIMS 的基本组成

<table>
<tr><th colspan="2">系统组成</th><th>具体内涵</th></tr>
<tr><td rowspan="4">功能系统</td><td>信息管理系统</td><td>包括预测、经营决策、各级生产计划、生产技术准备、销售、供应、财务、成本、设备、人力资源的信息管理功能</td></tr>
<tr><td>工程设计自动化系统</td><td>通过计算机来辅助产品设计、制造准备以及产品测试，即 CAD/CAPP/CAM 阶段</td></tr>
<tr><td>制造自动化系统</td><td>由数控机床、加工中心、清洗机、测量机、运输小车、立体仓库、多级分布式控制计算机等设备及相应的支持软件组成，根据产品工程技术信息、车间层加工指令，完成对零件毛坯的作业调度及制造。这是 CIMS 信息流和物流的结合点，是 CIMS 最终产生经济效益的聚集地</td></tr>
<tr><td>质量保证系统</td><td>包括质量决策、质量检测、产品数据的采集、质量评价、生产加工过程中的质量控制与跟踪功能。该系统用于保证从产品设计、产品制造、产品检测到售后服务全过程的质量</td></tr>
<tr><td rowspan="2">支撑系统</td><td>计算机网络系统</td><td>即企业外部的广域网、内部的局域网及支持 CIMS 各子系统的开放型网络通信系统，采用标准协议可以实现异机互联、异构局域网和多种网络的互联。该系统满足不同子系统对网络服务提出的不同需求，支持资源共享、分布处理、分布数据库和实时控制</td></tr>
<tr><td>数据库系统</td><td>支持 CIMS 各子系统的数据共享和信息集成，覆盖了企业全部数据信息，在逻辑上是统一的，在物理上是分布式的数据库管理系统</td></tr>
</table>

CIMS 的体系结构分为工厂层、车间层、单元层、工作站层和设备层五层结构。每一层又可进一步分解为模块或子层，并都由数据驱动。

近些年来，并行工程、人工智能及专家系统技术在 CIMS 中的应用大大推动了 CIMS 技术的发展，增强了 CIMS 的柔性和智能性。随着信息技术的发展，在 CIMS 基础上又提出了各种现代先进制造系统，诸如精益生产、敏捷制造、全球制造等。与此同时，不但将信息技术引入制造业，而且将基因工程和生物模拟引入制造技术，力图建立一种具有更高柔性的、开放的制造系统。

2.2.2　工业物联网与网络化制造

1. 工业物联网

(1) 工业物联网及其执行程序

物联网是通过互联网、传统电信网和移动通信网等信息载体，将具有独立功能的普通物体实现互联互通的网络。工业物联网是指通过传感技术、标识识别技术、图像视频技术和定位技术等感知技术，实时感知企业或工厂中需要监控、连接和互动的设备，并构建企业办公室的信息化系统，打通办公信息化系统与生产现场设备的直接联系。工业物联网是物联网技术在制造企业或智能工厂中的具体应用。

物联网将现实世界中的“人-机-物”实现数字化，任何具有网络功能的设备都可以接入物联网，为智能制造提供各种服务。工业物联网从下至上由感知层、网络层和应用层三个层次构成。其执行程序大体为：生产指标由企业信息化系统通过网络层自动下达至机器的执行系统；生产结果由感知层自动采集并通过网络层上传至应用层（一般是企业信息化系统），并在生产现场实现智能化的自动监控和报警；还可在云制造平台上对大数据进行分析和挖掘，提高生产制造的智能化水平。

（2）工业物联网的体系结构

物联网的体系结构分为感知层、网络层、应用层，如图 2-13 所示，三个结构层之间的功能和相互关系见表 2-15。

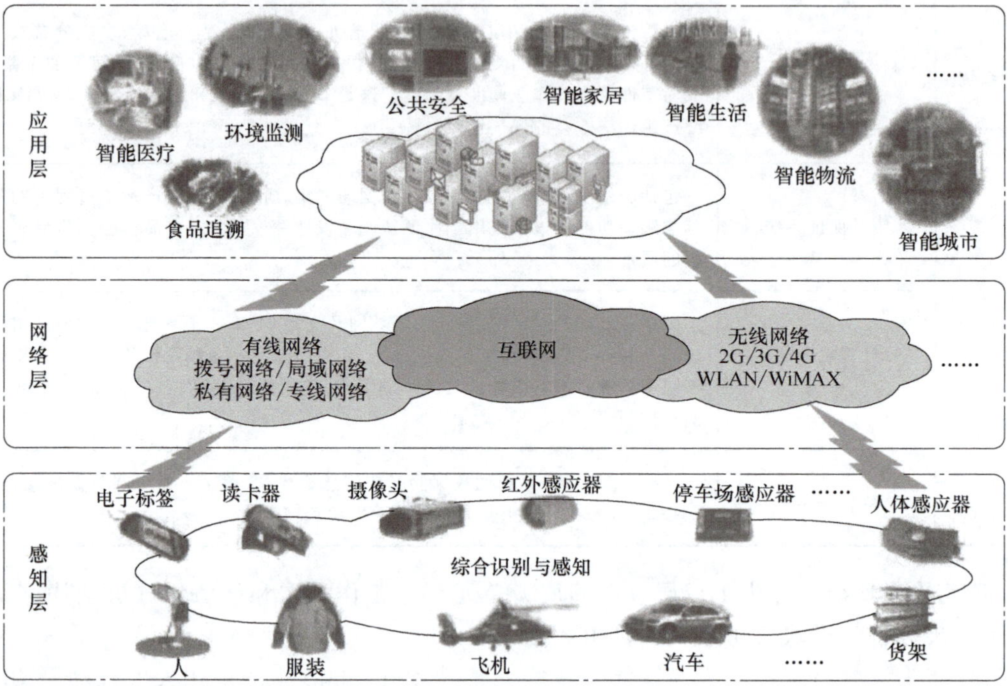

图 2-13　物联网的体系结构

表 2-15　物联网的体系结构的功能和相互关系

结构层	具体功能
感知层	物联网的“皮肤”和“五官”，用来识别物体，采集信息。感知层包括二维码标签和识读器、RFID 标签和读写器、摄像头、GPS 等
网络层	物联网的“神经中枢”和“大脑”，将感知层获取的信息进行传递和处理。网络层包括通信与互联网的融合网络、网络管理中心和信息处理中心等
应用层	物联网的“社会分工”是物联网与行业专业技术的深度融合，与行业需求结合，实现行业智能化，这类似于人的社会分工，最终构成人类社会
在各层之间，信息不是单向传递的，也有交互、控制等，所传递的信息多种多样，其中的关键是物品的信息，包括在特定的应用系统范围内能唯一标识物品的识别码和物品的静态与动态信息	

（3）工业物联网的技术优势

工业物联网技术的研究是一个跨学科的工程，它涉及自动化、通信、计算机以及管理科学等领域。图 2-14 所示为工业物联网所涉及的技术领域。其中，通信技术与传感技术是所有相关技术中的关键技术。

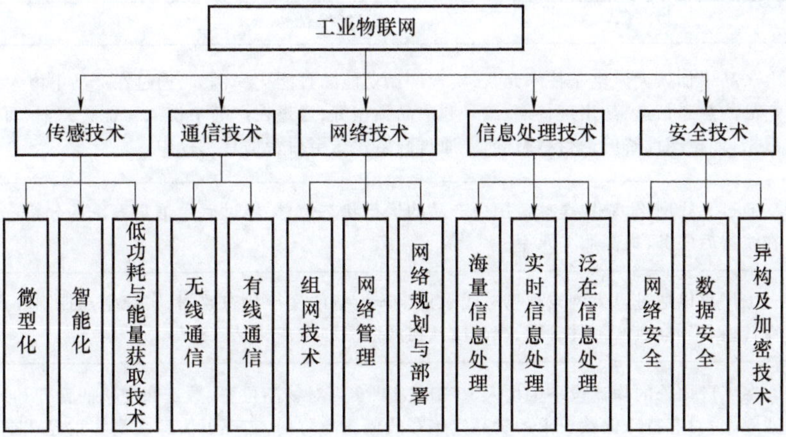

图 2-14　工业物联网所涉及的技术领域

工业物联网中的关键技术及其内涵见表 2-16。

表 2-16　工业物联网中的关键技术

关键技术	具体内涵
传感技术	信息的泛在化对工业传感器和传感装置提出了更高的要求，具体如下 ① 微型化：指元器件的微小型化，以节约资源与能源 ② 智能化：指自校准、自诊断、自学习、自决策、自适应和自组织等人工智能技术 ③ 低功耗与能量获取技术：供电方式为电池、阳光、风、温度、振动等
通信技术	通信技术具体包括调制与编码技术、自适应跳频技术、信道调度技术、通信协议多样性、多标准有线及无线技术
网络技术	组网技术包括网络路由技术、互联技术、共存技术、优化技术与跨层设计 网络管理与基础服务技术包括低开销高精度的时间同步技术、快速节点定位技术、实时网络性能监视与预警技术、工业数据的分布式管理技术
信息处理技术	海量信息处理是指工业信息出现爆炸式增长，构建集海量感知信息获取、高效融合、特征提取和内容理解为一体的技术体系 实时信息处理包括工业流程监视与控制需求 新型制造模式实现了多源异构感知信息融合 泛在信息处理服务与协同平台具有设计、制造、管理过程中人-人之间、人-机之间和机-机之间的行为感知、环境感知、状态感知的综合性感知能力
安全技术	安全技术具体包括工业设备控制、网络安全和数据安全技术，阻止非授权实体的识别、跟踪和访问技术，非集中式的认证和信任模型技术，高效的加密和数据保护技术以及异构设备间的隐私保护技术

工业物联网集成了 RFID 技术、传感技术、通信技术、网络技术、信息处理技术、安全技术、中间件和云计算技术等新技术，其发展会极大地促进各行业的信息化进程，实现物与物、人与物之间的自动化信息交互与处理。物联网技术在制造业中的应用优势见表 2-17。

表 2-17 物联网技术在制造业中的应用优势

优势	具体体现
产品智能化	产品中加入大量电子技术元素，实现产品功能的智能化。例如，通过在产品中植入 RFID 芯片，记录产品的静态信息，如出厂日期、编号和产品类型等；通过在产品中植入智能传感器，可记录设备的运行数据，如检测设备的运行状态等，并通过网络传送至后台信息系统中
实时售后服务	通过无线网络，获取全球范围内产品的运行状态信息，经过后台信息系统的分析、处理和反馈，实施在线售后服务，提高服务水平
过程监控与管理	工厂可以通过以太网或现场总线采集生产设备的运行状态数据，实施生产控制和设备维护，包括供需转换、工时统计、部件管理、产品质量在线监测和设备状况监测等
物流管理	在工厂内外的物流设备中植入 RFID 芯片，实现对物品位置、数量和交接的管理和控制，提高物流流通效率，对有特殊储藏要求的货品实施在线监测与防伪，实现了信息在真实世界和虚拟空间之间的智能化流动

（4）基于工业物联网的智能制造产业的发展趋势

工业物联网与智能制造技术相结合，对智能制造产业的发展产生了深远的影响。基于工业物联网的智能制造产业发展趋势见表 2-18。

表 2-18 基于工业物联网的智能制造产业发展趋势

发展趋势	具体体现
制造过程向全球化的协同创新方向发展	随着企业逐渐实现跨国的产品开发、营销和服务，对信息系统提出了支持多语种、多工厂、多个企业实体的开发与管理需求，以及全球协作开发的需求。工业发达国家的许多企业将信息化技术综合集成，并广泛应用于研发、管理、财务运作、营销和服务等核心业务，实现了产品研制、采购和销售等在全球范围内的协作，在全球范围进行资源的优化配置
生产和研发向精益化方向发展	通过整合各种产品生产、服务反馈的数据，企业可以把物理世界与数字世界充分关联起来，为企业提供一种企业级的产品数字化样机开发环境，使产品的质量与可靠性有了系统的保障。同时，高度的信息共享使企业可以通过优化业务流程和资源配置，强化运行细节管理和过程管理，追求持续改进，推动企业不断适应内外环境变化，提高核心竞争力和创造效益的能力，达到精益管理，提高制造业生产力
制造设计从高能耗向低能耗高效转变	将工业物联网的应用与“绿色、环保、节能、低碳、经济”的发展理念紧密结合，充分利用工业物联网技术，实现更精细、更简单和更高效的管理，帮助企业创造更大的经济效益和社会效益，实现智能制造绿色设计和绿色制造的行业要求

（5）工业物联网技术的应用

工业物联网技术应用于生产线过程检测、实时参数采集、生产设备与产品监控管理以及材料消耗监测等环节，可以大幅度提高生产的智能化水平。由于经济效益和社会效益明显，工业物联网在智能工厂中具有广泛的应用前景。基于工业物联网的智能工厂可以实现五大功能：电子工单、生产过程透明化、生产过程可控化、产能精确统计以及车间电子看板。这些功能不仅可以实现制造过程中信息的视觉化，也会对生产管理和决策产生影响。从当前技术的发展和应用前景来看，工业物联网技术在工业领域的应用主要集中在六个方面，见表 2-19。

表 2-19 工业物联网技术的应用

实际应用	具体内涵
制造业供应链管理	工业物联网技术应用于企业原材料采购、库存和销售等环节，通过完善和优化企业供应链管理体系，提高供应链效率，降低成本。例如，空中客车公司通过在供应链体系中应用传感网络技术，构建了全球制造业中规模最大、效率最高的供应链体系
生产工艺过程优化	工业物联网技术的应用提高了生产线过程检测、实时参数采集、生产设备监控和材料消耗监测的能力和水平，生产过程的智能监控、智能控制、智能诊断、智能决策和智能维护水平不断提高，优化了生产流程
生产设备监控管理	各种传感技术与制造技术的融合实现了对生产设备操作使用记录及设备故障诊断的远程监控，智能工厂可建立产品生产综合服务中心，通过传感器和网络对设备进行在线监测和实时监控，并提供设备维护和故障诊断的解决方案
环保监测及能源管理	工业物联网技术与环保设备的融合实现了对工业生产过程中产生的各种污染源及污染治理各环节关键指标的实时监控。在重点排污企业的排污口安装无线传感设备，不仅可以实时监测企业排污数据，而且可以远程关闭排污口，防止突发性环境污染事故的发生。电信运营商已开始推广基于工业物联网的污染治理实时监测解决方案
工业安全生产管理	工业物联网技术与工厂生产设备相融合，把传感器应用到设备、油气管道中，可以感知危险环境中工作人员、设备机器和周边环境等方面的安全状态信息等，还可对危险物品的运输进行监控，准确描述每一批运输物料的特征，从而追踪到每一个货柜或散货中的原物料，为运输提供更多的安全保障。通过工业物联网技术可将现有的网络监管平台提升为系统、开放和多元的综合网络监管平台，实现实时感知、准确辨识、快捷响应及有效控制

2. 网络化制造

(1) 网络化制造的基本概念

随着信息网络的飞速发展，借助网络技术实现产品的设计和制造已经是大势所趋。网络化制造的概念产生于 20 世纪 90 年代，是目前设计和制造领域重点研究的技术。网络化制造是通过采用先进的网络技术、现代制造技术、现代企业管理技术及其他相关技术，构建面向企业特定需求的、基于网络的集成化制造平台，并在平台的支持下，突破空间地域对企业生产经营范围和方式的约束，开展覆盖产品整个生命周期全部环节的企业数字化业务活动，实现企业间的商务协同和各种社会资源的共享与集成，高速度、高质量、低成本地为市场提供所需的产品和服务，最终提高企业的核心竞争能力。

关于网络化制造的概念，国内外已有大量的论述，综其所述，可以这样定义：网络化制造是基于网络的制造企业的各种制造活动及其所涉及的制造技术和制造系统的总称，其中网络包括 Internet、Intranet 和 Extranet 等；制造企业包括单个企业、企业集团以及面向某一市场机遇而组建的虚拟企业等各种制造企业及企业联盟；制造活动包括市场运作产品设计与开发、物料资源组织、生产加工过程、产品运输与销售和售后服务等企业所涉及的一切相关活动和工作。

网络化制造系统是一种由多种、异构、分布式的制造资源，以一定的互联方式，利用计算机网络组成开放式的、多平台的、相互协作的、能及时灵活地响应用户需求变化的制造系统，是一种面向群体协同工作并支持开放集成性的系统。

网络化制造是企业实现制造资源优化配置与合理利用的主要途径。网络化制造模式致力于将分散的制造资源有效集成，形成核心优势，降低成本，提高企业的效率和效益。在全球化制造形势下，使用外部资源而不是拥有它们的制造模式将成为制造业重要的发展方向。

从整体上看，网络化制造有四个核心概念：

1）覆盖企业内外部、四通八达的网络环境。

2）产品生命周期过程的协同。

3）不同企业制造资源的共享。

4）供应链上各方利益的共赢。

实现网络化制造后，企业可以最快的速度、最低的成本、最好的服务满足动态多变的市场需求。

（2）网络化制造的主要内容

网络化制造包含的内容很多，几乎囊括了制造技术的方方面面。

1）网络化制造的支撑环境。网络化制造系统是一个复杂的大系统，它的运作主要借助于现代计算机网络。按照企业的组织结构和网络化制造的要求，一般可分为：企业内部网（Intranet），实现内部的信息交换和集成制造；企业总部与分散在全国各地甚至全球各国的分/子公司之间实现信息交换的外联网（Extranet），实现集团级的协同管理和制造；与外部环境实现信息交换的互联网（Internet），企业之间借助于网络实现协同设计、协同制造、协同商务等，供应链企业与制造企业共同构成敏捷供应链，此处的外部环境包括上级管理部门、上游供应商、下游的分销商和用户等。

网络化制造的重点是实现远程、异地的信息交换，因此需要在硬件网络环境的基础上建立起一种机制，用以支持集团公司、各子公司、集团外战略合作伙伴、用户和供应商之间的通信。这种机制通过一个分布式异构环境下的集团资源共享、信息和过程集成的支撑平台来实现。支撑平台支持跨地域、异构环境下的信息无缝连接，支持整个集团的信息集成、过程集成和资源共享，从而能够实现更大范围内的应用系统重组。但是在逻辑上，产品生命周期的物流还是要经过设计、制造和销售等环节来实现。支撑平台具有高度的灵活性和开放性，采用分布式对象技术，使不同应用系统之间的互操作透明化，并保证数据传输的可靠性和效率，采用工作流管理等技术实现应用系统的重组和集成。支撑环境还包括建立内容丰富的制造资源库。

2）网络化制造的关键是协同。不同实体（既包括计算机系统，也包括人和组织等）的协同作用贯穿了整个产品生命周期的全过程（协同设计、协同制造、协同商务等方面），这些协同有：

① 集团公司与子公司的协同。一是集团公司在新产品的开发过程中要经常与负责制造的子公司进行工艺方面信息的交流，即并行工程式的协同；二是集团的采购工作要迅速响应生产的需求，即供应链式的协同。

② 子公司之间的协同，即集团内部供应链式的协同和产品的配套性协同。

③ 集团与其他合作伙伴的协同，即集团与其他伙伴之间的知识共享、设计资源共享、制造资源共享、商务信息共享。

④ 集团与用户的协同，即用户对设计和制造过程的某种介入，目的是使设计和制造的产品更符合用户的要求，减少双方理解上的偏差。

⑤ 集团与供应商的协同，即原材料供应商能够及时响应集团的需求，减少甚至消除供

应链的等待时间。

由此产生协同商务系统和协同设计系统。协同商务系统既包括对外的供应链管理系统、用户关系管理系统、合同管理系统、网上产品配置系统等，也包括用于集团内部（包括各子公司）联系的资产管理系统、财务管理系统、信息管理系统、决策支持系统和人力资源管理系统等。协同设计系统包括新产品的协同设计、跨地域服务工程、协同工艺设计等功能，不仅支持集团内部的协同设计，也支持集团与其他企业和研究机构的协同设计。

3）分散制造系统。由各个子公司内部的ERP、CAM等子系统与动态联盟企业中合作伙伴的部分系统组成。分散制造系统也包括借助于数据库的社会资源的协同采购和动态联盟等。

（3）网络化制造技术

1）网络化制造的特征。网络化制造的实质是网络（Internet/Intranet/Extranet）技术和制造技术的结合，网络化制造中网络技术的根本功能是为制造系统和制造过程提供一种快速、方便的信息交互手段和环境，因此，网络化制造的基本内涵特征是基于网络的信息（含数据）快速传输和交互，见表2-20。

表2-20　网络化制造的基本内涵特征

特征	具体内涵
技术特征	①时间特征。网络使信息能快速地传输与交互，使制造系统中信息传输过程的时间效率发生根本性变化，可在制造过程中利用地球时差实现不间断的24h设计作业等 ②空间特征。基于网络的异地设计、异地制造，使企业走出围墙，走向全球，使得分散在各地的企业根据市场机遇随时组成动态联盟，实现资源共享，拓展了企业空间 ③集成特征。网络和信息快速传输与交互，支持企业内外实现信息集成、功能集成、过程集成、资源集成及企业之间的集成
功能特征	①敏捷响应特征。基于网络的敏捷制造和并行工程等技术可显著缩短产品开发周期，迅速响应市场需求 ②资源共享特征。通过网络分散在各地的信息资源、设备资源、人才资源可实现共享和优化利用 ③企业组织模式特征。网络和数据库技术将使得封闭性较强的金字塔式递阶结构的传统企业组织模式向着基于网络的、扁平化的、透明度高的、项目主线式的组织模式发展 ④生产方式特征。将从过去的大批量、少品种和现在的小批量、多品种发展到小批量、多品种定制型生产方式。21世纪的市场将愈发体现个性化需求的特点，因此，基于网络的定制将是满足这种需求的一种有效模式 ⑤客户参与特征。客户不仅是产品的消费者，而且还将是产品的创意者和设计参与者。基于网络的面向客户设计（Design For Customer，DFC）和客户设计（Design By Customer，DBC）技术将为客户参与产品设计提供可能 ⑥虚拟产品特征。虚拟产品、虚拟超市和网络化销售将是未来市场竞争的重要方式。客户足不出户，可在网上定制所喜爱的产品，并迅速见到其虚拟产品，而且可进行虚拟使用和产品性能评价 ⑦远程控制特征。设备的宽带联网运行，可实现设备的远程控制管理，以及设备资源的异地共享 ⑧远程诊断特征。基于网络可实现设备及生产现场的远程监视及故障诊断

2）网络化制造环境下的自动化制造系统。网络化制造在一定程度上扩展了自动化制造系统的概念，网络化制造环境下的机床或自动化制造设备将不再是孤立的加工系统，而是在网络环境下与工程设计系统、生产管理系统直接相连，可以实现远程动态重构设备布局、远程加工过程管理和控制、远程设备监控及远程故障诊断和维修等功能。

(4) 网络化制造平台

1) 网络化制造平台的类型。常见的网络化制造平台，按照制造企业商务运行模式和业务经营范围可以分为通用型和专用型两个大类。通用型网络化制造平台往往开始时由政府出面组织运作，发展到一定阶段之后逐渐转交给专门的股份制企业进行商业化运作与管理，这类平台对于建立并支持许多基于市场机会而产生的短期和动态的企业间协作过程具有重要价值。通用型网络化制造平台包括两个子类：一般通用型和区域通用型。专用型网络化制造平台包括四个子类，即行业型专用平台、战略联盟型专用平台、集团或者单个企业专用平台、传统合约型专用平台。

2) 网络化制造平台的运行支撑技术。网络化制造平台的运行支撑技术可以分为两大类：计算机网络运行的通用支撑技术和产品制造过程的数字化与自动化相关支撑技术。前者可用于计算机网络应用的各个方面，后者只是在产品的整个生命周期中采用数字化的形式处理有关产品的一切相关信息和制造技术。

3) 网络化制造平台的运行管理策略。网络化制造平台的运行管理策略包括系统资源配置和调度策略等（见表 2-21），这些与其商务运作模式密切相关。

表 2-21 网络化制造平台的运行管理策略

管理策略	具体操作
制造资源的配置	针对特定的制造项目，确定制造资源动态整合的目标，以及实施的评价标准，在一定的制造资源范围内进行整合，形成一个能够完成特定产品制造全过程的制造子系统
制造过程中的规划与调度	根据定制产品的设计与制造工艺的要求确定（虚拟）企业制造项目的目标，包括产品的功能与质量需求，对产品制造技术的要求，交货期对制造总工期的限制，成本预算对制造总费用的限制，并制订制造项目规划与调度方案
制造过程中的控制	客户需求的改变、关键参数估计得不准确，以及其他不可预知的因素将导致制造项目执行过程与原有项目调度方案产生差异。有时这种差异将不得不导致项目目标的重新设定。制造过程中的控制问题实质上是一个在某种资源约束范围内快速求得解决方案的过程
制造过程结束后的评价	建立一整套跨企业制造项目结束后的评价体系，以便对完成的每一个制造项目，从项目周期范围内的技术与质量、时间和费用等各方面进行全面评价

(5) 网络化制造研究的现状

网络化制造方面的研究正在全球范围内迅速兴起，围绕网络化制造模式的研究，或者在与网络化制造有关的研究中出现了一系列新概念、新观点和新思想，如敏捷制造、并行工程、虚拟制造、虚拟企业和动态联盟等。这些新概念、新观点、新思想无不体现了企业基于网络的制造理念，同时以此为基础的网络化制造的研究和应用也在迅速发展。

国内在网络化制造方面也做了大量研究工作，国家自然科学基金、“863 计划”、“九五”国家科技攻关计划，以及分散网络化制造系统、现代集成制造系统网络、区域性网络化制造系统等研究课题已取得了相当的研究成果。

2.2.3 工业机器人

1. 工业机器人的概念

机器人学是一门涉及机械学、电子学、计算机科学、控制技术、传感技术、仿生学、人工智能等学科领域的交叉性科学。由于科学技术的不断发展，机器人内涵的不断丰富以及人们认知存在的差异，目前还无法对机器人做出一个完全准确的、统一的定义。国际标准化组织（ISO）对其的定义是：工业机器人是一种具有自动控制的操作和移动功能，能完成各种作业的可编程操作机。我国国家标准 GB/T 12643—2013 将工业机器人定义为“自动控制的、可重复编程、多用途的操作机，可对三个或三个以上轴进行编程。”将操作机又定义为“用来抓取和移动物体，由一些相互铰接或相对滑动的构件组成的多自由度机器”。因此，工业机器人可以理解为：一种模拟人手臂、手腕和手功能的机电一体化装置，它可把任一物体或工具按空间位姿的时变要求进行移动，从而完成某一工业生产的作业要求。

2. 工业机器人的基本组成和结构特点

（1）工业机器人的组成

现代工业机器人一般由机械系统、控制系统、驱动系统、智能系统四部分组成，如图 2-15 所示。

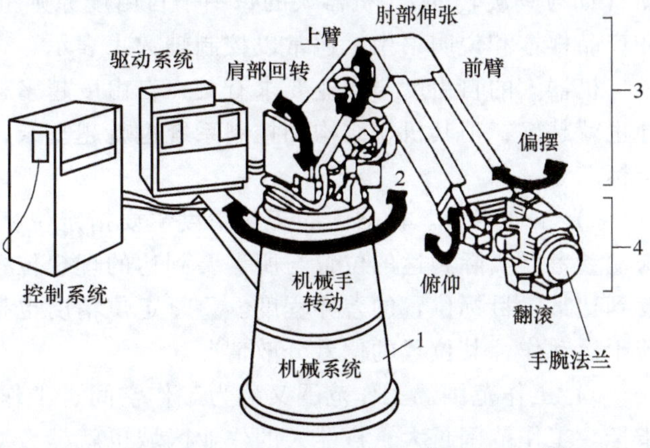

图 2-15　工业机器人的组成

1—基座　2—腰部　3—臂部　4—腕部

机械系统是工业机器人的执行机构，一般由手部、腕部、臂部、腰部和基座组成。手部又称为末端执行器，是工业机器人对目标直接进行操作的部分，如各种夹持器；腕部是臂部和手的连接部分，主要功能是改变手部的姿态；臂部用以连接腰部和腕部；腰部是连接臂部和基座的部件，通常可以回转，臂部和腰部的共同作用使得机器人的腕部可以做空间运动；基座是整个机器人的支撑部分，有固定式和移动式两种。

控制系统用于实现对操作机的控制，一般由控制计算机和伺服控制器组成。前者发出指令协调各关节驱动器之间的运动，后者控制各关节驱动器，使各个杆件按一定的速度、加速度和位置要求进行运动。

驱动系统包括驱动器和传动机构，常和执行机构连成一体，驱动臂杆完成指定的运动。常用的驱动器有电动机、液压和气动装置等，目前使用最多的是交流伺服电动机。传动机构常用的有谐波减速器、RV 减速器、丝杠、传动链、传动带以及各种齿轮轮系。

智能系统是机器人的感受系统，由感知和决策两部分组成。前者主要靠硬件（如各类传感器）实现，后者则主要靠软件（如专家系统）实现。智能系统是目前机器人学中不够完善但发展很快的子系统。

（2）工业机器人的结构特点

和其他机器相比，工业机器人在结构上有很多独特之处，主要可归纳为以下几点：

1）工业机器人操作机可以简化成各连杆首尾相接、末端开放的一个开式连杆系，连杆末端一般无法加以支撑，因而操作机的结构刚度差。

2）在组成操作机的开式连杆系中，每根连杆都具有独立的驱动器，因而属于主动连杆系。不同连杆之间的运动没有主从关系，操作机的运动更为灵活，但控制起来也更复杂。

3）连杆驱动转矩在运动过程中的变化规律比较复杂，连杆的驱动属于伺服控制型，对机械传动系统的刚度、间隙和运动精度都有较高的要求。

4）连杆的受力状态、刚度条件和动态性能都随位姿的改变而变化，因此容易发生振动或其他不稳定现象。

（3）工业机器人的技术指标

工业机器人的技术指标反映了机器人的适用范围和工作性能，主要的技术指标一般为自由度、工作精度、工作范围、额定负载、最大工作速度等。

1）自由度。自由度是衡量机器人动作灵活性的重要指标。自由度是整个机器人运动链所能够产生的独立运动数，包括直线运动、旋转运动、摆动运动，但不包括执行器本身的运动（如刀具旋转等）。机器人的每一个自由度原则上都需要有一个伺服轴驱动其运动，因此在产品样本和说明书中，通常以控制轴数来表示。

机器人的自由度与作业要求有关，自由度越多，执行器的动作就越灵活，机器人的通用性也就越好，但其机械结构和控制系统也就越复杂，它是衡量机器人适应性和灵活性的重要指标。

2）工作精度。机器人的工作精度主要指定位精度和重复定位精度。定位精度指机器人末端参考点实际到达的位置与所需要到达的理想位置之间的差距。重复定位精度指机器人重复到达某一目标位置的差异程度。重复定位精度也指在相同的位置指令下，机器人连续重复若干次动作，其位置的偏差分散情况。

3）工作范围。工作范围又称为工作空间、工作行程，它是衡量机器人作业能力的重要指标。工作范围越大，机器人的作业区域也就越大。需要指出的是，机器人在工作范围内还可能存在奇异点。奇异点是由于机器人结构的约束，导致关节失去某些特定方向自由度的点。奇异点通常存在于作业区域的边缘，如果奇异点连成一片，则称为“空穴”。机器人运动到奇异点附近时，由于自由度的逐步丧失，关节的姿态会急剧变化，这将导致驱动系统承受很大的负载而产生过载。因此，对于存在奇异点的机器人，其工作范围还需要除去奇异点和“空穴”。

4）额定负载。额定负载是指机器人在作业区域内所能承受的最大负载，一般以质量、力、转矩等技术参数表示。机器人的实际承载能力与机械传动系统的结构、驱动电动机功率、运动速度和加速度、末端执行器的结构与形状等诸多因素有关。

5）最大工作速度。最大工作速度是指在各轴联动的情况下，机器人手腕中心所能达到的最大线速度。最大工作速度越高，生产率就越高，同时对机器人最大加速度的要求越高。

3. 工业机器人的关键技术

工业机器人的关键技术是推动机器人系统不断发展和进步的重要支撑，其技术的研发和突破能够提高工业机器人系统的控制性能、人机交互性能和安全可靠性，提升工业机器人任务重构、偏差自适应调整的能力，实现工业机器人的系列化设计和批量化制造。在智能制造领域中，工业机器人有三类关键技术：整机技术、部件技术以及集成应用技术。

（1）整机技术

整机技术是指以提高工业机器人产品的可靠性和控制性能，提升工业机器人的负载自重比，实现工业机器人的系列化设计和批量化制造为目标的机器人技术，主要有本体优化设计技术、机器人系列化标准化设计技术、机器人批量化生产制造技术、快速标定和误差修正技术、机器人系统软件平台技术等。本体优化设计技术是其代表性技术。

工业机器人本体设计应遵循以下三个原则：

1）最小运动惯量设计原则

2）高强度高刚度设计原则

3）可靠性设计原则。

（2）部件技术

部件技术是指以研发高性能机器人零部件，满足工业机器人关键部件需求为目标的机器人技术，主要有高性能伺服电动机设计制造技术、高性能/高精度机器人专用减速器设计制造技术、开放式/跨平台机器人专用控制（软件）技术、变负载高性能伺服控制技术等。高性能伺服电动机设计制造技术和高性能/高精度机器人专用减速器设计制造技术是其代表性技术。

（3）集成应用技术

集成应用技术是指以提升工业机器人任务重构、偏差自适应调整能力，提高机器人人机交互性能为目标的机器人技术，主要有基于智能传感器的智能控制技术、远程故障诊断及维护技术、基于末端力检测的力控制及应用技术、快速编程和智能示教技术、生产线快速标定技术、视觉识别和定位技术等。视觉识别和定位技术是其代表性技术。

4. 工业机器人的分类

目前，还没有统一的工业机器人分类标准，根据不同的要求可进行不同的分类。

1）按结构形式分类，可分为直角坐标型、圆柱坐标型、球坐标型、关节型机器人，如图2-16所示。

2）按驱动方式分类，可分为电力驱动、液压驱动、气压驱动以及复合式驱动机器人。电力驱动是目前工业机器人中应用最为广泛的一种驱动方式。

3）按控制类型分类，可分为伺服控制、非伺服控制机器人。其中，伺服控制机器人又可分为点位伺服控制和连续轨迹伺服控制两种。

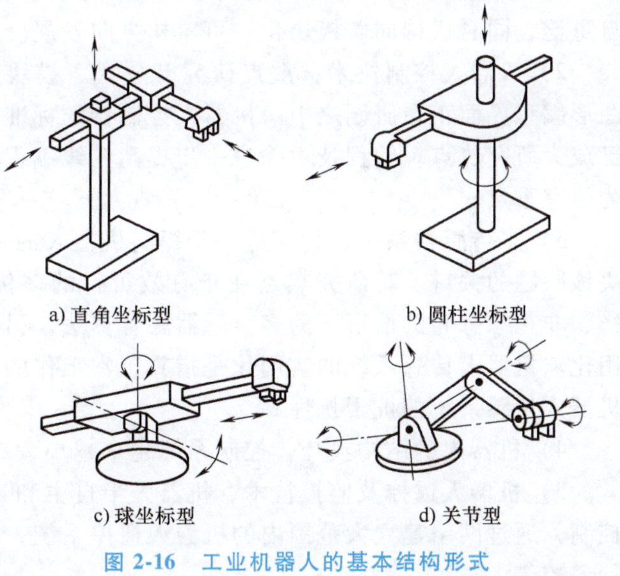

图 2-16　工业机器人的基本结构形式

4）按自由度数目分类，可分为无冗余度机器人和有冗余度机器人。无冗余度机器人是指包括具有两个、3个或多个（4~6个）自由度的机器人。有冗余度机器人（或称冗余度机器人）是指独立自由度数目不少于7个的机器人。

5）按用途分类，可分为焊接机器人、搬运机器人、喷涂机器人、装配机器人以及其他专门用途的机器人。

此外，还可按基座形式分为固定式和移动式机器人；按操作机运动链形式分为开链式、闭链式和局部闭链式机器人；按应用机能分为顺序型、示教再现型、数值控制型、智能型机器人；按负载大小分为重型、中型、小型、微型机器人等。

5. 工业机器人在现代制造业中的应用

工业机器人最早应用在汽车制造业中，常用于焊接、喷漆、上下料和搬运。工业机器人延伸了人的手足和大脑功能，可代替人从事危险、有害、有毒、低温和高热等恶劣环境中的工作；代替人完成繁重、单调、重复的劳动，提高劳动生产率，保证产品质量。工业机器人与数控加工中心、自动导引车（AGV）以及自动检测系统可组成柔性制造系统和计算机集成制造系统，实现生产自动化。

随着机器人技术的发展，其应用已扩展到宇宙探索、深海开发、核科学研究、军事和医疗领域。火星探测器就是一种遥控的太空作业机器人。机器人也可用于海底采矿、深海打捞和大陆架开发等。在核科学研究中，机器人常用于核工厂设备的检验和维修，如苏联切尔诺贝利核电站发生事故后，就利用机器人进入放射性现场检修管道。在军事上，工业机器人则可用来排雷和装填炮弹。在医疗领域，机器人的应用也越来越广泛，如手术机器人、康复机器人、护理机器人等，大大提高了医疗质量和效率。此外，人形机器人的应用也越来越广泛，不仅可以用于教育、娱乐，还有家庭助理、陪伴老人等功能。

6. 工业机器人技术的研究热点

目前，国际上都在对机器人加大科研力度，进行机器人共性技术的研究，并朝着智能化和多样化方向发展，主要研究内容集中在以下十个方面：

1）工业机器人操作机构的优化设计技术：探索新的高强度轻质材料，进一步提高负载自重比，同时机构向着模块化、可重构方向发展。

2）机器人控制技术：重点研究开放式、模块化控制系统，人机界面更加友好，语言、图形编程界面正在研制之中。机器人控制器的标准化和网络化以及基于 PC 的网络式控制器已成为研究热点。编程技术除进一步提高在线编程的可操作性之外，离线编程的实用化将成为研究重点。

3）多传感器系统：如何进一步提高机器人的智能性和适应性，多种传感器的使用是解决该问题的关键。其研究热点在于有效可行的多传感器融合算法，特别是在非线性及非平稳、非正态分布的情形下的多传感器融合算法。另一问题就是如何实现机器人传感系统的实用化。机器人传感系统的实用化是指其正常工作的环境易达到，为了实现实用化，需要提升机器人传感系统的抗干扰性等。

4）机器人的结构灵巧，控制系统越来越小，二者正朝着一体化方向发展。

5）机器人遥控及监控技术，机器人半自主和自主技术：多机器人和操作者之间的协调控制，通过网络建立大范围内的机器人遥控系统，在有时延的情况下，通过建立预先显示进行遥控等。

6）虚拟机器人技术：基于多传感器、多媒体和虚拟现实以及临场感技术，实现机器人的虚拟遥控操作和人机交互。

7）多智能体控制技术：这是目前机器人研究的一个崭新领域，主要对多智能体的群体体系结构、相互间的通信与磋商机理、感知与学习方法、建模和规划、群体行为控制等方面进行研究。

8）微型和微小型机器人技术：这是机器人研究的一个新的领域和重点发展方向，该领域研究的进展将会引起机器人技术的一场革命，并且对社会进步和人类活动的各个方面将产生不可估量的影响。微小型机器人技术的研究主要集中在系统结构、运动方式、控制方法、传感技术、通信技术以及行走技术等方面。

9）软机器人技术：主要用于医疗、护理、休闲和娱乐场合。传统机器人设计未考虑与人紧密共处，因此其结构材料多为金属或硬性材料。软机器人技术要求其结构、控制方式和所用传感系统在机器人意外地与环境或人碰撞时是安全的，机器人对人是友好的。

10）仿人和仿生技术：这是机器人技术发展的最高境界，目前仅在某些方面进行了一些基础研究。

提高机器人的智能化、机动性、可靠性和安全性以及与人类环境的完美的融入性，所追求的主要目标是“融入人类的生活，和人类一起协同工作，从事一些人类无法从事的工作，以更大的灵活性给人类社会带来更多的价值”。

7. 工业机器人技术的发展趋势

工业机器人技术的发展依赖于机械学、电子学、计算机科学、控制技术、传感技术、仿生学、人工智能、生命科学等相关学科技术的发展和进步。归纳起来，工业机器人技术的发展趋势有以下几个方面：

（1）机器人的一体化/智能化

对工业机器人进行多功能一体化设计，使其具备进行多道工序加工的能力，对生产环节进行优化，实现操作、测量、加工一体化，可大大提升生产线的生产率和自动化水平，适应集成化的智能制造模式。显然，这是工业机器人未来的一个发展趋势。

智能化是工业机器人一个重要的发展方向。目前，机器人的智能化研究可以分为两个层次：一是利用模糊控制、神经元网络控制等智能控制策略，利用被控对象对模型依赖性不强的特点来解决机器人的复杂控制问题，或者在此基础上增加轨迹或动作规划等内容，这是智能化的最低层次；二是使机器人具有与人类类似的逻辑推理和问题求解能力，面对非结构性环境能够自主寻求解决方案并加以执行，这是更高层次的智能化。

（2）机器人的人机/多机协调化

目前，机器人还存在着操作灵活性不足、在线感知与实时作业能力弱等问题，通过人机协作，实现机器人与人在感知、理解、决策等不同层面的优势互补，就能有效地提高工业机器人的复杂作业能力。

在很多大型生产线上，往往要求很多机器人共同完成一个生产过程，因而每个机器人的控制就不单纯是自身的控制问题，需要多机协调动作。此外，随着CAD/CAM/CAPP等技术的发展，更多地把设计、工艺规划、生产制造、零部件储存和配送等有机地结合起来，在柔性制造、计算机集成制造等现代加工制造系统中，机器人已经不再是一个独立的作业机械，而是成为其中的重要组成部分，这些都要求多个机器人之间、机器人和生产系统之间必须协调作业。

（3）机器人的信息化/标准化

未来，以“互联网+机器人”为核心的数字化工厂智能制造模式将成为制造业的发展方向，真正意义上实现机器人、互联网、信息技术和智能设备在制造业的完美融合，涵盖对工厂制造的生产、质量、物流等环节，是智能制造的典型代表。结合工业互联网技术、机器视觉技术、人机交互技术和智能控制算法等相关技术，工业机器人能够快速获取加工信息，精确识别和定位作业目标，排除工厂环境以及作业目标尺寸、形状多样性的干扰，实现多机器人智能协作生产，满足智能制造的多样化、精细化需求。

机器人的信息化促进了机器人的标准化工作。机器人的标准化工作是一项十分重要而又艰巨的任务。机器人的标准化有利于更好地开展互联网交流，有利于制造业的发展，但目前不同厂家的机器人之间很难进行通信和零部件的互换。机器人的标准化问题不是技术层面的问题，而主要是不同企业之间的认同和利益问题。

（4）机器人的模块化/柔性化

智能机器人和高级机器人的结构力求简单紧凑，其高性能部件甚至全部机构的设计已向模块化方向发展，其驱动采用交流伺服电动机，向小型和高输出方向发展；其控制装置向小型化和智能化方向发展；其软件编程也在向模块化方向发展。

现代智能制造模式对工业机器人系统不仅提出了模块化要求，还更进一步地提出了柔性化的要求。通过开发工业机器人开放式的控制系统，使其具有可拓展和可移植的特点；设计制造工业机器人模块化、可重构化的机械结构，例如，在关节模块中实现伺服电动机、减速器、检测系统三位一体化，使得生产车间能够实现柔性化生产。

（5）机器人的微型化

微型机器人是21世纪的尖端技术之一。目前已经开发出手指大小的微型移动机器人，预计将生产出毫米级大小的微型移动机器人和直径为几百微米甚至更小（纳米级）的医疗和军事机器人。微型驱动器、微型传感器等是开发微型机器人的基础和关键技术，它们将对精密机械加工、现代光学仪器、超大规模集成电路、现代生物工程、遗传工程和医学工程等领域产生重要影响。介于大中型机器人和微型机器人之间的小型机器人也是机器人发展的一个趋势。

（6）机器人的精密化

通过加速实现机器人功能部件的标准化和模块组合化，将包含机器人的回转、伸缩、俯仰和摆动等各种功能的机械模块和控制模块、检测模块组合成结构和用途不同的机器人，减轻重量、减少占用空间，提高运动速度和动作精度。通过开发微动机构，开发多关节、多自由度的手臂和手指，研制新型的行走机构，来适应各种作业需要。通过研制各种传感检测装置，如视觉、触觉、听觉和测距传感器等，获取有关工作对象和外部环境信息，采用微机控制，来完成模式识别，并采用专家系统进行问题求解，达到动作的规范、精准要求。

（7）大范围作业发展趋势

现代柔性制造系统对物流运输、生产作业等环节的效率、可靠性和适应性提出了较高的要求，在需要大范围作业的工作环境中，固定基座的工业机器人很难完成工作任务，通过引入移动机器人技术，有效地增大了工业机器人的工作空间，提高了机器人的灵巧性。例如，应用广泛的自动导引车（AGV）等移动机器人系统是现代自动化工厂的关键组成部分，能够自动寻迹完成物流运输任务，或是与工业机械臂组成移动机器人-工业机械臂复合系统，大大提高机械臂的作业范围，能够实现低人力成本、高效的自动化生产作业。

2.2.4 3D打印技术

1. 3D打印技术概述

3D打印是一种以数字模型文件为基础，运用粉末状金属或塑料等可黏合材料，通过逐层打印的方式来构造物体的快速成型技术。自1986年由Charles W. Hull开发出第一台商业 3D 打印机开始，3D 打印技术就登上了历史舞台。近年来，3D 打印技术取得了快速发展，在消费电子产品、汽车、航空航天、医疗、军工、地理信息及艺术设计等领域被大量使用。

3D 打印技术以计算机三维设计模型为蓝本，通过软件分层离散和数控成型系统，利用激光束、热熔喷嘴等方式将金属粉末、陶瓷粉末、塑料、细胞组织等特殊材料进行逐层堆积黏结，最终叠加成型，制造出实体产品。3D 打印技术将三维实体变为若干个二维平面，通过对材料的处理并逐层叠加进行生产。这种数字化制造模式不需要复杂的工艺、不需要庞大的机床、不需要众多的人力，从计算机图形数据中便可生成任何形状的零件，大大降低了制造的复杂度，使生产制造得以向更广的生产人群范围延伸。

2. 3D 打印技术的工作原理及过程

3D 打印的过程大体可以分以下四步。

（1）通过 CAD 建模

先通过计算机辅助设计（CAD）或计算机动画软件建模，再将建成的三维模型“分区”成逐层的截面，从而指导打印机逐层打印。

（2）近似处理 CAD 模型

用 STL 格式的文件进行数据转换，将三维实体表面用一系列相连的小三角形逼近物体表面，得到 STL 格式的三维近似模型文件，三角面越小，其生成的表面分辨率越高。通过 PLY 扫描器生成 VRML 或者 WRL 文件，用作全彩打印的输入文件。

（3）对 STL 文件进行切片处理

打印机通过读取文件中的横截面信息，用液体状、粉状或片状的材料将这些截面逐层地打印出来，再将各层截面以各种方式黏合起来，从而制造出一个实体。这种技术的特点在于几乎可以造出任何形状的物品。

打印机打印的截面的厚度（即 Z 方向）以及平面方向（即 X-Y 方向）的分辨率是以 dpi（点每英寸）或者微米来计算的。一般的厚度为 100μm，即 0.1mm，也有部分打印机可以打印出 16μm 薄的一层。而平面方向则可以得到与激光打印机相近的分辨率，打印出来的“墨水滴”的直径通常为 50~500μm。用传统方法制造出一个模型，根据模型的尺寸以及复杂程度，通常需要数小时到数天。而用 3D 打印技术则可以将时间缩短为数小时。3D 打印技术可以以更快、更有弹性且成本更低的方法生产数量相对较少的产品。一个桌面尺寸的 3D 打印机就可以满足设计者或概念开发小组制造模型的需要。

（4）修整成型

目前 3D 打印机的分辨率对大多数应用来说已经足够（在弯曲的表面可能会比较粗糙，就像图像上的锯齿一样），要获得更高分辨率的物品可以采用如下方法：先用当前的 3D 打印机打印出稍大一点的物体，再经过表面打磨即可得到表面光滑的“高分辨率”物品。图 2-17 所示为 3D 打印流程。

3. 3D 打印方法

表 2-22 所示为常见的 3D 打印方法，包括挤压、线、粒状、粉末层喷头、层压和光聚合等打印方式。

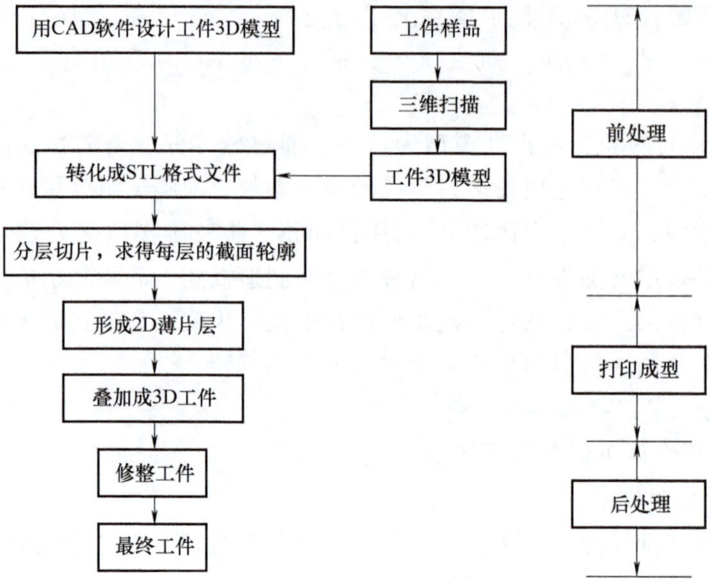

图 2-17　3D 打印流程

表 2-22　常见的 3D 打印方法

类型	累积技术	基本材料
挤压打印	熔融沉积成型(FDM)	热塑性塑料、共晶系统金属、可食用材料
线打印	电子束自由成型制造(EBF)	几乎任何合金
粒状打印	直接金属激光烧结(DMLS)	几乎任何合金
	电子束熔化成型(EBM)	钛合金
	激光选区熔化(SLM)	钛合金、钴铬合金、不锈钢、铝
	选择性热烧结(SHS)	热塑性粉末
	激光选区烧结(SLS)	热塑性塑料、金属粉末、陶瓷粉末
粉末层喷头打印	石膏 3D 打印(PP)	石膏
层压打印	分层实体制造(LOM)	纸、金属膜、塑料薄膜
光聚合打印	立体光固化成型(SLA)	光固化树脂(光敏树脂)
	数字光处理(DLP)	光固化树脂(光敏树脂)

2.3　智能制造的核心技术

智能制造的数字化以及数字建模等核心技术是推动智能制造升级的动力，可提高智能制造的信息化、网络化水平。

2.3.1　智能制造的数字化基础

1. 数据概述

(1) 数据

数据是关于自然、社会现象和科学试验的定量或定性的记录，是对客观事物的逻辑归纳，是用于表示客观事物的未经加工的原始素材。

数据具有数值属性、物理属性。在数据处理上数据又具有集合性、隶属性、稳定性、方便性、重复性、共同性、指向性以及运算规则、运算约束。

数据是信息的表现形式和载体，可以是符号、文字、数字、语音、图像、视频等。数据和信息是不可分离的，数据是信息的表达，信息是数据的内涵。数据本身没有意义，数据只有对实体行为产生影响时才成为信息。

数据可以是连续的值，比如声音、图像，称为模拟数据；也可以是离散的值，比如符号、文字，称为数字数据。

(2) 大数据

大数据，或称巨量数据、海量数据，指的是所涉及的数据量规模巨大到无法通过目前主流软件工具，在合理时间内达到截取、管理、处理并整理成为帮助企业经营决策达到更积极目的的信息。

(3) 工程数据

工程数据是用来描述工程技术过程中的某一特定实体或现象的特征的信息。工程数据的类型见表2-23。

表2-23　工程数据的类型

分类方法	类别	具体内涵
从数据来源分	研发数据域	研发设计数据、开发测试数据等
	生产数据域	控制信息、工况状态、工艺参数、系统日志等
	运维数据域	物流数据、产品运行状态数据、产品售后服务数据等
	管理数据域	系统设备资产信息、客户与产品信息、产品供应链数据、业务统计数据等
	外部数据域	与其他主体共享的数据等
从数据形式分	结构化数据	由二维表结构来逻辑表达和实现的数据
	半结构化数据	并不符合关系数据库或以其他数据表的形式关联起来的数据模型结构，但包含相关标记，用来分隔语义元素以及对记录和字段进行分层
	非结构化数据	数据结构不规则或不完整，没有预定义的数据模型，不方便用数据库二维逻辑表来表现的数据，包括所有格式的办公文档、文本、图片、XML、HTML、各类报表、图像和音频、视频信息等
从数据处理角度分	原始数据	来自上游系统的、没有做过任何加工的数据
	衍生数据	通过对原始数据进行加工处理后产生的数据
从数据应用角度分	通用型数据	产品设计与制造过程中所需的数据，如国家标准、技术规范等
	设计型数据	在产品设计制造过程中产生的数据，如工程图形、图表等
	工艺加工数据	专为CAD/CAM系统的工艺加工阶段服务的，如金属切削工艺数据
	管理信息数据	与工程项目的管理和执行相关的数据

工程数据常用的表示方法有数表、线图等，见表2-24。数表（Numerical Table）是指离散的数据列表。线图（Line Graph）是工程数据的另一种表达方法。线图不仅能表示设计参

数之间的函数关系，还能够直观地反映数据的变化趋势，具有形象、生动等特点。常用的线图包括直线、折线或曲线等。在使用时可以直接在线图中查得所需的参数。

表 2-24　工程数据常用的表示方法

类别		具体内涵
数表	经验计算式	这类数表常用一个或一组计算公式表示，在手册中常以表格形式出现，以便检索和使用
	简单数表	这类数表中的数据常用于表示某些独立的常量，数据之间互相独立，无明确的函数关系。根据表中数据与自变量个数不同，可以分为一维数表、二维数表和多维数表
	列表函数数表	这类数表中的数据通常是通过试验方式测得的一组离散数据，相对应的数据之间可能存在某种函数关系，但是无法以明确的函数表达式加以描述。该数表又可分为一维数表、二维数表和多维数表
线图	依靠计算公式	线图所表示的各个参数之间原本存在较复杂的计算公式，但为了便于手工计算，可以将公式转换成线图以供设计时查用
	不依靠计算公式	线图所表示的各个参数之间没有或者不存在计算公式

2. 数据的采集与处理

（1）数据分析应用流程

数据分析是智能制造的核心技术之一，数据的采集与处理可以为准确、高速、可靠的数据分析提供保障。

数据分析应用流程如图 2-18 所示，共分为六个步骤。

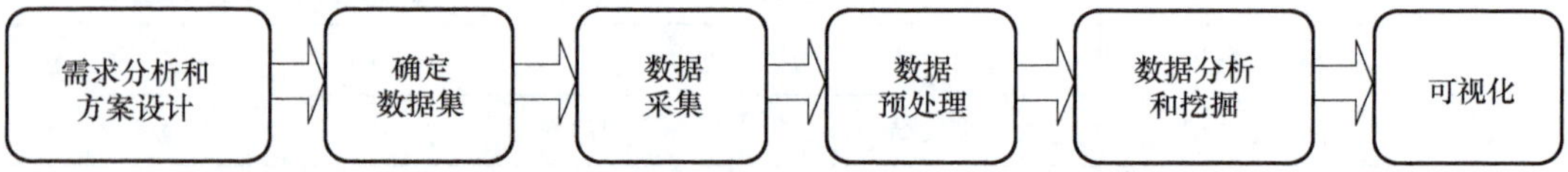

图 2-18　数据分析应用流程

步骤一：需求分析和方案设计。根据待分析的具体问题背景和需求，提出进行数据分析的任务和目标，确定解决问题所需的软硬件资源、边界条件和评价标准，制订工作内容、分析步骤和技术路线，设计形成总体实施方案。

步骤二：确定数据集。选取并确定待分析问题的数据集及其特性。常用的数据集可分为记录数据、基于图形的数据和有序数据三类。数据集的特性包括维度、稀疏性和分辨率。

步骤三：数据采集。数据采集的途径通常有数据库、数据仓库、文件等。这一步骤采集并存储足够的、未经任何加工处理的原始数据。在智能制造中，产品设计和工艺数据库、工业软件产生的数据、工业物联网数据、传感器输出数据、制造装备和工艺过程的现场运行数据等，是数据采集的主要来源。

步骤四：数据预处理。数据采集获取的原始数据通常体量大且存在噪声、失真、缺失、错误和样本不当等问题，必须预先进行整理和预处理，以获得高质量的数据。主要的数据预处理技术有数据清理（也称为数据清洗）、数据集成、数据规范化、数据归约、数据离散化等。

步骤五：数据分析和挖掘。该步骤是采用适当的统计分析算法或数据挖掘方法，从大量数据中提取得到有用信息，或揭示出隐含的、先前未知的有用信息。常用的数据分析和挖掘方法有分类（Classification）、聚类（Clustering）、关联规则（Association Rules）、预测（Prediction）、时间序列（Time Series）、机器学习（Machine Learning）和深度学习（Deep Learning）等。

步骤六：可视化。数据分析的最后一步是采用可视化工具，以可见的图形、图像或图表等形式，展示数据分析和挖掘的信息，以使人们更直观、形象地理解这些信息，为预警、监测、决策、控制等提供支持。常用的可视化工具既有入门级工具，如Excel软件，也有专用的信息图表工具或地图工具，如Visem、Canva、Google Charts、Infogram、Map Shaper、Map Stack等。此外，高级分析工具如R、D3、Python等，也具有非常丰富的可视化功能。

（2）数据预处理技术

1）数据清理。数据清理主要解决填充缺失值、平滑噪声并识别离群点及纠正数据中的不一致，常用方法有分箱方法、滤波方法、离群点和错误数据处理。

2）数据集成。数据集成是将若干个分散的数据源中的数据按逻辑关系或物理联系集成到一个统一的数据集合中，这些数据源可以是关系型数据库、数据仓库和一般文件。数据集成的核心任务就是将互相关联的数据源（可能是分布式的、异构的）集成到一起，并使之对于用户来说是透明的、一致的和高效的。

3）数据规范化。数据规范化是将原来的度量值转换为无量纲的值，也称为数据标准化。常用的数据规范化方法有最小-最大规范化（离差标准化）、Z-Score规范化（标准差标准化）、小数定标规范化。

4）数据规约。数据规约又称为数据简约，是指在尽可能保持原始数据集完整性的前提下，最大限度地精简数据量，从而得到比原数据集小却基本保持其完整性的约简表示。常用的数据规约方法有主成分分析（Principal Component Analysis，PCA）、随机投影法、偏最小二乘回归、离散小波变换等。

5）数据离散化。数据离散化是将连续变量划分为不同类别的过程。工程上连续数值变量的离散化通常可通过满足香农采样定理的定时采样和保持器来实现，常用的保持器有零阶保持器和一阶保持器。

（3）工程数据的数字化处理方法

在数字化开发环境中，数表、线图等设计资料需要经过数字化处理，集成到产品数字化开发软件系统中，以方便设计人员使用。针对工程数据，常用的处理方法见表2-25。

表2-25　常用的处理方法

处理方法	具体操作	特点
程序化处理	将数表或线图以某种算法编制成查阅程序，通过软件系统直接调用	工程数据被直接编入查阅程序中，通过调用程序可以方便地查取数据，但是数据无法共享，程序无法共用，要更新数据必须更新程序（软件）

（续）

处理方法	具体操作	特点
文件化处理	将数表或线图中的数据存储于独立的数据文件中，通过程序读取数据文件中的数据	将数据与程序分离，可以实现有限的数据共享。它的局限性在于：查阅程序必须符合数据文件的存储格式，即数据与程序之间存在着依赖关系。此外，由于数据文件独立存储，安全性和保密性较差，数据需要通过专门的程序进行更新
数据库处理	将数表及经离散化处理的线图数据存储于数据库中，数据表的格式与数表、线图的数据格式相同，且与软件系统无关	系统程序可直接访问数据库，数据更新方便，真正实现了数据的共享

（4）数据采集技术

数据采集是从企业内部和外部等数据源获取各种类型的数据，并围绕数据的使用建立数据标准和管理机制，保证数据质量，提高数据管控水平。它是获得有效数据的重要途径，也是工业大数据分析和应用的基础。在智能制造中，数据分析往往需要更精细化的数据，因此对数据采集能力有着较高的要求。

常用的数据采集技术以传感器为主，结合射频识别技术、条码扫描器、生产和监测设备、个人数字助理（PDA）、人机交互、智能终端等手段实现生产过程中的信息采集，并通过互联网或现场总线等技术实现原始数据的实时准确传输。

（5）数据处理技术

数据处理是智能制造的关键技术之一，其目的是从大量的、杂乱无章、难以理解的数据中抽取并推导出对于某些特定的人们来说有价值、有意义的数据。常见的数据处理流程主要包括数据清洗、数据融合、数据分析以及数据存储，如图 2-19 所示。

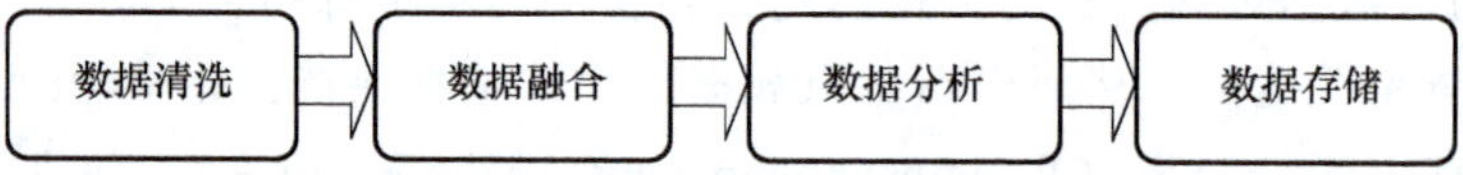

图 2-19　数据处理流程

数据处理是为了更好地利用数据。

1）数据清洗。数据清洗也称为数据预处理，是指对所收集数据进行分析前的审核、筛选等必要的处理，并对存在问题的数据进行处理，确保数据的完整性、一致性、唯一性和合理性。数据清洗主要包含对部分内容的数据清理、数据变换以及数据归约。

① 数据清理是指通过人工或者某些特定的规则对数据中存在的缺失值、噪声、异常值等影响数据质量的因素进行筛选，并通过一系列方法对数据进行修补，从而提高数据质量。

② 数据变换是指通过平滑聚集、数据概化、规范化等方式将数据转换成适用于数据挖掘的形式。通过数据变换可将所有的数据统一成标准化、规范化、适合数据挖掘的表达形式。

③ 数据归约是指在尽可能保持数据原貌的前提下，最大限度地有效精简数据量，降低数据分析和存储的成本。

2）数据融合。数据融合是指将各种传感器在空间和时间上的互补与冗余信息依据某种优化准则或算法组合，来产生对观测对象的一致性解释和描述。通过数据融合可以有效地形成各个维度之间的互补，从而获得更有价值的信息。常用的数据融合方法可以分为数据层融合、特征层融合以及决策层融合。

3）数据分析。数据分析是指用适当的统计分析方法对收集来的大量数据进行分析，将它们加以汇总和理解并消化，以求最大化地开发数据的功能，发挥数据的作用。

现有的数据分析技术依据分析目的可以分为探索性数据分析和定性数据分析，根据实时性可以划分为离线数据分析和在线数据分析。

常见的数据分析方法包括列表、作图、时间序列分析、聚类分析（指将物理或抽象对象的集合分组为由类似的对象组成的多个类的分析过程）、回归分析等。

4）数据存储。数据存储是指将数据以某种格式记录在计算机内部或外部存储介质上进行保存，其存储对象包括数据流在加工过程中产生的临时文件或加工过程中需要查找的信息。在数据存储中，数据流反映了系统中流动的数据，表现出动态数据的特征；数据存储反映系统中的静止数据，表现出静态数据的特征。

在制造业中，数据处理通常基于常用的数据分析和机器学习技术。

（6）数据采集与处理的发展趋势

1）数据来自数字孪生。此内容请参见 2.3.2 小节。

2）5G 技术加速实时通信。5G，即第五代移动通信技术，也就是用于无线的、可移动设备上的第五代通信技术。根据国际电信联盟（ITU）发布的5G 标准草案，5G 链接设备的密度将达到 100 万台设备/km^2，这也就意味着在 5G 时代，大量的物品可以通过 5G 网络接入，从而构建真正的万物互联。与此同时，5G 技术具有超高的传输速率以及超低的传输延迟。在实际使用环境下，5G 技术能够达到 1.8Gbit/s 的下载速率，理论延迟最大不超过 4ms。

5G 技术切合了传统制造企业智能制造转型对无线网络的应用需求，能满足工业环境下设备互联和远程交互的应用需求。在物联网、工业自动化控制、物流追踪、工业增强现实（Augmented Reality，AR）技术、机器人等工业应用领域，5G 技术起着支撑作用，同时给数据的传输、存储以及在线分析提供了全新的途径，让以前受限于通信速度和带宽的大规模数据分析技术有了用武之地。

3）数据安全越发重要。数据处理给制造业带来巨大的效益，然而数据的安全也可能让企业面临着巨大的风险。数据中所包含的敏感信息和关键参数，如果遭到泄露，会直接给企业造成巨大的损失。同时，如果有人恶意篡改数据，也会影响正常生产，从而造成重大损失，甚至危及人员的生命安全。数据的安全漏洞主要是由于工业控制系统的协议多采用明文形式、工业环境多采用通用操作系统且未及时更新、从业人员的网络安全意识不强，再加上工业数据的来源多样，具有不同的格式和标准所导致。所以，在工业应用环境中，对数据安全有着更高的要求，任何信息安全事件的发生都有可能威胁工业生产运行安全、人员生命安全甚至国家安全等。因此，研究制造大数据的安全管理、加强对数据的安全保护，变得尤为重要。

2.3.2　数字孪生

1. 数字孪生的概念与发展

当今世界，以物联网、大数据、人工智能等新技术为代表的数字化席卷全球，物理世界和与之对应的数字世界正形成两大体系平行发展、相互作用，物理世界因为数字世界而变得高效有序，数字世界为了服务物理世界而应运存在。在这种背景下，数字孪生（又称为数字双胞胎、数字化双胞胎等）技术应运而生。

数字孪生是一种以数字化方式创建物理实体的虚拟模型，是借助数据模拟物理实体在现实环境中的行为，通过虚实交互反馈、数据融合分析、决策迭代优化等手段，为物理实体增加或扩展新的能力的模型。可以说，数字孪生是现实世界实体或系统的数字化体现。数字孪生集成数据、智能、多学科的技术，面向产品全生命周期过程，发挥连接物理世界和数字世界的桥梁和纽带作用，提供更加实时、高效、智能的服务。

数字孪生最早的概念模型由当时的 PLM 咨询顾问 Michael Grieves 博士（现任美国佛罗里达理工学院先进制造首席科学家）于 2002 年 10 月在美国制造工程协会管理论坛上提出，如图 2-20 所示。

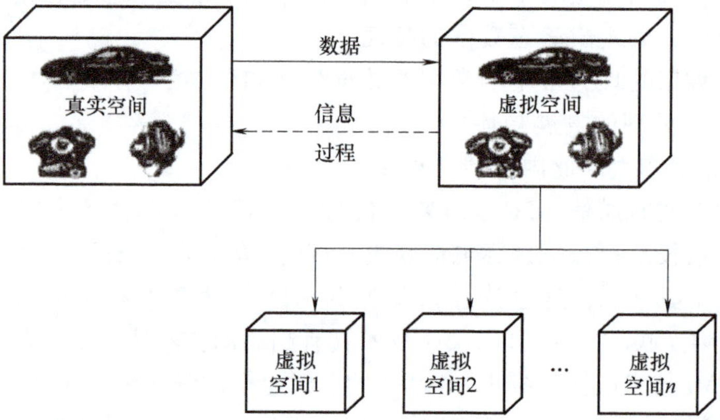

图 2-20　数字孪生最早的概念模型及其术语名词的前身——PLM 的概念化理想

2. 数字孪生的模型

每当一项新兴技术或一个新概念出现时，其术语定义是后续一切工作的基础。在给出数字孪生的文字定义并取得共识后，需要进一步开发基于自然语言定义的数字孪生的概念模型，进而制定数字孪生的术语表或术语体系。然后，需要根据概念模型和应用需求，开发数字孪生体的参考架构及其应用框架和成熟度模型，用来指导数字孪生具体应用系统的设计、开发和实施。这个概念模型、参考架构、应用框架、成熟度模型之间的关系如图 2-21 所示。

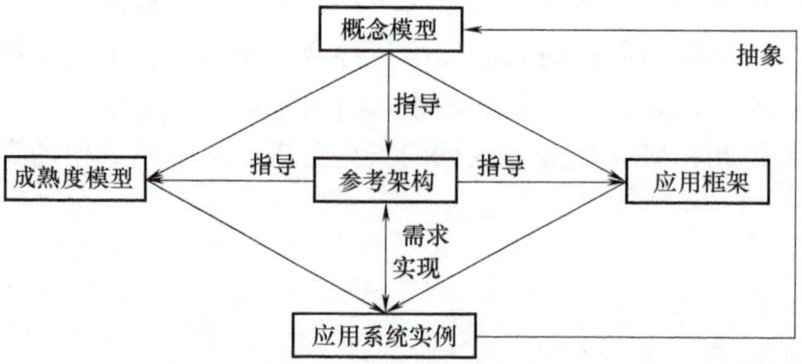

图 2-21　概念模型、参考架构、应用框架、成熟度模型之间的关系

（1）数字孪生的概念模型

基于数字孪生的文字定义，图 2-22 给出了数字孪生的五维概念模型。

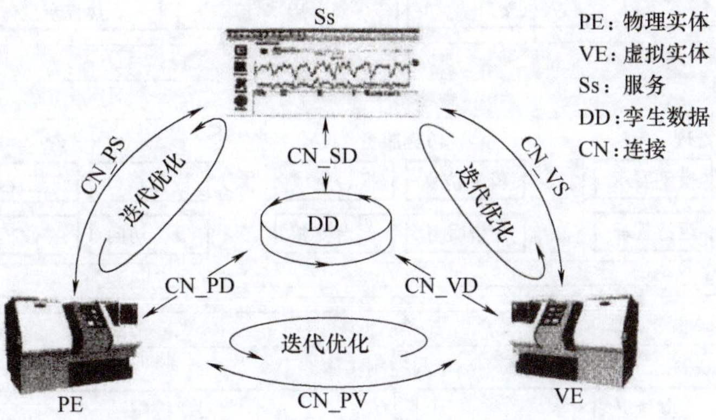

图 2-22　数字孪生的五维概念模型

1）它是一个通用的参考架构，能适用不同领域的不同应用对象。

2）它的五维结构能与物联网、大数据、人工智能等新信息技术集成与融合，满足信息物理系统集成、信息物理数据融合、虚实双向连接与交互等需求。

3）孪生数据（DD）集成融合了信息数据与物理数据，满足信息空间与物理空间的一致性与同步性需求，能提供更加准确、全面的全要素/全流程/全业务数据支持。

4）服务（Ss）对数字孪生应用过程中面向不同领域、不同层次用户以及不同业务所需的各类数据、模型、算法、仿真、结果等进行服务化封装，并以应用软件或移动端 App 的形式提供给用户，实现对服务的便捷与按需使用。

5）连接（CN）实现物理实体、虚拟实体、服务及数据之间的普适工业互联，从而支持虚实实时互联与融合。

6）虚拟实体（VE）从多维度、多空间尺度及多时间尺度对物理实体（PE）进行刻画和描述。

（2）数字孪生的参考架构

基于数字孪生的概念模型（图 2-22）并参考 GB/T 33474—2016 和 ISO/IEC-30141：2024 两个物联网参考架构标准以及 ISO 23247：2021（制造业的数字孪生系统框架）标准草案，图 2-23 给出了数字孪生系统的通用参考架构。一个典型的数字孪生系统包括用户域、数字孪生体、测量与控制实体、现实物理域和跨域功能实体共 5 个层次。

数字孪生的成长发育，经历了数化（对物理世界数字化的过程）、互动（指数字对象及其物理对象之间的实时动态互动）、先知（指利用仿真技术对物理世界的动态预测）、先觉（指依据不完整的信息和不明确的机理，通过工业大数据和机器学习技术来预感未来）和共智（通过云计算技术实现不同数字孪生之间的智慧交换和共享，其隐含的前提是单个数字孪生内部各构件的智慧首先是共享的，多个数字孪生单体可以通过共智形成更大和更高层次的数字孪生体）5 个过程。

3. 数字孪生的关键技术

从数字孪生概念模型（图 2-22）和数字孪生参考架构（图 2-23）可以看出：建模、仿真和基于数据融合的数字线程是数字孪生的 3 项核心技术。

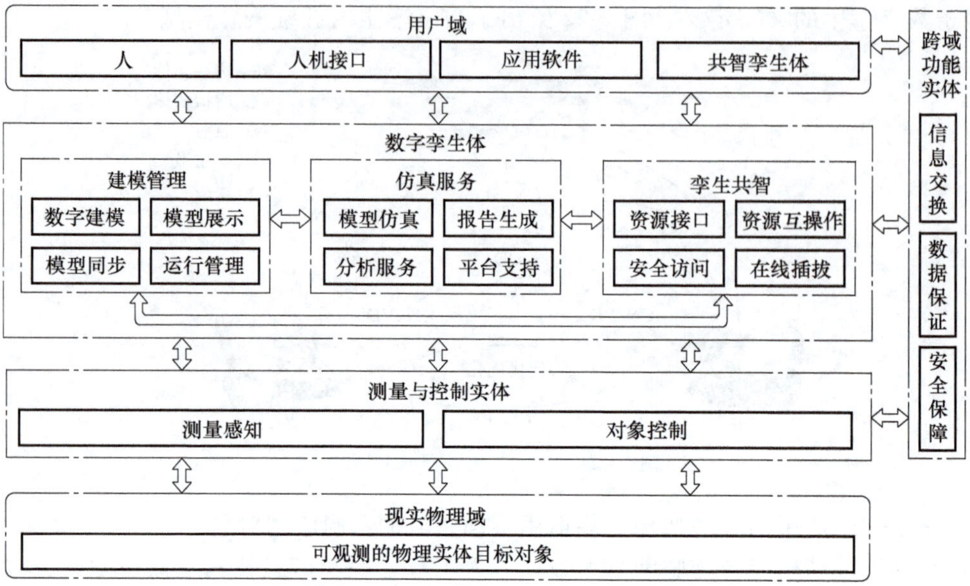

图 2-23　数字孪生系统的通用参考架构

（1）建模

数字孪生的本质是通过数字化和模型化，消除各种物理实体特别是复杂系统的不确定性，所以建立物理实体的数字化模型或信息建模技术是创建数字孪生、实现数字孪生的核心技术。

数字孪生模型的发展分为 4 个阶段，见表 2-26。

表 2-26　数字孪生模型的发展阶段

阶段	具体过程
第 1 阶段	实体模型阶段，没有虚拟模型与之对应
第 2 阶段	该阶段实体模型有其对应的部分实现的虚拟模型，但它们之间不存在数据通信
第 3 阶段	在实体模型生命周期里，存在与之对应的虚拟模型，但虚拟模型是部分实现的，在虚拟模型和实体模型间可以进行有限的双向数据通信
第 4 阶段	完整数字孪生阶段，即实体模型和虚拟模型完全一一对应。虚拟模型完整表达了实体模型，并且两者之间实现了融合，实现了虚拟模型和实体模型间的自我认知和自我处置，相互间的状态能实时保真地保持同步

有时候可以先有虚拟模型，再有实体模型，这是数字孪生技术应用的高级阶段。

一个物理实体不是仅对应一个数字孪生体，可能需要多个从不同侧面或视角描述的数字孪生体。因为人们需要认识物理实体所处的不同阶段、不同环境中的不同物理过程，一个数字孪生体显然难以描述。

不同的建模者从某一个特定视角描述一个物理实体的数字孪生模型似乎应该是一样的，但实际上可能有很大差异。如前所述，一个物理实体可能对应多个数字孪生体，但不同的建模者从某一个特定视角描述一个物理实体的数字孪生模型似乎应该是唯一的，实则不然。差异不仅是模型的表达形式，更重要的是孪生数据的粒度。一般而言，细粒度数据有利于人们更深刻地认识物理实体及其运行过程。

（2）仿真

建模和仿真是一对伴生体。如果说建模是模型化人们对物理世界或问题的理解，那么仿真就是验证和确认这种理解的正确性和有效性。可以说，仿真是创建和运行数字孪生体、保证数字孪生体与对应物理实体实现有效闭环的核心技术。

仿真是将包含确定规律和完整机理的模型转化成用软件方式来模拟物理世界的一种技术。

仿真兴起于工业领域，是推动工业技术快速发展的核心技术，在研发设计、生产制造、试验运维等各环节发挥着极其重要的作用。随着仿真技术的发展，这种技术被越来越多的领域所采纳，逐渐发展出更多类型的仿真技术和软件。

针对数字孪生紧密相关的工业制造场景，梳理其中所涉及的仿真技术如下：

1）产品仿真：系统仿真、多体仿真、物理场仿真、虚拟实验等。

2）制造仿真：工艺仿真、装配仿真、数控加工仿真等。

3）生产仿真：离散制造工厂仿真、流程制造仿真等。

数字孪生是仿真应用的新巅峰。在数字孪生的每个阶段，仿真都扮演着不可或缺的角色，数字孪生也因此成为智能化和智慧化的源泉与核心。

（3）数字线程

一个与数字孪生紧密联系在一起的概念是数字线程。CIMdata推荐的数字线程的定义是：数字线程指一种信息交互的框架，能够打通原来多个竖井式的业务视角，连通设备全生命周期数据（也就是其数字孪生模型）的互联数据流和集成视图。

数字孪生应用的前提是各个环节的模型及大量的数据如何产生、交换和流转，如何在一些相对独立的系统之间实现数据的无缝流动，如何在正确的时间把正确的信息用正确的方式连接到正确的地方，连接的过程如何可追溯，连接的效果还要可评估。这些正是数字线程通过强大的端到端的互联系统模型和基于模型的系统工程流程来支撑和支持的。数字线程是与某个或某类物理实体对应的若干数字孪生体之间的沟通桥梁，这些数字孪生体反映了该物理实体不同侧面的模型视图。数字线程与数字孪生之间的关系如图2-24所示。

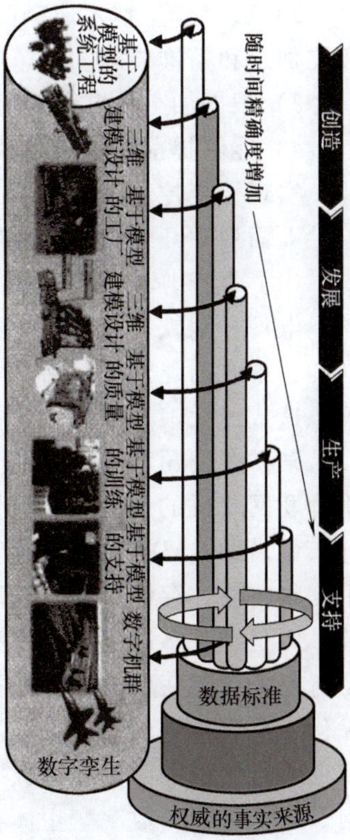

图2-24 数字线程与数字孪生之间的关系

从图2-24可以看出，能够实现多视图模型数据融合的机制或引擎是数字线程技术的核心。因此，数字孪生的概念模型中，将数字线程表示为模型数据融合引擎和一系列数字孪生体的结合。数字孪生环境下，实现数字线程有如下需求：

1）能区分类型和实例。

2）支持需求及其分配、追踪、验证和确认。

3）支持系统跨时间尺度各模型视图间的实际状态记实、关联和追踪。

4）支持系统跨时间尺度各模型间的关联以及其时间尺度模型视图的关联。

5）记录各种属性及其随时间和不同的视图的变化。

6）记录作用于系统以及由系统完成的过程或动作。

7）记录使能系统的用途和属性。

8）记录与系统及其使能系统相关的文档和信息。

数字线程必须在全生命周期中使用某种“共同语言”才能交互。数字线程能有效地评估系统在其生命周期中的当前和未来能力，在产品开发之前，通过仿真的方法及早发现系统性能缺陷，优化产品的可操作性、可制造性、质量控制，以及在整个生命周期中应用模型实现可预测维护。

4. 数字孪生在智能制造中的应用

近年来，CAD/CAE/CAM /MBSE 等数字化技术在制造业中得到普遍应用，数字孪生技术也得到了长足的发展，具体体现在以下几点：

1）研发设计过程在很多方面已经离不开数字化。在研发设计领域使用数字孪生技术，能够提高产品性能，缩短研发周期，给企业带来丰厚的回报。

2）数字孪生技术驱动的生产制造，能控制机床等生产设备的自动运行，实现高精度的数控加工和精准装配。

3）根据加工结果和装配结果，提前给出修改建议，可实现自适应、自组织的动态响应。

4）能够提前预估故障发生的位置，以便及时进行维护，提高流程制造的安全性和可靠性，实现智能控制。

下面列举几个数字孪生在智能制造中的典型应用案例。

（1）数字孪生设计物料堆放场

电厂、钢铁厂、矿场都有物料堆放场。传统上，设计这些堆放场时，设计需求是人为规划的，堆放场建设运行后，却常常发现当时的设计无法满足现场需求，这种差距有时会非常大，造成巨大浪费。

某矿产公司利用数字孪生技术设计新的物料堆放场。从设计需求开始，设计人员就对利用物联网获得的历史运行数据进行大数据分析，对需求进行优化。在设计过程中，该公司设计人员借助 CAD/CAE/VR 等技术开发了物料堆放场的数字孪生体。该数字孪生体实时反映了物料传输、存储、混合、质量等随环境变化的参数。针对该物料场的设计并不是一次完成的，而是经过多次优化才定型的。在优化阶段，在数字孪生中对物理场进行虚拟运行。通过运行反映动态变化，提前获得运行后可能会出现的问题，然后自动改进设计。通过多次迭代优化，形成最终的设计方案。

运行过程证明，通过数字孪生设计的新方案可以更好地满足现场需求，而且结合物联网，设计阶段的数字孪生体会在运行阶段继续使用，不断优化物料场的运行。

（2）数字孪生机床

机床是制造业中的重要设备，随着社会需求和企业发展的需要，机床也面临着提高生产率、提高加工精度、减少废次品率、降低能耗等严格的要求。

研究人员开发机床的数字孪生体，主要围绕优化和控制机床的加工过程展开，除了常规的基于模型的仿真和评估之外，研究人员使用开发的工具监控机床加工过程，并进行直接控制。采用基于模型的评估，结合监视数据，改善制造过程的性能，通过控制部件的优化来进行维护操作、提高能源效率，修改工艺参数，从而提高生产率，确保机床重要部件在下次维修之前保持良好状态。

在建立机床的数字孪生体时，需要利用 CAD 和 CAE 技术建立机床动力学模型、加工过程模拟模型、能源效率模型和关键部件寿命模型，这些模型能够计算材料去除率和毛边的厚度变化以及预测刀具破坏的情况，除了优化刀具加工过程中的切削力，还可以模拟刀具的稳定性，允许对加工过程进行优化。此外，模型还可预测表面粗糙度和热误差。机床的数字孪生体能把这些模型和测量数据实时连接起来，为控制机床的操作提供辅助决策。

（3）数字孪生在水泵运行中的应用

水泵在工业中的应用十分普遍。水泵在运行中可能会因为水流条件的改变发生气蚀现象而导致水泵叶片损坏，从而过早报废。为解决这一问题，相关研究人员建立了水泵的数字孪生体。数字孪生体可以处理仪表化设备所生成的传感器数据，并利用仿真来预测故障和诊断低效率问题，使操作人员能立即采取行动，纠正问题并优化资产性能；而且还能自动学习水泵运行时的正常状态模式，鉴别异常运行状态，并生成有洞察力的信息和预测结果。

5. 数字孪生的发展趋势

结合当前数字孪生的发展现状，未来数字孪生将向拟实化、全生命周期化和集成化 3 个方向发展。

（1）拟实化——多物理建模

数字孪生是物理实体在虚拟空间中的真实反映，它在工业领域应用的成功程度取决于数字孪生的逼真程度，即拟实化程度。产品的每个物理特性都有其特定的模型，包括计算流体动力学模型、结构动力学模型、热力学模型、应力分析模型、疲劳损伤模型以及材料状态演化模型（如材料的刚度、强度、疲劳强度演化等）。如何将这些基于不同物理属性的模型关联在一起，是建立数字孪生，继而充分发挥数字孪生模拟、诊断、预测和控制作用的关键。基于多物理集成模型的仿真结果能够更加精确地反映镜像物理实体在现实环境中的真实状态和行为，使得在虚拟环境中产品的功能和性能最终替代物理样机成为可能，同时还能够解决基于传统方法预测产品健康状况和剩余寿命所存在的时序和几何尺度等问题。多物理建模将是提高数字孪生拟实化程度、充分发挥数字孪生作用的重要技术手段。

（2）全生命周期化——从产品设计和服务阶段向产品制造阶段延伸

基于物联网、工业互联网、移动互联网等新一代信息与通信技术，实时采集和处理生产现场产生的过程数据（仪器设备运行数据、生产物流数据、生产进度数据、生产人员数据等），并将这些过程数据与生产线数字孪生体进行关联映射和匹配，能够在线实现对产品制造过程的精细化管控（生产执行进度管控、产品技术状态管控、生产现场物流管控以及产品质量管控等）；同时结合智能云平台以及动态贝叶斯网络、神经网络等数据挖掘和机器学习算法，可实现对生产线、制造单元、生产进度、物流、质量的实时动态优化与调整。

（3）集成化——与其他技术融合

数字线程作为数字孪生的使能技术，用于实现数字孪生全生命周期各阶段模型和关键数据的双向交互，是实现单一产品数据源和产品全生命周期各阶段高效协同的基础。美国国防部将数字线程作为数字制造最重要的基础技术，工业互联网联盟也将数字线程作为其需要着重解决的关键性技术。当前，产品设计、工艺设计、制造、检验、使用等各个环节之间仍然存在断点，并未完全实现数字量的连续流动；MBD 技术（即将产品的所有相关设计定义、工艺描述、属性和管理等信息都附着在产品三维模型中的数字化定义方法）的出现虽然加强和规范了基于产品三维模型的制造信息描述，但仍主要停留在产品设计阶段和工艺设计阶段，需要向产品制造、装配、检验、使用等阶段延伸；而且现阶段的数字量流动是单向的，需要利用数字线程技术实现双向流动。因此，融合数字线程和数字孪生技术是未来的发展趋势。

2.3.3 大数据

1. 大数据的特点

近年来，随着互联网、物联网和云计算等信息与通信技术的迅猛发展，数据量的暴涨成了许多行业共同面对的严峻挑战和宝贵机遇。随着制造技术的进步和现代化管理理念的普及，制造企业的运营越来越依赖信息技术。如今，制造业整个价值链以及制造业产品的整个生命周期都涉及诸多数据即大数据。

大数据具备以下 4 个特点：

1）数据量巨大。一些大企业的数据量已经接近 EB 量级。

2）数据类型多样。现在的数据类型不仅是文本形式，更多的是图片、视频、音频、地理位置信息等多类型的数据，个性化数据占绝大多数。

3）处理速度快。数据处理可从各种类型的数据中快速获得高价值的信息。

4）价值密度低。以视频为例，1h 的视频，在不间断的测试过程中，可能有用的数据只有一两秒。

工业大数据除具有一般大数据的特征外，还具有以下特征：

1）时序性。工业大数据具有较强的时序性，如订单、设备状态数据等。

2）强关联性。一方面，产品生命周期同一阶段的数据具有强关联性，如产品零部件组成、工况、设备状态、维修情况和零部件补充采购等；另一方面，产品生命周期中的研发设计、生产和服务等不同环节的数据之间需要进行关联。

3）准确性。准确性主要指数据的真实性、完整性和可靠性，更加关注数据质量，以及处理、分析技术和方法的可靠性。对数据分析的置信度要求较高，仅依靠统计相关性分析不足以支撑故障诊断、预测预警等工业应用，需要将物理模型与数据模型相结合，挖掘因果关系。

4）闭环性。闭环性包括产品全生命周期横向过程中数据链条的封闭和关联，以及智能制造纵向数据采集和处理过程中需要支撑状态感知、分析、反馈和控制等闭环场景下的动态持续调整和优化。

工业大数据作为大数据的一个应用行业，在具有广阔应用前景的同时，对传统的数据管理技术与数据分析技术也提出了很大的挑战。

2001 年，Douglas B. Laney 利用“3V”，即容量（Volume）、速度（Velocity）和变化（Variety）特征来定义大数据，并描述了由于当时电子商务的出现而迅速升级的数据管理挑战。在此之后，还有学者提出了采用价值（Value）、有效性（Validity）、准确性（Veracity）和可见性（Visibility）等特征来定义大数据等。

从3V特征的视角来看，大数据定义为具有容量大、速度快和变化多特征的数据集合，即在容量方面具有海量性特点，随着海量数据的产生和收集，数据量越来越大；在速度方面具有及时性特点，特别是数据采集和分析必须迅速及时地进行；在变化方面具有多样性特点，包括各种类型的数据，如非结构化数据、半结构化数据和传统的结构化数据。

2. 大数据技术

大数据技术是指从各种各样海量类型的数据中快速获得有价值信息的能力。适用于大数据的技术包括大规模并行处理数据库、数据挖掘电网、分布式文件系统、分布式数据库、云计算平台、互联网和可扩展的存储系统。简而言之，大数据技术就是从大数据中提取大价值的挖掘技术，即根据特定目标，从数据采集与存储、数据筛选、算法分析与预测、数据分析结果展示，直至辅助做出最正确的抉择。大数据的作用就是挖掘出各个行业的关键运作路径，帮助决策，提升社会（或企业）运作效率。

为了获取大数据中的有价值信息，必须选择一种有效的方式来处理它。大数据技术一般包括大数据采集、大数据预处理、大数据存储和大数据分析4个部分。

（1）大数据采集技术

大数据采集就是通过传感体系、网络通信体系、智能识别体系及软硬件资源接入系统，实现对结构化、半结构化和非结构化的海量数据的智能化识别、跟踪、接入、传输、信号转换、监控、初步处理和管理等。

（2）大数据预处理技术

大量数据接收完毕后，需要对多种结构的数据进行分类，将一些复杂的数据转化为单一的数据类型，并过滤掉错误及无用的信息。这种在处理主要数据之前对数据进行的一些处理称为大数据预处理。在数据挖掘之前，使用数据清理、数据集成、数据变换和数据归约的技术，可以提高数据挖掘模式的质量，降低实际挖掘所需要的时间。

（3）大数据存储技术

面对巨大的数据量，建立相应的数据库并随时管理和调用其中的数据，这是大数据存储技术的关键。这需要开发新型数据库技术，如键值数据库、列存数据库、图存数据库以及文档数据库等，以解决海量图文数据的存储及应用问题。

（4）大数据分析技术

大数据分析是指对规模巨大的数据进行分析，主要项目及其具体内容见表2-27。

3. 工业大数据

工业大数据是指在工业领域中，围绕典型制造模式，对从客户需求到销售、订单、计划、研发、设计、工艺、制造、采购、供应、库存、发货、交付、售后服务、运维、报废或回收再制造等整个产品全生命周期各个环节产生的各类数据和相关技术及应用的总称。

表2-27　大数据分析的主要项目及其具体内容

项目	具体内容
可视化分析	不管对于数据分析专家还是普通用户，数据可视化都是数据分析工具最基本的功能
数据挖掘	从大量的、不完全的、有噪声的、模糊的、随机的实际应用数据中，提取隐含在其中的、人们事先不知道但又是潜在有用的信息和知识的过程

（续）

项目	具体内容
预测性分析	根据可视化分析和数据挖掘的结果做出一些预测性判断
语义引擎	分析语义中隐含的消息，并主动地提取信息

工业大数据主要来源于 3 个方面，见表 2-28。

表 2-28 工业大数据的主要来源

数据来源	具体内容
生产经营相关业务数据	由企业信息化系统（如 ERP、PLM、SCM、CRM 和 EMS（能量管理系统）等）产生，数据类型包括产品研发数据、生产性数据、经营性数据、用户信息数据、物流供应数据和环境数据等
设备物联数据	由工业生产设备和最终产品通过物联网实时产生并采集的数据，包括操作运行记录、工况状态、环境参数等数据，狭义的工业大数据就是指这类数据
外部数据	指产品售出之后的使用及运营情况的数据，同时还包括大量用户名单、供应商名单、外部的互联网、物联网等数据

工业大数据以产品数据为核心，还包括工业大数据相关技术及其应用。

4. 制造大数据

制造大数据是指制造业通过网络化、数字化、物联化形成的海量异构制造数据资产的集合。制造大数据的来源主要包括制造车间的产品数据、流通阶段的运营数据、用户或厂商及合作者之间的价值链数据、各种其他途径获得的外部数据（如政策、市场、竞争对手等方面的数据）。现代设计制造过程中各种软件系统（PDM、MES、ERP 、CRM、SCM、CAD/CAM/CAE/CAPP 等）产生的数据，互联网和工业物联网、RFID、传感器、电子标签等在制造业中应用产生的数据等，都是制造大数据的直接来源。

由于制造大数据来源不同，制造大数据面临多源异构感知的多样性和复杂性、生产过程主动感知的及时精确性与数据存储应用过程的物理和逻辑安全性等要求和挑战。通过数据驱动的制造行业数据资源分析与应用，可为制造业设计、生产、经营、管理全过程提供大数据支撑与服务，促进创新链、供应链、产业链的形成与优化，为制造业转型升级、宏观决策、智能制造提供支撑。

制造大数据除具备典型的“4V”特征，即规模性（Volume）、多样性（Variety）、高速性（Velocity）和价值（Value）密度低的特征外，还兼具了体现制造业特点的“3M”特性，即多来源（Multi-Source）、多噪声（Much Noise）、多维度（Multi-Dimension），如图 2-25 所示。

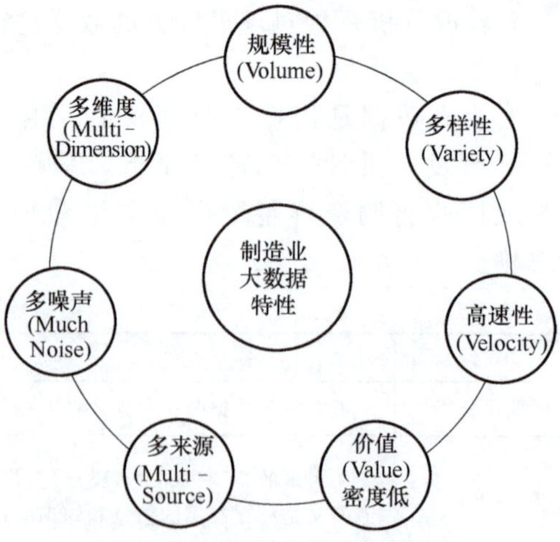

图 2-25 制造大数据的特性

1）多来源。指制造大数据来源广泛，数据覆盖了整个产品全生命周期各个环节。

2）多噪声。指在数据的采集、存储、处理

过程中，由于传感器老化、人为因素等原因，数据中存在缺失、空白、重复、干扰等影响因素，导致数据呈现出高噪声的特性。

3）多维度。指同一个体具有多个维度的特征属性，不同属性直接存在复杂的关联或者耦合关系，并共同影响当前个体状态。

2.3.4 云计算

1. 云计算概述

（1）定义

云计算（Cloud Computing）是基于互联网的相关服务的增加、使用和交付模式，通常涉及通过互联网来提供动态易扩展且经常是虚拟化的资源。“云”是网络、互联网的一种比喻说法。美国国家标准与技术研究院（NIST）对云计算定义如下：云计算是一种按使用量付费的模式，这种模式提供可用的、便捷的、按需的网络访问，进入可配置的计算资源（包括网络、服务器、存储、应用软件、服务）共享池，这些资源能够被快速提供，只需投入很少的管理工作，或与服务提供商进行很少的交互。

云计算是利用互联网将庞大且可伸缩的 IT 运算能力集合起来，作为服务提供给多个用户的技术。云计算是分布式计算、并行计算、效用计算、网络存储、虚拟化、负载均衡和热备份冗余等传统计算机和网络技术发展融合的产物。

云计算甚至可以让用户体验 10 万亿次/s 的运算能力，如此强大的计算能力可以模拟核爆炸，预测气候变化和市场发展趋势。用户可通过计算机、便携式计算机或手机等方式接入数据中心，按自己的需求进行运算。云计算的出现降低了用户对客户端的依赖，将所有的操作都转移到互联网上来。云计算使计算分布在大量的分布式计算机上，而非本地计算机或远程服务器中。企业数据中心的运行将与互联网更相似，这使得企业能够将资源切换到需要的应用上，根据需求访问计算机和存储系统，好比是从单台发电机模式转向了电厂集中供电模式。它意味着计算能力也可以作为一种商品进行流通，就像天然气、水、电一样，取用方便，费用低廉。

（2）云计算的特点

云计算的特点见表 2-29。

表 2-29 云计算的特点

特点	具体内涵
规模超大	目前，世界上著名的云计算公司均拥有几十万台甚至超过百万台服务器。企业私有云一般也拥有数百上千台服务器。云计算能赋予用户前所未有的计算能力
虚拟化	云计算突破了时间、空间的界限，这是云计算最为显著的特点。用户可在任意位置使用各种终端获取应用服务，需求的资源来自“云”，而不是固定的有形的实体。用户只需要一台便携式计算机或者一部手机，就可以通过网络来得到所需要的服务，甚至包括完成超级计算这样的任务
可靠性高	云计算使用了数据多副本容错、心跳检测、计算节点同构可互换等措施来保障服务的高可靠性。使用云计算比使用本地计算机更可靠，还在设施层面上的能源、制冷和网络连接等方面采用了冗余设计，以进一步确保服务的可靠性

（续）

特点	具体内涵
资源配置动态化	根据消费者的需求动态划分或释放不同的物理和虚拟资源，当增加一个需求时，可通过增加可用的资源进行匹配，实现资源的快速弹性提供
资源池化且透明化	各种底层资源（计算、储存、网络、资源逻辑等）的异构性被屏蔽，边界被打破，所有的资源可以被统一管理和调度，成为所谓的"资源池"，从而为用户提供按需服务；对用户而言，这些资源是透明的、无限大的，用户只需关心自己的需求
通用性好	云计算不针对特定的应用，在"云"的支撑下可以构造出千变万化的应用，同一个"云"可以同时支撑不同的应用运行
需求服务自助化	云计算为用户提供自助化的资源服务，用户不必与提供商交互就可自动得到自助的计算资源能力，而且云系统为用户提供一定的应用服务目录
扩展性高	"云"的规模可以动态伸缩，可满足应用和用户规模增长的需求
成本低廉	云计算的特殊容错措施可采用极其廉价的节点来实现，其自动化集中式管理使大量企业无须负担日益高昂的数据中心管理成本，其通用性使资源的利用率大幅提升
以网络为中心	云计算的组件和整体架构由网络连接在一起并存在于网络中，同时通过网络向用户提供服务。而用户可借助不同的终端设备，通过标准的应用实现对网络的访问，从而使云计算的服务无处不在
存在潜在危险	云计算除了提供计算服务外，还提供存储服务。但是，云计算服务当前垄断在私人机构（企业）中，而它们仅仅能够提供商业信用。政府机构、商业机构（特别像银行这样持有敏感数据的商业机构）选择云计算服务时应保持足够的警惕。一旦商业用户大规模使用私人机构提供的云计算服务，无论其技术优势有多强，都不可避免地会让这些私人机构以"数据（信息）"的重要性挟制整个社会

2. 云计算的概念模型

云计算的概念模型如图 2-26 所示。云计算分为服务和管理两大部分。

云计算服务涉及的关键技术包括：基础设施即服务（Infrastructure as a Service，IaaS，含 Amazon EC2、IBM Blue Cloud、Cisco UCS、Joyent）、平台即服务（Platform as a Service，PaaS，含 Force. com、Google App Engine、Windows Azure Platfrom、Heroku、REST、多租户、并行处理、应用服务器、分布式缓存）、软件即服务（Software as a Service，SaaS，含 Google Apps、Salesforce CRM、Office Web Apps、Zoho、HTML、JavaScript、CSS、Flash、Silverlight）和后端即服务（Backend as a Service，BaaS）等。

1）服务方面。主要以向用户提供各种基于云的服务为主，包含如下三个层次：

① IaaS：基础设施即服务。该设施将各种底层的计算（如虚拟机）和存储等资源作为服务提供给用户。采用 IaaS，用户不用自己购买服务器，只需要随即购买一台虚拟机，自己安装各种服务器软件。

② PaaS：平台即服务。该层的作用是将一个应用的开发和部署平台作为服务提供给用户。采用 PaaS，用户既不需要购买服务器，也不需要自己安装服务器软件，只需要根据自己的需要开发网站程序。

③ SaaS：软件即服务。该层的作用是将应用以主要基于 Web 的方式提供给用户。采用 SaaS，不用自己开发网站程序，只需要使用它们开发好的程序，而且服务提供商会负责程序的升级、维护、增加服务器等，而用户只需要专心运营即可。

从用户角度而言，这三层服务之间是相互独立的，因为它们提供的服务是完全不同的，而且面对的用户也不尽相同。但从技术角度而言，云服务这三层服务之间有一定的依赖关系。例如，一个 SaaS 层的产品和服务不仅需要用到 SaaS 层本身的技术，而且还依赖 PaaS 层所提供的开发和部署平台，或者直接部署于 IaaS 层所提供的计算资源上，PaaS 层的产品和服务也很有可能构建于 IaaS 层服务之上。

2）管理方面。主要以云的管理层为主，云计算涉及的管理包括用户管理、监控系统、计量计费、安全管理、服务管理、资源管理、容灾支持、运维管理等，其功能是确保整个云计算中心能够安全和稳定地运行，并能被有效地管理。

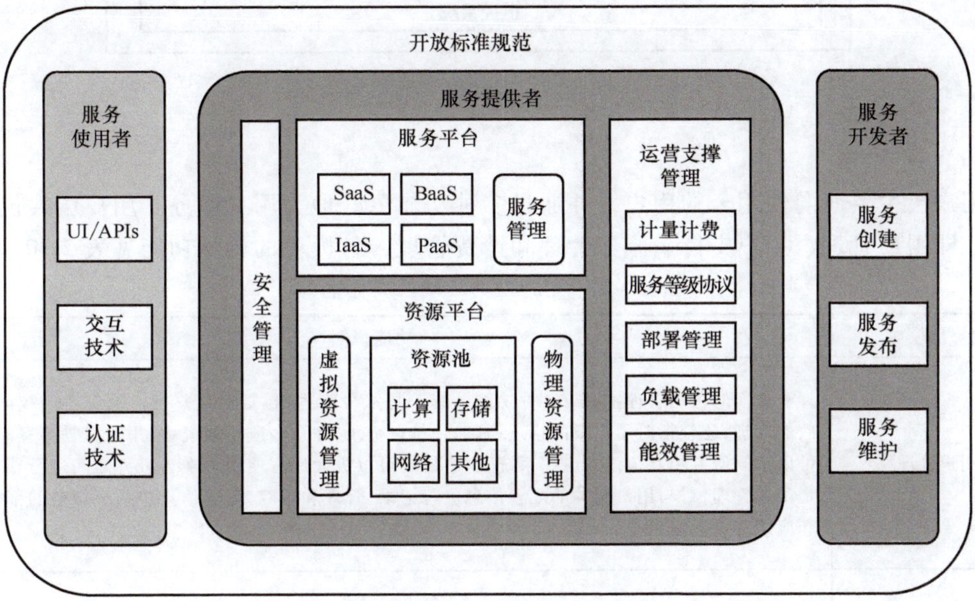

图 2-26　云计算的概念模型

云计算是一种基于网络（主要是互联网）的计算方式，它由服务提供者通过虚拟化和可扩展的网络资源提供计算服务，从而使共享的软硬件资源和信息可以按需提供给用户端的计算机和其他终端设备。

有了云计算，用户终端的功能可以大大简化，用户需要的复杂计算与处理过程都将转移到终端背后的“云”上完成。

① 用户计算和处理过程需要的应用程序并不需要安装和运行在用户的个人计算机、便携式计算机或平板电脑、手机等终端设备上，而是运行在互联网上的大规模服务器集群中。

② 用户处理的大量数据也无须存储在本地终端上，而是保存在互联网上的数据中心中。由云计算服务负责服务器和数据中心的正常运行和管理维护，并保证为用户提供在时间和空间上都充足的计算能力和存储空间，从而使用户可以在任何时间和任何地点，只要连接至互联网，便可访问云，实现随需随用。

3. 云管理层

云计算的云管理层是云最核心的部分。云管理层也是前面三层云服务的基础，为它们提供多种管理和维护等方面的功能和技术。如图 2-27 所示，云管理层共有 9 个模块，这 9 个模块可分为 3 层，分别是用户层、机制层和检测层。

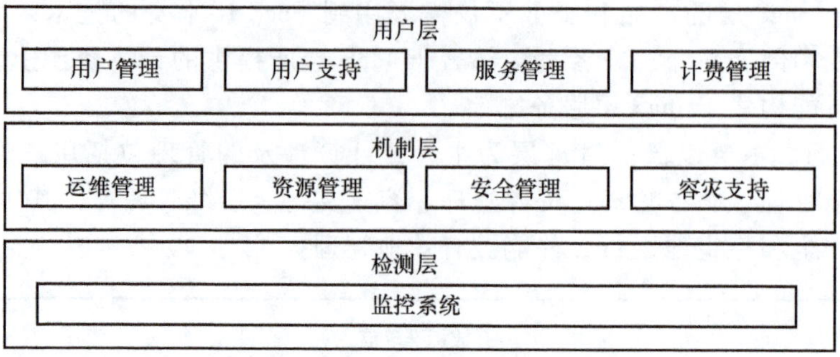

图 2-27　云管理层的架构

（1）用户层

用户层主要面向使用云的用户，并通过多种功能更好地为用户服务。用户层共包含 4 个模块，即用户管理、用户支持、服务管理和计费管理，各模块的具体功能见表 2-30。

表 2-30　用户层各模块的具体功能

用户层模块	功能说明
用户管理	云方面的用户管理主要有 3 种功能。其一是账号管理，包括对用户身份及其访问权限进行有效的管理，还包括对用户组的管理；其二是单点登录，在众多应用系统中，用户只需要登录一次就可以访问所有相互信任的应用系统，这个机制可以极大地方便用户在云服务之间进行切换；其三是配置管理，对与用户相关的配置信息进行记录、管理和跟踪，配置信息包括虚拟机的部署、配置和应用的设置信息等
用户支持	好的用户体验对于云而言非常关键，所以帮助用户解决疑难问题的用户支持十分必要，需要建设一整套完善的用户支持系统；确保问题能按其严重程度或者优先级来依次被解决，而不是一视同仁，以提升用户支持的效率和效果
服务管理	大多数云都在一定程度上遵守面向服务的体系结构（Service-Oriented Architecture，SOA）的设计规范。SOA 的意思是将应用的不同的功能拆分为多个服务，并通过定义良好的接口和契约来将这些服务连接起来。这样做的好处是能使整个系统松耦合，从而使整个系统能够通过不断演化来更好地为用户服务。一个普通的云也同样由许多服务组成，如部署虚拟机的服务、启动或者关闭虚拟机的服务等，而管理好这些服务对于云而言是非常关键的
计费管理	利用底层监控系统采集的数据来对每个用户使用的资源（如消耗 CPU 的时间和网络带宽等）和服务（如调用某个付费 API 的次数）进行统计，以准确地向用户索取费用，并提供完善和详细的报表

（2）机制层

通过提供各种用于管理云的机制，让云计算中心内部的管理更自动化、更安全和更环保。机制层包括 4 个模块：运维管理、资源管理、安全管理和容灾支持，各模块的功能见表 2-31。

表 2-31　机制层各模块的功能

机制层模块	功能说明
运维管理	云的运行是否出色,往往取决于其运维系统的稳定和自动化程度。与运维管理相关的功能主要包括三个方面 ①自动维护。运维操作应尽可能专业化和自动化,从而降低云计算中心的运维成本 ②能源管理。它包括自动关闭闲置资源、根据负载来调节 CPU 的频率以降低功耗、提供数据中心整体功耗的统计图与机房温度的分布图等来提升能源的管理,并相应地降低浪费 ③事件监控。通过监控数据中心发生的各项事件,以确保在云中发生的任何异常都会被管理系统捕捉到
资源管理	资源管理模块与对物理节点(如服务器、存储设备和网络设备等)的管理相关,涉及以下三个功能 ①资源池。通过使用资源池这种资源抽象方法,能将数量庞大的物理资源集中到一个虚拟池中,以便于管理 ②自动部署。将资源从创建到使用的整个流程自动化 ③资源调度。它不仅能更好地利用系统资源,而且能自动调整云中资源来帮助运行于其上的应用更好地应对突发流量,从而起到负载均衡的作用
安全管理	安全管理是对数据、应用和账号等 IT 资源进行全面保护,使其免受犯罪分子和恶意程序的侵害,保证云基础设施及其提供的资源能被合法地访问和使用
容灾支持	在容灾方面,主要涉及两个级别 ①数据中心级别。如果数据中心的外部环境出现了类似断电、火灾、地震或者网络中断等严重的事故,很有可能导致整个数据中心,不可用,这就需要在异地建立一个备份数据中心,以保证整个云服务持续运行。该备份数据中心会与主数据中心进行同步,主数据中心发生问题时,备份数据中心会自动接管在主数据中心中运行的服务 ②物理节点级别。系统需要检测每个物理节点的运行情况,如果一个物理节点出现问题,系统会试图恢复它或者将其屏蔽,以确保相关云服务正常运行

(3) 检测层

检测层主要监控云计算中心的方方面面，并采集相关数据，以供用户层和机制层使用。检测层全面监控云计算的运行，主要涉及三个层面：

1）物理资源层面，主要监控物理资源的运行状况，如 CPU 使用率、内存利用率和网络带宽利用率等。

2）虚拟资源层面，主要监控虚拟机的 CPU 使用率和内存利用率等。

3）应用层面，主要记录应用每次请求的响应时间和吞吐量，以判断它们是否满足预先设定的服务等级协定（Service Level Agreement，SLA）。

4. 云计算的模式

为适应用户的不同需求，云计算演变为不同的模式。NIST 在名为“The NIST Definition of Cloud Computing”的关于云计算概念的著名文档中定义了云的 4 种模式，见表 2-32。

表 2-32　云计算的 4 种模式

模式	功能说明
公共云	这是目前最流行的云计算模式。它对公众开放,能支持数目庞大的请求,且成本较低;由云提供商运行,为最终用户提供各种各样的 IT 资源,负责从应用程序、软件运行环境到物理基础设施等 IT 资源的安全、管理、部署和维护 在使用 IT 资源时,用户只需为其使用的资源付费,无须任何前期投入。云服务提供商必须能保证其所提供的服务是安全可靠的

（续）

模式	功能说明
私有云	许多大中型企业在短时间内很难大规模地采用公有云技术，于是引出了私有云模式。它主要为企业内部提供云服务，并不对外开放。它在企业的防火墙内工作，企业 IT 人员能对其数据、安全性和服务质量进行有效的控制，可以支持动态灵活的基础设施（可由企业 IT 机构，也可由云提供商进行构建），以降低 IT 架构的复杂度，使各种 IT 资源得以整合和标准化 私有云界主要有两大联盟：一是 IBM 与其合作伙伴；二是由 VMware 、Cisco 和 EMC 组成的 VCE 联盟
混合云	应用没有公共云和私有云广泛，它是将公有云和私有云结合到一起，让用户在私有云的私密性和公有云的灵活低廉性之间做一定权衡的模式。企业可以将非关键的应用部署到公有云上来降低成本，而将安全性要求很高、非常关键的核心应用部署到完全私密的私有云上
行业云	主要指专门为某个行业的业务设计的云，并且开放给多个同行业的单位。行业云的概念虽然较少被提及，也没有较为成熟的案例，但仍有一定的潜力。它主要指的是专门为某个行业的业务设计的云。例如盛大的开放平台就颇具行业云的潜质，因为它能将其整个云平台共享给多个小型游戏开发团队，这些小型团队只需负责游戏的创意和开发即可，其他和游戏相关的烦琐的运维可转交给盛大的开放平台来负责

5. 云计算的支撑技术

云计算有多种技术支撑，下面仅列举常用的两种技术。

（1） Hadoop

Hadoop 是一个海量数据分布式处理的开源软件框架，支持 PB 级海量数据，可扩展性强。Hadoop 具有可靠、高效、可扩展和开源的特性，并且发展迅猛，在 2008 年成为 Apache 的顶级项目。2006 年，Amazon 使用 Hadoop 成为全球最早提供成熟云计算服务的提供商之一，再到如今 IBM、微软、戴尔、EMC、阿里巴巴、腾讯等各大国内外厂商都使用了自己的 Hadoop 平台。

Hadoop 的应用比较广泛。国外企业 Facebook、Amazon、Yahoo、Twitter 和 Hulu 等互联网信息提供商和电商基于 Hadoop 平台为用户提供了快速的服务和精准的分析，国内企业则有百度、阿里巴巴、腾讯、华为、中兴等企业应用。

（2） Spark

Spark 是一款开源的、基于内存计算的分布式计算系统，能够对大数据进行快速分析、处理。Spark 项目在 2010 年由加州大学伯克利分校 AMP 实验室开发。2014 年 2 月，Spark 成为 Apache 软件基金会的顶级开源项目。Spark 基于内存计算实现，加快了数据分析处理速度。Hadoop MapReduce 以批处理方式处理数据，每个任务都需要 HDFS 的读写，耗时较长，在机器学习和数据库查询等数据计算过程中，Spark 的处理速度可以达到 Hadoop MapReduce 的 100 倍以上。因此，对于实时要求较高的分析处理，Spark 较为适用；对于非实时的海量数据分析应用，Hadoop MapReduce 则更加合适。

Spark 主要用于满足计算量大、效率要求高的企业，如腾讯、阿里巴巴、优酷、土豆、Yahoo 等。

6. 云计算在智能制造领域的应用

智能制造是云计算的重要应用领域。制造企业管理的大量数据与云计算平台相结合，衍生出了另一个概念——云制造。云制造是先进的信息技术、制造技术以及物联网技术等交叉融合的产物，是制造即服务理念的体现。云制造依据云计算等当代信息技术前沿理念，促使制造业充分利用网络资源，为产品提供高附加值、低成本和全球化制造的服务，可实现产品开发、生产、销售和使用等全生命周期的相关资源的整合，提供规范、可共享的制造服务模式。

云制造为制造业信息化提供了一种崭新的理念与模式，其应用是一个长期的、阶段性渐进的过程。云制造的未来发展面临着众多关键技术的挑战，除了云计算、物联网、高性能计算和嵌入式系统等技术的综合集成以外，基于知识的制造资源云端化、制造云管理引擎、云制造的应用协同、云制造可视化技术与用户界面等技术均是未来需要攻克的重要技术。

云计算对于个人和企业的应用才刚刚开始，云计算为移动终端提供了一个新的发展机遇，未来的移动终端将不再是依赖智能终端的模式，而是要依靠云计算中心的发展而不断提升，所以今后可能会出现为手机提供服务的应用服务商，他们会专门针对手机用户，开发诸如游戏、聊天、照片修改等服务，人们可以尽情地拍照而不必担心手机内存空间不足的问题。其实，这些便捷的服务功能都可以来自于一个巨大的资源池，用户所要用到的资源都可以由手机应用服务提供商来间接提供，这种智能化才是真正实现了世界的信息化。

（1）云计算对企业的价值

1）降低企业信息化成本。工业云降低了企业信息化建设和使用的总成本，使用维护可靠、便捷，服务专业、到位。

2）提升企业创新能力。工业云为企业提供多种创新协同工具和手段，可促进企业、行业的知识积累，促进产业上下游价值链协同，促进从仿造、仿创到自主创新，建立创新体系。

3）提升工业企业的竞争能力。工业云为工业企业尤其是中小型制造企业提供工业软件产品、解决方案和服务，贯通企业营销、设计、制造、采购以及服务全流程，能降低企业创新门槛，提高沟通协同效率、共享社区资源服务，从而有效提升工业企业竞争力。

（2）云计算对产业的影响

1）促进工业软件产业的形成。工业云针对产业聚集区域的行业需求，从满足需求开始，发展行业所需要的软件和服务，能促进做强做大软件和服务企业，逐步形成促进工业转型升级的工业软件和服务产业。

2）推进两化融合，催生新型工业。工业云融合软件业和传统工业，形成新型的工业形态，实现工业的转型和升级，是两化深度融合的有力抓手，是新型工业的必由之路。

（3）云计算目前依旧存在一些问题

1）云计算需要持续的网络连接，而且对于网速的要求也很高。

2）云计算的灵活性和便利性使得云计算的安全成为一个值得考量的方面。

3）如何有效地提供计算和提高存储资源的利用率也是云计算面临的一个重要问题。

2.3.5 智能制造的建模仿真

建模与仿真技术在当今高度信息化、集成化、网络化、智能化的时代已被广泛应用于各行各业，包括智能制造、金融分析、气象预测、军事模拟、车间调度、能源管理等方面。在智能制造全球化和中国制造近期规划的大背景下，对建模与仿真技术的需求也更为迫切，促进了建模与仿真技术的快速发展。

1. 建模与仿真技术的定义

建模与仿真技术，严格地说，是建模技术与仿真技术的复合名词。建模是仿真的基础，建模是为了能够进行仿真；仿真是建模的延续，是研究和分析对象的技术手段。

广义上说，建模技术是结合物理、化学、生物等基础学科知识，并利用计算机技术，结合数字的几何、逻辑与符号化语言，针对研究对象进行的一种行为表达与模拟，所建立的模型应该能够反映研究对象的特点和行为表现。一般而言，对于一些不感兴趣、不重要的成分，在建模过程中可以忽略，以简化模型。具体到智能制造中，建模技术是指针对制造中的载体（如数控机床、机器人等）、制造过程（如加工过程中的力、热、液等问题）和被加工对象（如被制造的汽车、飞机、零部件等），甚至是智能车间、智能调度过程中一切需要研究的对象（实体对象或非实体化的生产过程等问题），应用机械、物理、力学、计算机和数学等学科知识，对研究对象的一种近似表达。

仿真技术是在建模完成后，结合计算机图形学等计算机科学手段，对模型进行图像化、数据化、程序化等的表达。借助仿真，可以看到被建模对象的虚拟形态，例如看到数控机床的加工过程，看到机器人的运动路径，甚至可以对加工过程中的热与力等看不见的物理过程进行模拟再现。因此，仿真技术还让模型的分析过程变得可量化和可控化，即依托建模与仿真技术，可以得到可视化与可量化的模型，利用量化的模型数据进行分析，进行虚拟加载和虚拟模型调控，对认识和改造智能制造中的研究对象是一种极为有效的科学手段。

2. 建模与仿真技术的特点

产生建模与仿真技术这一需求的原因可分为两类，即根本性原因和非根本性原因，见表 2-33。

表 2-33　产生建模与仿真技术的原因

原因类型	具体内涵
根本性原因	针对实际被研究对象被研究的过程进行实物研究，成本较高。例如，飞机高空高速飞行试验等，进行一次实物试验的花费和代价都很大，不利于研究本身 实际被研究对象被研究的过程往往极其复杂，表现出非线性、强耦合性和不确定性等特点。由于需要研究的目标往往比较单一，或目标比较明确，因此会在建模中忽略一些次要因素或不感兴趣的因素。但也正因为这种忽略次要因素的建模过程，对建模人员的要求极高，考验建模人员对实际物理、化学过程的认知深度，关乎研究结果的可信度
非根本性原因	建模与仿真技术的可视化、可量化、可对照、可控性等特点，都极有利于科学研究的发展。例如，在智能制造中采用建模与仿真技术对智能车间进行调度优化和产线布置等

从需求本身出发，建模与仿真技术的特点见表 2-34。

表 2-34　建模与仿真技术的特点

特点	具体内涵
虚拟化	这是建模与仿真技术的最本质特点，利用建模与仿真技术可得到被研究对象的虚拟镜像
数值化	这是建模与仿真技术的必要特点，是仿真、计算、优化的前提。正是有了这种数值化特点，才可以方便地开展一切计算类的研究活动
可视化	这是建模与仿真技术的直观特点，是建模与仿真技术人机交互与友好性的体现。在智能制造中，可视化几乎是一切建模与仿真技术所共有的特点和属性。可视化可以帮助科研人员直观分析被研究对象的动态行为，也可以帮助车间技术人员快速掌握加工过程或加工对象的实时状态
可控化	这是建模与仿真技术通往终极目标的必要手段。建模与仿真技术的目的是对被研究对象进行分析和优化。只有在建模与仿真技术中做到可控化，才可以进行科学化的对照实验、优化实验等

建模与仿真技术的特点随着制造业的发展而不断更新。另外，随着制造业的转型升级，从传统制造到数字制造，从数字制造到数字化、网络化制造，再到数字化、网络化、智能化制造，建模与仿真技术又表现出一些新特点，见表 2-35。

表 2-35 建模与仿真技术的新特点

新特点	具体内涵
集成化	智能制造发展的初级阶段，即数字制造，制造对象或制造主体（机床或机器人等）主要表现出单元化的制造特点；到了智能制造发展的第二阶段，即数字化、网络化制造，制造对象或制造主体又表现出在互联网下的多边互联特点；再到智能制造发展的第三阶段，即数字化、网络化、智能化制造，依托 5G、物联网、云计算、云存储等技术，实现了各制造对象或制造主体之间的互联互通，人-机-物的有机融合，建模与仿真技术也从原来的单一化过渡到多机协同的集成化模式
模块化	数字化制造过程中，由于加工对象单一，加工过程单一，建模与仿真技术也表现出模型与实体对象的一一对应的特点。但到了智能制造发展的第三阶段，由于加工过程更为复杂，加工对象更多，各个对象之间还有紧密的联系，建模与仿真技术也变得更复杂，更有必要在复杂的条件下构建模块化的建模单元与仿真单元，以便不同人员跨地区、跨学科、跨专业、跨时段地进行协同建模与仿真开发
层次化	高级体系结构（HLA）是智能制造中的一个具有代表性的开放式、面向对象的技术架构体系。在 HLA 架构体系下，智能仓储、智能化嵌入式系统、智能化加工单元、智能车间、智能工厂等作为智能制造网络化体系结构的下端级，云平台、云存储作为上端级，边缘计算、云计算作为沟通中间的连接驱动和计算资源。针对复杂网络体系下的智能制造，需要更加层次化的建模与仿真，便于模型的管理、重用、优化升级与快速部署
网络化	5G 是智能制造时代的高速信息通道，智能制造与 5G 技术的结合，更有利于将人-机-物进行有机融合、各加工制造单元互联互通、模型交互与模型共享、仿真数据共享
跨学科化	智能制造生产活动中，表现出了多学科和跨学科的特点。建模与仿真技术在集成式发展的过程中，也表现出集机械、电磁、化学、流体等多学科知识，表现出多专家系统模式。典型的如 CAM 软件，既能够进行机械的三维实体建模，又能对模型进行有限元分析、流体分析与磁场分析等
虚实结合化	虚实结合化是智能制造中建模与仿真技术的重要特点，也是前沿方向。典型的如虚拟现实（VR）、混合现实（MR）、增强现实（AR）等技术，其共同特征都是能让人参与虚拟化的建模与仿真技术，与实体对象进行交互，增强仿真过程中的真实体验。以 VR 技术为例，机器人操作用户带上 VR 眼镜，就能通过建模仿真平台身临其境地走进智能工厂
计算高速化	随着计算机技术和网络技术的快速发展，能够对制造活动中的对象进行越来越真实的建模与刻画，仿真过程也越来越丰富。虽然模型的计算复杂度大幅提升，但依托于高速计算机、大型服务器、高速总线技术、网络化技术和并行计算模式，建模与仿真也表现出计算高速化的特点。计算高速化的建模仿真，是虚拟化模型与实体制造加工过程进行实时协作的关键技术。高性能计算（HPC）利用并行处理和互联技术将多个计算节点连起来，从而高效、可靠、快速运行高级应用程序。基于 HPC 环境的并行分布仿真是提高大规模仿真的运行速度的重要方法
人工智能化	传统的建模仿真主要有 3 类，即基于物理分析的机理模型、基于实验过程的经验推导模型、基于统计信息的统计模型。智能制造是一个高度复杂和强耦合的体系，传统的模型在一些要求较高的条件下，往往并不能满足需求。而借助人工智能技术，如人工神经网络、核方法、深度学习、强化学习、迁移学习等对非线性、强耦合性的加工过程和加工对象进行建模，能够得到传统建模方法达不到的精准效果
数据驱动化	工业大数据是数字-智能时代工业的一个伴生名词，指智能制造活动中，加工实体（数控机床、工业机器人等）、加工过程（切削力与切削热等）等一切参与智能制造活动的对象所产生的数据资源。工业大数据背后往往隐藏着巨大的制造活动奥秘，而这些奥秘是传统建模与仿真技术凭借机理推导、单一数据实验和统计难以发现的。基于工业大数据和机器学习技术，能够为复杂制造对象与过程进行建模，并伴随数据量的逐渐累积，所建立的模型与仿真也更加贴合实际

3. 建模与仿真技术的技术体系

(1) 建模/仿真的支撑环境

建模/仿真的支撑环境是进行建模与仿真的基础性问题，它是在计算机、网络、软件（管理软件、应用软件和通信软件）、数据库、图形图像可视化的基础上构建的。建模/仿真的支撑环境体系结构应根据仿真任务的需求和规模，从资源、通信、应用3个方面来设计。

建模/仿真支撑环境可划分为建模开发环境和仿真运行环境，两者有共享的资源。建模开发环境主要用于建模、仿真系统设计、仿真软件开发等，没有严格的时间管理要求，但要保证事件发生的前后顺序。而仿真运行环境用于仿真系统运行，必须有严格的时间管理，以保证实时性。一般情况下，仿真系统运行时调用的资源是固定的、静态的，要实现调用动态资源，则建模仿真环境体系结构更复杂。

在智能制造的背景下，建模/仿真技术的支撑环境也越来越复杂，从单计算机平台，过渡到多机协同建模/仿真平台，从个人计算机迁移到云端进行建模/仿真。

建模/仿真支撑平台包括4层体系结构，见表2-36，将数据、服务与应用分离开来，便于各种应用软件（包括商用建模、仿真软件）的集成，保证了整个系统的灵活性和开放性。

表 2-36　建模/仿真支撑平台的结构

结构层	具体内涵及功能
系统支撑层	包括基础支撑环境和基础平台/运行支撑服务。基础支撑环境包括异构分布的计算机硬件环境、操作系统、网络与通信协议以及数据库/模型库/知识库，其中数据库/模型库/知识库用来存储与应用无关的数据模型和知识。基础平台/运行支撑服务主要负责与基础支撑环境进行数据信息交换，为服务层提供各种基本的应用编程接口，同时整合了高层体系结构的运行支撑服务
服务层	由基于产品设计、仿真分析、性能评估的软件构成，根据功能需求划分为产品设计建模、协同仿真、力学分析、性能评价与优化、工艺规划、虚拟演示与操作等模块，其中产品设计建模子系统和协同仿真子系统是整个平台的核心
系统应用层	主要集成了操作机一体化平台运行中涉及的大量信息的管理功能，包括产品信息管理、数据库管理、模型库管理、知识库管理以及用户管理，为建模、仿真运行及仿真后处理等提供统一的数据存储维护机制
界面层	根据不同的需求可以分为基于用户端的个人工作空间界面和基于Web的应用系统界面。界面层可以为不同领域的工程师提供不同的工作空间视图，注册各自的软件工具，并可根据需要定制个性化的用户界面，从而保证不同的工作人员可在异构的环境中协同工作

(2) 先进分布仿真

从单元化制造到集成化网络化制造，也呈现出分布式建模/仿真的新模式。基于仿真的设计、制造涉及多个专业、多个单位，它们可能分布在不同地区，应将分布在各处的仿真系统、模型、计算机、设备通过互联网构成分布联网仿真系统。仿真运行时，仿真系统中的模型之间、计算机之间、仿真系统之间有大量数据和信息需要传送与交互。

先进分布仿真技术已广泛应用于民用的交通管制、灾难救助、医学研究、娱乐等领域，而且取得了显著效果。然而作为先进仿真技术发展的最主要推动因素——军用仿真领域，才是先进仿真技术的最主要应用领域。现代国防系统是武器装备、各种过程、人员和组织高度集成的复杂组合，近年来信息技术（包括信息处理、网络、数据库、软件、可视化显示）的发展，促使建模/仿真技术可以在新系统、新产品生产制造之前就在计算机上进行需求确定、设计、运行。

在武器装备研制与采办领域逐步得到各国国防部武器装备采购部门和国防工业部门认可的一种新的采办理念是基于仿真的采办。基于仿真的采办（Simulation-Based Acquisition，SBA）的两大关键是协同环境和分布产品描述。

1）协同环境是由互操作的工具和数据库、权威的信息资源，以及产品/过程模型支持的各领域专家可协同工作的环境。

2）分布产品描述是数字化产品信息的分布集合，通过 Web 技术互联，对用户呈现单一的逻辑上统一的产品描述，包括产品数据、产品模型、过程模型等。

（3）仿真资源库

仿真资源库是仿真技术的依赖性技术，包括数据库、模型库、工具软件库等。仿真系统的开发和运行要用到大量的数据和模型，例如飞行器动力学模型和气动数据、全球导航台数据、综合自然环境模型和数据、产品性能的模型和数据、人的行为模型和数据、仿真结果数据等。此外，仿真资源库越丰富，能开展的仿真活动也更为多样。

在智能制造中，人是一项关键的因素，将人纳入建模/仿真环境进行协同仿真，是对建模与仿真平台的又一大挑战。因此，建模/仿真技术不但需要有丰富的图形图像仿真资源库、数值计算与数值优化资源库，也要包含语料资源库、音频资源库，甚至是触觉资源库与多专家系统知识库。

（4）图形图像综合显示技术

图形图像综合显示技术一直都是建模/仿真技术的关键核心技术，也是最根本的一项技术，是计算机图形学、数据处理等基础技术的综合应用。智能制造对建模/仿真的图形图像综合显示技术提出了更多新的要求，即不但能在单机上进行二维和三维图形显示，更需要满足嵌入式系统仿真过程中的快速在线实时三维显示。这种综合显示技术不再是单一加工对象或加工主体的图形图像化显示，更是提出了融合人和加工环境等仿真显示技术的新要求。

例如，数控加工仿真就是利用计算机图形学的成果，采用动态图的真实感形式模拟数控加工全过程。通过数控加工仿真软件，能判别加工路径是否合理，检测刀具的碰撞、干涉，优化加工参数，降低材料消耗和生产成本，最大限度地发挥数控设备的利用率。一个完整的数控加工仿真过程包括以下内容：

1）NC 代码的翻译及检查。

2）毛坯干涉及零件图形的输入和显示。

3）刀具的定义及图形显示。

4）刀具运动及切屑的动态图形显示。

5）刀具碰撞及干涉检查。

6）仿真结果报告，包括具体干涉位置及干涉量。

4. 建模与仿真技术在智能制造中的典型应用案例

（1）建模与仿真技术在工业机器人中的应用

机器人可以说是智能制造中应用建模和仿真技术的典型范例。对于机器人从理论研究、设计开发、数据分析、快速产线部署、程序编制、运动规划到加工工艺优化、加工质量与产品性能提升等，建模和仿真技术都是被依赖的关键核心技术。

机器人的建模包括运动学建模、动力学建模、力与环境的物理交互建模等。典型的运动学建模仿真平台有 Matlab、Gazebo、V-REP 等，其中，Matlab 可为机器人进行理论计算研究。基于其强大的矩阵运算工具箱，研究人员能灵活、方便地进行运动学和动力学建模等。另外，基于 Simulink 工具箱，还可进行与机器人运动控制相关的实验设计和分析。

Gazebo 是一款 3D 动态模拟器，能够在复杂的室内和室外环境中准确、有效地模拟机器人群。Gazebo 可提供一整套的传感器模型和高保真度的物理模拟，还能提供用户与程序非常友好的交互方式。基于 Gazebo 动态模拟器，可以对机器人算法进行测试，设计机器人和对现实场景进行回归测试。一般情况下，Gazebo 在 Ubuntu 操作系统上的 ROS（机器人操作系统）环境中进行集成使用。

V-REP（Virtual Robot Experimentation Platform）是一款灵活、可拓展的通用机器人仿真器，支持多种控制方式和编程方式，被誉为机器人仿真器中的“瑞士军刀”。V-REP 支持多种跨平台（Windows、MacOS、Linux）方式，支持 6 种编程方法（嵌入式脚本、插件、附加组件、ROS 节点、远程用户端应用编程接口、自定义的解决方案）和 7 种编程语言（C/C++、Python、Java、Lua、Matlab、Octave 和 Urbi），满足超过 400 种不同的应用编程接口函数、100 项 ROS 服务、30 个发布类型、25 个 ROS 订户类型，可拓展 4 个物理引擎（ODE、Bullet、Vortex、Newton），拥有完整的运动学解算器（对于任何机构的逆运动学和正运动学）。

离线编程是实现智能制造中机器人编制复杂曲线曲面轨迹和模拟现场应用环境的一种常用仿真编程手段。离线编程能够为集成应用和终端用户在智能制造活动中进行工作单元的设计。离线编程和计算机图形学建立机器人及其工作环境的几何模型，并根据加工零件的大小、形状、材料，同时配合软件操作者的一些操作，自动生成机器人的运动轨迹，即控制指令，然后在软件中仿真与调整轨迹，最后生成机器人程序传输给机器人控制系统。我国具有代表性的机器人离线编程仿真软件包括华数机器人有限公司的 InteRobot、北京华航唯实机器人科技股份有限公司的 PQArt 等。国外的一些机器人离线编程仿真软件包括 ABB 机器人有限公司的 RobotStudio、西门子股份公司的 ROBCAD 等。基于离线编程仿真过程，可以优化智能制造过程中机器人的工艺规划、运动路径和产线布局等。离线编程最适合需要大量点的复杂路径规划应用，如焊接、修边、激光切割、去毛刺、热喷涂、喷涂、激光熔覆和增材制造。

（2）建模与仿真技术在汽车设计中的应用

在现代汽车设计过程中，汽车性能的设计优化主要是利用建模与仿真技术对汽车性能进行预测评估后，根据仿真结果对整车设计参数进行优化。仿真技术使所设计的车型能在不制造出样车、不进行实车试验的情况下，完成对新车型性能的预测和整车设计参数的优化。仿真技术的应用缩短了新车型的设计周期，节约了新车型的设计经费，并改进了新车型的性能、质量和成本，是一种适应人们对新车型要求不断提高的最有效的方法。

（3）建模与仿真技术在制造车间设计中的应用

车间的设计过程一般可以分为初步设计和详细设计两个主要阶段。初步设计阶段的任务是研究用户的需求，然后由此确定初步设计方案。详细设计阶段的任务是在初步设计的基础上，提出对车间各个组成单元的详尽而完整的描述，使设计结果能够达到进行实验和投产决策的程度，具体来说即确定设备、刀具、夹具、托盘、物料处理系统、车间布局等。而仿真技术则主要用于方案的评价和选择。在初步设计阶段，可以在仿真中包含经济效益分析算法，根据初步设计方案所建立的仿真模型运行，对以下信息进行评价：新车间中生产的产品类型和数量能否满足用户要求，产品的质量和精度是否能够满足要求，新车间的效率和投资回收率是否合理。在详细设计阶段，使用仿真技术可以对候选方案的以下问题做出评价：在制造主要零件时，车间中主要加工设备是否能够得到充分的利用；负载是否比较平衡；物料处理系统是否能够与车间的柔性程度相适应；新车间的整体布局是否能够满足生产调度的要求；是否具有一定的可重构能力；在发生故障时，车间生产系统是否能够维持一定程度的生产能力。

5. 建模与仿真技术的发展趋势

智能制造从单元化过渡到集成化，再到网络化、智能化，建模与仿真技术也呈现出新的技术特点和技术应用，将会更加紧密地与5G、云计算、大数据、人工智能相结合。建模与仿真技术正呈现出实时化仿真、分布式嵌入式仿真、云端建模与仿真、多端建模与仿真和模型资源共享、虚实结合的建模与仿真、人与加工过程参与建模与仿真互动、大数据驱动的混合建模、人工智能和群体智能优化技术结合的建模与仿真等趋势。

（1）新一代数字模型

新一代数字模型是一种将物理信息系统、物联网、大数据、云计算、VR/AR人工智能等技术相结合的新一代信息技术，是根据特定的需求而构建伴随被建模的物理实体的全生命周期、可持续演化且高度可信的数字化模型。它不仅可以进行离线分析与预测，还能在线与物理系统进行实时互动。新一代数字模型技术将成为支持新一代智能制造的关键技术之一。

数字孪生是一种典型的新一代数字模型技术，是传统虚拟样机技术的延伸和发展。数字孪生解决方案包括产品数字孪生、生产工艺流程数字孪生和设备数字孪生，这三者结合将形成基于模型的虚拟企业和基于自动化技术的现实企业镜像，从而帮助企业在实际投入生产之前即能在虚拟环境中仿真、优化和测试。VR/AR/MR技术也是新一代数字模型技术的重要内容，通过这些技术可实现人与虚拟物体的实时交互。制造过程是一个人、信息、机器、环境高度融合的系统。仿真技术除了可以建立产品模型以及制造所需要的资源、设备、环境等模型外，还可以建立人员的模型。通过人员模型与设备及环境模型的交互式仿真，实现更真实可信的仿真过程。

（2）面向制造全生命周期的模型工程

数字模型的建立与管理是制造企业实现制造系统数字化的重要基础。由于制造过程的复杂性，制造生命周期的数字模型拥有一些新的特点。

1）模型的组成更复杂。模型的组成元素越来越多，元素之间的关系更加复杂。

2）模型的生命周期更长。智能制造系统中的模型将参与产品的整个生命周期。由于模型元素之间关系的复杂性，模型的演化过程将会非常复杂且呈现高度不确定性。

3）模型具有高度异构性。大量的模型是由不同的机构采用不同的平台、结构、开发语言和数据库来构建的。

4）模型的可信度极难评估。由于对模型的依赖性增强，模型的可信度问题也变得越来越重要。由于模型的复杂度增加，评估模型的可信度变得更加困难。

5）模型的可重用性。为了提高模型开发的效率与质量，模型重用的作用和价值变得更加重要。

由此可见，当前迫切需要一种面向复杂制造过程全生命周期的模型理论和方法。

（3）云环境下的智能仿真技术

当前，制造领域应用云平台技术已是大势所趋。在云平台上进行相关制造活动是制造企业进行升级和转型的重要手段，在云环境下通过仿真支持制造全生命周期的协同优化，成为仿真技术面临的新挑战。基于云的仿真技术与智能制造的结合将成为制造系统仿真发展的必然趋势。

（4）面向大数据的仿真技术

由于制造系统的复杂化，在制造的全生命周期内会产生大量的数据。大数据的出现给仿真技术带来了新的机遇，同时仿真技术对制造大数据的获取、处理、管理和使用也将发挥重要作用。

1）大数据可以为仿真建模提供新的途径和方法。由于制造系统的高度复杂性，导致采用传统方法对复杂系统建模非常困难。而利用系统运行产生的大量数据样本，通过机器学习的方式可以建立逼近真实系统的“近似模型”。大数据对于仿真分析方法也将产生重要影响，仿真将从对因果关系的分析转向对关联关系的分析，同时大数据也将为仿真分析提供新的资源和手段。

2）制造大数据也将成为建模与仿真的重要研究对象。人们借助仿真技术可挖掘并发挥大数据在制造各环节中的价值。

3）仿真技术可用于大数据的许多技术方面。仿真技术还可用于大数据时期筛选和预处理、大数据存储策略、迁移策略以及传输策略的优化等方面。建模与仿真和大数据将相互促进、相互补充，两者的结合将有力地促进智能制造的发展。

2.3.6 虚拟制造技术

虚拟制造（Virtual Manufacturing，VM）是指以信息技术为基础，以计算机建模和仿真技术为支持，对生产制造过程进行系统化组织与分析，并对整个制造过程建模，在计算机上进行设计评估和制造活动仿真的技术。虚拟制造是实际制造过程在计算机上的本质实现。虚拟制造技术强调用虚拟模型描述制造全过程，在实际物理制造之前就具有了对产品性能及可制造性的预测能力，可以增强制造过程各级的决策与控制能力。

虚拟制造集成了三维模型与虚拟仿真的制造活动，从而代替现实世界中的物体与操作，是一种知识与计算机辅助系统技术，也是虚拟现实技术在生产制造过程中的一种应用。

用户可以通过虚拟现实技术进入一个三维的虚拟世界，在其中不仅能够感知三维可视化环境，还能够对物体进行交互操作，从而可以综合质量与数量两个层面的因素，提高解决策略的可行性。

虚拟制造技术从根本上改变了设计、试制、修改设计、规模生产的传统制造模式。在产品真正制出之前，首先在虚拟制造环境中生成软产品原型代替传统的硬样品进行试验，对其性能和可制造性进行预测和评价，从而缩短产品的设计与制造周期，降低产品的开发成本，提高系统快速响应市场变化的能力。虚拟设计与虚拟制造流程如图 2-28 所示。

1. 虚拟制造的关键技术

虚拟制造技术的涉及面很广，如可制造性自动分析、分布式制造技术、决策支持工具、接口技术、智能设计技术、建模技术、仿真技术以及虚拟现实技术等。其中，后四项技术是虚拟制造的核心技术。

（1）智能设计技术

智能设计技术是对传统CAD技术的进一步研究和加强，既具有传统CAD技术的数值计算和图形处理能力，又能满足设计过程自动化的要求，对设计的全过程提供智能化的计算机支持，因此又被称为智能CAD，简称ICAD。

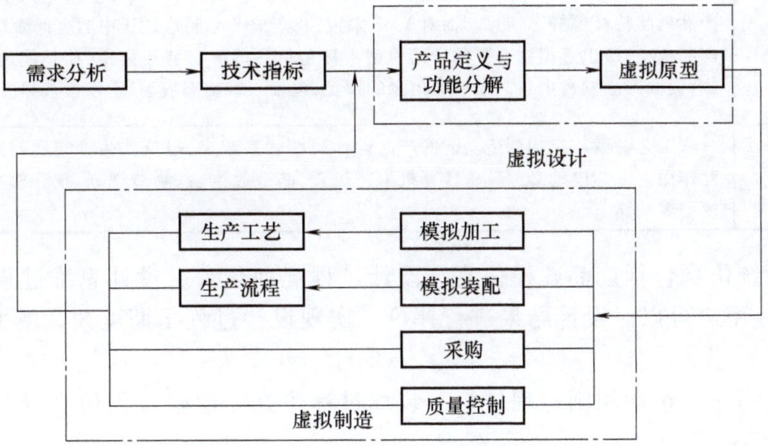

图2-28　虚拟设计与虚拟制造流程

智能设计技术有如下特点：

1）以设计方法学为指导。设计方法学对设计本质、过程设计思维特征及方法学的深入研究是智能设计模拟人工设计的基本依据。

2）以人工智能技术为实现手段。借助专家系统技术的强大知识处理功能，结合人工神经网络和机器学习技术，可以较好地支持设计过程自动化。

3）将传统CAD技术作为数值计算和图形处理工具，提供对设计方案优化和图形显示输出的支持。

4）面向集成智能化。不仅支持设计的全过程，而且能为集成其他系统提供统一的数据模型及数据交换接口。

5）提供了强大的人机交互功能。使设计师对智能设计过程的干预（即人和人工智能的融合）成为可能。

随着对市场及用户数据的采集、分析和挖掘，以及参与式设计支撑技术的发展，传统的设计流程已从以设计师为主导的为用户设计，向着基于用户需求的智能化设计转变。

（2）建模技术

虚拟制造系统（Virtual Manufacturing System，VMS）是现实制造系统（Real Manufacturing System，RMS）在虚拟环境下的映射，是RMS的模型化、形式化和计算机化的抽象描述和表示。VMS的建模包括生产模型、产品模型和工艺模型3种模型，见表2-37。

（3）仿真技术

虚拟制造的仿真是指产品制造过程的仿真。产品制造过程的仿真可归纳为制造系统仿真和加工过程仿真。

表 2-37　虚拟制造系统的建模

模型	说明
生产模型	可归纳为静态描述和动态描述两个方面。静态描述是指系统生产能力和生产特性的描述；动态描述是指在已知系统状态和需求特性的基础上，预测产品生产的全过程
产品模型	产品模型是制造过程中各类实体对象模型的集合。目前产品模型描述的信息包括产品结构、产品形状特征等静态信息。而对 VMS 来说，要集成产品制造过程中的全部活动，就必须有完备的产品模型，所以虚拟制造下的产品模型不再是单一的静态特征模型，而是能通过映射、抽象等方式，提取产品制造中各活动所需信息的模型，包括三维动态模型、干涉检查和应力分析等
工艺模型	将工艺参数与影响制造功能的产品设计属性联系起来，以反映生产模型与产品模型之间的交互作用。工艺模型必须具备计算机工艺仿真、制造数据表、制造规划、统计模型以及物理和数学模型等功能

1）制造系统仿真包括产品建模仿真、设计过程规划仿真、设计思维过程仿真和设计交互行为仿真等。用户可以对设计结果进行评价，实现设计过程早期反馈，减少或避免产品设计错误。

2）加工过程仿真包括切削过程仿真、装配过程仿真、检验过程仿真以及焊接、压力加工、铸造仿真等。

（4）虚拟现实技术

虚拟现实（Virtual Reality，VR）技术是综合利用计算机图形系统、各种显示和控制等接口设备，在计算机生成的可交互的三维环境（称为虚拟环境）中提供沉浸感觉的技术。虚拟现实系统包括操作者、机器和人机接口三个基本要素。利用虚拟现实技术可以对真实世界进行动态模拟，通过用户的交互输入，及时按输出修改虚拟环境，使人产生身临其境的沉浸感觉。虚拟现实技术是虚拟制造的关键技术之一。

虚拟制造在智能制造生产过程中的相关实用技术还包括如下内容：

1）虚拟设计与装配：包括虚拟产品形状设计、虚拟装配/拆卸设计与优化、虚拟样机以及具有视觉的虚拟装配等。基于虚拟样机的试验仿真分析可以在真实制造之前发现问题，并解决问题。

2）虚拟产品实现技术：包括虚拟加工、远程机器人操作与监控、虚拟测量技术以及基于表面质量分析的切削参数选择等。

3）虚拟检测与评价技术：包括虚拟表面接触刚度分析、刀具轨迹检查及碰撞干涉检验、工艺过程规划与仿真、基于应力的加工质量评价以及装配信息建模等。

4）虚拟试验技术：包括虚拟试验的物理建模、虚拟试验的运行平台、虚拟测试以及虚拟样机的性能评价等。

5）虚拟生产技术：包括虚拟生产线/车间实时三维布局，生产线/车间生产过程虚拟仿真以及基于 VR 的网络化分散制造仿真与评价等。

2. 数字化虚拟制造技术在制造业中的应用

数字化虚拟制造技术首先成功应用于飞机、汽车等工业领域，未来在智能制造中的应用前景非常广阔。

数字化虚拟制造技术可以为制造企业提供如下支撑作用。

（1）为企业决策提供支持

虚拟制造技术对于企业战略规划、经营决策和项目管理来说，既可作为一个企业信息系统为其提供各种所需信息，又可作为一个决策支持系统以提高各级领导的决策和控制能力，根据市场需求、企业资源状况和技术条件等，进行战略规划和经营决策，确定产品的类型和规模，评估可能取得的效益和遇到的风险。数字化虚拟制造技术能提供影响产品性能、制造成本和生产周期的相关信息，以便使决策者能够正确地处理产品的性能、制造成本、生产进度和风险之间的平衡关系，做出正确的设计和管理决策。

（2）产品开发过程管理

根据企业产品规划和产品开发计划管理各个产品开发项目。虚拟使用环境、虚拟测试环境和虚拟制造环境解决了产品开发过程中所面临的未知因素，可以提高产品的设计质量，减少设计缺陷，优化产品性能。

1）虚拟使用环境：使用户在产品开发的早期就参加产品开发活动，这既有利于尽早地反映用户需求情况，解决与用户需求有关的未知因素，也加强了用户对自己提出的需求的合理性的认识。

2）虚拟测试环境：使设计人员能够基于虚拟产品，对产品设计进行性能分析、评价和改进，可加强设计人员之间、设计人员与用户之间以及设计人员与合作伙伴之间的联系。

3）虚拟制造环境：用于在产品开发过程中为整个企业的运行提供一个基于计算机环境的具有制造意义的集成基础结构，为所设计的产品的制造和生产过程提供仿真环境和验证平台，解决与制造有关的未知因素，提高工艺规划和加工过程的合理性，优化制造质量。

（3）生产过程管理

对于生产过程来说，虚拟制造系统是一个监视、控制、管理、维护和仿真系统，可以提高制造和生产过程中的管理、协调和控制能力，通过将现实制造系统映射为虚拟制造系统，实现对企业制造资源的建模以及生产过程规划、管理、调整、控制的仿真。通过生产计划的仿真可以优化资源配置和物流管理，实现柔性制造和敏捷制造，缩短制造周期，降低生产成本。

（4）整体运作

根据产品类型、规模以及企业资源等情况，控制和协调生产活动，合理配置和利用人、财、物资源，以提高企业的整体运作效率。通过提高产品质量，降低生产成本，缩短开发周期，以及提高企业生产的柔性，以适应用户的特殊要求和快速响应市场的变化，形成企业的竞争优势。

（5）系统维护

虚拟制造系统管理软件用于系统管理人员对整个虚拟制造系统的管理、控制、维护和更新。

综上所述，虚拟制造技术的主要目标是能够根据实际生产线及生产车间情况进行规模布局，以建模与仿真为核心内容，进行产品的全寿命设计，具有巨大的应用潜力。基于产品的数字化模型实现了从产品的设计、加工、制造到检验全过程的动态模拟，而生产环境、制造设备、定位工装、加工工具和工作人员等虚拟模型的建模为虚拟环境的搭建奠定了坚实的基础。虚拟制造的关键技术是对产品与制造过程的拟实仿真，通过仿真可以及时发现生产问题，及时进行生产优化，从而达到提高效率、节约成本的最终目的。未来，随着计算机技术和虚拟现实技术的不断发展，虚拟制造将在各个行业中得到更广泛的应用，为智能制造和数字化转型提供支持。

习题与思考题

1. 实现智能制造必不可少的基础技术有哪些?

2. 机器视觉技术在智能制造中有哪些应用?如何提高机器视觉的准确性?

3. 射频识别技术在智能制造中的作用是什么?如何提高射频识别的有效性?

4. 智能检测技术有哪些?传感器在智能制造系统中有什么作用?

5. 试简要介绍智能控制的分类及其重要分支。

6. 何谓制造自动化?制造自动化的功能目标有哪些?简要说明制造自动化技术的发展趋势。

7. 试说明 CNC 系统的组成和结构特点。

8. 试简述 FMS 的主要功能,说明 CIMS 的基本组成。

9. 简要说明网络化制造的基本概念及其主要内容。试说明网络化制造技术的运行支撑技术和运行管理策略。

10. 简要说明工业互联网的应用范畴。

11. 试说明工业机器人的关键技术有哪些。简要说明工业机器人的发展趋势。

12. 简要说明 3D 打印的流程,简要介绍 3D 打印的方法。

13. 何谓数据?何谓大数据?各有什么特点?

14. 何谓工业大数据?工业大数据的来源有哪些?简要说明工业大数据的特征。简要说明工程数据的类型及其表示方法。

15. 如何开展大数据分析?如何获取大数据?如何对数据进行预处理?工程数据的数字化处理方法是什么?

16. 何谓数字孪生?试简单介绍基于数字孪生的概念模型。数字孪生在智能制造中有哪些用途?试列举一两个应用案例说明。

17. 何谓云计算?云计算有何特点?简要说明云计算的结构及模式。

18. 试介绍智能制造的建模与仿真技术及其特点。

19. 简要介绍建模与仿真技术的应用状况。试分析一下建模与仿真技术的发展趋势。

20. 何谓虚拟制造?虚拟制造的关键技术有哪些?简要说明数字化虚拟制造在制造业中的应用。

第3章

智能加工工艺

教学导航

【知识目标】

1. 熟悉智能加工的概念；熟悉智能加工的技术基础。

2. 了解智能加工中人与设备的关系；熟悉智能加工条件下的人机交互。

3. 了解智能加工设备的优势、特征及其发展趋势；掌握智能加工设备的功能及功能模块；熟悉各种典型智能机床的功能及加工特点；熟悉智能加工设备维护技术。

4. 熟悉各种复合加工技术的工作原理及装备；熟悉智能增材制造技术及设备。

5. 熟悉典型加工工艺的技术特点；了解加工工艺的优化过程，掌握正在发展中的几种智能加工工艺的特点及关键技术；熟悉智能 CAD、智能 CAPP 系统的构成及其功能模块的应用。

【能力目标】

1. 通过学习，能初步学会运用智能数控机床加工简单工件。

2. 通过学习，能初步学会应用智能 CAPP 系统设计简单机械零件的加工工艺规程。

【素养目标】

通过学习，做到多读书、多思考、多提问、多动手，养成学思结合的习惯。

3.1 智能加工概述

3.1.1 智能加工的概念

1. 智能加工的定义

以往的加工都是基于拉普拉斯（Laplace）提出的确定论思想，即如果对一个确定性动力系统施加确定性的输入，该系统的输出必然具有确定性。然而，现实生产制造过程中，即使输入最优的参数，利用最佳的工艺装备，有时还是会得到超出设定的结果。智能加工就是为了解决加工精度和成本问题而发展起来的新兴加工技术。工艺装备、工业机器人、信息技术、控制技术的不断发展，为智能加工的发展奠定了基础。

智能加工就是将制造技术与数字技术、智能技术、网络技术集成应用于设计、生产、管理和服务的产品全生命周期，在制造过程中进行感知、分析、推理、决策与控制，实现产品需求的动态响应、新产品的迅速开发以及对生产和供应链网络实时优化的制造活动的总称。

2. 智能加工的关键环节

智能加工技术的创新及应用贯穿制造业的全过程，先进制造技术的加速融合使得制造业的设计、生产、管理、服务各个环节日趋智能化，主要体现在以下 4 个关键环节：

1）建模与仿真技术使产品设计日趋智能化。

2）以工业机器人为代表的智能制造装备在生产过程中的应用日趋广泛。

3）全球生产管理和供应链管理创新加速。

4）智能服务业模式加速形成。

从表面上看，智能加工是一种自动化、复合化的加工，实际上是借助先进的工艺装备以及检测、控制手段，实现对加工过程的主动感知和实时判断，用最优的工艺方法和手段获得最优的产品性能和质量。

3. 智能加工的特点

1）自动化、复合化。

2）主动检测感知。

3）主动调整参数（几何参数、切削参数、物理参数），主动调整工艺装备，即自适应控制，以得到最优的输出。

4）高灵敏性、高响应速度、强抗扰性、高柔性。

3.1.2 智能加工的技术基础

1. 智能加工的自动化、复合化

（1）自动化生产

自动化生产是人类生产活动中的一种先进、完善的高级生产形式，是科学技术不断进步和生产高度发展的产物，是用机械化、自动化设备替代人的部分劳动。自动化生产时，各种高生产率的机械设备代替了人类繁重的体力劳动，各种自动控制装置、仪器、计算机代替了人的操纵管理和部分脑力劳动，整个生产过程可以在无人参与下，自动按最佳状态连续进行。

自动化生产经历了机床的变革、刀具的变革、电气控制和传感技术的变革。每次进步都使加工精度提高、加工成本降低。自动化生产是依赖工艺系统的进步作为支撑的。

（2）复合加工

复合加工是指在柔性自动化的数控加工条件下，当工件在机床上进行一次装夹后，能自动进行同一类工艺方法的多工序加工（如金属切削工艺的车、铣、钻、镗等加工）或者不同类工艺方法的多工序加工（如切削加工和激光加工），从而能在一台机床上顺序地完成工件的全部或大部分加工工序。复合加工机床一般具有以下 4 个特征：

1）设置较少，有时甚至是一次性的。

2）复杂工件能在同一台机床上加工，无需多台机床。

3）减少工件的装夹次数。

4）加工现场机床设备数量减少，不需要在设备上投入很多。

复合加工机床的功能是从以下两个方面实现的：一是设计的机床能进行一道以上的加工工序；二是通过加速工件装夹速度来使机床提高产出效率。

（3）数控加工

数控加工的加工过程是自动化的，数控加工将零件的几何信息、工艺信息用规定的代码编成程序，用程序来控制加工过程。智能加工是在数控加工的基础上发展起来的，运用机械手或机器人使所有过程都是自动化的，并在一台数控机床或几台数控机床上连续完成几道工序的全自动化的加工。

2. 智能加工的CAD/CAM、FMC/FMS的完善，数控系统的智能化

在现代制造系统中，数控技术是关键技术，它集微电子计算机、信息处理、自动检测、自动控制等高新技术于一体，具有高精度、高效率、柔性自动化等特点，对制造业实现柔性自动化、集成化、智能化起着举足轻重的作用。目前，数控技术正在发生根本性变革，由专用型封闭式开环控制模式向通用型开放式实时动态全闭环控制模式发展。在集成化的基础上，数控系统实现了超薄型、超小型化；在智能化的基础上，综合了计算机、多媒体、模糊控制、神经网络等多学科技术，数控系统实现了高速、高精、高效控制，加工过程中可以自动修正、调节与补偿各项参数，实现了在线诊断和智能化故障处理；在网络化的基础上，CAD/CAM技术与数控系统集成为一体，机床联网实现了中央集中控制的群控加工。

（1）智能加工的CAD/CAM

智能加工的CAD/CAM就是转换数字信息，将建模知识与编程加工充分地融为一体。CAD技术是CAD/CAM技术的基础，也是一项理论与实践相结合的技术。

CAD技术是在计算机环境下完成产品设计的创新、分析和修改，以达到预期的设计目标。它是一项产品建模技术，把产品的几何模型转化为数据模型，并将其储存在计算机内供后续的计算机辅助技术所共享，驱动产品生命周期的全过程。由于CAD具有强大的功能，从而使设计者的设计工作更加数字化、立体化、真实化、正确化。CAD软件的功能越强大，几何模型转化为产品数据模型就越方便及智能化。

CAM技术是指应用计算机及其交互设备进行制造信息处理的全过程。它不仅包括应用计算机辅助手段编制数控程序，还包括利用计算机辅助完成生产前的准备及生产过程中的管理与控制工作，如计算机辅助工艺过程设计（CAPP）、计算机辅助生产管理（CAPM）、生产过程控制和质量监控等。CAM自动将几何参数通过工艺的设定转换为自动控制加工的程序，所以CAM软件功能越强大，数据的转换就越真实、方便及智能化。特别是CAM软件的仿真功能，能随时在线虚拟加工，从而检查自动生成的程序的正确性。

实际应用中，CAD/CAM是以系统方式出现的，包括商品化的CAD/CAM系统和企业根据应用目标构建的CAD/CAM系统。系统中包括设计与制造过程的3个主要环节，即CAD、CAPP（Computer Aided Process Planning）和数控编程（Numerical Control Programming，NCP）。其中，CAPP和NCP属于CAM范畴。完善的CAD/CAM系统一般包括产品设计、工程分析、工艺过程规划、数控编程、工程数据库以及系统接口几个部分，这些部分以不同的

形式组合集成，从而构成各种类型的系统。

NX 中的 CAD/CAM 系统提供了一个基于过程的产品设计环境，使产品开发从设计到加工真正实现了数据的无缝集成，从而优化了企业的产品设计与制造。NX 面向过程驱动的技术是虚拟产品开发的关键技术，在面向过程驱动技术的环境中，用户的全部产品以及精确的数据模型能够在产品开发全过程的各个环节保持相关，从而有效地实现了并行工程。

企业应用 CAD/CAM 积极开展基于实体特征的智能化加工。

1）通过 CAD/CAM 系统查找实体模型加工特征。

2）通过加工特征自动判定加工方法。

3）利用实体模型所能承载的几何信息、材料信息、工艺信息，自动判断并调用所需的参数。

4）基于特征加工技术的全自动编程。

当今全球制造业企业之间的竞争越来越激烈。企业要想赢得竞争，就要以市场和用户为中心，快速地响应市场的需求以及满足用户的需要，就是要以最短的产品开发时间（Time）、最优的产品质量（Quality）、最低的成本（Cost）和价格、最佳的服务（Service），即所谓的“TQCS”，去赢得用户和市场。因此，在智能加工的要求下，迫切需要虚拟制造技术。

虚拟制造技术是在计算机上实现（模拟）产品从设计、生产到检验、使用的全部生命周期，以便检查和优化产品的设计和生产过程，及时进行修改和调整。在计算机上设计、生产的产品是可视化的数字产品，并不需要实际的材料、机床和能量，易于分析、校验和修改。只有在一切模拟和检验都通过后，才采用最佳的工艺和工厂管理方案，真正进行实际产品的生产。

应当指出的是，虚拟制造技术是一种软件技术，它填补了 CAD、CAM 和生产过程管理之间的技术鸿沟，以在计算机上制造数字化的产品为目的，而不直接制造真实的产品。真正的产品，归根到底，还是需要在车间内由工人用机床一步一步地制造出来。然而，虚拟制造技术能够保证更加多快好省地把实际产品制造出来，使企业具有较强的市场竞争力，所以一些工业发达国家正不断地建立虚拟制造企业。目前，虚拟制造技术在以下 10 个方面应用的效果比较明显，即产品的外形设计、产品的布局设计、产品的运动和动力学仿真、热加工工艺模拟、加工过程仿真、产品装配仿真、虚拟样机与产品工作性能评测、产品的广告与推广、企业生产过程仿真与优化及虚拟研究开发中心与虚拟企业。

（2）智能加工的 FMC/FMS

FMC/FMS 是智能加工的重要表现形式。传统的自动化生产技术可以显著提高生产率，但无法很好地适应中小批量生产的要求。随着制造技术的发展，特别是自动控制技术、数控技术、工业机器人技术等的迅猛发展，柔性制造技术应运而生。所谓柔性，是指制造系统对系统内部及外部环境的一种适应能力，也指制造系统能够适应产品变化的能力。柔性可分为瞬时柔性、短期柔性和长期柔性。瞬时柔性是指设备出现故障后，自动排除故障或将零件转移到另一台设备上继续进行加工的能力；短期柔性是指系统在短时期内适应加工对象变化的能力，包括在任意时期混合加工两种以上零件的能力；长期柔性是指系统在长期使用中能够加工各种不同零件的能力。凡具备上述 3 种柔性特征之一的、具有物料或信息流的自动化制造系统，都可以称为柔性制造系统。

1）柔性制造单元（FMC）。FMC 适于多品种、小批量工件的生产，具有规模小、成本低、便于扩展等优点。但 FMC 的信息系统自动化程度较低，加工柔度不高，只能完成品种有限的零件加工。

2）柔性制造系统（FMS）。美国国家标准局定义：FMS 由一个传输系统连接起来的一些设备（通常是具有自动换刀装置的加工中心机床）组成，传输装置把工件放在托盘或其他连接装置上送到各加工设备，加工设备和传输系统在中央计算机的控制下，使工件加工准确、迅速和自动化。FMS 有时可同时加工几种不同的零件。FMS 的特征有很多，①通过重新编制机床操作程序就能加工多种零件；②可以在已有的机床上提供零件加工所需的全部工具；③可以实现工件在不同机床间的传递，并实现工件的自动加卸载。可以认为，FMS 应包含两台以上具有自动刀具交换和自动工件托盘交换装置的数控机床，以加工中心为核心设备，配有自动物料传递和管理系统，在中央计算机统一控制和管理下，能动态地平衡资源的有效利用，具有生产调度和对加工过程的实时监控能力，可动态地实现多种零件族的自动加工。

（3）数控系统的智能化

数控机床的数控系统的智能化包含两个方面的含义：

1）指数控系统操作维护时的方便直观性，即智能数控系统可以把晦涩的数控指令变成可视化的图形，使不懂编程的人通过直观的图形指引来编程。

2）指数控系统的适应性，即智能数控系统具有一定的思维能力，能对环境和条件的变化做出预警和调整。

传统的数控系统根据程序指令控制机床的运动来完成零件的加工，所有的动作和加工轨迹都是事先通过程序输入到数控系统中，不管加工条件和环境如何变化，数控系统都严格地执行事先下达的命令，是一个被动的执行者。在复杂的环境以及多变条件下，加工过程中的刀具组合、工件材料、主轴转速、进给速率、刀具轨迹、切削深度、步长、加工余量等加工参数，无法在现场环境下根据外部干扰和随机因素实时动态调整，更无法通过反馈控制环节随机修正 CAD/CAM 系统中的设定量，因而对数控技术实行变革势在必行。

智能化数控机床要解决的问题是：如何使数控机床根据当前的加工条件和环境，通过自主判断和决策来适应外界的变化，从而保证加工任务顺利完成。数控机床的智能化可分为操作智能化、加工智能化、维护智能化、管理智能化等几个层次。

加工智能化呈现如下发展趋势：

1）自动识别加工特征、带有工艺规划的编程系统。

2）自动防止刀具和工件干涉碰撞，并实施相应的应对策略。

3）对机床振动情况进行监测，进行机床振动等级评价，借助相宜的抑振算法或智能主轴转速调整自动抑制振动，以提高加工的平稳性，延长刀具寿命。

4）自动位置检测和补偿功能，自动补偿主轴、立柱、床身等热变形的影响。

5）自动补充润滑油和抑制噪声。

6）机床故障诊断及维护等。

因此，智能化数控系统的配置将根据不同的目标和应用场合进行选择和组合，有针对、有选择地集成智能化技术，构筑由简单到高级的智能化产品体系。

3. 智能加工的主动感知与判断，智能加工的自适应控制

（1）智能加工的主动感知与判断

数控机床是现代高科技发展的产物，每当一批工件开始加工时，有大量的检测需要完成，包括夹具和工件的装夹、找正，编程原点的测定，首件的检测，工序间检测及加工完毕检测等。

1）在线检测。在线检测也称为实时检测，是在加工的过程中对刀具或工件进行实时检测，并依据检测的结果做出相应的处理。在线检测过程由数控程序来控制。测量系统由接触触发式测头、信号传输系统和数据采集系统组成，是数控机床在线检测系统的关键部分，直接影响在线检测的精度，其中关键部件为测头。测头按功能可分为工件检测测头和刀具测头；按信号传输方式可分为硬线连接式、感应式、光学式和无线电式；按接触形式可分为接触测量和非接触测量。用户可根据机床的具体型号选择合适的配置。

2）机床检测。位置检测装置是数控机床的重要组成部分。在闭环、半闭环控制系统中，它的主要作用是检测位移和速度，并发出反馈信号，构成闭环或半闭环控制以保证工件与刀具的相对正确位置。机床的位置检测分为直接测量和间接测量。直接测量是将直线型检测装置安装在移动部件上，用来直接测量工作台的直线位移；间接测量是将旋转型检测装置安装在驱动电动机轴或滚珠丝杠上，通过检测转动件的角位移来间接测量机床工作台的直线位移。

3）传感技术的应用。传感器是将一种物理量经过电路转换成另外一种直观的可表达的物理量的描述。传感器是一种检测装置，能感受到被测量的信息，并能将其按照一定规律变换成电信号或其他所需形式的信息输出，以满足信息的传输、处理、存储、显示、记录和控制等要求。它是实现自动检测和自动控制的首要环节。在智能加工的机床和机器人（机械手）中都安装了很多传感器，它们相当于智能加工的“眼睛”和“耳朵”，是智能加工主动感知的器官。传感器的分辨率、灵敏度、抗干扰能力决定着智能加工的及时性和反馈性，并影响智能加工的控制信息采集。在智能加工中用传感器检测和控制机床位置和速度，检测机器人的机械手压力。

（2）智能加工的自适应控制

在现代先进制造系统中，需要依赖那些不够完备和不够精确的数据来解决难以或无法预测的情况，人工智能技术为解决这一难题提供了有效的解决方案。智能控制利用模糊数学、神经网络的方法对制造过程进行动态环境建模，利用传感器融合技术进行信息的预处理和综合，采用专家系统的“Then-If”逆向推理作为反馈机构，修改控制机构或者选择较好的控制模式和参数。利用模糊集合和模糊关系的鲁棒性，将模糊信息集成到闭环控制的外环决策选取机构来选择控制动作。利用神经网络的学习功能和并行处理信息的能力，进行在线的模式识别，处理那些残缺不全的信息。

自适应是指系统按照环境的变化调整其自身，使得其行为在新的或者已经改变了的环境下，达到最好或者至少是容许的特性和功能，这种对环境变化具有适应能力的控制系统称为自适应控制系统。由于自适应控制的对象是那些存在不定性的系统，因而这种控制应首先能在控制系统的运行过程中，通过不断地测量系统的输入、状态、输出或性能参数，逐渐了解和掌握对象，然后根据所得的过程信息，按一定的设计方法，做出控制决策去更新控制器的结构、参数或控制作用。

自适应是靠神经元和神经网络控制的。神经元控制器对复杂、变化的稳定受控对象能实现快速无超调的调节与跟踪，有很强的适应性和鲁棒性，是一个多输入单输出的非线性处理单元。神经网络则是指由大量与生物神经系统的神经细胞相类似的人工神经元互联而组成的网络，或由大量像生物神经元的处理单元并联互联而成，这种神经网络具有某些智能和仿人控制功能。

自适应控制的主要功能如下：

1）大幅提高加工效率。

2）保护刀具、机床、工件不受损坏。

3）实时监控、记录切削加工状况。

4）降低制造成本。

以色列开发的 OMATIVE ACM 自适应控制系统在数控加工生产中发挥着较好的监控管理等作用。

4. 智能加工的新方法

随着机械工业的发展和科学技术的进步，机械制造工艺的内涵和外延不断发生变化，常规工艺不断优化并普及，原来十分严格的工艺界限和分工，如下料和加工、毛坯制造和零件加工、粗加工和精加工、冷加工和热加工等在界限上逐步趋于淡化，在功能上趋于交叉，各种先进加工方法不断出现和发展。

1）智能加工的出现及其发展，使得新的加工方法、新的加工设备、新的刀具出现，将改变或颠覆未来的加工方式。最具代表的是以铣代车、代镗工艺的出现，使工艺更加复合化，加工更加自动化。不过，新加工方法的切削用量三要素及量具、夹具还有待规范和标准化。

2）机器人出现在切削加工领域，也是智能加工发展的结果。现在在切削加工领域的机器人主要完成打磨去毛刺、钻孔、抛光等工序。切削加工机器人最大的问题是刚度和精度，这限制了其应用。机器人用高精度 RV 减速器是一种运动精度与回差要求极高的新结构摆线针轮行星传动装置，其运动误差及几何回差允许值仅为 1′左右。在克服机器人刚度和精度问题的前提下，机器人在铣削、磨削等领域的应用将更加广泛。

3.2 智能加工设备

3.2.1 智能加工中人与设备的关系

1. 智能加工中人的角色与任务

（1）人在智能加工中的角色

智能加工的目的不是机器代替人，而是将机器的优势和人的智慧融合起来形成新的人机互动系统，产生新的生产力，完成更加复杂和具有创造性的任务。在智能加工实施过程中人的角色或工作岗位一定会变化或调整。

未来智能加工条件下的技术人员将依靠大数据进行生产计划过程控制、任务执行、质量监督、设备维护保养与维修以及产品智能化服务等工作，因此：

1）“数据人”将可能成为技术人员的第一个新角色。企业的技术人员面对智能制造的新环境，再也不可能仅仅依靠经验或主观判定来解决生产问题或设备故障。在智能制造的环境中，技术人员更多地看到的是数据。技术人员需要分析这些数据，结合与其他数据的对比来决定采用何种方法来解决问题，因而，技术人员自然就成了阅读数据、解读数据、分析数据、使用数据以及借助数据进行决策的“数据人”。

2）数据巡检员将成为技术人员的第二个新角色。技术人员将像是生产过程巡检员，在智能制造环境中巡视数据或监控数据，许多技术人员将不需要一个相对固定的岗位，他们通过实时数据的接收和传送实施对生产和设备的维护管理。

3）决策者、数据评估者、执行者、监督者和创新者将是技术人员的其他新角色。现在生产厂家更加重视产品生命周期的管理，而全自动的规模化生产将逐渐升级为智能制造。未来的“无人工厂”只是一种理论上的可能，难以适应在市场竞争中的产品变化如此之快，高投入的经济增长模式，解决问题的有效方法就是智能制造环境中的人机有机结合、人机有效互动，通过数据集成和云技术等现代信息技术和分析工具，将设备和人的优势充分发挥出来，实现智能生产。在此智能化进程中，人的作用不是变弱了而是更强了，人机交互的决策数据通过工厂网络指挥工厂生产。智能制造是替代传统的生产模式，而不是替代人，人的角色由传统的车间生产管理者、设备操作者、产品质检员和车间资料员等，转变为信息计划者、数据控制者、执行者和监督者等，更重要的是借助智能制造系统不断优化生产的创新者。在智能制造系统中，平板电脑或工业型手机成为新的人机交互界面，技术人员通过“智能平板”可以将所有生产任务事先进行模拟加工，而且生产过程、结果一目了然。当数据通过验收后，可以直接使用，技术人员也可据此迅速做出决策。通过虚拟仿真验证必要的数据，通过实体加工完成具体生产任务，人的角色是生产系统和数据采集系统两个系统的决策者、数据评估者和生产优化者。

（2）人的重要任务是利用大数据

随着社会的进步和需求的多元化，数据越来越多、越来越复杂，这就产生了大数据的概念。在企业中，智能制造的推进过程就是大数据互联互通的过程，包括与云端的联网和全球信息共享等。利用这些复杂的数据，学会分析和处理这些数据，无疑将是未来员工的中心工作。企业的技术进步、流程再造等将成为企业的大数据再整合、再分析和再处理，这就是以大数据为中心的企业的核心业务。通过信息流（大数据流）的再分配，将传统的串联工艺流程转变为相互并联、交互、可视的互联网工厂，实现智能设计、智能采购、智能生产、智能销售和智能服务等，同时也是一个生态化的协同制造共创的平台。

目前，无论是传统企业还是现代化企业，数据的智能整合建模是需要人来完成的主要基础工作，人在大数据业务中的作用不可替代。用户的订单需求、设备的生产和运行的数据等都需要先通过人工来完成。特别是建模数据与实际数据之间对比产生的误差需要人工干预。人对智能制造有基础性的支撑作用。另外，人可以整合包括以下几个内容的有效数据：

1）从正在使用的大量数据中，选择针对企业不同人员集成有意义的信息。

2）把获得的数据以合适的方式整合呈现，让员工更正确地理解生产过程的实际状况。

3）为手机、平板电脑、显示器等不网的数据终端准备不同的数据。

4）为不同企业提供如供应链管理等一类可参考的数据。

人可以进行可视化生产故障预测。技术人员也可以通过 3D 可视化系统与 3D 建模进行对比、评估，及时发现或预判存在的错误，实现实时质量监控等。

人可以解决大数据处理中的信息安全问题。前面已经提到、工业互联网的最大问题是信息安全，因为生产的产品是不可逆的，发给其他企业需要协同创新的错误信息也可以导致额外的损失。有专家指出：虽然工业互联网的应用与消费互联网、游戏互联网的应用区别不大，都有上下切换、菜单选择、互动开关、数值输入和文字输入等共同点，但工业互联网领域中机械加工的安全运行是非常重要的，基于手指触摸相互作用的机器中首先必须具备精准、安全的特征，而这个安全屏障是由人来设计和保障的。技术人员在设计和选择触摸式移动终端时，首先要考虑可视化窗口的尺寸限制，目前移动终端中采用的 Android 系统或 iOS 系统，不能直接与有些可视化平台的中央控制屏的窗口兼容，因而人们考虑最多的是以浏览器（如 HTML）为基础的运行平台。

人们还可以进行叠加信息的处理。叠加信息是指技术人员在手里的移动终端中可以获取更多的信息，与环境信息实时匹配。例如，技术人员在数据巡查中，通过可戴数据眼镜获得如设备的维修信息、地理数据、导航数据、历史数据和建筑物理信息等额外的信息。在工业互联网中，这些叠加信息是实时的过程数据，通过人工的整合，这些信息可以发送到云端，成为有价值的数据资源。

将维修数据发送到维修人员手中的移动终端，则可使维修工作更加具有预判性，更能提高维修成功率、节约时间、节省成本。

人的另一个作用是支持工业设备的全球联网。智能加工的主要任务是实现最优化制造，让制造效率最高，节约成本，实现个性化批量定制及绿色生产等。这些目标的实现须基于工业互联网的全球化，只有当单台设备或单独的企业与全球互联网平台对接，发挥全球化优势和经验，才能真正实现智能制造。设备的制造者可以通过这个全球互联网平台找到新的解决方案，而优化的过程和平台的构建是由工程技术人员完成的。

2. 智能加工条件下的人机交互

按照智能加工的生产模式，生产系统中所有设备和加工对象都要具备信息交换和信息处理的功能，称为 M2M 技术。设备与设备之间相互联网，设备与企业管理平台之间相互联网，甚至设备与云端相互联网。还有一个非常重要的联网就是设备与人的合作“联网”，称为人机交互。在智能加工不断推进的过程中，人在工厂中的任务及要求的多样性已经逐渐显现，正如德国人工智能研究中心专家指出，工业 4.0 并不致力于追求无人化工厂，而是通过更理想的操作把人的自身能力与信息物理系统紧密结合起来。也就是说，智能制造或工业 4.0 的追求是人与生产设备的最优化交互、匹配。

（1）智能加工的核心就是人机交互

人机交互可以通过直接操控或借助中间体进行，如技术人员可以直接操控机器人或通过虚拟制造系统来间接实施生产。在此期间，人的首要任务就是预先进行工艺建模，设定一个加工工艺路线。设备的自主或自治生产过程是实时按照工艺建模中的数据进行的，而人对生产的监督也以工艺建模的数据为标准。当生产的数据与预先设定的数据之间出现偏差时，系统就会自动报警或出现相关提示。这时，人机交互就是纠错的过程，更是人机相互协调、相互深度合作的过程，而不是相互替代。

（2）智能加工中人与机器将建立新的密切关系

目前，机器人的应用已经非常普遍。企业在工作环境差、劳动强度大的岗位用机器人来替代人，但此时这些机器人仅仅解决岗位的需求问题，企业必须还要考虑经济利益和生产的相互协调等问题。

机器人具有通用性和特殊性。它可以完成一般意义上的装配、加工、焊接和搬运等，如果将机器人输入/输出的信息与人的信息开展交互，使机器人产生认知能力或感知能力时，就开启了机器人工智能的应用领域。机器人可以成为技术人员的助手，人可以灵活地直接指挥机器人完成具体工作，这种“直接”的意义是非同寻常的，这种使用机器人的做法特别适用于个性化产品，而且可以节约成本。

人与机器信息交互的目的就是利用机器人完成新的任务或在加工流程中直接控制机器人，正因为如此，智能加工中人与机器将建立新的越来越密切的关系。

(3) 人与机器人的交互主要是信息数据交互

传统机器人的使用通常有两种方法。一种是生产现场编程，另一种是离线编程。无论是现场编程还是离线编程，都属于传统的人机交互模式。手动引导机器人的出现实现了人与机器人的直接身体交互。手动引导机器人就是通过直观输入数据引导机器人按照技术人员的要求进行加工合作。然而，在未来的智能加工或工业 4.0 领域，可以实现对不同机器人单元的输入进行集中的分析服务，通过互联在云端的机器人数据处理中心，使机器人具有一定的认知能力，此外还会提供优化的解决方案。

(4) 人与机器人亲密合作的安全问题

目前，生产企业对于机器人的管理通常是采用防护栏保障人的安全。这时的机器人是在事先编程的基础上独立完成加工任务。实际上，安全问题是机器人推广应用中最重要的问题之一。2006 年，国际标准化组织就将机器人的安全技术纳入了标准体系（ISO 10218）中，规定了在什么情况下人和机器人可以直接合作。现在有些企业已经取消了机器人防护栏，安装了激光传感器或光栅器等安全传感器，以保障人的安全。在未来智能加工或工业 4.0 领域，机器人与技术人员之间会无缝配合，这就需要研究新的安全措施来保障人身安全，包括机器人的工作边界管理。

(5) 机器人在智能加工中的新应用

1) 智能加工要求机器人具有应变能力、适应性、灵活性。在未来的智能加工领域中，人和机器人交互将会是一个工作岗位，他们同时进行工作，也可以按照时间段来合理分工，这些机器人通常称为服务型机器人。它具有应变能力、适应性和灵活性，这样的机器人将成为有“迁移能力”的服务型设备，可以去不同场合工作或承担任务。机器人的通用性不断加强，以满足市场个性化的生产要求。

人机互动的最大优势不是机器人替代人的部分工作，而是人通过人机互动的生产模式，将人的聪明才智和工作经验嵌入到人机互动的体系中，与机器人的精准、高效、灵活等优势有机结合，产生新的生产能力和智能化创造力，这才是人机互动的真正价值所在。

2) 机器人技术为智能加工提供了基础。机器人的互联互通、人机交互以及信息的集成等推动了智能加工逐渐成为现实。可以预见，未来的智能机器人将为人机交互的广泛应用提供更大的服务空间。

① 智能加工或工业 4.0 时代，工厂中所有设备与设备之间互联互通、设备与人之间互联互通、人与人之间互联互通并与云端资源互联互通，构建了完整的“互联网+制造”的新体系。

② 人机交互可以直接与机器设备交互，也可以通过虚拟现实技术间接与机器设备交互。

因此，掌握虚拟现实技术成为技术人员的新技能。在未来生产中，虚拟现实技术是处理信息的重要工具。

综合分析可以发现，在智能加工领域人的任务主要如下：

① 解读理解多样化的大数据，通过标准化处理使其成为能与现实生产对接的有效数据。

② 通过调用敏感的重要信息和数据，监管生产过程和质量。

③ 预设标准建模，通过虚拟现实技术模拟生产过程。

④ 采用动态可视化移动终端收集和使用数据，通过数据流检查设备故障或预测故障，需要时对生产过程进行干预，提供实时的人工支撑。

⑤ 建立学习型生产组织，在人机交互的平台上不断提高生产率，满足个性化批量定制需求，创新生产模式和服务模式等。

3.2.2　智能加工设备概述

1. 智能加工设备的概念及其特征

（1）智能加工设备的概念

2015 年国务院印发的《中国制造 2025》战略规划明确提出，中国将向智能制造方向进行产业升级。智能加工设备则是智能制造的核心组成部分，是工业化和信息化的深度融合。提高装备智能化、数字化生产，将会极大推动我国的工业生产力和制造的国际竞争力，加快实现“中国制造”向“中国智造”转变。智能加工设备主要包括智能制造设备、智能检测与装配设备、智能物流设备等，它融合了先进制造技术、信息技术和智能技术，具有自学习能力和自适应能力，能够感知自身的加工状态，监视、诊断并修正偏差，对所加工工件的质量进行智能化评估。它是自动化数控机床结合智能控制实现工艺优化的智能化、数字化设备。

智能加工设备都具备以下功能：

1）除了运用数控闭环控制系统确保设备精度外，还具备误差补偿、温度补偿等功能。

2）在加工制造的过程中，能边加工边检测，并对检测结果进行统计分析及自行调整。

3）通过集成视觉、重力、压力、温度等传感器的信息，实现自主加工、自主装配，并实现人机交互。

4）通过 AGV 为智能化加工提供有力保证。

（2）智能加工设备的特征

智能加工设备能动态适应产品生产需求，既能满足大规模生产，也能满足个性化的多品种定制生产。智能加工设备是集数字化、信息化、网络化为一体的先进装备，由智能传感器、智能控制器、信息传输设施共同组成。与传统加工设备相比，它具备的优势见表 3-1。

表 3-1　智能加工设备的优势

优势	具体内涵
优化工艺，创建品牌	通过生产过程中的数据采集、分析、智能决策，找出最佳工艺参数和加工方案，调整工艺过程中影响产品规格、产能和合格率指标的各种控制参数，使企业能够更快、更好地生产出更有成本优势、更有技术竞争优势的产品，创建品牌

（续）

优势	具体内涵
实时监测，保证质量	通过智能监测装置，对加工过程进行实时监控，对工件的加工状态如表面粗糙度、尺寸精度、质量精度等进行实时分析；同时，还利用自身的自动反馈补偿功能对微观条件变化引起的产品质量下降进行纠正；自身的工艺模拟功能通过提前模拟发现潜在风险，以优化工艺参数，有效改善和提高产品质量
提高效率，降低成本	通过对加工过程的智能监控，提前识别潜在风险，实时对刀具、加工状态等进行分析，保证加工设备正常运行，保证加工状态稳定、可靠，提高效率，降低成本
实施设备预知维护	利用设备的智能分析和监测装置，实施设备预知维护管理，对设备的隐性故障、潜在风险进行预报，提前进行处理；通过大数据分析，快速监测生产过程中的异常问题，保证生产稳定进行

智能加工设备伴随着智能机床、智能工艺编制、智能控制监控的发展而日臻成熟，它们基本都具有数字化、信息化、网络化、集成化等特点。智能加工设备在实际生产过程中会对运行现场的数据进行实时采集，监控运行状态、加工状态，还具备根据不同客户的需求，在生产过程、设备维护等方方面面具有感知、适时处理和自学习等能力。智能加工设备的技术特征见表 3-2。

表 3-2　智能加工设备的技术特征

技术特征	具体内涵
人机交互性	智能加工设备以人为中心，设备与人既是独立又是紧密相联的，人机交互通过操作界面进行。加工设备接受加工指令后，即根据既定加工工艺路线及加工工艺指标按质、按量、按时完成加工任务，并提供必要的加工信息
虚拟现实性	智能加工设备以数字化技术为基础，通过建模与仿真等技术，生成三维虚拟模型，供技术人员和操作人员运用智能加工设备模拟实体，以判定加工工艺的可行性及加工效果，并对随后的改进方案提供参考信息和依据
凸显“三自”性	智能加工设备充分显示了智能制造系统的“自我学习”“自我分析”“自我决策”的“三自”能力和特性。由于智能制造数据库储存有大量实用可靠的数据，智能加工设备在运行过程中只要提供被加工工件的具体技术参数和质量指标，便会自己从数据库中获取加工信息，顺利完成任务
可嵌入扩展性	随着智能制造技术的飞速发展，智能制造系统虽然已有多个不同的功能模块，但客户需求多样化、技术改良经常化，智能加工设备有的需要与其他设备组成一个集群体，为保证信息的互联互通，智能设备具有统一的能扩展、可嵌入的通信接口，以适应个性化生产需要，适应迭代、更新升级的需要
使用灵活方便	智能加工设备功能不再单一，它可以灵活地将多种不同功能的智能加工设备组合成集群体，变得用途灵活、多样且体积小，能适应个性化定制生产

（3）智能加工设备的分类

智能加工设备按照在生产过程中的作用不同，大致可以分为如下几类。

1）智能切削加工设备。以先进制造技术的数控切削加工机床为基础，再融入数字化、智能化等系统，对机械加工过程实施自动化控制，并进行数据采集、传输、处理、决策等。这类设备是实现智能加工制造的关键设备。

2）智能增材制造设备。增材制造（Additive Manufacturing，AM）俗称 3D 打印，是融合了计算机辅助设计、材料加工与成型技术，以数字模型文件为基础，通过软件与数控系统将专用的金属材料、非金属材料以及医用生物材料，按照挤压、烧结、熔融、光固化、喷射等方式逐层堆积，制造出实体物品的制造技术。相对于传统的、对原材料去除、切制、组装的加工模式，增材制造是一种“自下而上”累加材料的制造方法。这使得过去受到传统制造方式的约束而无法实现的复杂结构件的制造变为可能。近二十年来，AM 技术取得了快速的发展。“快速原型制造”（Rapid Prototyping）、“三维打印”（3D Printing）、“实体自由制造”（Solid Free-form Fabrication）之类各异的叫法分别从不同侧面表达了这一技术的特点。

3D 打印机、立体光刻机、激光烧结机、熔融沉积机等是相关的智能增材制造设备。

3）智能检测设备。智能检测就是利用计算机及相关仪器，实现检测过程的智能化和自动化。智能检测技术指能自动获取信息，并利用有关知识和策略，采用实时动态建模在线识别、人工智能专家系统等技术，对被测对象（过程）实现检测、监控、自诊断和自修复的技术。智能检测技术包括传感技术、微电子技术、计算机技术、信号分析与处理技术、数据通信技术、模式识别技术、可靠性技术、抗干扰技术、人工智能技术等。智能检测设备主要包括射频识别设备、机器视觉检测设备、无损缺陷检测设备、基于深度学习的检测设备等。

4）智能物流设备。这里主要是指与智能加工设备交互联动的、满足智能加工需要的自动化搬运车、智能仓储、搬运工业机器人等，能协助完成智能化生产操作，帮助提高工作效率、减少人工干预，实现物流供需智能化。

5）智能装配设备。主要是指流水生产线上实行智能的自动化组装的设备，是一些具有智能视觉识别等智能检测技术的智能装配设备。

（4）智能加工设备的现状及发展趋势

智能加工设备是伴随着智能技术的进步而快速发展起来的。它以数字化、信息化为基础改造原有的先进制造加工设备，使之成为具备人机交互能力、自我学习和决策能力的智能设备。而今的智能加工设备在数字化、信息化、网络化的环境下，均具备数据采集、存储、分析、处理等能力，并能实现大数据共享。当前，改造传统设备、使用智能设备进行智能加工的大格局也在形成，智能加工设备遍地开花的景象方兴未艾。

智能加工设备面临的发展趋势如下：

1）虚拟制造技术快速普及使用。为了改进加工工艺，提高生产率，做好设备故障诊断，提前发现设备故障和及时排除设备故障，人们开始广泛应用虚拟制造技术。而今，虚拟制造技术正在迅速普及。

2）加工设备的维护数据采集凸显重要性。智能制造设备通过智能检测仪器等将加工过程中的设备状态物理信息按数字化规则转换成数据，一面传送到设备的智能管理系统，进行识别、实时分析，一面与设备的技术参数进行比较，然后立即决策状态是否正常，若发现异常情况，则立即报警通知技术人员进行维修或调整。与此同时，设备的智能管理系统还会在相关区域将数据存储起来，以供技术人员下一步改进维修方案时参考。加工设备的维护数据采集不仅对设备维护有用，而且对顺利进行生产活动、提高生产率、保证产品质量都有效益。因此，加工设备的维护数据采集显得越来越重要，将成为智能加工设备管理不容忽视的重要环节。

3）人机交互系统更加成熟甚至不可或缺。人通过直观输入数据引导智能加工设备按照技术人员的要求进行加工，实现人与机器交互，这方面的应用已经非常普遍。今后的研究课题是企业必须考虑生产率和经济利益相互协调等问题。智能加工过程中，通过发挥智能设备的认知能力或感知能力，使智能设备成为技术人员的助手，优质、高效地完成生产任务。随着这种人机交互越来越成熟，人机交互必然成为智能制造不可或缺的核心。

2. 智能机床

（1）智能机床的功能

20 世纪 90 年代起提出的智能机床，目前还没有统一的定义，一般认为智能机床应具备的基本功能有感知功能、决策功能、控制功能、通信功能和学习功能等。

智能机床研究专家们认为智能机床应具有如下功能：

1）能够感知其自身的状态和加工能力，并能够进行自我标定，预测机床在不同状态下所能达到的加工精度。

2）能够监视和优化自身的加工行为，能够发现甚至预测加工误差并补偿误差（自校准、自诊断、自修复和自调整），使机床在最佳加工状态下完成加工。

3）能够对所加工工件的质量进行评估，可以根据在加工过程中获得的数据或在线测量的数据估计出最终产品的精度。

4）具有自学习能力，能够根据加工中和加工后获得的数据更新机床的应用模型。

（2）智能机床的功能模块

智能机床配置的功能模块见表 3-3。

表 3-3　智能机床配置的功能模块

功能模块	主要功能
高级工艺控制模块	高速加工中的核心部件是电主轴，其制造精度和加工性能直接影响零件的加工质量，高级工艺控制模块通过在切削中对主轴振动进行监测实现对工艺的优化。高级工艺控制模块的优点如下 ①改进工件的加工质量 ②延长刀具寿命 ③检测刀柄的平衡程度 ④识别危险的加工方法 ⑤延长主轴的使用寿命 ⑥改善加工工艺的可靠性
操作者辅助模块	操作者辅助模块这套专家系统在进行一项加工任务之前，操作者可以根据加工任务的具体要求，在数控系统的操作界面中选择速度优先、表面粗糙度优先、加工精度优先还是折中目标。机床根据这些指令调整相关的参数，优化加工程序，从而达到更理想的加工结果
主轴保护模块	预防性维护的前提是能很好地掌握机床和机床零部件状况，而监测主轴工作情况是关键。主轴保护模块支持实时检查，因此它使机床可以有效保养和有效检修故障。主轴保护模块的优点如下 ①自动监测主轴状况 ②能及早发现主轴故障 ③能最佳地计划故障检修时间，因此可避免主轴失效后的长时间停机
智能热控制模块	高速加工中热量的产生是不可避免的，优质的高速机床会在机械结构和冷却方式上做相关的处理，但不可能百分之百地解决问题。所以，在高度精确的切削加工中，通常需要在开机后空载运转一段时间，待机床达到热稳定状态后再开始加工，或者在加工过程中人为地输入补偿值来调整热漂移。内置这些经验值的智能热控制模块就能自动处理温度变化造成的误差
移动通信模块	为了更好地保障无人化自动加工的安全可靠性，人们将移动通信技术运用到机床上。只要给机床配置 SIM 卡，便可以按照设定的程序，实时地将机床出现故障或加工完毕等运行状态发送到相关人员的手机上，以便实时监控

（续）

功能模块	主要功能
工艺链管理模块	工艺链管理模块用于生成和管理订单、图样及零件数据，集中管理铣削和电火花加工，定制产品所涉及的技术规格信息。此外，还能收集和管理工件及预定位置的信息，并将这些信息通过网络提供给其他系统

这些模块的功能将根据需要不断地扩展，可根据需要增加一个或多个测量设备或所需数量的加工中心。最终，整个工艺链全部通过多机管理系统控制。

（3）智能机床的模块配置

智能机床模块可用于所有已运行数控系统的数控机床上。有些模块已经成为机床的标准配置，有些模块还属于可选配置，用户可以选择最能提高其工艺性能的模块。智能机床具有的四大智能见表 3-4。

表 3-4 智能机床的四大智能

智能	具体内涵
主动振动控制（Active Vibration Control，AVC）	将振动减至最小，以免影响加工精度、表面粗糙度、刀具磨损和加工效率
智能热屏障（Intelligent Thermal Shield，ITS）	实行热位移控制，可对误差进行自动补偿，使其值为最小
智能安全屏障（Intelligent Safety Shield，ISS）	防止部件碰撞，一旦发生碰撞，机床立即停机
马扎克语音提示（Mazak Voice Adviser，MVA）	语音信息系统，当工人手动操作和调整时，用语音进行提示，以减少由于工人失误而造成的问题

3. 典型智能加工设备介绍

（1）智能数控机床

1）数控机床概述。数控即数字控制，在机床领域是指用数字化信号（包括字母、数字和符号）对机床运动及加工过程进行控制的一种自动化技术，其控制对象一般是位置、角度和速度，也包括温度、流量和压力等。

数控机床是一种采用数字化信号、以一定的编码形式、通过数控系统来实现自动加工的机床，或者说是装备了数控系统的机床。它是一种技术密集度及自动化程度很高的机电一体化加工设备，是数控技术与机床相结合的产物。

如图 3-1 所示，数控机床一般由输入/输出设备、CNC 装置（或称 CNC 单元）、驱动装置（或称执行机构）、可编程控制器、电气控制装置、辅助装置、机床本体及测量装置组成。其中，除机床本体之外的部分统称为计算机数控系统。

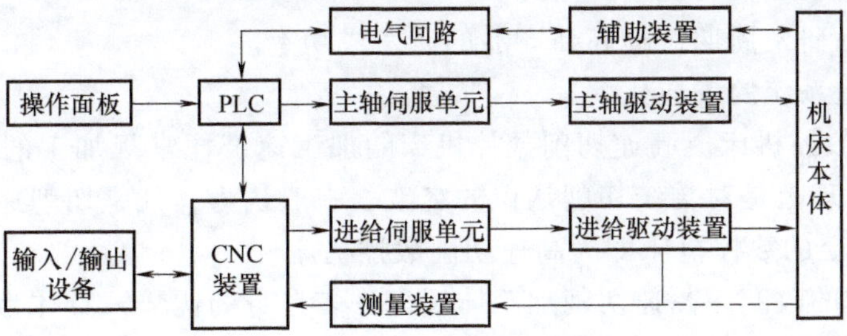

图 3-1 数控机床的组成框图

实践证明，与普通机床相比，数控机床具有加工精度高，加工质量稳定；能大大减轻劳动强度，生产率高；加工内容具体，加工工艺严谨；灵活性好，适应性强，有利于生产管理等特点。

目前，我国已连续多年成为世界机床第一消费国和第一进口国。随着制造业升级需求的增加，数控金属切削机床需求不断增加。在数控机床行业，信息化和网络化是一个必然的趋势，是智能化的基础。

2）数控加工中心。数控加工中心是带有刀库和自动换刀装置的数控机床，又称为自动换刀数控机床，其刀库带有丝锥、钻头、铰刀和铣刀等刀具，根据穿孔带的指令自动选择刀具，并通过机械手将刀具装在主轴上，对工件进行加工。它可缩短机床上零件的装夹时间和更换刀具的时间，现在已经成为数控机床中一种非常重要的工艺装备。

数控加工中心的特点如下：

① 工序集中，可连续对工件各表面自动进行加工。

② 自动化程度高，能高速定位，能控制机床自动更换刀具，实现机电一体化。

③ 能减少工件的装夹次数，避免因工件多次定位产生的累积误差，还可节省辅助时间，实现高效、优质加工。

④ 数控加工中心切削力大，并可进行深孔加工。

数控加工中心按主轴的方向可分为立式加工中心、卧式加工中心和立卧两用（也称万能、五面体、复合）加工中心，按工艺用途可分为镗铣加工中心、车削加工中心、钻削加工中心、攻螺纹加工中心及磨削加工中心等。在实际应用中，以加工棱柱体类工件为主的镗铣加工中心和以加工回转体类工件为主的车削加工中心最为常见。

3）多轴数控加工中心。多轴数控加工一般是指 4 轴以上的数控加工。其中具有代表性的是 5 轴数控加工。多轴数控加工将数控铣、数控镗和数控钻等功能组合在一起，能同时控制 4 个以上坐标轴的联动。工件在一次装夹后，可以对加工面进行铣、镗、钻等多工序加工，有效地避免了由于多次装夹造成的定位误差，提高了加工精度，并且能够缩短生产周期，提高生产率。在航空、船舶、汽车、能源和国防等领域中，多轴数控加工技术应用十分广泛。

根据回转轴的设置方式，多轴数控加工中心可分为双摆台式、双摆头式、一转一摆式、车铣复合加工中心等。

多轴数控加工具有如下特点：

① 减少基准转换，提高加工精度。

② 扩大工艺范围，减少工装夹具数量和占地面积。

③ 缩短生产过程链，简化生产管理。

④ 缩短新产品研发周期，提高新产品的研发成功率。

⑤ 有利于制造系统的集成化。

4）高速切削数控机床。高速切削数控机床的加工速度比常规加工的速度几乎高出一个数量级，在切削原理上是对传统切削认识的突破。一般认为，凡是切削速度、进给速度高于常规值 5~10 倍以上的数控机床即为高速切削数控机床。

由于切削机理的改变，高速切削加工体现出许多自身的优势，具体为：切削力小、热变形小、残余应力小、精度高、工序减少、材料切除率高等。

近年来，高速切削数控机床发展迅速，美国、德国、日本、瑞士和意大利等工业发达国家相继推出了各自的高速切削数控机床。高速切削数控机床的关键技术见表 3-5。

表 3-5 高速切削数控机床的关键技术

关键技术	具体内涵
高速主轴电动机	主轴是高速切削数控机床的关键部件，是实现高速切削的基础，要求具有很高的转速及相应的功率和转矩，多数由内装电动机直接驱动
高速进给	使用直线电动机驱动方式后，最大进给速度可达 80~120m/min，最大加速度可达（2~10）g，定位精度可高达 0.1~0.01μm。采用精密、高速度和耐用的直线电动机避免了滚珠丝杠（齿轮、齿条）传动中的反向间隙，克服了惯性、摩擦力和刚度不足等缺点，实现了无接触直接驱动，可获得高精度、高速度运动（在高速位移中具有极高的定位精度和重复定位精度），并具有极好的稳定性
高性能刀具技术	对于安装在高速主轴上的旋转类刀具，其结构的安全性和高精度的动平衡是至关重要的。当主轴转速超过 10000r/min 时，离心力作用使主轴传动的 7∶24 锥度端口产生张力，其定位精度和连接刚性降低，振动加剧，甚至发生连接部位咬合的现象，并会引起刀具整体不平衡。所以，应该采用短锥空心柄（HSK）连接方式使刀具和主轴自动平衡。此外，在高速切削中，刀体的材料研究、刀体的安全结构设计等方面也很关键
数控系统	数控系统具有超前路径加减速优化预处理、高速采样截尾误差的精确预估和抑制外部扰动的能力
高速加工工艺	如图 3-2 所示

5）智能数控机床的发展趋势。数控机床、数控加工中心、多轴数控加工中心、高速切削数控机床还只能算是先进制造加工设备，必须在现有数控技术的基础上，逐渐由机械运动的自动化向信息控制的智能化方向发展，才算智能数控加工设备。不过，这些类型的数控机床都是智能数控机床的必要基础。

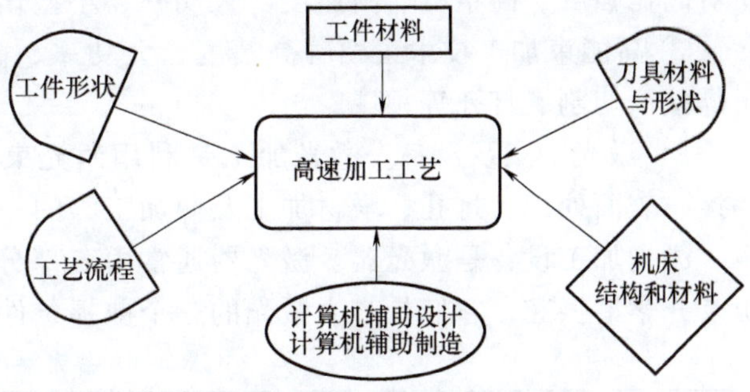

图 3-2 高速加工工艺

智能化是数控机床的发展趋势。智能数控机床不但使机床操作变得简单、安全，而且借助现代传感技术、信息技术、自动化技术、网络技术和人工智能技术等，已经部分实现了机床的智能化加工。

智能数控机床的特点见表 3-6。

表 3-6 智能数控机床的特点

特点	具体内涵
可实现智能感知、智能决策和智能执行	智能数控机床所具有的功能包括人机交互、加工仿真、自我监测、智能防碰撞、振动控制、自适应技术（负载自适应、位置自适应、主轴功率自适应和运动自适应）、精度测量与误差补偿（几何误差、温度误差）、智能主轴与刀具智能管理、文档管理以及设备维护等

（续）

特点	具体内涵
实施网络通信	这是工厂网络的一个节点，可实现机床之间和机床与车间管理系统之间的相互通信，可提高生产系统效率和效益。机床智能化和网络化为制造资源社会共享，构建异地的、虚拟的云工厂创造了条件，从而迈向共享经济新时代，可创造更多的价值

目前，对于智能数控机床的研究尚在探索与提升的阶段，智能数控机床的智能化程度还不能满足一些高品质零件的智能化加工要求。智能数控机床在工艺规划、工艺知识的组织管理、刀具路径仿真优化、在线智能优化控制等方面还需要进行全面而深入的研究。

（2）智能复合加工技术及设备

1）复合加工技术概述。复合加工是应用机械、化学、光学、电力、磁力、流体力学和声波等多种学科知识，在加工过程中同时运用两种或者多种加工方法，通过不同的作用原理对加工部位进行改性和去除的加工技术。它提高了加工效率，生产率一般大大高于单独用各种加工方法的生产率之和，同时又兼顾了加工精度、加工表面质量和工具损耗等。复合加工技术的多种加工技术中使用效率最高的是高能束加工技术。高能束加工技术的特点如下：

① 利用高能量密度的束流作为热源，对材料或构件进行激光加工、电子束加工、离子束加工等先进的特种加工技术，包括焊接、切割、打孔、喷涂、表面改性、刻蚀和精细加工等各类工艺方法，并已扩展到新型材料制备领域。

② 高能束加工技术利用高能束热源、高能量密度可精密控制微焦点和高速扫描的技术特性，实现对材料和构件的深穿透、高速加热和高速冷却的全方位加工，可满足高新技术产品对高比强度、高精度、高速度、大功率、小型化、能够在恶劣环境下可靠工作的要求。

③ 高能束加工技术正朝着高精度、大功率、高速度和自动控制的方向发展，广泛应用于焊接、切割、打孔等领域。

2）激光加工及设备。激光加工是利用激光束与物质相互作用的特性对材料进行切割、焊接、表面处理、打孔、增材加工及微加工等的一门加工技术。

激光加工设备是激光器。激光器通常由三部分组成，见表 3-7，即激光工作物质、泵浦源及光学谐振腔，它们是产生激光的三个前提条件。

表 3-7　激光器的组成

名称	作用
激光工作物质	包括激活粒子与基质。为了形成稳定的激光，必须要有能够形成粒子数反转的发光粒子——激活粒子，它们可以是分子、原子或离子。这些激活粒子有些可以独立存在，有些则必须依附于某些材料。为激活粒子提供寄存场所的材料称为基质，基质可以是固体或液体
泵浦源	泵浦源的作用是对激光工作物质进行激励，产生粒子数反转。不同的激光工作物质往往采用不同的泵浦源
光学谐振腔	光学谐振腔的作用主要有两个方面：产生和维持激光振荡、改善输出激光的质量。谐振腔由放置在激光工作物质两边的两个反射镜组成，一个是全反射镜，另一个是部分反射镜或部分透射的半反射镜，将其作为输出镜用

按工作物质，激光器可以分为固体激光器、气体激光器、液体激光器、光纤激光器和半导体激光器等；根据激光输出方式，激光器可分为连续激光器和脉冲激光器，其中脉冲激光器的峰值功率可以非常大。用于工业材料加工的主要有固体激光器、CO_2 激光器等。

① 固体激光器的基本结构如图 3-3 所示，主要由激光工作物质、泵浦电源、聚光腔等部分组成。

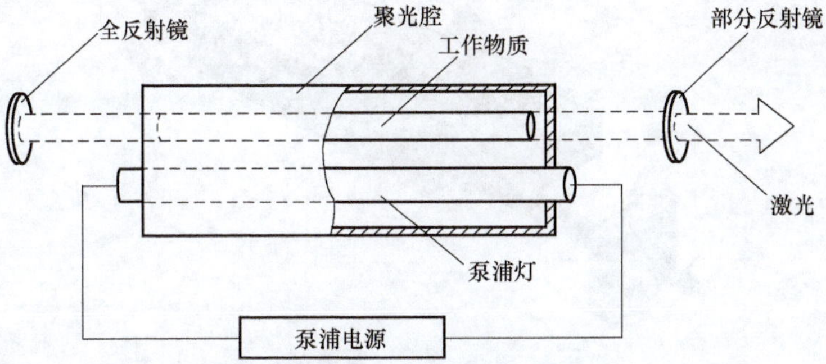

图 3-3 固体激光器的基本结构

用于材料热加工的固体激光器的工作物质主要包括红宝石、Nd：YAG（掺钕钇铝石榴子石）和钕玻璃。这三种激光物质的激光器的性能特点见表 3-8。

表 3-8 固体激光器的性能特点

固体激光器	特点
红宝石激光器	属于三能级系统，机械强度大，能承受高功率密度，亚稳态寿命长，可获得大能量输出，尤其是大能量单模输出。但其阈值较高，输出性能受温度变化明显，不宜连续及高重复率运行，只能作为低重复率脉冲器件
Nd:YAG 激光器	属于四能级系统，荧光量子效率高、阈值低，并且具有热稳定性能良好、热导率高、硬度高、化学性能稳定等特点，是三种固体激光器中唯一能够连续运转的激光器，已经广泛应用于材料加工
钕玻璃激光器	属于四能级系统，具有较宽的荧光谱线，荧光寿命长，易积累粒子数反转而获得大能量输出，容易加工，但其热导率较低，故只能在脉冲状态下工作

② CO_2 激光器的工作原理是：在常温下，CO_2 分子大部分处于基态；在电激励条件下主要通过电子碰撞直接激发和共振转移激发。新型的扩散冷却的 CO_2 激光器采用气体密封的形式，激光器具有紧凑的结构，可以采用水冷和风冷的方式，典型产品如 ROFIN 公司 DC 系列 Slab CO_2 激光器。Slab CO_2 激光器的射频激励的气体放电发生在两个面积较大的铜电极之间，采用水冷方式冷却电极，由于电极面积大、极间距小，因此对放电腔内的气体冷却效率很高，可以得到相对高的输出功率密度。Slab CO_2 激光器的结构如图 3-4 所示。

③ 半导体激光器则是以半导体材料（主要是化合物半导体）为工作物质，以电流注入作为激励方式的一种小型化激光器。半导体激光器最早被用于光纤通信中的光信号发射器、条码阅读器、光盘刻录机等。大功率半导体激光器（输出功率可达数百瓦甚至数千瓦）的工作物质是一种层状结构，一般以 GaAs 为衬底，衬底上覆盖其他化合物层，这些化合物是由Ⅲ族元素（Al、Ga、In）和Ⅴ族元素（As、P）组成的二元、三元或四元半导体类化合物。双异质结构 LD 激光器的基本结构如图 3-5 所示。

目前，大功率半导体激光器被不断引入工业应用中，这种激光器体积更紧凑，容易水冷，且光电转换效率超过 50%。

激光加工与其他加工技术相比有其独特的特点和优势，见表 3-9。

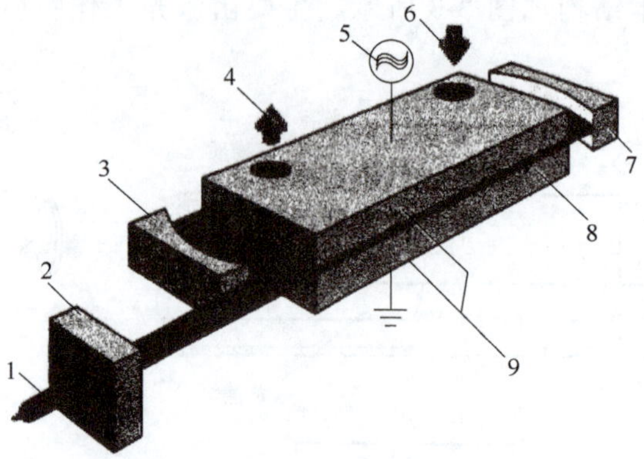

图 3-4　Slab CO_2 激光器的结构

1—激光束　2—光束整形器　3—输出镜　4、6—冷却水　5—RF 激励源

7—末端镜　8—RF 激励交换器　9—波导电极

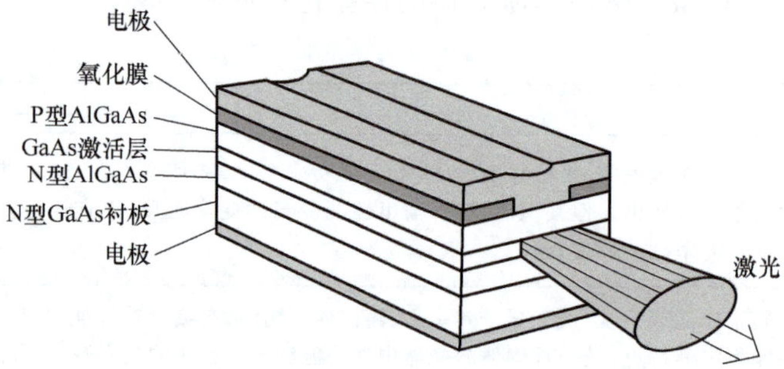

图 3-5　双异质结构 LD 激光器的基本结构

表 3-9　激光加工的特点和优势

特点和优势	具体内涵
非接触加工	切割不用刀具，切边无机械应力，也无刀具磨损和替换、拆装问题；焊接时不需要电极和填充材料，再加上深熔焊接产生的纯化效应，使得焊缝杂质含量低、纯度高；利用光的无惯性，在高速焊接或切割中可急停和快速启动
对加工材料热影响区小	激光束照射到的是物体表面的局部区域，虽然加工部位的温度较高，产生的热量很大，但加工时的移动速度很快，其热影响的区域很小
加工灵活	激光束易于聚焦、发散和导向，可以很方便地得到不同的光斑尺寸和功率大小，以适应不同的加工要求，并且可以通过调节外光路系统来改变光束的方向，与数控机床、机器人进行连接，构成各种加工系统，从而对复杂工件进行加工
可以进行微区加工	激光束不仅可以聚焦，而且可以聚焦到波长级光斑，使用这样小的高能量光斑可以进行微区加工
可加工透明介质容器内工件	可以透过透明介质对密封容器内的工件进行加工
材料适应范围广	可以加工高硬度、高脆性、高熔点的金属及非金属材料

在智能化和自动化水平下，激光加工不仅提高了生产的质量，而且减少了工人的繁复劳动，能够很好地满足现代制造业的规模化批量生产要求。相比传统的加工方式，使用自动化和智能化水平较高的激光设备可产生巨大的成本效益，具有占地空间较小、有利于生产布局优化、节约生产空间和成本等特点。

在实际加工中，针对板材的材质和板厚，可以自动进行激光的光束品质调制，保证时刻都能以最适合的激光进行切割。一般而言，薄板加工需要更细的光束品质，这样才能以更集中的能量进行高速切割；但以同样的光束切割厚板时，由于割缝太细，熔渣无法被完全吹掉，导致切割效果不佳，就需要调制激光的光束品质了。高速激光切割最令人困扰的方面，可能就是加工过程中由于废料上翘而导致其与切割头相撞的问题。智能激光系统可以将可能上翘的废料自动打碎，让其自由地落入废料槽内，从源头上避免了废料与切割头相撞的可能性。

在未来，随着激光切割机、激光焊接机、激光打标机的自动化水平和智能化程度的不断提高，将有力地提升激光设备在众多行业中的应用空间，为智能制造的快速发展提供动力。

3）电子束加工及设备。在真空条件下，电子枪中的电子经加速和聚焦后产生能量密度为 $10^6 \sim 10^9$ W/cm^2 的细束流，将其高速冲击到工件表面上极小的部位，在几分之一微秒的时间内，其能量大部分会转换为热能，使工件被冲击部位的温度达到几千摄氏度，致使材料局部熔化或蒸发，从而去除材料。也可以利用能量密度较低的电子束轰击高分子材料，切断或重新聚合其分子链，从而使高分子材料的化学性质和分子量产生变化，以便进行加工。

电子束流是由高压加速装置在真空条件下形成的束斑极小的高能电子流，属于高能密度束流（High Energy Density Beam，HEDB），电子束的功率密度大于 10^6 W/cm^2，极限功率为 300kW。电子束加工是以高能电子束流作为热源，对工件或材料实施特殊的加工，是一种完全不同于传统机械加工的新工艺，其加工原理如图 3-6 所示。按照电子束加工所产生的效应，可以将其分为两大类：电子束热加工和电子束非热加工。

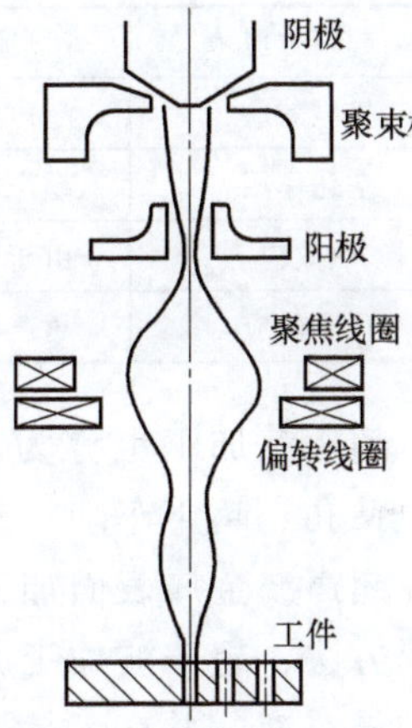

图 3-6　电子束加工原理

电子束加工的主要应用见表 3-10。

在电子束加工中，充分运用智能加工技术，通过对电子束加工路径的优化，利用可视化软件，使工作台可以按设定的加工轨迹运动，再通过对工作台运动精度误差补偿的优化，实现了误差的可控自动补偿，进一步提升了加工精度。

4）超声波加工及设备。超声波加工（Ultrasonic Machining）是利用工具端面做超声振动，通过磨料在超声振动作用下的机械撞击和抛磨作用与超声空化作用的综合结果来进行加工，其中磨料的连续冲击是主要的。当超声波在介质中传播时，由于超声波与介质的相互作用，使介质发生物理和化学变化，从而产生一系列力学、热学、电磁和化学的超声效应（见表 3-11）。

表 3-10　电子束加工的主要应用

适应工艺	具体应用
电子束打孔	可应用于不锈钢、耐热钢、宝石、陶瓷、玻璃等各种材料上的小孔、深孔加工
电子束切割	可对各种材料进行切割，利用电子束再配合工件的相对运动，可加工所需要的曲面
电子束焊接	电子束焊接的优点主要如下 ①聚集的高速电子冲击工件接缝处，可使金属迅速熔化和蒸发 ②焊缝深宽比大，可达 60∶1 ③在真空中可以进行远距离的焊接 ④焊接速度快，热影响区小 ⑤可实现复杂接缝的自动焊接 ⑥防止熔化金属受到氧、氮等气体的影响 电子束焊接的缺点主要如下 ①易受电磁场干扰 ②焊接时会产生对人体有害的 X 射线 ③被焊工件尺寸和形状受工作场所的限制 ④焊接前对接头的加工和装配要求严格 ⑤设备复杂，比较昂贵

表 3-11　超声效应

超声效应	具体表现
机械效应	超声波的机械作用可促成液体的乳化、凝胶的液化和固体的分散
空化作用	超声波作用于液体时可产生大量小气泡
热效应	由于超声波频率高、能量大，因此被介质吸收时能产生显著的热效应
化学效应	超声波的作用可促使发生或加速某些化学反应

超声波加工也称为超声加工，目前应用比较多的包括超声清洗、超声（塑料）焊接、超声钻孔、超声车削、超声磨削、超声光整等。

超声波金属表面加工是利用工具端面的超声振动，通过磨料悬浮液加工硬脆材料的一种成形方法，超声波加工原理如图 3-7 所示。加工时，在工具头与工件之间加入液体与磨料混合的悬浮液，并在工具头振动方向加上一个不大的压力。超声波发生器产生的超声频电振荡通过换能器转变为超声频的机械振动，再传给工具，并驱动工具端面做超声振动，迫使悬浮液中的悬浮磨料在工具头的超声振动下以很大的速度不断撞击和抛磨被加工表面，把加工区

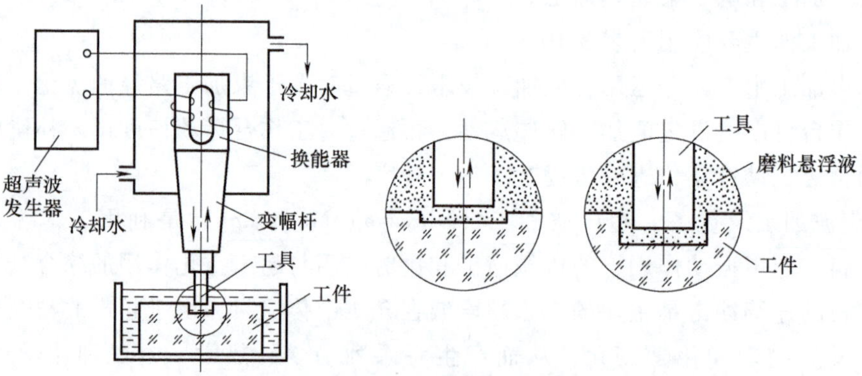

图 3-7　超声波加工原理

域的材料粉碎成很细的微粒，使其从材料上被击打下来。

超声波加工可用于加工各种硬脆材料的圆孔、型孔、型腔、沟槽、异形贯通孔、弯曲孔、微细孔、套料等，其加工精度和表面质量优于电火花加工和电解加工，其加工工艺见表 3-12。

表 3-12　超声波加工工艺

超声波加工工艺	具体内容
超声波切割加工	超声波切割硬脆性材料，具有切片薄、切口窄、精度高、生产率高、经济性好的优点
超声波焊接加工	利用超声波的振动作用，去除工件表面的氧化膜，显露出新的本体表面，在两个被焊工件表面分子的高速振动撞击下，摩擦发热并粘结在一起。它不仅可焊接尼龙、塑料、铝制品，还可以在陶瓷等非金属的表面涂覆熔化的金属涂层，以焊接一般方法很难焊接的稀有金属，如钛、钼、钍、锝等
超声波振动切削加工	超声波在切削加工中可实施振动切削加工。振动切削加工切削力、钻削转矩、攻螺纹转矩和切削变形小，加工精度高，表面粗糙度值小，刀具寿命长，加工范围广，生产率高，可应用于精密加工和难切削材料的加工；超声波的振动致使磨轮刀片与加工物之间产生间隙，从而大大改善了磨粒的冷却效果，并且通过防止磨粒钝化及气孔堵塞等现象的发生，还能够提高加工物的加工质量，并延长磨轮刀片的使用寿命；可大幅度地改善加工质量。即使采用与原来尺寸相同的磨粒实施加工，由于加工负荷得到了降低，所以也能够使进给速度得到大幅度的提高；即使在加工树脂和金属等韧性材料时，由于磨粒的冷却效果和超声波的作用，也能够抑制切削碎屑黏附在磨轮刀片的头部，从而能防止因气孔堵塞而导致加工不良现象的发生（毛刺增大）
超声波复合加工	超声放电加工、超声电解加工、超声激光加工、超声振动切削加工等可以与车削、磨削、镗削、珩磨、攻螺纹、钻削、拉削、铣削等传统制造工艺相结合，在改善工件表面质量、提高加工效率和扩大加工范围等方面具有独特而明显的技术经济效益

为进行硬脆材料的旋转超声加工，人们研制了智能超声波发生器。智能超声波发生器的结构功能框图如图 3-8 所示。类比于数控插补原理，研究人员提出了粗精频率跟踪的自动控制方案，即频率粗调由软件实现，频率精调由锁相环电路实现。研究人员还对振动系统恒定振幅控制进行了理论分析。结果表明，研制的智能超声波发生器频率跟踪迅速而准确，并能实现振动系统的恒定振幅控制，可以实现振动系统的自动运行。

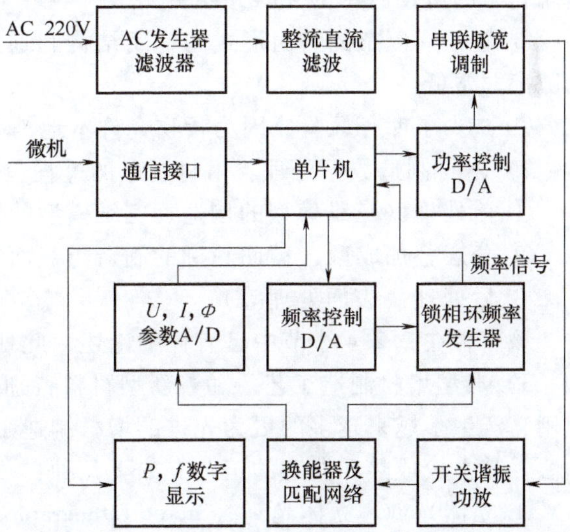

图 3-8　智能超声波发生器的结构功能框图

（3）智能增材制造技术及设备

1）概述。增材制造（Additive Manufacturing，AM）的基本概念在 2.2.4 小节和 3.2.2 小节中已做介绍，在此从略。

增材制造技术是指基于离散-堆积原理，由零件三维数据驱动直接制造零件的科学技术体系。通过设计或扫描建立 3D 模型，根据一定的坐标轴将 3D 模型分层切片，然后按原始位置逐层打印并堆叠在一起，以形成一个实体 3D 模型。

增材制造的关键技术见表 3-13。

表 3-13　增材制造的关键技术

关键技术	主要功能
材料单元的控制技术	如何控制材料单元在堆积过程中的物理与化学变化是一个难点，例如金属直接成型中，激光熔化的微小熔池尺寸和外界气氛控制直接影响制造精度和制件性能
设备的再涂层技术	增材制造的自动化涂层是材料累加的必要工序，再涂层的工艺方法直接决定了零件在累加方向的精度和质量，控制更小的层厚及其稳定性是提高制件精度和减小表面粗糙度值的关键
高效制造技术	增材制造在向大尺寸构件制造技术发展，当尺寸很大、制作时间过长时，可通过多激光束同步制造提高制造效率，保证同步增材组织之间的一致性和制造结合区域的质量。这是发展的难点

此外，为提高效率，将增材制造与传统切削制造结合，发展材料累加制造与材料去除制造复合制造技术方法也是其发展的方向和关键技术。

增材制造通过降低模具成本、减少材料、减少装配、减少研发周期等优势来降低企业制造成本，提高生产效益。其具体优势如下：

① 与传统的大规模生产方式相比，小批量定制产品在经济上具有吸引力。

② 直接从 3D 模型生产意味着不需要工具和模具，没有转换成本。

③ 以数字文件的形式进行设计，方便共享，且方便组件和产品的修改与定制。

④ 工艺的可加工性使材料得到节约，同时还能重复利用未在制造过程中使用的废料，金属粉末的可回收率为 95%~98%。

⑤ 新颖、复杂的自由形式的封闭结构和通道结构等都是可以实现的，使得最终制件的孔隙率非常低。

⑥ 减少了库存风险，因为货物允许本地消费者/用户和生产者之间的直接交互。

2）增材制造数据处理。增材制造的过程包括：

① 前处理（三维模型的构造、三维模型的近似处理、三维模型的切片处理）。

② 分层叠加成型（截面轮廓的制造与截面轮廓的叠加）。

③ 后处理（表面处理等）。

该内容在 2.2.4 小节中已有详细论述，此处从略。

3）典型增材制造工艺。随着新型材料特别是能够直接增材制造的高性能材料的研制和应用，产生了越来越多的更为先进的增材制造工艺技术。目前增材制造已发展了十几种工艺方法，其中较成热和典型的工艺有如下几种：

① 立体光刻。立体光刻（Stereo Lithography，SLA），又称立体光固化成型，具体原理如图 3-9 所示，是选择性地用特定波长与强度的激光聚焦到如液态光敏树脂等光固化材料表面，使之发生聚合反应，再由点到线、由线到面顺序凝固，完成一个层面的绘图作业，然后升降台在垂直方向移动一个层片的高度，再固化另一个层面，这样层层叠加构成一个三维实体。

SLA 技术主要用于制造多种模具或模型等，还可以在原料中通过加入其他成分，使 SLA

原型模代替熔模精密铸造中的蜡模。SLA 技术的成型速度较快、精度较高，但由于光敏树脂在固化过程中产生收缩，不可避免地会产生应力或引起形变。因此，开发收缩小、固化快、强度高的光敏材料是其发展趋势。

② 选择性激光烧结。选择性激光烧结（Selective Laser Sintering，SLS），又称激光选区烧结，是利用粉末状材料成型的。如图 3-10 所示，将材料粉末铺撒在已成型零件的上表面并刮平；用高强度的 CO_2 激光器在刚铺的新层上扫描出零件截面；材料粉末在高强度的激光照射下被烧结在一起，得到零件的截面，并与下面已成型的部分粘结；一层截面烧结完，铺上新的一层材料，选择性地烧结下层截面。

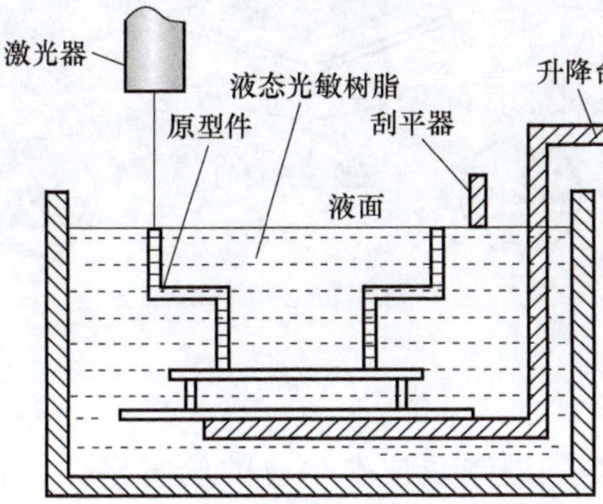

图 3-9　立体光刻

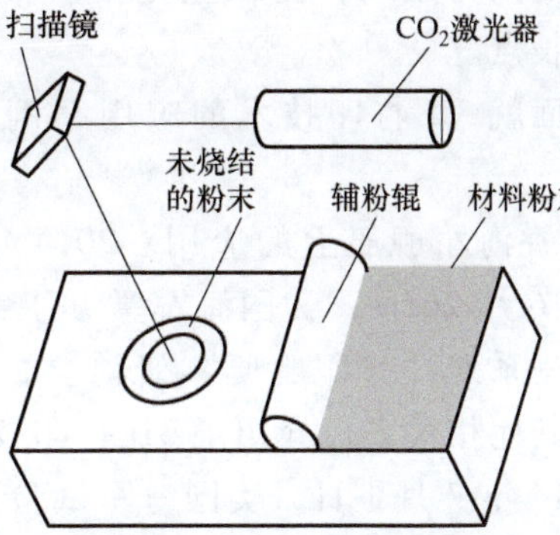

图 3-10　选择性激光烧结

SLS 的优点如下：

a. 可采用多种材料，可采用加热时黏度降低的任何粉末材料制造出任何造型。

b. 制造工艺比较简单，可以直接生产复杂形状的原型、型腔模三维构件或部件及工具。

c. 依赖于使用的材料种类和粒径、产品的几何形状和复杂程度，制件能达到高精度。

d. 叠层过程中出现的悬空层面可直接由未烧结的粉末来实现支撑，不需要支撑结构。

e. 材料利用率高，可以认为是 100%。

f. 从 CAD 设计到零件的加工完成只需几小时到几十小时，整个生产过程是数字化的，可随时修正、随时制造，生产周期短，特别适合新产品的开发。

g. 与传统工艺方法相结合，可实现快速铸造、快速模具制造、小批量零件输出等功能。

h. 由于成型材料多样化，适合于多种应用领域，应用面广。

当然，SLS 也有一定的局限性，具体如下：

a. 由于 SLS 工艺是粉末状的材料经加热熔化而实现逐层粘结的，原型的表面是粉粒状的，因而表面粗糙，表面质量不高。

b. 高分子材料或者粉粒在激光烧结熔化时，一般会挥发异味气体。

c. 有时需要比较复杂的辅助工艺，诸如预先加热、成型后的表面浮粉清理等。

③ 熔融沉积成型。熔融沉积成型（Fused Deposition Modeling，FDM）以石蜡、金属、塑料、低熔点合金丝等丝状材料为原料，利用电加热方式将丝材加热至略高于熔化温度（约比熔点高 1℃），在计算机的控制下，喷头做 X-Y 平面运动，将熔融的材料涂覆在工作台上，冷却后形成工件的一层截面，一层成型后，喷头上移一层高度，进行下一层涂覆，这样

逐层堆积，形成三维工件。图 3-11 所示为熔融沉积原理图。

4) 3D 打印技术的应用案例。随着工艺、材料和装备的日益成熟，3D 打印技术的应用范围由最初的原型制造、模具制造扩展到直接制造领域。

在工业化进程和行业转型升级过程中，3D 打印技术将扮演着工业化新经济增长点的角色，因为第三次工业革命是 3D 打印技术、数字化应用技术、新材料应用技术、信息技术聚集到一起的结果，能解脱大量的人力束缚，为工业化生产带来新的生产方式和增长点。

下面就 3D 打印技术的应用案例做一个粗略的介绍。

① 在海军舰艇上的应用。2014 年 6 月 24 日至 2014 年 6 月 26 日，美国海军举办了第一届制汇节，开展了一系列“打印舰艇”研讨会，并在此期间向水手及其他相关人员介绍了 3D 打印技术。

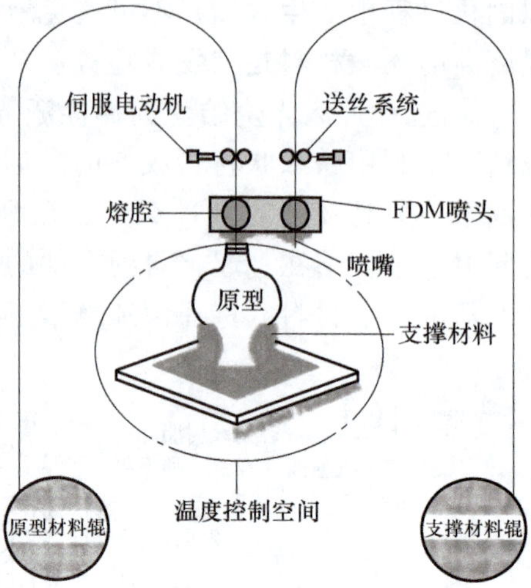

图 3-11 熔融沉积

2014 年 7 月 1 日，美国海军试验了利用 3D 打印等先进制造技术制造的舰艇零件，希望借此提升执行任务的速度并降低成本。

② 在航天科技中的应用。2014 年 9 月底，美国国家航空航天局（NASA）完成了首台成像望远镜，其元器件基本全部通过 3D 打印技术制造而成。NASA 也因此成为首家尝试使用 3D 打印技术制造整台仪器的单位。

这款太空望远镜功能齐全，其 50.8mm 的摄像头使其能够放进立方体卫星（Cube Sat，一款微型卫星）。这款太空望远镜的外管、外挡板及光学镜架全部作为单独的结构直接打印而成，只有镜面和镜头尚未实现 3D 打印。这款望远镜全部由铝和钛制成，而且只需通过 3D 打印技术制造 4 个零件即可。相比而言，传统制造方法所需的零件数是 3D 打印的 5~10 倍。此外，在 3D 打印的望远镜中，可将用来减少望远镜中杂散光的仪器挡板做成带有角度的样式，这是传统制造方法在一个零件中无法实现的。

2014 年，美国国家航空航天局的工程师们完成了 3D 打印火箭喷射器的测试。此项研究在于提高火箭发动机某个组件的性能，利用喷射器内液态氧和气态氢的混合反应，其燃烧温度可达到 6000 ℉（大约为 3315℃），可产生 8.72×10^4N 的推力，验证了 3D 打印技术在火箭发动机制造上的可行性。

制造火箭发动机的喷射器需要精度较高的加工技术，使用 3D 打印技术可以降低其制造上的复杂程度，在计算机中建立喷射器的三维图像，打印的材料为金属粉末和激光，在较高的温度下，金属粉末可被重新塑造成人们需要的样子。3D 打印技术可以彻底改变火箭的设计与制造，并提高系统的性能，更重要的是可以节省时间和成本，而且不太容易出现故障。

2015 年，美国国家航空航天局的工程人员开始利用 3D 打印技术制造首个全尺寸铜合金的火箭发动机零件，这是航空航天领域 3D 打印技术应用的新里程碑。

2015 年，俄罗斯技术集团公司以 3D 打印技术制造出一架无人机样机，质量为 3.8kg，翼展为 2.4m，飞行速度可达 90~100km/h，续航能力为 1~1.5h。

2016年，我国首台空间在轨3D打印机研制成功。这台3D打印机可打印的最大零部件尺寸为200mm×130mm。它可以帮助宇航员在失重环境下自制所需的零件，大幅提高空间站试验的灵活性，减少空间站备品备件的种类与数量以及运营成本，降低空间站对地面补给的依赖性。

③ 在医学领域中的应用。

a. 2014年8月，北京大学研究团队成功地为一名12岁男孩植入了3D打印脊椎。研究人员表示，这种植入物可以跟现有骨骼非常好地结合起来，并不需要太多的“锚定”，而且还能缩短病人的康复时间。此外，研究人员还在上面设立了微孔洞，能帮助骨骼在合金之间生长，植入的3D打印脊椎将跟原脊椎牢牢地生长在一起，未来不会发生松动。

b. 2014年，我国采用3D打印技术辅助设计缺损颅骨外形，设计了钛金属网重建缺损颅眶骨，成功为患者制作出缺损的头盖骨。

c. 2015年4月，我国首例利用3D打印的肝脏模型指导的复杂肝脏肿瘤切除手术在广州完成。手术前，医院肝胆科数字医学团队采用3D打印技术，成功打印出这位肝癌患者的肝脏仿真立体模型。团队把模型带进手术室，供手术医生实时对关键部位进行识别和定位，引导重要脉管的分离和肿瘤病灶的切除。

d. 日本于2015年研发出用3D打印机低价制作可以看清血管等内部结构的肝脏立体模型的方法。该方法如果投入应用，就可以为每位患者制作模型，有助于术前确认手术顺序以及向患者说明治疗方法。这种模型是根据CT等医疗检查获得的患者数据，并用3D打印机制作的模型，它按照表面外侧线条呈现肝脏整体形状，详细地再现肝脏内部的血管和肿瘤。由于肝脏模型内部基本是空洞，重要血管等的位置一目了然。

e. 2015年8月，首款由Aprecia制药公司采用3D打印技术制备的左乙拉西坦速溶片得到美国食品药品监督管理局上市批准，并于2016年正式售卖。这意味着3D打印技术继打印人体器官后，进一步向制药领域迈进，对未来实现精准性制药、针对性制药有重大意义。

f. 2015年10月，我国“863”计划3D打印血管项目取得重大突破，世界首创的3D生物血管打印机由四川蓝光英诺生物科技股份有限公司研制成功。该款血管打印机性能先进，仅2min便可打印出10cm长的血管，可打印出血管独有的中空结构、多层不同种类的细胞。

g. 近年来，科学家们为传统的3D打印身体部件增添了一种钛制的胸骨和胸腔。澳大利亚的CSIRO公司创造了一种钛制的胸骨和肋骨，与患者的胸骨和肋骨几何学结构完全吻合。

④ 其他行业同样成就卓著。

a. 房屋建筑。如2014年8月，10幢3D打印建筑在上海张江高新青浦园区内交付使用，作为当地动迁工程的办公用房。

b. 汽车行业。2014年9月，第一辆3D打印汽车问世。这辆汽车车身上靠3D打印出的零部件总数为40个，这40个零部件的制造共花了44h。

c. 电子行业。2014年11月，全世界首款3D打印的便携式计算机开始销售。它允许任何人在自己的客厅里打印自己的设备，价格仅为传统产品的一半。

5）3D打印技术在智能制造中的发展趋势。在3D打印技术的推动下，传统制造业进入了新一轮产业结构调整和技术升级时期。借助3D打印技术所能制造的产品种类越来越多样，从珠宝、跑鞋到房屋、汽车。3D打印技术几乎无所不能，甚至人类的牙齿、心脏等都可以打印。总体来看，3D打印技术对于传统制造工艺的影响主要体现在两个方面：

① 产品的设计方面：在产品的设计阶段，采用 3D 打印技术后，产品的研发人员可以借助 3D 打印技术制作出相应的产品模型，既缩短产品研发周期，又降低产品研发成本。

② 产品的制造方面：在产品的制造过程中，借助 3D 打印前沿技术可有效地剔除不必要的环节，进一步提高材料的利用率。

在传统的制造业流程中，设计师的图样都需要先拆分为各个元素后去开模，然后再组装，所需的周期比较长，一旦设计师对模型做出调整，相同的步骤还得重复、循环。而有了 3D 打印技术，设计师的图样可以快速变成实体的东西，然后开模，进行规模化的生产。

从发展趋势来看，3D 打印技术并不是传统制造业的对立面，而是制造业创新的引领性共性技术。按需定制将成为行业发展的一大方向，不管是汽车零部件制造还是样机试制，借助 3D 打印前沿技术，不仅能在一定程度上解决传统行业的难点问题，而且也能真正满足个性化、定制化、高精度的需求。

（4）智能流水线

许多大型企业从事大规模产品制造都是采取流水线作业方式组织生产的。进入数字化、信息化、网络化时代以来，这种流水线大多又被改造成了智能流水线，实现智能制造。这就大大地提高了企业的生产率，降低了生产成本，保证了产品质量。组建智能流水线必须先发展好智能加工工艺、投入智能加工设备、组建智能物流系统、创建企业内部网络系统、培训智能流水线生产作业管理人员等。

流水线的智能加工设备除了完成对零件的生产加工外，还具备刀具磨损补偿、刀具寿命预警等功能。加工过程中设备出现故障或零件质量超差，智能流水线均能做出相应的反应，并采取一定的不影响正常运行的措施。图 3-12 所示为智能流水线工作简图。

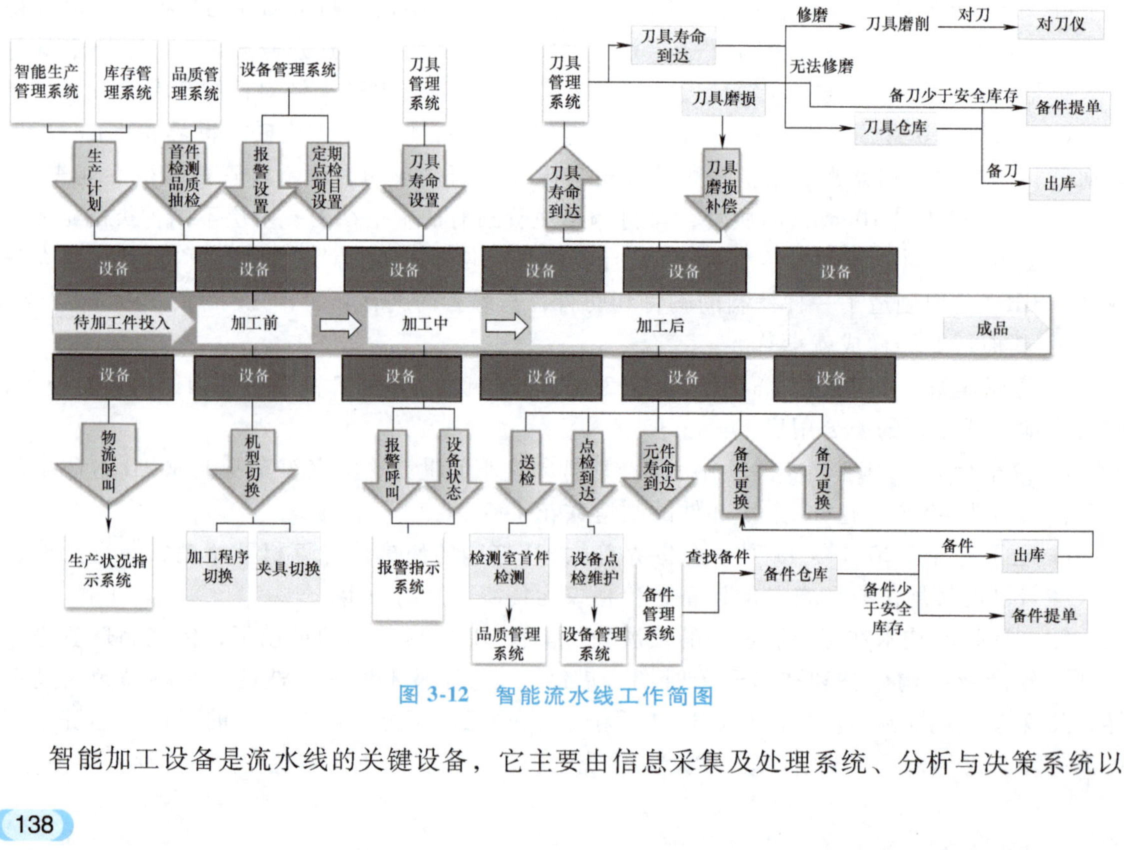

图 3-12　智能流水线工作简图

智能加工设备是流水线的关键设备，它主要由信息采集及处理系统、分析与决策系统以及具体执行机构组成。它们之间密切联系，共同实现智能加工。它需要与物流、产线机器人、车间 ERP 管理系统等交互，使智能加工设备能够充分识别、执行生产运作信息。同时，它也需要对加工状态、刀具情况、夹具动作情况及位置、主轴及工作台的实际位移及位置、NC 系统等内部信息进行交流。结合外部、内部信息，用适当的统计分析方法对收集来的大量信息加以汇总和理解消化，以求最大化地开发信息的功能，最大化地发挥其作用。另外，通过设备数据库等进行比对、分析以形成新的决策指令，指挥执行机构以实现智能加工。图 3-13 所示为智能加工设备信息管理系统构造简图。

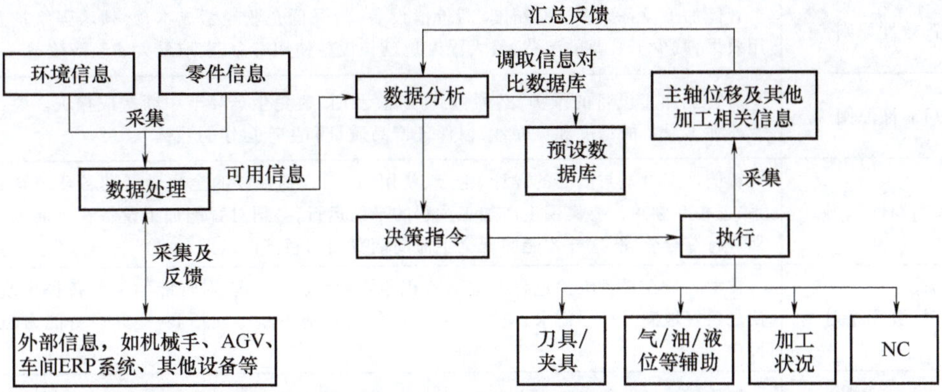

图 3-13 智能加工设备信息管理系统构造简图

由此可见，在智能流水线中，智能加工设备与其他设备的信息交流功能是实现智能制造的重要环节。具体交流如图 3-14 所示。

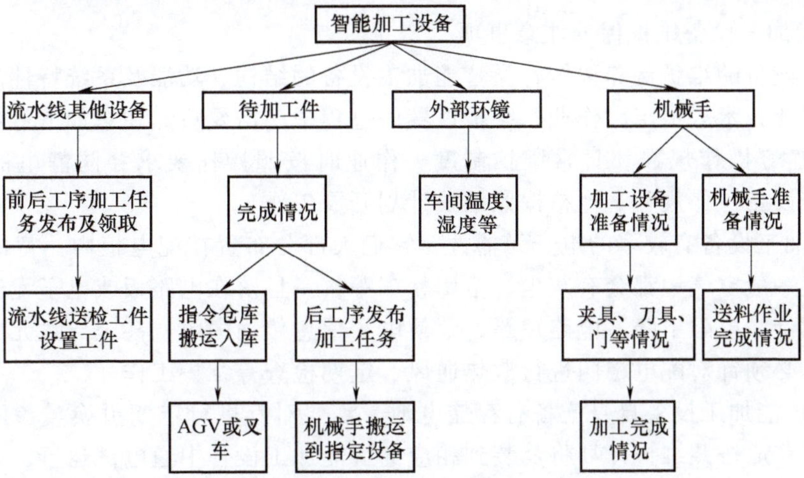

图 3-14 智能加工设备与其他设备交流简图

3.2.3 智能加工设备维护技术

1. 智能加工设备的维护保养

(1) 智能加工设备的维护保养原则

智能加工设备的维护保养是保证生产加工各环节正常运行的支柱，特别是在大规模流水化作业中，对智能加工设备的稳定、可靠、安全运行要求更高，因为任何一个环节出现问题都可能会导致整个流水线作业停止、生产秩序被打乱，造成巨大的经济损失。因此，对智能加工设备开展科学的维护管理工作非常重要，尤其在我国提出《中国制造 2025》以来，对智能加工设备的维护保养提出了新的要求。智能加工设备的维护保养应遵循的原则见表 3-14。

表 3-14 智能加工设备维护保养原则

维护保养原则	具体内容
经济高效性原则	智能加工设备大多属高精度、高价值设备，为降低企业经营成本，必须增强维护费用的使用效果，减少不必要的浪费，最大限度地延长设备使用寿命，获取最大的经济效益
及时可靠性原则	对智能加工设备的维护，必须做到准确、及时，避免生产环节中断造成损失。要绝对保证智能加工设备的精度和可靠性，以保证产品质量和生产运作的顺畅
全生命周期性原则	智能加工设备与产品的设计、生产、使用、售后直到报废的全生命周期各环节均有密切联系，且相互制约。要实现生产加工过程的平衡运行，必须对智能加工设备在产品的全生命周期进行综合管理，这样才能实现全生命周期费用的经济性
可推广拓展性原则	技术人员在设备维护过程中应不断积累资料、总结经验，对智能加工设备提出改造建议，使之较好地满足社会需求，使智能加工设备的功能不断得到拓展，提升设备能力，还应方便推广
智能化诊断原则	智能加工设备本身具有自学习、自维护功能，设备维护过程中应充分发挥设备的智能化优势，运用远程维护等方法，实施智能化诊断，有效提升维护效率，降低成本
数字可视化原则	充分利用网络化、数字化技术，将多台智能加工设备的运行状态、性能特征、维护点检等信息以数字可视化方式呈现，有效提升设备管理效率和管理水平

（2）智能加工设备维护保养注意事项

智能加工设备的维护保养根据各类智能加工设备的结构、功能及系统特性的不同各有其特点，需要专业技术人员定岗作业，维护保养的过程中还需要重点注意如下事项：

1）严格遵守操作规程和日常维护制度。作业时按照操作要求穿防静电服、戴静电手套，认真遵守设备操作规程、严格按照维护计划开展工作。

2）智能加工设备有较多的电子元器件，它们大部分布置在配电柜内，智能加工设备所处的工作环境一般空气中都会有灰尘、金属粉末等，一旦落在电路板或电子元器件上，容易引起元器件间绝缘电阻下降、电路短路，致使电子信息传输失灵，甚至导致元器件及电路板损坏。因此，必须针对配电柜门进行散热通风、定期检查等维护工作。

3）部分智能加工设备自身配备有存储电池，需要对其进行定期更换。备用的印制电路板长期不用时，应按照维护计划将其装到相应的智能加工设备中通电试运行，以防损坏。

4）智能加工设备的机械部件，如转动链、滚珠丝杠副、刀库转塔、液压系统、供气压力系统等的维护，应参照传统设备的维护方法进行，对设备精度的维护方面，智能加工设备要求更高。

5）为防止主体结构电气控制故障，要对其本体、润滑系统、冷却系统、液压与气动系统等部分进行经常性的“漏油、漏液、漏气”检查。

（3）智能加工设备的维护保养所依靠的技术

智能加工设备的维护保养是一项关系到生产过程能否顺利进行的工作，需要较强的分析能力、扎实的技术知识，必须掌握以下几项技术知识，见表 3-15。

表 3-15 智能加工设备维护保养所依靠的技术

技术项目	具体要求
检测技术	必须掌握基于集成芯片的传感技术，懂得其工作原理及其操作方法
控制系统技术	通过控制系统技术可以实时了解设备的运行状态，发现事故苗头
网络通信及数据处理技术	网络通信及数据处理技术可以对设备状态、工艺过程数据等进行实时控制

正因为智能加工设备的维护保养是一项技术较强的工作，需要该领域的技术人员不断探索、坚持学习与深入研究。

(4) 智能加工设备的阶段性维护保养

机械加工过程，尤其是大规模生产过程，特别是采用智能加工的生产过程，为了保证连续加工，保证加工质量，在各个阶段必须做好相应的维护保养工作。

1) 加工前对加工设备状态做好评估和预测。机械加工过程开始前，设备管理技术人员必须提取所用设备的档案，对其状态进行评估，评定其是否能顺利完成本次任务；要对加工设备在加工过程中可能发生的故障进行预测，对可能发生故障的薄弱环节进行适当的调节。当然，这些都可以由智能加工设备自行执行、判断和决策，但也需要人机交互才能保证万无一失。

2) 加工过程中对加工设备状态进行监测和分析。智能加工设备在获得加工任务后，从接受指令开始加工工件，到工件被加工完毕这一生产过程中，有可能会出现故障，智能加工设备能够通过自感知、自分析、自调整，消除无碍加工的小故障，遇到会对产品加工质量等产生较大影响的故障，便会自动报警。这些都是由智能加工设备自带的智能系统处理的。除此之外，设备外部也带有信息管理系统，对设备在加工过程中的状态进行全程跟踪监控，对设备生产过程中采集的信息进行实时接收、分析、处理。同样，加工过程中对加工设备状态的监测和分析也需要人机交互，保证及时排除设备故障。

3) 加工完成后对加工设备进行维护保养。生产加工过程结束后，相关技术人员还应做好以下 3 件事：

① 储存本次加工过程中设备状态的记录，并对记录资料进行整理、分析，评估加工后设备的状态，对可能存在的设备故障隐患进行及时维修、排除。

② 人工清理加工后设备上的残渣，对有关部位进行擦拭、添加润滑油等维护保养。

③ 对设备的易损件进行检修，查验入库情况，及时报备。

2. 智能加工设备的故障处理

(1) 智能加工设备的故障处理模型

智能加工设备的故障处理模型如图 3-15 所示。

(2) 故障处理模型案例

智能加工设备自身也具备强大的故障预测功能，图 3-16 所示为某设备的电动机故障预测模块。

该预测模型以电气信号为基础，深入挖掘分析电动机电源、电流波形数据，遵循电动机动作机理，结合设备自学习能力、人工智能技术、边缘计算技术，提取出各类电气、机械故障的特征参数，减少了技术人员的工作量以及意外停机次数，保证了设备的开动率。

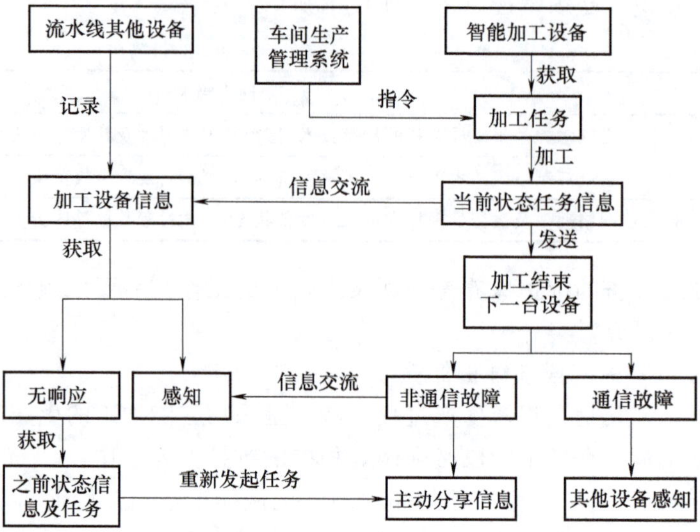

图 3-15　智能加工设备的故障处理模型

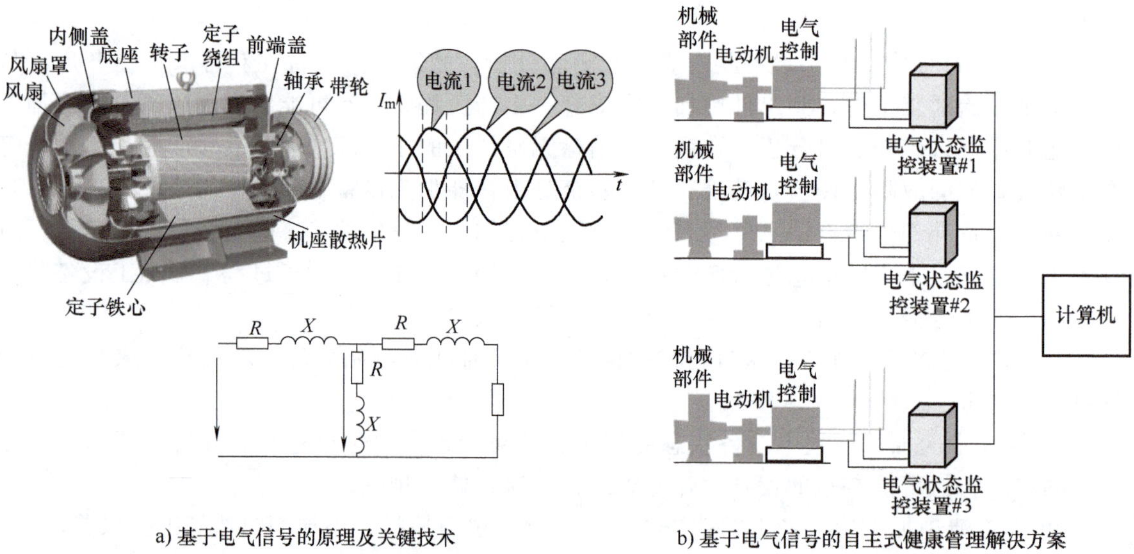

图 3-16　某智能加工设备电动机故障预测模块

3.3　加工工艺的智能优化

3.3.1　经典制造工艺概述

智能制造是实现整个制造业价值链的智能化和创新、信息化与工业化深度融合的进一步提升。智能制造融合了信息技术、先进制造技术、自动化技术和人工智能技术，其核心其实是实现制造工艺科学化、最优化。

1. 常规制造工艺

常规制造工艺是指常规机械制造领域中使用的一般制造工艺。这些工艺都是经过长期的生产实践形成的基本制造工艺，主要包括车削、钻削、镗削、刨削、铣削和磨削。

2. 特种加工工艺

特种加工是依靠特殊能量（如电能、化学能、光能、声能、热能等）来进行加工的方法，用以解决一些高熔点、高硬度、高强度、高脆性、高韧性等用传统加工方法难以加工的新材料以及一些高精度、高速度、耐高温、耐高压等特殊结构工件的加工问题。其加工方法主要有电火花加工、电解加工、激光加工、超声波加工、电子束加工、离子束加工等。

3. 高速切削

（1）基本概念

高速切削技术是指采用超硬材料的刀具和磨具，利用能可靠地实现高速运动的高精度、高自动化和高柔性的制造设备，以提高切削速度来达到提高材料切除率、加工精度和加工质量的先进制造技术。高速切削技术作为模具制造中最为重要的一项先进制造技术，集高效、优质、低耗于一身。

在常规切削加工中备受困扰的一系列问题，通过高速切削技术的应用得到了解决。其切削速度、进给速度相对于传统的切削加工，以级数级提高，切削机理也发生了根本的变化。高速切削时，工件的切削热大幅度降低，低阶切削振动几乎消失，不但成倍提高了机床的生产率，而且进一步改善了工件的加工精度和表面质量，还能解决常规加工中难以解决的某些特殊材料的加工问题。

（2）技术特点

高速切削之所以得到工业界越来越广泛的应用，是因为它相对传统加工具有显著的优越性，其技术特点见表 3-16。

（3）关键技术

高速切削是一个复杂的系统工程，涉及的技术内容较多，这些技术相互联系、相互制约、相互促进。这里仅简要介绍高速主轴单元、高速进给系统、新型机床结构、高速切削刀具系统以及高速 CNC 系统等高速切削的关键技术，见表 3-17。

表 3-16　高速切削的技术特点

技术特点	具体内涵
生产率有效提高	高速切削允许使用较大的进给率，单位时间材料切除率大大提高，可使加工时间大幅缩短
大大降低切削力	高速切削采用极浅的切削深度和窄的切削宽度，因而切削力较小，可减少刚性较差的工件的加工变形，使一些薄壁类精细工件的切削加工成为可能
加工质量得到提高	高速旋转时刀具切削的激励频率远离工艺系统的固有频率，不会造成工艺系统的受迫振动，保证了较好的加工状态。由于切削深度、切削宽度和切削力都很小，使得刀具、工件变形小，保持了尺寸的精确性，也使得切削破坏层变薄，残余应力小，实现了高精度、低表面粗糙度加工
降低加工能耗，节省制造资源	由于单位功率的金属切除率高、能耗低以及工件的加工时间短，从而提高了能源和设备利用率，降低了切削加工在制造系统资源总量中的比例
简化加工工艺流程	高速切削可以直接加工淬火后的材料，在很多情况下可完全省去放电加工工序，消除了放电加工所带来的表面硬化问题，减少或免除了人工光整加工

表 3-17　高速切削的关键技术

关键技术	具体内涵
高速主轴单元	高速切削机床主轴通常是在高于 10000r/min 的条件下高速运转，在这样高速运转的条件下，以宽调速交流变频电动机来实现数控机床主轴的变速，从而使机床主传动的机械结构大为简化。在超高速数控机床中，几乎无一例外地采用了主轴电动机与机床主轴合二为一的结构形式，即采用无外壳电动机，将其空心转子直接套装在机床主轴上，带有冷却套的定子则安装在主轴单元的壳体内，形成内装式电动机主轴，从而实现了变频电动机与机床主轴的一体化 高速主轴单元的支承轴承有滚动轴承、气浮轴承、液体静压轴承和磁浮轴承 4 种类型。高速主轴轴承常用的润滑方式有油脂润滑、油雾润滑和油气润滑等方式。高速主轴单元如下图所示 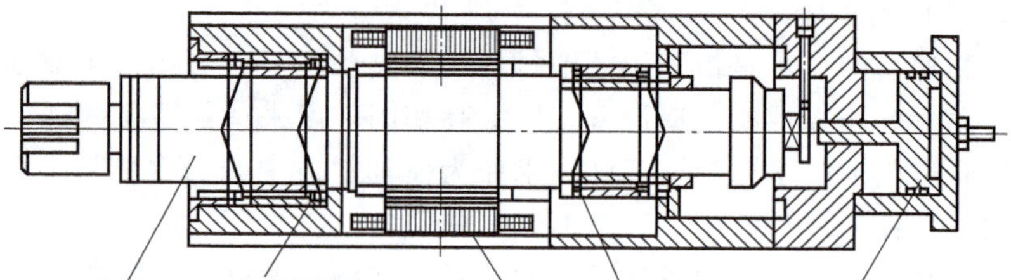
高速进给系统	实现高速切削要求机床工作台有较高的进给速度和运动加速度。直线电动机直接驱动进给系统，没有机械传动环节，没有机械刚性摩擦，几乎没有反向间隙，提供了更高的进给速度和更好的加减速特性，定位精度高，因而得到普遍应用。此外，高速进给机构采用小螺距、大尺寸的优质滚珠丝杠或粗螺距的多头滚珠丝杠，可获得较高的进给速度和进给加减速度。高速进给伺服系统也趋向数字化、智能化和软件化
新型机床结构	高速切削要求机床系统中的部件都必须先进，主要表现在以下 4 个方面 ①机床结构刚性高 ②主轴和刀柄的刚性高 ③控制单元要求采用 32 位或 64 位并行处理器 ④可靠性与加工工艺高
高速切削刀具系统	高速切削所产生的热量更多地向刀具传递，要求刀具具有良好的热稳定性。此外，由于高速切削时的离心力和振动的影响，刀具必须进行严格的动平衡。在设计刀具时必须根据高速切削的要求，综合考虑刀具材料的强度、刚度、精度以及耐磨性等因素 高速切削常用刀具有硬质合金涂层刀具、陶瓷刀具、聚晶金刚石刀具、立方氮化硼刀具
高速 CNC 系统	高速加工的 CNC 系统必须具有较高的运算速度和控制精度，以满足复杂曲面型面的高速加工要求
高速切削加工状态监控技术	指对高速切削加工切削力、切削热、刀具状态及工件加工质量等进行监控的传感技术，将高速切削加工过程中的切削力、切削热、刀具状态及工件加工质量等进行综合建模，并对刀具状态以及加工质量进行预报
高速切削数据库	需要根据高速机床性能、工件材料性能、工件几何形状、刀具材料性能、刀具几何参数、夹具、工件加工质量要求等建立高速加工条件下的高速切削数据库，有助于高速切削技术的进一步推广应用

（4）高速切削技术的应用

未来切削加工的趋势是高速切削技术，该技术将会被广泛地应用在机械制造业中。现阶段高速切削技术已在航空航天、汽车、军事等领域获得广泛的应用，主要如下：

1）应用于大批量生产领域的加工。

2）应用于薄壁和细长工件的加工。

3）应用于各种难加工材料的加工。

4）应用于超精密微细加工。

（5）智能高速切削

实现智能化加工以后，工艺的可靠性提高，加工性能进一步优化，而且在无人操作的情况下工作可靠。需要注意的是：

1）智能高速切削不是简单地看是否使用高速机床，或是以所使用机床的主轴转速来衡量。智能高速切削的本质是，切削加工不同材料工件时的线速度进入高速切削的速度区间，从而获得优于常规切削速度的加工质量和效率。

2）智能高速切削必须使用智能刀具。智能刀具通过与机床控制器的无线耦合，实现了加工尺寸偏差的调整及对刀具寿命的识别，并可实时采集切削过程的信息，经数控系统处理后使机床始终保持在最佳状态。智能刀具是将各种传感器置于刀体内，将驱动、返回、微型计算装置、非接触式能量和数据传输装置集成在一起，实现刀具的微米级调整，并可由机床控制器的 M 指令加以控制。带有测量功能并可自调节的切削部件及可适应控制的和能自学的数控机床，装有传感器和执行元件的智能化刀具，将是未来智能加工的发展方向。

3）智能高速切削应采用智能加工工艺。高速切削技术的核心就是在高速加工过程中尽量保持恒定的切削负载、高的切削线速度和高的进给速度，从而实现高的材料去除速率和加工精度，主要涉及切削方法及走刀策略、切削参数优化技术等。高速加工时，下刀切入处、内外拐角处、封闭型腔等的切削加工对加工效率和精度影响较大，应先解决这些工艺特征处的切削，以保证实现真正的高速切削。常用的切削方法有螺旋下刀、摆线下刀、拐角处先进行插铣等，从而使得在走刀过程中切削负载保持均匀，获得高的转速和进给速度。高速加工过程切削参数优化是使高速机床真正实现高速切削的支持技术。

3.3.2 加工工艺的智能规划

1. 加工工艺规程的智能化

不管是什么零件，也不管采用何种生产方式，都面临一个问题：如何在保证质量及精度的前提下，能低成本、高效率地加工出零件来。即使是同一个零件，由于生产方式不同，零件的工艺规程也会不一样，所以工艺是加工零件的决定因素。如果采取智能加工的生产方式，那么零件的工艺规程会与普通的工艺规程有所区别，具体表现在以下几个方面。

（1）工艺过程发生改变

由于智能加工的生产方式是一种复合化及自动化的加工，零件加工的整个工艺过程缩短，工序数目减少，机床数量、占地空间及操作人员都会减少。

（2）工艺规程的形式发生改变

以往工艺规程都是根据《机械加工工艺手册》手工编制，采用智能加工的生产方式后，充分运用 CAM 和信息数据的通信功能，可以用计算机和 CAM 软件来编制工艺规程并与机床联机操作。

（3）工序设计发生改变

1）工序内容发生改变。由于采用智能加工的生产方式，零件的加工往往采取工序集中的方法，提高了零件的加工精度，工序的工步多了，使用的刀具也多了。

2）加工阶段、切削参数的选取及走刀方式的规划发生改变。采用计算机和 CAM 软件能非常方便地进行加工阶段、切削参数的选取及走刀方式的规划，并通过仿真检验对切削参数、走刀方式、走刀轨迹进行优化。

3）在智能加工中，由于多数情况下要使用上下料机器人，夹具要求是自动动作的，这样才能适应柔性制造单元各部分的动作节拍和动作程序的要求。

4）在智能加工中，大多采用在线自动量具，一般不需人为选择。

5）在智能加工中，新的加工方法（如铣螺纹、铣螺纹退刀槽、铣孔等）的出现改变了工件的加工方式。

（4）成组技术

在智能加工中，应尽可能采用成组技术。成组技术就是将许多各不相同但又具有相似性的事物，按照一定的准则分类成组，使若干种事物能够采用同一解决方法，将相似的事物集中起来加以处理，可以减少重复性劳动和提高效率，从而达到节省人力、时间和费用的目的。

成组技术被公认为是解决多品种、小批量生产的有效途径，可充分利用数控系统和 CAD/CAM 软件的功能。

成组技术在制造工艺中主要用于编制成组工艺规程，设计成组工艺装备，建立柔性制造系统，并且有利于实现计算机辅助工艺、工装设计等。

（5）智能加工工艺规程的方向

在将来的智能加工中，“基于特征的数控技术加工工艺的决策支持”是工艺规程的方向。现有的数控技术加工工艺设计系统主要是提供一个可以进行人机交互的工具，并没有针对零件的特征信息提供一套计算机辅助的机制来对数控技术加工的工艺设计进行指导。这就导致没有充分利用已有的数控技术加工工艺设计软件和计算机辅助功能对数控技术加工工艺设计过程进行进一步的支持。

现有的大部分数控技术加工工艺设计系统只注重零件的几何表达，而对于各种技术和公差、精度等信息只作为标注处理，在进行数控技术加工工艺设计时往往要重新查看甚至是输入这些工艺信息，这样不仅造成大量人力、物力的重复投入，而且对于数据的及时、准确传输也是一个障碍，从而造成了工艺决策系统效率低下，也就不能完全体现出加工工艺决策支持带来的好处。

基于对数据集成和数控技术加工工艺决策系统效率的要求，必须建立一种全新的信息承载体，该承载体不但能够承载传统的几何信息，而且能够承载工艺所需要的其他信息，包括特征几何信息和工艺特征信息。特征几何信息是产品 CAD 过程中必须提供的有关特征的几何参数，只有这样才能利用特征进行 CAD 建模；而工艺特征信息包括几何特征种类（花键、外圆、螺纹、环槽等）、各项技术要求（尺寸公差、位置公差、热处理要求等），这些特征信息实质上反映了 CAPP 系统所必需的加工特征参数。由此可见，特征应是零件的几何特征和加工特征的结合体，也是某种特定功能的反映。

只有特征数据并不足以使系统对数控技术加工工艺决策进行辅助。系统还需要对数控技术加工知识进行总结抽象，以达到计算机存储的要求，才能使得数控技术加工工艺设计系统得到知识的支持，从而达到对数控技术加工工艺设计的辅助。数控技术加工工艺知识库存储管理着大量工艺专家经验、规则、事实、概念，并向用户提供方便的查询和检索手段，为数控技术加工工艺设计提供知识支持。在所提供的内容丰富的工艺知识库基础上，进一步建立企业专用的机床、刀具、夹具、切削参数、材料、典型工艺库，将数控技术加工工艺所用到的加工方法链、数控机床、刀具、夹具、切削参数定义为不同的类，将这些类作为一个基础，在此基础上分别定义各自的子类，利用类的继承和派生的特点，合理安排类的结构，以便扩充和使用。

有了特征信息作为系统输入，并建立了数控技术加工工艺的知识库与资源库，系统就具备了对数控技术加工工艺决策过程进行辅助的基本条件。

整个决策过程的核心是数控技术加工方法链的决策过程。由于本系统采用的数控技术加工工艺知识库主要是依据不同的特征建立相对应的加工方法链，所以数控技术加工工艺辅助决策的推理机制主要是采取演绎推理的形式。数控技术加工工艺辅助决策推理方式是利用特征设计所给出的特征信息来匹配数控技术加工工艺知识库中符合条件的加工方法链，由用户确定使用哪个数控技术加工方法链作为理想的加工方法链。

2. 加工工艺数据规划的一般流程

加工工艺数据规划是反复迭代的人机交互处理过程，需要经历多个步骤，很多决策需要由用户提供。从宏观上看，该过程主要由数据整理、数据挖掘和结果解释评估等部分组成。

1）工艺数据。CAPP 系统的应用为加工工艺数据的积累和准备做了充足的工作，包括结构化的工艺数据、合理的工艺数据模型。

2）工艺数据抽取。工艺数据抽取的目的是确定目标数据，根据工艺需要从原始工艺数据库中选取相关数据和样本。此过程将利用一些数据库操作对工艺数据库进行相关处理。

3）工艺数据清洗。对目标工艺数据库进行再处理，检查工艺数据的完整性及一致性，滤除与工艺数据挖掘无关的冗余数据。针对加工工艺数据预处理，需要对工艺信息进行规范化和标准化。

4）工艺数据变换。根据工艺任务，对已预处理的工艺数据进行再处理，主要是通过投影或利用数据库的其他操作减少数据量。

5）工艺数据挖掘。该步骤的目的是运用所选算法从工艺数据库中提取用户感兴趣的内容，并以一定的方式表示出来。

6）解释评估，对工艺数据挖掘结果进行解释，经过用户评估将发现的冗余或无关的工艺剔除。如果工艺知识不能满足用户要求，就要返回到前面的某些步骤反复提取，将工艺内容以用户能了解的方式呈现，包括对工艺内容进行可视化处理，也包含确定本次工艺内容与以前的工艺内容是否抵触的认定。

3. 加工工艺数据挖掘与信息采集技术

（1）工艺数据自动抽取

工艺数据库中数据挖掘的首要步骤是数据抽取，即把数据从工艺数据库中抽取出来并以一定的格式存储于一个中间数据存储器。因为样本的质量直接影响挖掘出的模式的质量，抽取到的工艺数据质量越好，挖掘出的模式得到应用的概率就越高。

为了抽取到比较合适的数据，可采用面向工艺数据挖掘目标建立模型的方法，规范要抽取的数据，具体过程如下：

1）确定通过工艺数据挖掘所期望获得的结果，即建立数据挖掘的目标。

2）定义出合理的目标模型，保证挖掘的质量。

3）通过定义工艺数据抽取语言，规范对模型元数据、模型元数据与数据源元数据的关系的描述。

（2）工艺数据预处理

CAPP 系统通常具备工艺信息库的建立与维护、工艺设计与管理的功能，企业应用 CAPP 系统后，将整个工艺设计过程的数据都存储在 CAPP 数据库中。为了提高数据的质量，进而提高挖掘结果的质量，需要对工艺数据进行预处理，消除所选工艺数据的噪声，保证工艺数据的完整性和一致性。

工艺数据预处理是进行工艺数据挖掘前的工艺数据处理过程，根据工艺数据情况的不同可以有不同的处理过程。常用的工艺数据预处理技术主要有 CAPP 数据库到目标数据库的转换技术、工艺数据标准化技术、工艺数据变换技术等。

（3）工艺数据的挖掘

工艺数据挖掘是工艺信息采集最重要的步骤，包括以下内容：

1）依据工艺信息采集的目标确定工艺数据挖掘的任务和目的，根据工艺设计领域的要求确定采集的工艺信息类型

2）选择与确定采用什么样的挖掘算法来实现

3）搜索工艺数据中的模式和选择相应算法的参数，分析工艺数据并产生一个特定的模式或数据集。

目前，应用在工艺信息采集方面的数据挖掘算法主要有支持向量机、神经网络、分类、聚类、回归分析、关联规则等。

（4）工艺资料解释评估

工艺数据挖掘的结果是数目很多的工艺模式，而这些工艺模式中有很多噪声，需要依据用户需求对模式进行评估，以确定有效的、有用的模式，去掉不切题的模式，并将其转换为有用的模式。

工艺信息采集的最终目的是为用户服务，所以还需要对模式进行解释，把工艺数据挖掘的结果转换成易于人们理解的表达形式。经过模式评估、解释之后，就形成用户可以理解的、符合实际和有价值的模式资料。

4. 基于工艺知识库的工艺信息智能推理和搜索

（1）层次化、模块化的加工工艺知识库

加工工艺知识库包含加工工艺规则库和加工工艺实例库两大部分，分别存储了用于不同工艺设计阶段所需要的资料，具有层次化、模块化、典型推理性和不确定性的特征。

（2）加工工艺信息的智能推理与搜索

加工工艺信息的推理与搜索是在加工工艺设计过程中利用加工工艺信息来解决加工工艺设计中问题的过程。首先，要在加工工艺信息中找到与问题答案接近的加工工艺信息，为了找到相近的解，必须对问题和工艺信息进行适当的结构化的描述，即定义搜索约束和表示工艺信息；然后，通过智能搜索算法找到相近的加工工艺信息作为参考或样板，并对其加以智能修订来获得工艺设计的解。

1）加工工艺信息的智能推理策略。加工工艺信息的智能推理控制策略主要解决加工工艺信息推理过程中工艺信息的选择与应用的顺序问题，常用的加工工艺信息的智能推理控制策略有正向推理（数据驱动推理）、反向推理（目标驱动推理）和混合推理三种。

① 正向推理控制策略。其基本思想是，从已有的工艺信息、工艺实例和工艺数据出发，寻找可用工艺信息，通过冲突消解选择可用工艺信息，执行选择的工艺信息，改变求解状态，逐步求解直至问题解决。

② 反向推理控制策略。其基本思想是：先假设一个结论，然后在工艺信息库中找出那些结论部分和这个目标相关的工艺信息集，再检查工艺信息是否符合每条工艺信息的条件，如果某条工艺信息的条件中所含有的条件项均能通过用户会话得到满足，或者能与当前工艺数据库的内容相匹配，则把该条工艺信息的结论加到当前工艺数据库中，从而该结论被证明，否则把该工艺信息的条件项作为下一个结论，递归执行上述过程，直至各“与”关系的子目标全部出现或者“或”关系的子目标有一个出现在工艺数据库中，结论被求解。如果直至新的结论不能进一步分解而且工艺数据库不能实现上述匹配时，这个假设结论为假。

③ 混合推理控制策略。它是一种集正向推理和反向推理优点于一身的有效方法，其思想为：先使用正向推理帮助选择初始目标，即从已知加工工艺事实演绎出部分结果，据此选择一个结论，然后通过反向推理求解该结论。

2）加工工艺信息的智能搜索方法。加工工艺信息的搜索方法分为盲目搜索和启发式搜索。盲目搜索方法有广度优先搜索法和深度优先搜索法，启发式搜索方法有最好优先搜索算法、局部择优搜索算法、与或树的启发式算法等。

在搜索中，工艺信息通常可以看成具有层次关系的树状或网状结构，即从某一节点出发的有向图，搜索就是从该节点出发对有向图的遍历，搜索的目标是寻找某些满足一定条件的节点的集合。深度优先搜索法是一种一直向下的搜索策略，它只对有限状态空间类问题具有算法性，但是无可采纳性：而广度优先搜索法是从树根向下一级一级依次无穷尽搜索的方法，只要存在目标节点，就一定可以找到，因此它具有可采纳性，只是搜索效率低。

3.3.3 加工性能的智能预测

1. 基于加工过程仿真的产品工艺性能可视化预测

（1）加工过程几何仿真

加工过程几何仿真技术是随着几何建模技术的发展而发展的，目前常用的建模方法有线框建模法、直接实体造型法、基于图像空间的建模方法和离散矢量求交法。

直接实体造型法是直接用数学方法描述几何体，保存了几何实体全部几何信息，因此计算结果精确，可用于进行各种几何测量和处理。

基于图像空间的建模方法是在窗口坐标（视坐标）下按平行透视原理进行计算，其算法类似于计算机图形学中的 Z-Buffer 消隐算法。该法在 CAD/CAM 软件中应用较普遍。

离散矢量求交法针对基于图像空间的建模方法和直接实体造型法的不足，用独立的投影平面代替屏幕平面将几何体离散，用离散点处的矢量代替几何实体数据。

现有加工仿真软件普遍采用基于图像空间的建模方法和离散矢量求交法。对于直接实体造型法，若能解决几何模型的数学描述和计算速度问题，将是一种比较理想的方法。

（2）加工过程物理仿真

加工过程物理仿真是在实际加工之前分析与预测各参数的变化及干扰因素对加工过程的影响，揭示加工过程的实质，分析产品的成型性能，辅助在线检测与在线控制，进行工艺规程的优化。加工过程物理仿真的主要内容包括加工过程中实际切削力的变化规律、整个工艺系统的动态变化特点、刀具磨损、产品的成型性能、工艺参数对产品性能的影响及危险、异常情况（如切削颤振等）的预测等方面。

目前，国内外关于加工过程物理仿真的研究工作对产品性能的有效预测有着积极意义，但还存在以下问题：

1）加工过程物理仿真模型尚需完善。

2）加工过程物理仿真系统缺乏通用性。

3）加工过程物理仿真系统实用性差。

4）未能与几何仿真充分结合。

只有加工过程几何仿真与物理仿真有机结合，才能构成完整的虚拟加工过程仿真系统，但目前这两方面的研究几乎是并行进行，相互辅助、结合的工作还做得不够。几何仿真过程中包含有物理仿真中所需的大量几何信息，二者之间的信息沟通、数据的交互顺畅流动将非常有助于提高加工过程仿真系统的质量。

2. 基于近似响应面模型的产品工艺性能智能预测

产品加工工艺优化设计模型求解过程中往往需反复迭代并获取目标和约束函数中产品的性能指标值，计算量巨大或实验成本高昂。为提高求解效率，可通过实验设计获取足够多有代表性的样本点，建立预测给定加工工艺条件下成形产品各性能指标值的近似响应面模型，以用于加工工艺优化模型的求解。Kriging 作为一种估计方差最小的无偏估计模型，具有全局近似与局部随机误差相结合的动态特点，其有效性不依赖于随机误差的存在，对非线性程度较高和局部响应突变问题具有良好的拟合效果。

（1）Kriging 近似模型

Kriging 模型可以近似表达为一个随机分布函数和一个多项式之和，通过求解得到的值构成的 Kriging 模型为拟合精度最优的近似模型。

（2）基于双层更新 Kriging 模型的产品工艺性能智能预测

为保证给定加工工艺条件下产品工艺性能预测的准确性，可采用双层更新策略：首先，在设计空间全局误差和局部误差最大区域加入样本点，更新近似模型，确保全局精度满足需求；然后，搜索近似最优解并将其补入样本点，再次更新近似模型，以确保近似最优解附近区域的精度满足要求。

上述预测产品工艺性能的 Kriging 近似模型构建过程中，将每一迭代步用于检验 Kriging 近似模型精度的测试样本点用于近似模型更新，避免了近似模型精度检验和模型更新两个环节相分离而造成的计算资源浪费。

3. 基于模糊变权法的产品工艺性能智能综合评价

产品性能包含很多方面，其具体指标随着用户对产品功能需求的变化而改变。其中，产品的表面性能通常表现为各种各样的表面缺陷，其描述难以定量化，其严重程度也无法精确表达，故采用表面性能（即产品的表面缺陷）作为产品工艺性能优劣的评价指标。

在设计阶段，设计者对产品表面缺陷的评价往往是主观的、模糊的，而且不同的设计者因其自身经验知识的不同还可能得到不同的结论，因此需采用模糊变量来描述产品的表面缺陷。在此，选用三角模糊隶属函数来描述产品中各类表面缺陷的严重程度。

（1）评价指标初始权重确定

对产品的表面性能进行评价时，因其表面缺陷种类众多，专家不能凭经验直接确定各缺陷因素的权重值，而往往通过对这些因素进行两两比较来确定其相对重要性。采用层次分析法构造两两比较判断矩阵，经过数学运算，可间接得到各缺陷因素的权重，其基本步骤如下：

1）选定 n 种可能缺陷作为产品工艺性能的评价因素，分析各缺陷因素的关系，建立递阶层次结构。

2）对同一层次中的各缺陷因素关于上一层次某一评价准则的重要性进行两两比较，构造判断矩阵，计算各缺陷因素的初始权重。

（2）变权效用函数的设计

为真实地反映设计者对产品工艺性能进行综合评估时动态变化的模糊决策思维，采用变权模式来定义各缺陷因素的权重，通过否定、激励和调整因子的设计，惩罚较劣的指标（严重的缺陷因素），激励较优的指标（轻微的缺陷因素），并通过相应的调节因子来控制惩罚和激励的力度。

（3）产品工艺性能优劣评定

假定有 m 种待考察的产品加工工艺方案，对于给定的各种工艺方案，专家根据实验结果评估其相应的 n 种缺陷的严重程度，并将其表示为三角模糊数，从而获得模糊关系矩阵。

于是，可采用逼近理想解排序法（TOPSIS）评定各工艺方案下成形制品的工艺性能等级，将各工艺方案根据其与理想方案的贴近度大小进行排序，以选取最优的可行方案。

（4）算法描述

基于模糊变权法的工艺性能智能综合评价算法的具体步骤如下：

步骤一：选定产品工艺性能的评价因素集。

步骤二：采用层次分析法确定成形制品各类缺陷因素的初始权重。

步骤三：确定各候选工艺方案下产品各类缺陷的严重程度，并采用三角模糊数进行描述，构造模糊决策矩阵。

步骤四：根据产品缺陷的严重程度计算变权。

步骤五：计算各加工工艺方案的模糊评价向量。

步骤六：计算最严重和最轻微的两种缺陷的极限状态向量。

步骤七：计算各加工工艺方案下产品工艺性能与上述两极限状态向量之间的距离，利用计算出的各工艺方案的产品工艺性能指数，进行优选。

3.3.4 加工参数的智能优选

1. 基于变粒度的加工工艺参数多目标优化模型构建

（1）工艺参数优化问题建模的变粒度策略

产品加工工艺参数的优化需考虑产品质量、原材料和能源的利用率、生产率等众多因素，加工工艺参数优化过程中需确定的工艺参数繁多，因而是一个复杂工程系统的优化问题。面对此类问题，工艺设计者通常需通过多次实验、反复修改工艺参数才能达到预期的目标，获得令人满意的工艺方案，即采用一种由粗到细、逐步求精的“变粒度”或“变复杂度”的方法来处理。所谓粒度，是指人类在解决和处理复杂问题时把大量复杂信息按其各自的特征和性能划分而成的简单信息块。

从粒度的角度看，工艺设计者在对产品加工参数进行优化设计时往往需从若干不同粒度的世界分析问题，并寻求较为理想的解。其设计过程主要分为两步：

1）明确所要达到的工艺设计目标，并确定待考察的工艺参数变量。

2）搜寻并获取符合工艺设计目标的工艺参数变量。

在工艺参数优化过程中，设计者穿梭于不同粒度的信息世界中，通过反复实验、修改工艺参数，确认并调整所获取或已经获取的信息或知识，而这些行为均由预期的工艺优化目标来驱动。

在工艺参数设计初期，设计者通常先根据经验选择关键工艺参数作为设计变量，采用对用户而言最为重要的工艺设计目标作为优化目标，而忽略其他工艺参数和工艺设计目标的影响，即从一个粗粒度的世界来分析处理加工工艺参数优化问题。因此，在工艺设计初期，可采用粗粒度模型来描述工艺参数优化问题，仅考虑较重要的工艺参数变量和工艺设计目标，使得设计变量的数目较少，目标函数相对简单，以简化搜索过程，从而较快地为后续工艺设计找到通向整体最优解的搜索方向。

在前期粗粒度模型求解、获取整体最优解搜索方向的基础上，在后续的工艺参数优化过程中逐渐加入其他工艺参数变量，并根据实际需求增加工艺设计目标，逐渐将粗粒度模型改进成细粒度模型，以最终获得满足用户要求的最优解。采用变粒度策略优化求解，不仅符合工艺设计者基于不同粒度分析加工参数优化设计问题的思维方式，而且可在保证求解精度的前提下大幅度降低计算消耗，简化工艺参数优化过程。

（2）加工工艺参数的变粒度多目标优化模型

对于工艺参数、工艺优化目标和约束函数繁多的加工工艺参数优化问题，设计者难以一次性地准确给出其最优解，往往是先在较为宏观的层次上根据自身所积累的设计经验给出该优化问题的粗粒度描述并进行求解，通过反复实验、修改工艺参数方案获得对该工艺优化问题不断深入且规范化、完整化的认识，逐渐细化描述该问题的粒度，最终获得细粒度工艺参数优化模型的最优解。

采用变粒度策略构建加工参数优化问题所需的不同粒度模型的数量，取决于该工艺参数问题的复杂度。对于工艺参数和优化目标的数量相对较少的优化问题，只需建立粗粒度和细粒度两种模型进行求解；而对于工艺参数和优化目标个数较多的优化问题，则需建立粗粒度、中粒度、细粒度乃至微粒度的模型进行求解。可见，在加工工艺参数多目标优化问题求解过程中，不同模型粒度的粗或细是针对解决该问题时所涉及各模型中工艺参数和目标函数个数多少不同而言的。

2. 基于信噪比与 TOPSIS 的加工参数多目标稳健设计

（1）内外表参数设计

产品加工过程中涉及的工艺参数众多，难以直接确定对产品质量起决定作用的主要因素，因此需先利用无交互作用的二水平正交表安排实验，将各工艺参数的两个水平分别选在中心和边界位置，通过方差分析筛选出对产品质量影响最大的若干个工艺参数作为稳健设计中的可控因素，然后根据具体情况确定各可控因素的水平数和水平值，选择合适的正交表进行内表实验。

加工工艺参数在产品制造过程中可能受外界环境的影响而产生误差，故将上述筛选出的主要工艺参数（即可控因素）的误差作为噪声因素，即内外表参数设计中噪声因素与可控因素的数目相同。对于内表的每组工艺参数方案，均考虑噪声因素的基本值、上下偏差共三个水平，采用正交表安排其外表实验，以深入分析产品加工过程中各可控因素的误差对产品质量的不良影响。

(2) 信噪比计算

信噪比是日本的田口玄一博士提出的衡量产品稳健性的指标，信噪比越大则产品越稳健。根据产品质量特性的不同，信噪比函数具有三种不同形式。考虑到基于流动分析获得的产品质量特性指标反映了产品中各类缺陷的严重程度，具有望小特性。

采用内外表参数设计法进行稳健设计时，总实验次数为内外表实验次数的乘积，因此需要进行大量实验。若对每次实验方案均采用仿真分析软件进行数值模拟预测，则在获取各实验方案下产品质量特性指标值的过程中必然涉及大规模的数值计算，且耗时过长。为克服此不足，在筛选出对产品质量影响最大的主要工艺参数后，采用均匀设计表安排足够次数的流动分析实验，利用所获得的样本数据进行逐步回归分析，建立预测给定工艺参数方案下产品各质量特性指标值的二次多项式回归模型，可以避免内外表实验过程中反复进行流动分析，并快速获得计算信噪比所需的各质量指标值。

(3) 稳健优化算法

由上述分析可知，确定产品的质量评价指标并利用流动分析求得各实验方案下产品的质量指标值后，即可利用上式计算出内表所有加工工艺方案下产品各质量指标所对应的规范化信噪比，构建样本矩阵，然后运用 TOPSIS 求得各工艺方案相对于理想解逼近程度的大小，进而获得各设计方案的稳健性能指数，并选出稳健性最优的工艺设计方案。该算法的具体步骤如下：

步骤一：优化问题描述。包括：①根据用户对产品质量的要求选取评价工艺参数方案优劣的质量特性指标；②通过筛选实验确定对产品质量特性指标影响最大的主要工艺参数变量，即可控因素；③确定噪声因子，即不可控因素。

步骤二：构建回归预测模型。根据可控因素个数及其水平，采用合适的均匀设计表安排实验进行流动分析，以获取足够多有代表性的产品加工成形样本数据，并基于逐步回归分析建立预测给定实验方案下产品各质量特性指标值的非线性回归模型。

步骤三：设计内外表实验。根据可控因素个数及其水平、噪声因素个数及其水平，采用合适的内外表安排实验，基于步骤二中所建立的回归预测模型计算出所有实重方案下产品各质量特性指标的值。

步骤四：计算信噪比，生成决策矩阵。利用上述两式计算出内表所有工艺参数设计方案下产品各质量特性指标所对应的规范化信噪比，构造设计决策矩阵。

步骤五：进行基于 TOPSIS 的加工参数稳健性优劣评定。

3.3.5 智能加工过程的智能检测

1. 加工过程的机器视觉检测

(1) 机器视觉检测方法与步骤

1) 检测方法。机器视觉检测根据所采用的算法可以分为三类：参考基准检测方法、非参考基准检测方法和混合检测方法。

参考基准检测方法需要一个参考标准模型，这是从原始设计文档中获得的，扫描待检测对象，然后与标准模型对比，可以很容易地检测出待检测对象的缺陷。这种方法的缺点是存储参考图像需要大量空间，且检测时需要精确对准，对于照明条件也十分敏感。

非参考基准检测方法不需要任何参考模型，也称为设计规则检测方法，使用设计规则标准来检测扫描对象的特征。非参考基准检测方法可以避免参考基准检测方法的缺点，但可能会错过不违反设计规则的缺陷。

混合检测方法融合了上述两种检测方法的特点，但其缺点在于检测过程太过复杂。

2）检测步骤。机器视觉可用于检测加工过程中的一些重要属性，如灵活度、效率、速度、可靠性和耐用性等。为了检测这些属性，清楚地界定检测所需的输出和输入是非常重要的。通常情况下，机器视觉检测系统的运行从原始图像开始，其检测步骤见表 3-18。

表 3-18 检测步骤

步骤	具体内容
图像采集	通过工业相机获取的图像，包含所需信息并以数字化形式表达和存储
图像处理	获取图像后，需要对其进行预处理，以去除背景噪声和不需要的信息。这一步骤也可应用图像复原技术，用以校正由采集系统（如工业相机）引入的几何变形，以提高图像质量
特征提取	一组已知的图像信息的模式或特点，包括大小、位置、通过边缘检测的轮廓和连接、区域填充信息等。特征提取需兼顾一些不重叠或不相关的特征，从而实现更好的分类；特征可以通过统计或其他计算技术（如神经网络或模糊控制）进行分析，结果用于图像的描述
分析决策	将特征变量组合成新特征变量组可以减小特征量，尽管初始特征量可能很大，但是数据的基本维数或固有维数也可能非常小。决策的第一步是通过降低特征空间维数以达到问题的固有维数，使减小的特征集更接近最后决策。最终的特征识别、特征种类和计算值，取决于系统的具体应用。例如，在加工过程的视觉检测中，系统通过把待检测量与已知图像模板进行比对，可以确定加工的工件是否满足特定的质量标准，该决策（如模型匹配）涉及阈值定义、统计分析或分类处理等方法

（2）机器视觉检测系统

机器视觉检测系统由标准的部件组成，特别是 PC 平台、联网、备份和存储技术都已标准化。PC 平台上运行功能强大的图形用户界面环境与图像处理加速器提供了以低成本构建的强大的、用户界面友好的机器视觉环境，它是机器视觉的核心技术。

机器视觉检测系统开发将软件和硬件工具整合成一个完整的应用程序，在各种软件和硬件厂商发行的各种组件的基础上构建起来。传统的编程环境，例如 C 和 C++也支持软件的组件被嵌入到统一的系统中。随着新的硬件传感器、采集卡和计算机的应用，机器视觉检测系统中高复杂度的算法可以被实时开发出来。新型传感器（如 CMOS 传感器）可提供高动态范围，相比传统的 CCD 传感器，即使在光线不足的条件下，也能实现更加可靠、灵活和快速的图像采集。与此同时，图像处理软件多数都支持使用友好的用户界面、强大的软件库来执行一些流行的图像处理和分析算法，实现了可视化编程与友好用户界面和传统编程的融合。可视化编程可以用于促进原型系统开发，使最终的应用程序可以使用标准编程方法和语言来实现。

机器视觉检测的硬件系统主要采用商业产品，而不是定制开发，这减少了开发新产品的工作量和风险，并允许直接运用新硬件。当需要更高的性能时，可以使用专门的 DSP。图像通常由被放置在加工现场的一个或多个工业相机获得。相机的位置通常是固定的，且场景需要适当的光照，以获得所需质量的图像。计算机主要用于处理所获取的图像，通过图像处理分析和分类软件实现。

机器视觉检测的软件系统是至关重要的，必须具备的特点见表 3-19。

表 3-19 机器视觉检测的软件系统的特点

特点	具体体现
多流程级别的支持	机器视觉检测软件必须能处理低级别（如滤波、阈值）、中等级别（如分割、特征计算）和高级别（如物体识别、图像分类等）的检测任务
操作简便	图形化用户界面、可视化编程和代码生成是实现应用开发的典型特征，图像处理功能必须按类型和范围进行分类，使一名非专业人员也可以实现相应功能的选择
动态范围和帧速率支持	新型传感器（如 CMOS 传感器）可提供高动态范围和更快的图像采集速率，处理软件必须支持变帧率情况下高动态范围的图像处理
可扩展性	软件系统必须能够以新的或更好的算法取代旧的算法，容易适配应用程序的新要求，而无需额外的编程工作
专用硬件支持	软件系统必须能够适配硬件工作，以缓解计算密集型应用中处理速度的问题。一旦过程呈现出高度时间约束或计算密集的特点，并超出了主处理器的处理能力，专用硬件（如 DSP、专用集成电路、FPGA 等）就会被启用，来减轻处理速度的问题

设计开发机器视觉检测系统的具体要求来自于应用场合和相关任务所关注的参数，如进度、环境、速度等。在某些机器视觉检测应用中，系统必须能够对产品上的变化或缺陷做出明确区分，而在其他应用中，系统必须使用户能够得到解决特定问题的方案，如测量、装配的准确指导。不存在能够在各个应用领域中处理所有任务的通用机器视觉检测系统，每个特定应用领域的系统设计和构造都需要进行适当的调整。机器视觉检测的首要问题是了解需要获取何种信息，以及这些信息如何转化为图像中提取出的测量特征，这将影响系统软硬件如何设计。然后，必须确定选择哪种物理量（如位置或强度）进行测量和用于获得测量值的准确位置。对于可靠的机器视觉检测系统而言，必须尽可能降低“漏报率”和“误报率”，系统可靠性的保证主要依赖于处理和分类单元，其前提则是所获取的图像的质量。另外，机器视觉检测系统还需具有较好的鲁棒性和自适应性，以适应照明、标记、背景或者观察角度等因素的变化。

2. 加工过程的热特性检测与辨识

（1）机床热特性检测

这里主要讨论智能加工中数控机床热特性的检测。

1）热特性检测仪器。数控机床热特性检测的数据主要包括：机床各内热源作用下各部件的温升、热变形、温度场变化和达到热平衡的时间等数据。

数控机床热特性检测仪器和检验工具主要包括：

① 具有合适测量范围、分辨率、热稳定性和精度的位移测量系统（如用于测量由线性轴移动引起的热变形的激光干涉仪，测量由环境或主轴旋转引起的热变形的电容、电感或可伸缩接触式位移传感器）。

② 具有足够分辨率和精度的温度传感器（如热电偶、电阻式或半导体温度计）。

③ 数据采集装置（如多通道图像记录仪、计算机数据处理系统）。

④ 检验棒，采用性能优良的钢材按标准制造。

⑤ 用来安装位移传感器的夹具，采用性能优良的钢材按标准制造。

在可能的情况下，主轴热变形传感器可以直接靠在主轴端部，以减少检验棒热膨胀的影响。测量仪器精度应定期校验，并在检验开始前进行热平衡。

2）温度测点布置。由于数控机床热源的复杂性、多样性，同时在机床的实际加工中出于成本考虑，对机床温度传感器测点的布置要求如下：

① 传感器要尽可能地少。

② 要确定所布置的传感器能够尽可能准确地反映机床总体热特性变化。

③ 为了充分发挥传感器的性能，各个传感器测得的温度数据要尽可能独立，与其他传感器测得的温度数据耦合度要小。

④ 最大限度提高后续热变形计算的准确性，要求传感器测得的位置温度相对于热变形比较敏感，以降低测量误差对热变形的影响。

为了方便对后续温度场的监控，可采用如下方法进行测点的优选：

① 通过数控机床热特性数值模拟分析方法获得机床的温度场及热变形。

② 计算待考察的测点之间温度的相关性系数，根据相关性系数进行分组。

③ 求出待考察测点的热敏感度，根据热敏感度选择每组中热敏感度最大的位置作为热特性监控测点的实际布置位置。如果要求布置的测点个数小于分组数目，将每组中热敏感度最大的点按热敏感度由大到小排序，按要求布置的测点个数取靠前的测点即可。

机床温度场及热变形是指通过布置温度传感器及位移传感器获得测点的温度及刀尖相对于工件的位移，将测量中的所有测点作为最终热特性监控测点的初始待选测点。

通过检测获得待测点的温度变化情况 X 和刀尖位置相对于工件的位移变形量 δ，设测量时按固定的采样频率进行采样，共采集 N 次，则第 i 个测点的温度变化序列可表示为 $X_i=\{X_{i1}, X_{i2}, X_{i3}, \cdots, X_{iN}\}$。刀尖位置相对于工件的位移变形量可表示为 $\Delta=\{\delta_1, \delta_2, \delta_3, \cdots, \delta_N\}$。

（2）机床主轴热特性快速辨识

通过对主轴上各温度测量点上温度数据的处理，获取关键点的温升曲线，实现机床主轴热特性快速辨识。

机床主轴热特性快速辨识步骤如下：

1）在机床主轴上布置 n 个温度测量点，在采样间隔 Δt 下得到各时刻 n 个温度测量点的温度值，采样次数为 m，得到温度采样矩阵为（$\{T(t_1)\}$，$\{T(t_2)\}$，…，$\{T(t_m)\}$）。

2）设定延时时间 τ，$\tau=g\Delta t$，g 为正整数，$s=m-2\tau$。

构造两个温度采样序列：

$$(Z)_{n\times s}=(\{\{T(t_1)\}-\{T(t_1+\tau)\}\},\{\{T(t_2)\}-\{T(t_2+\tau)\}\},\cdots,\{\{T(t_s)\}-\{T(t_s+\tau)\}\})_{n\times s}$$

$$(Z)_{n\times s}=(\{\{T(t_1+\tau)\}-\{T(t_1+2\tau)\}\},\{\{T(t_2+\tau)\}-\{T(t_2+2\tau)\}\},\cdots,\{\{T(t_s+\tau)\}-\{T(t_s+2\tau)\}\})_{n\times s}$$

3）选择温度测量点中温度最高的点为关键点，采样次数为 m，该关键点的温度列向量为 $(Q)_{m\times 1}=\begin{bmatrix} T(t_1) \\ T(t_2) \\ \vdots \\ T(t_m) \end{bmatrix}$，其中 $T(t_1)$ 为第 1 次采样得到的该关键点的温度，t_1 为第 1 次采样

对应的采样时间。依此类推，$T(t_m)$ 为第 m 次采样得到的该关键点的温度，t_m 为第 m 次采样对应的采样时间。

4）计算该关键点的温度测量值与估计值的均方根误差 σ 的表达式为

$$\sigma = \sqrt{\sum_{k=1}^{m}[T_e(k) - T_o(k)]^2/(m-1)}$$

式中，m 为采样次数；$T_e(k)$ 为在第 k 次采样时刻估计的温度值，$T_e(k)$ 通过关键点的温升曲线得到；$T_o(k)$ 为第 k 次采样时刻测得的温度值。

5）在某一采样次数 m 下得到均方根误差 σ。采样次数 m 依次增大，返回步骤1），得到不同采样次数 m 下的均方根误差，直至均方根误差 σ 出现先减小后增大的情形，即均方根误差 σ 存在极小均方根值，极小均方根值对应的采样次数 m 所对应的时间为辨识时间，辨识时间下关键点的温升曲线即能准确反映机床主轴热特性的曲线。

热平衡时间定义为当温度达到稳态温度的95%时所处的时间。

通过上述方法，对主轴上各温度测量点的温度数据进行处理，可实现快速辨识热特性的目的，获取关键点的温升曲线，大幅减少实际辨识热特性的操作时间，缩短生产准备时间，且此方法只需温度采样数据，无须热激励即可达到辨识目的，可以预判机床主轴在之后的时间所反映的热特性，从而快速辨识机床主轴热特性。

3. 机床动态综合误差建模与补偿

（1）机床动态综合误差建模

由于机床工作时存在多种类型误差的共同作用，且其各自的比重随工况的变化而变化，因此综合误差具有非线性、耦合性和动态性，这给机床的综合建模造成了困难。为解决这一问题，将贝叶斯网络理论引入故障诊断过程，提出概率、统计与图论相结合的机床误差模型，将先验知识和传感器测得的数据作为输入进行分析、计算。根据要求得到相应的误差模型参数，实现综合误差建模，经过模型处理计算后输出误差预测结果，结合加工现状进行误差预测，补偿控制器执行机床加工的实时补偿控制，提高加工精度。

（2）机床动态综合误差补偿

首先在机床温度敏感点布置温度传感器，获得关键点温度数据，通过非接触在线测量获得主轴变形量数据。充分实验后获得一系列可重复实验数据，并对此实验数据进行智能鲁棒建模，以获得接近真实状态的非线性误差模型。最后，将该模型移植到误差补偿控制器，以便在实际加工中进行误差预测和补偿。通过实验获得建模用样本数据，采用最小二乘法建立机床误差模型，通过误差补偿控制器的在线温度测量及模型预测，获得补偿位移量，实现轴向位移控制，补偿后的位移变化由非接触激光位移传感器测量获得。

3.3.6 典型的智能加工工艺

1. 仿生制造

（1）基本概念

模仿生物的组织结构和运行模式的制造系统与制造过程称为仿生制造（Bionic Manufacturing）。它通过模拟生物器官的自组织、自愈、自增长与自进化等功能，迅速响应市场需求。

制造过程按数控程序加工工件或按产品模型制造产品与生命过程有很强的相似性。制造过程中的几乎每一个要素或概念都可以在生命现象中找到它的对应物。建立新的制造模式和研究新的仿生加工方法，将为制造科学提供新的研究课题并丰富制造科学的内涵。此外，开发出新型智能仿生机械和结构，将在军事、生物医学工程和人工康复等方面有重要的应用前景。如果说制造过程的机械化、自动化延伸了人类的体力，智能化延伸了人类的智力，那么仿生制造则是延伸人类自身的组织结构和进化过程。

（2）仿生机械

仿生机械是通过模仿生物的形态、结构和控制原理，设计制造出的功能更集中、效率更高并具有生物特征的机械。仿生机械是以力学或机械学为基础，综合生物学、医学及工程学的一门边缘学科，它既把工程技术应用于医学、生物学，又把医学、生物学的知识应用于工程技术，它包含着对生物现象进行力学研究，对生物的运动、动作进行工程分析，并把这些成果根据社会的要求付之实用。

仿生机器人是仿生机械中的一个最为典型的应用实例，其发展现状基本上代表了仿生机械的发展水平。我国经过几十年的发展研究，在仿生机器人方面取得了很多成果，研制出了相关的机器人样机，而且有些仿生机器人在某些方面达到了国外先进水平。仿生机器人就是模仿自然界中生物的外部形状、运动原理和行为方式的系统，是能从事生物特点工作的机器人。仿生机器人的主要特点是它们大多为冗余自由度或者是超冗余自由度的机器人，机器结构相对比较复杂，其驱动结构与常规的关节型机器人是不同的，它们通常采用绳索、人造肌肉或者形状记忆合金等来进行驱动。主要的仿生机器人有三大类：一是仿人机器人，二是仿生物机器人，三是生物机器人。按照使用环境的不同，又可分为水下仿生机器人、空中仿生机器人和地面仿生机器人，见表 3-20。

表 3-20 仿生机器人按照使用环境的不同分类

按使用环境分类	具体内涵
水下仿生机器人	指模仿鱼类或者其他水生生物的一些特性研制出的新型高速、低噪声、机动灵活的柔体潜水器
空中仿生机器人	具有自主导航能力、无人驾驶的飞行器。这一类机器人的应用前景是非常好的，特别是在军事上的应用
地面仿生机器人	根据行走方式的不同可以分为跳跃式机器人、轮式机器人、足式机器人以及爬行类机器人等

2. 微机械加工

（1）基本概念

微机械是一种以毫米为度量单位、必须借助专用装置和仪器来观察其工作状况的、体积很小、重量很轻的机电一体化产品。微机械按其尺寸可分成 3 类，1～100mm 为小型机械；10μm～1mm 为微型机械；10nm～10μm 为超微型机械。

微机械具有体积小、重量轻、能耗低、集成度高和智能化程度高等特点。微机械并不是传统机械的简单微型化，其在尺寸、结构、材料、制造方法和工作原理等方面，都与传统机械截然不同。微型机械学的学科基础、研究内容和研究手段等都具有其独特的学科系统，构成了一门新的学科。

（2）微机械材料

目前，微机械最主要的基础材料是单晶硅，以单晶硅为基底，可在其中进行各种平面加工或立体加工。这是由于单晶硅具有以下优点：

1）具有最适宜微细加工的结构和特性。

2）具有适宜于微机械要求的机械强度。

3）来源广泛，提纯和控制技术成熟，制造成本低。

单晶硅在高速运动时易断裂，所以新发展的可动微机械一般采用多晶硅制造，它仍以单晶硅为基底，再在单晶硅上淀积多晶硅，然后在多晶硅中进行各种构形加工。为防止在加工或使用时因超过应力限度或因内部缺陷导致硅断裂，在硅表面最好淀积一层 Si_3N_4 保护膜。

（3）关键技术

进行微机械加工的关键技术主要有 3 种，见表 3-21。

（4）微机械的动力装置

微机械的动力装置通常采用微型电动机或微型驱动器，还有采用微泵的。微型电动机现已有静电电动机、超声电动机、电磁电动机、谐振电动机和生物电动机。

表 3-21　微机械加工的关键技术

关键技术	具体内容
超微技术	超微技术须在洁净的环境下进行，其中的关键在于刻蚀技术。一般选用光刻，即将微机械零件硅基板经光射照相成形，生成零件几何外形，有待后续深加工。常见的超微技术有：集成电路技术、腐蚀成形技术、光刻电铸技术、键合法（由硅片与玻璃片键合，或硅片与硅片键合）、超微机械加工和放电加工技术
装配技术	装配技术是把微机械所需的微型机构、微型传感器、微型执行机构及信号处理和控制电路，以及接口、通信和电源等有机地结合起来，使之成为能完成一定功能的机电一体化产品
控制、通信及能源制作技术	这一技术把微型传感器、驱动器和控制器等有机地集中协调起来，用于微机械的控制、通信并向其提供能源等

（5）微机械传感器

在微机械传感器中，以微压力、微温度、微加速度、微流量、微气敏传感器的研究应用居多。为了节约能耗，正在试验研究无源微传感器。正在研究用大规模集成电路的微细加工技术，将机构、驱动器、传感器、控制器等集成在一个多晶硅片上，既可以将传统的无源机构变为有源机构，又可以制成一个完整的机电一体化的微机械系统。

3.3.7　智能设计技术

智能设计是指应用现代信息技术，采用计算机模拟人类的思维活动，提高计算机的智能水平，从而使计算机能够更多、更好地承担设计过程中的各种复杂任务，成为设计人员的重要辅助工具。智能设计以设计方法学为指导，以人工智能技术为实现手段，以传统 CAD 技术为数值计算和图形处理工具，面向集成智能化，提供强大的人机交互功能，使与人工智能融合成为可能，借助专家系统技术在知识处理上的强大功能，结合人工智能神经网络和机器学习技术，较好地支持设计过程自动化。

智能设计是面向工程开发全过程，能够自动地引导产品设计人员进行产品的设计活动并能寻求记录不同类型知识的方法。下面简单介绍智能 CAD 和智能 CAPP。

1. 智能 CAD

(1) 基本概念

1) 智能 CAD 技术。智能 CAD 技术实际上就是人工智能技术与 CAD 技术结合在一起形成的新技术。从结构上来看，智能 CAD 技术主要可分为 3 个部分，见表 3-22。

表 3-22 智能 CAD 技术的结构

结构层面	具体功能
基础层	可分为计算机外部设备与系统软件两部分，它是智能 CAD 系统中最基本、核心的部位
支撑层	主要由数据库管理软件、网络服务软件、分析软件等构成，其主要作用是为相关应用工作的开展提供软件支撑
应用层	主要功能是根据不同工作环境的特点，借助相关软件来完成特定的工作

智能 CAD 技术的功能见表 3-23。

表 3-23 智能 CAD 技术的功能

功能	具体内涵
计算和分析功能	能借助数字仿真模拟、有限元分析等来完成计算和分析工作，同时还能提高计算结果的准确性
图形图像处理功能	比较常见的有图形输出功能、三维几何模型制造功能等
数据管理和交换功能	对数据库进行管理，利用不同的 CAD 系统，可实现数据的及时交换和处理
文字的编辑和文档的制作等功能	有强大的文字处理功能，可在短时间内完成大量文档的制作处理工作

智能 CAD 技术除了上述 4 种主要功能外，还具备设计功能和一些网络功能。

2) 智能 CAD 系统。智能 CAD 系统通常运用专家系统或人工神经网络两种人工智能技术。

① 专家系统是在知识系统的基础上衍生的，主要是利用计算机对知识进行获取和处理的技术。在实际的应用过程中，就是先把专家的知识和经验输入计算机中，这和普通的问题求解系统有着本质的区别：普通的问题求解系统是没有智能化的，而这个系统可以最大程度上模拟专家处理问题。在设计人员处理的过程中，这个系统会给设计人员进行提示，指出当前设计中存在的一些问题，并对下一步的工作提出建议。智能 CAD 系统一般由知识库、推理机、知识获取系统和解释机构等构成。

② 基于人工神经网络的智能 CAD 系统是模仿人类神经元建立的，在人工神经网络系统中，大部分的变量都是可以调节的，对信息的存储也是分布式的。与专家系统相比，人工神经网络的适应能力和容错能力都要强很多。同时还具有一定的自组织能力。

智能 CAD 系统是在 CAD 系统中融入人工智能的理论和方法，把图形库、数据库、知识库、管理系统等进行集成，使计算机能模拟设计人员的智能和思维，进行方案决策和图形处理、知识的应用，不但大大提高了 CAD 系统设计的自动化，而且有助于产品的开发创新。

(2) 智能 CAD 系统的结构

目前，智能 CAD 系统主要是基于专家系统的智能 CAD 系统。其结构与传统的 CAD 系统相比，除了具有工程的图形库和数据库外，还具有一个专家系统的知识库和对图形、数据、知识获取的管理系统，图 3-17 所示就是一个基于专家系统的智能 CAD 系统的结构。

在基于专家系统的智能 CAD 系统中，设计模型通常都是对模型的又一次设计，通常采

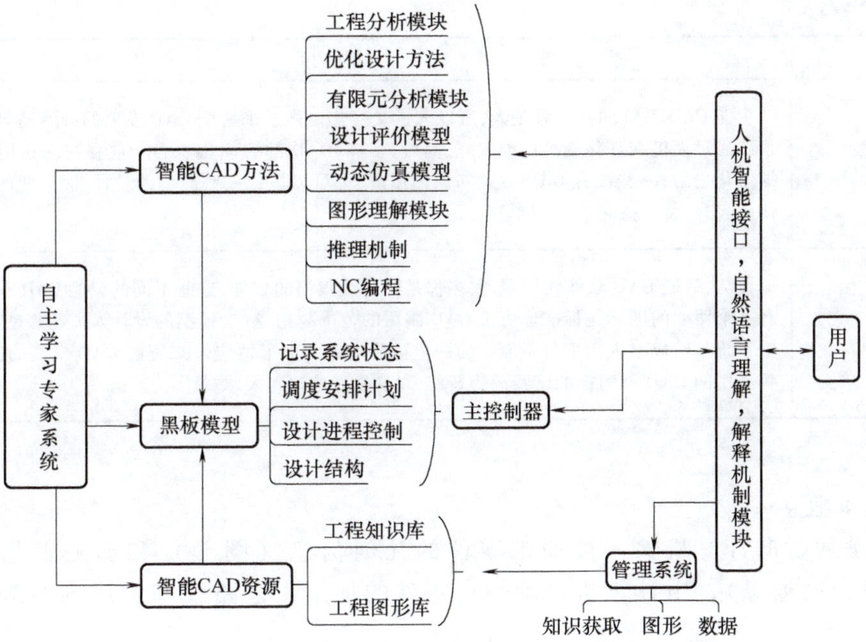

图 3-17　基于专家系统的智能 CAD 系统的结构示意图

用迭代设计，即对机械结构模型进行设计时，首先要对模型进行分解，把整个机械结构模型分解成若干个独立的小模型。当每个独立的小模型设计完成之后，就可以把这些小模型组合起来，最后完成整个机械结构模型的设计。在对小模型的设计过程中，每设计出一个机械结构模型方案，就通过人工智能系统对设计出的方案进行分析，直到选择出最适合的设计方案。对于这些小机械结构模型的设计方案，就要由智能 CAD 系统中的自主学习专家系统进行分析，最后得出一个最优的设计方案。

（3）智能 CAD 的发展趋势

智能 CAD 经过多年的发展，已经在机械机构模型设计等领域得到了广泛的应用，而且随着其在工业设计中的使用，智能 CAD 自身也在不断地发展。智能 CAD 必然是未来机械结构等模型设计使用的工具，而智能 CAD 为了满足越来越繁杂、精细的工业设计，其自身也将会向集成化、网络化、人机交互化和标准化方向发展，其发展趋势见表 3-24。

表 3-24　智能 CAD 的发展趋势

发展趋势	具体内容
集成化	CAD 系统的初期，与其衍生出的 CAM（计算机辅助制造）、CAPP（计算机辅助工艺过程设计）、CAE（计算机辅助工程）等这几种独立系统都集合到一起，相互之间也可以进行一定程度上的调用，但这还不能称为集成化，真正意义上的集成化应该包括不同系统之间功能的集成、信息的集成、过程的集成和动态联盟企业的集成。目前，CAD 衍生系统中，CIMS（计算机集成制造系统）把 CAD 和 CAM 很好地高度集成到了一起。但这还不够，必须把 CAD、CAM、CAPP、CAE、VM（虚拟制造）等进行高度集成，才能达到未来机械结构设计的要求。这种集成化不但能提高机械结构模型设计的效率，而且对 CAD 的智能化也会有所提高
网络化	随着互联网的发展，各种技术和系统都有网络化的发展趋势，在网络化之后，各个系统之间进行协同作业，不同的机械结构模型设计人员在进行设计时，也可以进行协同设计，设计人员之间的缺点就可以进行一定程度上的互补，CAD 的智能化将会提高到一个新的层次。此外，还可以利用网络化建立一个企业联盟，通过互联网上的需求关系，对市场的反应也能够更加迅速

（续）

发展趋势	具体内容
人机交互化	智能 CAD 系统的使用者是人，所以人机交互化也是未来智能 CAD 发展的必然趋势。智能 CAD 系统通过人机交互化变得更加友好、高效、多样，CAD 的智能化也会相应提高。在用户接口更加拟人化之后，一些没有 CAD 专业知识的用户，也可以进行一些简单的设计，而专业的模型设计者使用起来，将会变得更加简单和方便
标准化	目前，智能 CAD 软件领域中，大多都是针对性很强的软件，这些不同的智能 CAD 软件之间还没有一个明确的国际化标准。由于 CAD 制图的范围越来越广，模型的设计人员越来越繁杂，制图标准不统一已成为人们不得不面临的一个重要问题。为了适应未来智能 CAD 发展的需求，制定国际通用的 CAD 制图标准已经成为智能 CAD 发展的迫切要求

2. 智能 CAPP

（1）基本概念

CAPP 是通过向计算机输入被加工零件的几何信息（图形）和加工工艺信息（材料、热处理、批量等），由计算机自动输出零件的加工工艺路线和工序内容等工艺文件的过程。

CAPP 专家系统是通过推理机中的控制策略，从知识库中搜索能够处理零件当前状态的规则，然后执行这些规则，并将每一次执行规则得到的结论按照先后次序记录下来，直至零件加工完成。这个记录就是零件加工所要求的工艺规程。CAPP 专家系统可以在一定程度上模拟人脑进行工艺设计，使工艺设计中的许多模糊问题得以解决，特别是对箱体、壳体类零件，由于它们结构形状复杂、加工工序多、工艺制造技术基础强、可能存在多种加工方案，因而工艺设计的优劣往往取决于人的经验和智慧。智能 CAPP 就是将人工智能技术应用到 CAPP 系统开发中，使 CAPP 系统在知识获取、知识推理等方面模拟人的思维方式，解决复杂的工艺规程设计问题，使其具有人类智能的特性。

智能 CAPP 追求的就是工艺决策的自动化。它能将众多工艺专家的知识和经验以一定的形式存入计算机，并模拟工艺专家的推理方式和思维过程，对现实中的工艺设计问题自动地做出判断和决策。CAPP 专家系统的引入，使得 CAPP 系统的结构由原来的以决策表、决策树等表示的决策形式，发展成为知识库和推理机相分离的决策机制，增强了 CAPP 系统的柔性。专家系统的优劣取决于知识库所拥有知识的多少、知识表示与获取方法是否合理以及机理机制是否有效。

（2）智能 CAPP 系统的组成

如图 3-18 所示，智能 CAPP 系统由工艺过程设计模块、零件信息输入模块、控制模块、工序决策模块、工步设计决策模块、信息输出模块、加工指令生成模块和加工过程动态仿真模块构成。

智能 CAPP 系统各模块的功能见表 3-25。

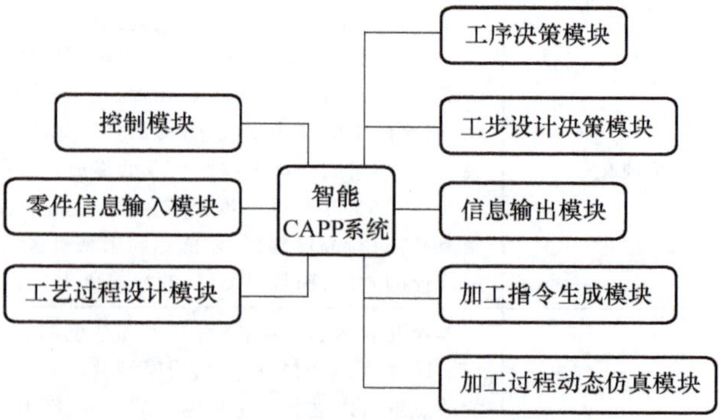

图 3-18　智能 CAPP 系统的组成

表 3-25 智能 CAPP 系统各模块的功能

功能模块	具体功能
控制模块	协调各模块的运行，实现人机之间的信息交流，控制零件信息的获取方式
零件信息输入模块	通过直接读取 CAD 系统或人机交互的方式，输入零件的结构与技术要求
工艺过程设计模块	对加工工艺流程进行整体规划，生成生产工艺过程卡，供加工与生产管理部门使用
工序决策模块	对以下方面进行决策：加工方法、加工设备以及刀具、夹具、量具的选择，工序、工步安排与排序，刀具加工轨迹的规划，工序尺寸的计算，时间与成本的计算等
工步设计决策模块	设计工步内容，确定切削用量，提供生成 NC 加工控制指令所需的刀位文件
信息输出模块	以工艺卡片的形式输出产品工艺过程信息，如加工工艺流程图、工序卡，输出 CAM 数控编程所需的工艺参数文件、刀具模拟轨迹、NC 加工指令，并在集成环境下共享数据
加工指令生成模块	依据工步设计决策模块提供的文件，调用 NC 指令代码系统，生成 NC 加工控制指令
加工过程动态仿真模块	对所生成的加工过程进行模拟，检查工艺的正确性

(3) 智能 CAPP 工艺决策专家系统的构成

智能 CAPP 系统引入了知识工程、智能理论和智能计算等人工智能技术，其基本结构以知识库和推理机为中心。智能 CAPP 工艺决策专家系统的构成见表 3-26。

表 3-26 智能 CAPP 工艺决策专家系统的构成

基本构成	具体功能
输入/输出接口	负责零件信息的输入、零件特征的识别和处理以及由系统生成的零件工艺路线、工序内容等工艺文件的输出。这是系统与外界进行信息交换的通道
知识库	包括零件信息库、工艺规则库、资源库和知识库管理系统。这是系统的基础，各种知识的组织和表达形式对系统的有效性起决定性的作用
推理机	是指各种工艺决策算法，包括工艺路线的生成和优化、机床刀具与工装夹具的确定、切削用量的选择等。这是系统的关键，决定着系统智能化的水平
知识获取系统	是指利用机器学习的方法，从工艺设计师的经验和企业的工艺文件中获取工艺知识，并将其转化为计算机能识别的工艺推理规则，从而不断地更新和扩充工艺规则库

(4) 智能 CAPP 工艺决策专家系统的特点

传统的零件加工工艺规程，主要是根据工艺工程师的个人经验对所要加工的零件进行工艺分析，对加工机床、工装夹具与刀具进行选取，最后根据加工要求完成切削用量的选择，进行机械加工。此种工艺规程制订方式的主要问题在于人为因素对零件最终的加工质量影响很大，由于工艺工程师个人知识与加工经验的不同，导致对于同一零件，不同工艺工程师所选取的工艺参数不尽相同，加工后的零件质量也各不相同。

能够完成工艺决策的智能 CAPP 专家系统是一个很复杂的基于知识的大型系统。根据工艺设计的多任务和多层次的特点，智能 CAPP 专家系统必定需要多次推理、多路推理或者多层推理才能解决工艺决策的问题。推理机主要依据规则来推理，由于 CAPP 涉及的有关知识大多是非结构化的、离散的、经验性的，规则的表达形式仍很有限，大部分知识难以用规则结构形式表示。

智能 CAPP 工艺决策专家系统具有如下特点：

1）以“逻辑推理+知识”为核心，致力于实现工艺知识的表达和处理机制，以及决策过程的自动化。知识的表达与知识本身是分离的，零件变化或知识更新时，相应的决策不变。

2）工艺设计不是简单的数值问题，而是对工艺信息和工艺知识的应用和处理，智能CAPP工艺决策专家系统采用人工智能原理与技术解决这类问题。

3）知识库和推理机的分离有利于系统的模块化和增加系统的扩展性，有利于工程技术人员的协同合作，能够解决复杂而专门的技术问题。

4）突出知识的价值，以工艺规程为依据，采用各种工艺决策算法，可通过推理得出高质量的最优设计方案。

5）具有良好的自学习功能，可以不断积累工艺经验；具有良好的适应性、开放性。

6）系统决策取决于逻辑合理性，以及系统所拥有的知识的数量和质量。系统决策的效率取决于系统是否拥有合适的启发式信息。

推理和决策方法是智能CAPP系统的核心。在智能革命的浪潮中，近年来的工程设计已从传统的数据、资料密集型转化为信息、知识密集型。如何对大量、复杂和抽象的产品、工艺、制造等信息进行处理，提取高层次的信息和有价值的知识是智能CAPP系统面临的挑战。

3.3.8 智能工厂与智慧工厂

1. 智能工厂

（1）从数字工厂发展到智能工厂

1）数字工厂的基本概念。基于数字化制造技术和系统，可以构建完全的数字工厂。数字工厂是计算机虚拟仿真技术、现代数字化制造与先进制造运营管理理念相结合的产物。数字工厂可以定义为：由数字化模型、方法和工具构成的综合网络，包含仿真和3D/虚拟现实可视化，它们通过连续的、不间断的数据管理集成在一起，集成了产品、过程和工厂模型的数据库，通过先进的可视化、仿真技术和文档管理，提高生产过程管控能力、动态响应能力，以达到提高产品质量和产量以及降低生产成本的目的。

数字工厂以产品全生命周期的相关数据为基础，在计算机虚拟环境中，用三维建模、虚拟仿真等数字化技术，为涵盖从产品设计、生产规划、工程组态、生产执行，直至后期运营服务在内的生产活动全价值链，打造无缝集成、虚实精准映射的工厂解决方案，助力企业实现生产率、质量、灵活性的提升，以及成本的下降。

2）数字工厂的构成。数字工厂构成模型如图3-19所示，这是一个数字工厂的构成框图，其核心是基于数据分享的协同制造平台，而产品生命周期管理（PLM）系统、制造执行系统（MES）和工业自动化集成（IAI）系统三大系统是主要组成部分。PLM系统提供CAD/CAE/CAM等计算机辅助软件工具，以支持用户进行数字化的产品设计、工程分析和工艺规划；

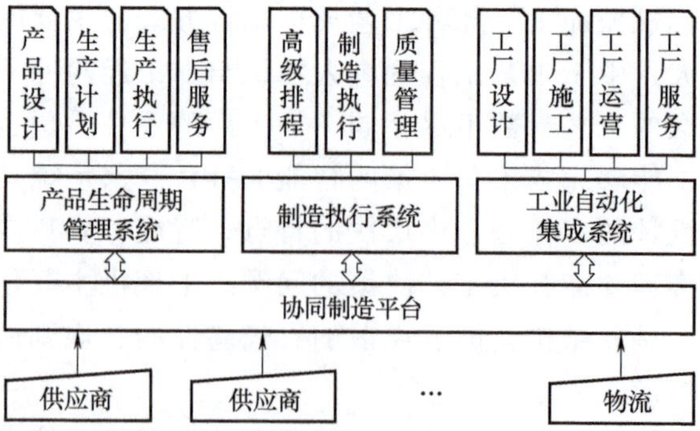

图3-19 数字工厂构成模型

MES 提供高度灵活、标准导向和可扩展的 MES 解决方案，它建立在架构和组件方法的基础上，包括架构、生产建模、组件（包括产品定义管理、生产订单、物料管理、工厂的性能分析、报告的管理和调度、软件集成服务、信息管理和产品规范管理等）、库（包括混合制造库、离散制造库和跨行业库）；IAI 系统遵循统一的数据管理标准和统一的接口原则，提供集成工程组态、工业数据管理、工业通信、工业信息安全和安全集成等功能，可实现数字工厂所有自动化组件的高效交互协作。

3）数字工厂的功能模块。数字工厂拥有 6 大功能模块，其内涵如图 3-20 所示。

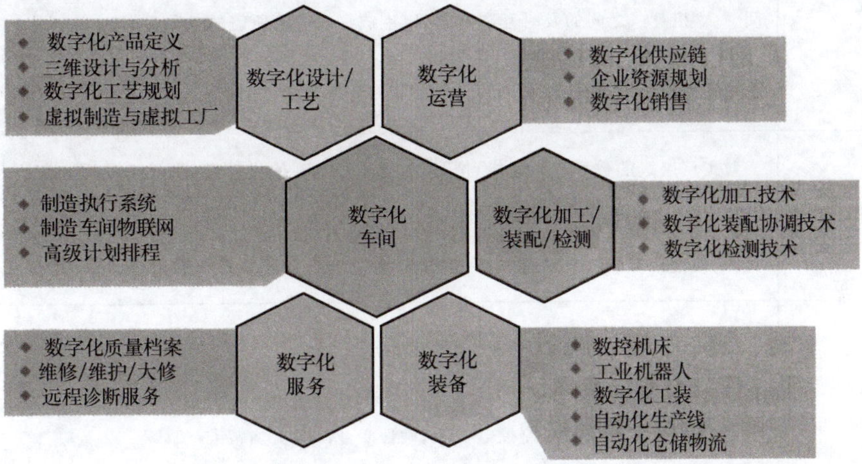

图 3-20　数字工厂的功能模块

随着工业 4.0 的提出和新一代智能制造支撑技术的发展和应用，数字工厂进一步向智能工厂演进发展，主要表现如下：

① 元件、部件采用自感知/自预测特性传感器，可进行性能衰减监测和剩余可用寿命预报。

② 设备控制器具有自感知/自预测/自诊断能力，可以预知工作时间和防止失效。

③ 生产系统具有自配置/自维护/自组织特性的网络系统，可以通过具有弹性可恢复能力的控制系统获得极高的生产率。

（2）智能工厂的基本特征

智能工厂是一个柔性系统，能够自行优化整个网络的运行，自动适应和实时或近实时学习新的环境条件，并自动运行整个生产流程。由于产品对象、生产线布局和自动化设备等方面的差异性，智能工厂并没有唯一的结构和解决方案，建设智能工厂有许多不同的途径，每个智能工厂可能不尽相同，但一个智能工厂要获得成功，在数据、技术、流程、人员和网络安全等方面的一些必要元素却大致相同，而且每个元素都很重要。

智能工厂的基本特征可以从以下 3 个层面来表述：

1）建设目标层面：智能工厂具有敏捷化、高生产率、高质量产出、可持续性和舒适人性化等特征。

2）技术层面：智能工厂具有全面数字化、制造柔性化、工厂互联化、高度人机协同和过程智能化（实现智能管控）5 大特征。

3）集成层面：智能工厂应具备产品生命周期端到端集成、工厂结构纵向集成和供应链横向集成3大特征，这一层面与工业4.0的3大集成理念是一致的。

从工厂生产活动方面来审视，智能工厂的主要特征可以集中概括为5个方面，见表3-27。

表3-27　智能工厂的主要特征

特征	具体内涵
互联化	互联是智能工厂最重要的特征，也是智能工厂的基础。智能工厂的互联主要涉及3个方面 ①工厂与供应商和用户相关的实时协作数据的互联互通，以保证工厂与外部的协同 ②通过传统数据和遍布各项资产的传感数据，确保数据持续更新，实现基本生产流程与物料之间、“人-机-物”之间的及时互联互通，以生成实时决策所需的各项数据 ③通过融合来自运营系统、业务系统以及供应商和用户的数据，实现各环节数据的反馈，从而全面掌握供应链上下游流程，全面提高供应网络的整体效率
最优化	对工厂层级的数字孪生建模、仿真，智能工厂实现优化运行，即可以最低限度的人机交互、最小化的生产成本、最佳的生产率，实现高度可靠且可以预测的运行。基于互联，智能工厂具备自动化工作流程，可同步了解所有资产和生产过程的状况，可追踪制造系统与执行进度计划并加以优化，从而使能源消耗更加合理，有效提高产量、运行效率以及产品质量，并降低成本、避免浪费
透明化	智能工厂的各种数据应具有透明和可视化特性，从生产流程以及半成品、成品获取的数据，分析处理后转换为具备可行性且有价值的信息，从而协助智能工厂中人工或自主决策流程。透明化的数据和网络还将增强对各种设施、设备、装备状况的认识，并通过基于角色的视图、实时报警和提示，以及实时追踪与监控等手段，确保企业决策更加精准
前瞻性	在智能工厂中员工和系统可预见将出现的问题和挑战，并提前予以应对而非静待问题发生再做响应，如识别异常状况、重新存储补充库存、识别和预防质量问题监控安全和维护问题。智能工厂具有基于历史和实时数据预测未来结果的能力，从而改善运行时间、产量和质量，并防止出现安全问题。在智能工厂中，还可以利用数字孪生等过程，使有关的操作数字化，建立模型并可仿真预测，赋予智能工厂预测能力
敏捷性	敏捷性使智能工厂能够以最少的干预来适应计划和产品的变化。先进的智能工厂也可以根据产品要求和计划变更，自行配置设备和材料流，然后实时查看这些变更的影响。此外，当计划或产品改变而导致变化时，敏捷性可使这种变化最小化，并通过灵活调度来提高生产率

(3) 智能工厂的建设架构

智能工厂是一种赛博物理深度融合的生产系统，它通过数字孪生、CPS等的设计与实施，进行工业4.0的横向集成、纵向集成和端到端集成的3大集成，实现制造系统构成可定义、可组合，制造工艺流程可配置、可验证，从而在个性化生产任务的驱动下，可自主重构生产过程和场景，构建出高效、节能、绿色、环保、舒适的个性化工厂，降低生产系统组织难度，提高制造效率及产品质量。智能工厂的基本架构如图3-21所示，可通过功能维度、结构维度和范式维度三个维度进行描述，见表3-28。

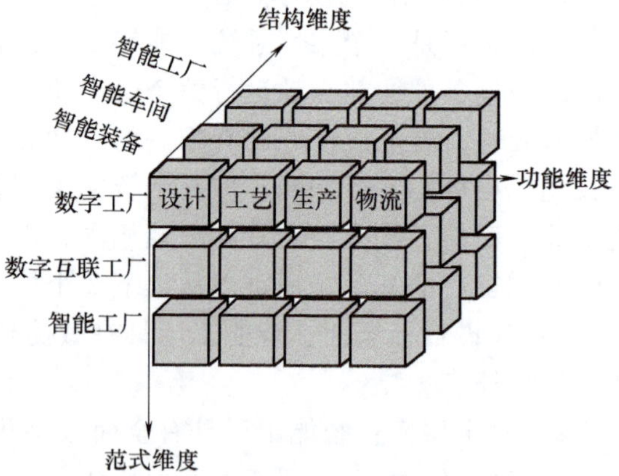

图3-21　智能工厂基本架构的三维描述

表 3-28 智能工厂基本架构三个维度的描述

维度	描述	具体功能
功能维度	该维度描述产品从虚拟设计到物理实现的过程。功能维与工业 4.0 的三大集成端到端的集成相关联	
	智能化设计	通过大数据分析手段准确获取产品需求与设计定位，通过创成设计方法进行产品概念设计，通过虚拟仿真和优化，实现产品性能最优化，并通过并行、协同策略实现设计制造信息的有效反馈和共享。智能化设计保证了设计出适合市场需求的精良产品，快速完成产品开发上市过程
	智能化工艺	智能化工艺包括工厂生产过程建模和虚拟仿真、生产工艺仿真分析与优化、基于知识和规则的工艺创成、基于数字孪生的工艺过程感知、预测与控制等。智能化工艺保证了生产过程的可靠性和产品质量的一致性，降低了制造成本
	智能化生产	通过智能化运营和管控手段，实现生产资源最优化配置、生产任务和物流实时优化调度、生产过程精细化管理和智慧科学管理决策。智能制造保证了设备的优化利用，从而提升了对市场的响应能力，摊薄了在每件产品上的设备折旧。智能化生产保证了敏捷生产，做到了准时生产(JIT)，保证了生产线的足够柔性，使企业能快速响应市场的变化，有效提高实际竞争力
	智能化物流	通过物联网技术，实现物料的主动识别和物流全程可视化跟踪：通过智能仓储物流设施，实现物料自动配送与配套防错。通过智能协同优化技术，实现生产物流与计划的精准同步。另外，工具流等其他辅助流有时比物料流更为复杂，智能化物流保证了生产制造的 JIT，从而降低了在制品的成本消耗
结构维度	该维度描述从智能装备、智能车间到智能工厂的进阶，结构维度实质上与工业 4.0 的 3 大集成中的纵向集成是一致的	
	智能装备	智能装备作为最基本的制造单元，能对装备自身状态、加工对象、制造过程和环境实现自感知，能对感知获得的有关信息和数据进行自分析。根据产品设计要求与现场实时动态信息进行自决策，依据动态优化的决策指令完成自执行，通过“感知-分析-决策-执行-反馈”的制造过程大闭环，保证装备性能及其适应能力，实现优质、高效及安全可靠的制造过程
	智能车间(生产线)	智能车间(生产线)一般由多台(条)智能装备(生产线)构成，除了基本的加工/装配活动外，还涉及计划调度、物流配送、质量控制、生产跟踪、设备维护等业务活动。智能生产管控能力体现为形成“优化计划—智能感知—动态调度—协调控制”的大闭环生产流程，提升生产线的可配置性、自主化和适应性，从而对异常变化具有快速响应能力
	智能工厂	从结构维度的角度，制造工厂除了生产活动，还包括产品设计与工艺、工厂运营等业务活动。智能工厂是以打通企业生产经营全部流程为着眼点，实现从产品设计到销售，从设备控制到企业资源管理所有环节的信息快速交换、传递、存储、处理和无缝智能化集成
范式维度	该维度描述从数字工厂、数字互联工厂到智能工厂的演变范式 数字化、网络化、智能化技术是实现制造业创新发展、转型升级的 3 项关键技术。对应到制造工厂层面，体现为从数字工厂、数字互联工厂到智能工厂的演变。数字化是实现自动化制造和网络化互联，最终实现智能制造的基础。网络化是使原来的数字化孤岛连为一体并提供制造系统在工厂范围内，乃至全社会范围内实施智能化和全局优化的支撑环境。智能化则充分利用这一环境，用人工智能取代了人对生产制造的干预，加快了响应速度，提高了准确性和科学性，使制造系统高效、稳定、安全地运行	

（续）

维度	描述	具体功能
范式维度	数字工厂	数字工厂是工业化与信息化融合的应用体现，它借助信息化和数字化技术，通过集成、仿真、分析、控制等手段，为制造工厂的生产全过程提供全面管控的整体解决方案。它不限于虚拟工厂，更重要的是实际工厂的集成，包括产品工程、工厂设计与优化、车间装备建设及生产运作控制等
	数字互联工厂	数字互联工厂是指将物联网（IoT）技术全面应用于工厂运作的各个环节，实现工厂内部人、机、料、法、环、测的泛在感知和万物互联，互联的范围甚至可以延伸到供应链和用户环节。通过工厂互联化，一方面可以缩短时空距离，为制造过程中“人-人”“人-机”“机-机”之间的信息共享和协同工作奠定基础，另一方面还可以获得制造过程更为全面的状态数据，使得数据驱动的决策支持与优化成为可能
	智能工厂	从范式维度的角度看，智能工厂是制造工厂层面的信息化与工业化的深度融合，是数字化工厂、网络化互联工厂和自动化工厂的延伸和发展，通过将人工智能技术应用于产品设计、工艺、生产等过程，使得制造工厂在其关键环节或过程中能够体现出一定的智能化特征，即自主性的感知、学习、分析、预测、决策、通信与协调控制能力，能动态地适应制造环境的变化，从而实现提质增效、节能降本的目标

2. 智慧工厂

（1）基本概念及特征

1）基本概念。智慧工厂是现代工厂信息化发展的新阶段，是在数字工厂的基础上，利用物联网的技术和设备监控技术加强信息管理和服务，清楚掌握产销流程，提高生产过程的可控性，减少生产线上人工的干预，及时正确地采集生产线数据，以及制定合理的生产计划与生产进度，并加上绿色智能的手段和智能系统等新兴技术于一体，构建一个高效节能的、绿色环保的、环境舒适的人性化工厂。

2）构建过程。实现智慧工厂的 3 个主要需求特征为透明化制造、智能化管控和智慧化协同。本质上智慧工厂是通过自底向上的过程构建的：

① 第 1 阶段通过物联网技术，实现工厂内的物物互联与数据共享，即透明化制造过程。

② 第 2 阶段在第 1 阶段的基础上，通过数据处理与分析实现生产调度优化、产品质量监控等制造执行系统功能模块的实施应用，提升工厂智能化水平，即智能化管控过程。

③ 第 3 阶段引入服务互联网对工厂智能化功能做服务包装，通过基于互联网数据交互在云制造平台实现用户参与的全球化工厂资源协同，形成以大规模个性化定制为特征的商业新模式，即智慧化协同过程。

具体来说，在智慧工厂的运作过程中，首先应当在传统车间的局部小范围智能制造的基础上，通过物联网集成底层设备资源，实现制造系统的泛在感知、互通互联和数据集成；其次，利用生产数据分析与性能优化决策，实现工厂生产过程的实时监控、生产调度、设备维护和质量控制等工厂智能化服务；最后，通过引入服务互联网，将工厂智能化服务资源虚拟化到云端，通过人际网络互联互动，根据客户的个性化需求，按需动态构建全球化工厂的协同智能制造过程。

3）基本特征。智慧工厂的发展是智能工业发展的新方向。其基本特征见表 3-29。

表 3-29 智慧工厂的基本特征

基本特征	具体内涵
系统具有自主能力	可采集与理解外界及自身的资讯，并分析判断及规划自身行为
整体可视技术的实践	结合信号处理、推理预测、仿真及多媒体技术，将实境扩增展示现实生活中的设计与制造过程
协调、重组及扩充特性	系统中各组可依据工作任务，自行组成最佳系统结构
自我学习及维护能力	透过系统自我学习功能，在制造过程中落实资料库补充、更新及自动执行故障诊断，并具备故障排除与设备维护，或通知正确的系统执行的能力
人机共存的系统	人机之间具备互相协调合作关系，各自在不同层次间相辅相成

（2）智慧工厂的技术架构

智慧工厂的技术架构体系包括 5 个层次，如图 3-22 所示，即物物互联层、对象感知层、数据分析层、业务应用层和云端服务层，这些层次将逐步实现工厂制造过程的互联化、数字化、信息化、智能化和智慧化这“五化”目标。体系中的大数据中心负责完成智慧工厂大数据的处理、存储、分析和应用等环节，为各层次功能的实现提供数据支撑。智慧工厂技术架构中各层次的具体职能见表 3-30。

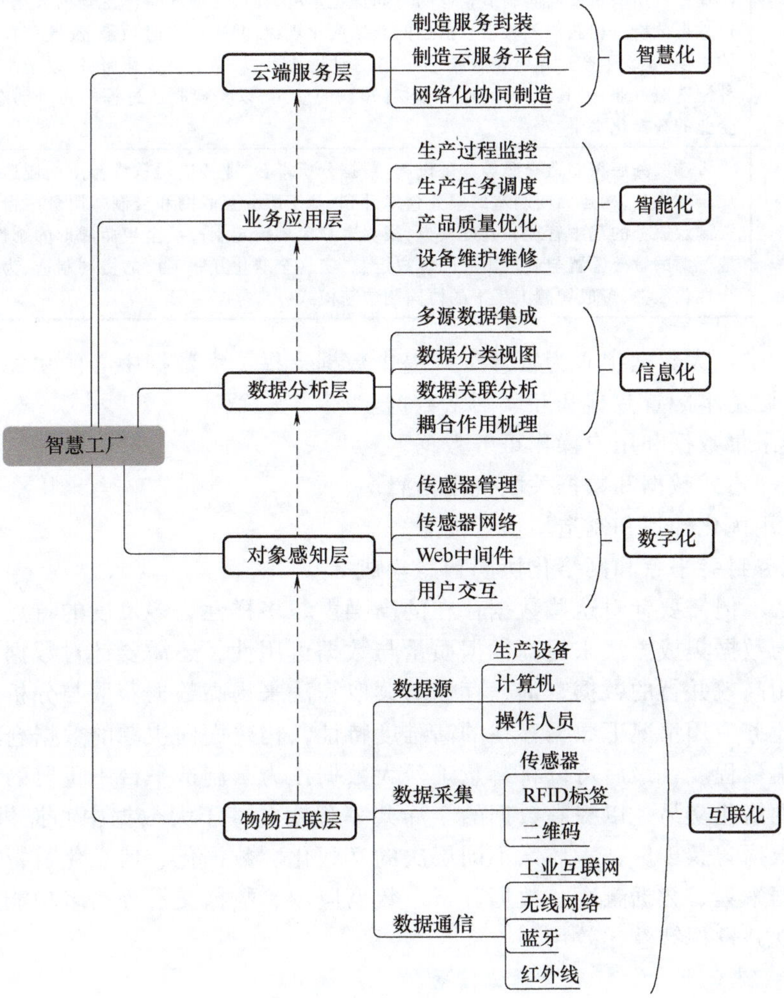

图 3-22 智慧工厂的技术架构

表 3-30 智慧工厂的技术架构体系

架构层	具体职能
物物互联层	物物互联层主要面向包括生产设备、计算机与操作人员在内的物理制造资源，针对要采集的多源制造数据，通过配置各类传感器、RFID 标签和二维码来采集制造数据，并利用工业互联网、无线网络、蓝牙、红外线等，按照约定的协议进行数据交换和通信，最终实现物理制造资源的互联和互感，确保制造过程多源数据的实时、精确和可靠获取
对象感知层	对象感知层首先针对多种类型传感器形成体系化管理，在实现异构传感器管理、传感器数据格式化封装、传感器数据传输协议等的基础上，利用传感器数据的网络传输，实现对物理制造资源相关数据的主动感知和数据实时获取。同时针对 Web 端的用户交互操作形成标准化定义，在对用户界面进行模块化设计的基础上，利用 Web 中间件的用户行为解析功能，实现对用户操作事务数据的实时感知获取
数据分析层	数据分析层是在获得制造数据的基础上，通过提取—转换—装载过程将源自异构传感器和用户界面上多源、分散的数据抽取集成为全局统一的数据形式，以构建制造过程数据仓库，并根据数据间的属性连接和主题相关性，构建以数据为节点、数据相关性为边的数据关系复杂网络。通过数据关联分析手段，从复杂网络模型中获取数据间的耦合作用机理，构建数据演化规律预测模型，从而实现对制造过程变化规律的准确描述，并提供可用于制造业务应用的标准化信息
业务应用层	业务应用层主要面向制造企业的不同优化角度，在构建面向具体主题的数据仓库的基础上，通过数据分析过程获取关联信息描述的数据演化规律，并采用实时预警、反馈调控和仿真优化等具体手段，实现生产过程监控服务、生产任务调度服务、产品质量优化服务、设备维护维修服务等各种制造服务业务，其本质是对工厂运行知识的应用，以实现制造过程的实时动态优化，提升制造企业的智能化水平
云端服务层	云端服务层将制造资源等基础设施、数据分析平台、业务应用软件与生产制造服务虚拟化封装成云端服务，构建面向制造的服务仓库，同时基于服务互联网和云制造服务平台实现对封装制造资源及服务的集中管理和高度共享，根据客户大规模定制产品全生命周期的个性化需求，通过制造资源的敏捷配置与制造服务的客户定制，实现全球化互联工厂的协同制造，为客户提供可靠的个性化服务，形成智慧工厂下的协同制造新模式

在智慧工厂中，大数据中心为智慧工厂提供数据支撑。大数据中心的相关数据如下：

1）制造资源基本配置数据和互联网络数据。

2）传感器采集数据和用户操作事务数据。

3）全局统一格式数据和数据关联规则信息。

4）业务应用优化知识和制造增值智能服务。

5）制造服务封装平台和网络化协同智慧集成等。

大数据中心不但需要针对这些数据存在的高噪声、多样性、多尺度的特点，采用合适的数据清洗方法与数据集成方法来提高数据质量与数据可用性，还需要针对数据存在的规模性和高速性，采用高效并行的数据查询、存储与读取算法来提高数据获取与分析效率，针对智慧工厂多维度业务应用情况下数据存在的高维度特性，构建面向主题的数据仓库，以提高业务相关数据的集聚程度；最后可以将智慧工厂大数据作为云制造平台中重要的制造资源进行虚拟化封装与网络化交易，以提高数据的全局共享程度。基于大数据中心提供的数据支撑，大数据技术可根据智慧工厂技术体系不同层次的互联化、数据化、信息化、智能化和智慧化目标，提供数据采集、数据融合、数据分析、数据应用、数据交易等诸多功能，使智慧工厂的技术体系实现并发挥智慧化效用。

3. 打造智能制造产业生态系统远比建智能工厂更重要

智能制造产业生态系统是先进制造技术与新一代信息技术的深度融合，贯穿于产品、制造过程、服务全生命周期的各个环节。通过构建包含市场环境、技术体系、人才培养等支撑环境，优化集成相应的系统，实现制造的数字化、网络化、智能化，以不断提升企业的产品质量、效益和服务水平，促进产业绿色、协同、开放、共享、创新发展。产业生态系统的建立是智能制造持续健康有序发展的核心。

智能制造产业生态系统包含智能产品、制造过程、智能服务 3 大功能体系，以及构建与之相适应的保障体系。制造过程是智能制造产业生态系统的核心，智能产品是从设计需求和服务两端牵引智能制造并由传统的被加工变为主动参与制造过程，智能服务是制造过程的延伸与支撑。制造业产业模式将实现从以产品为中心向以用户为中心的根本性转变。

（1）智能产品生态系统

产品是智能制造的价值载体，产品智能化是产品创新的重要手段。智能产品通常具有如下特点：

1）能够实现自感知、自诊断、自适应、自决策。

2）智能产品对智能制造的牵引作用体现在智能设计与智能服务两端。

（2）智能制造生态系统

智能制造过程包括设计、生产、管理等全生命周期制造阶段。智能工厂是智能制造过程的主要载体，围绕生产装备、设计工具、供应链、第三方应用、用户等智能制造系统各种要素资源进行精准配置调用，提升及构建跨平台操作系统、芯片解决方案、网络解决方案的能力，提升智能工厂系统解决方案、智能装备创新能力和基础产业创新能力，在此基础上构建涵盖全生命周期的制造生态系统。

（3）智能服务（全产业链）生态系统

以智能服务为核心的产业模式变革是智能制造系统的主题。通过将信息技术手段（如工业大数据技术）应用于生产服务和产品售后服务环境，提升供应链运作效率和能源利用率，拓展价值链，使更多企业从生产型制造向服务型制造转变，实现更深层次的供给改革，为企业创造新价值；围绕市场需求的个性化及快速变化的趋势，培育企业需求链、供应链、产业链、创新链的快速响应与传导能力，构建覆盖用户、制造、供应商的智能服务（全产业链）生态系统。

（4）智能制造保障生态系统

智能产品、制造过程、智能服务构成了智能制造产业生态系统的主体，而智能制造的良好运转离不开保障系统的支持。通过政策法规的引导，营造良好的市场环境，建设健全标准体系、技术体系、人才培养体系，配合组织机构的建设，构建起面向特定行业的智能制造产业生态系统，保障智能制造助推高精尖产业发展高效运行。

由此可见，打造良好的智能制造产业生态系统远比创建智能工厂更重要。

习题与思考题

1. 何谓智能加工？智能加工的特点有哪些？智能加工的关键环节是什么？
2. 智能加工的技术基础有哪些？它们对智能加工各起什么作用？
3. 简述智能制造过程中人的角色和任务。
4. 如何理解智能制造条件下的人机交互？人机交互的安全问题主要包括哪些内容？
5. 简述智能加工设备的功能优势和技术特征。简要说明智能加工设备的类型。试分析智能加工设备的发展趋势。

6. 智能机床具备哪些功能？试说明智能机床的模块及其配置。简要说明各类智能机床及其特点。

7. 何谓复合加工？试介绍各类复合加工的工作原理及其加工设备。

8. 简述增材制造的成型原理及其关键技术，简要介绍几种典型的增材制造工艺。

9. 试介绍智能加工设备的维护保养原则及其注意事项，简述如何实施智能加工设备的阶段性维护保养。

10. 何谓高速切削？高速切削有哪些技术特点？高速切削的关键技术有哪些？

11. 何谓仿生制造？仿生机器人如何分类？

12. 何谓微机械？微机械是使用哪种材料制作的？微机械的关键技术有哪些？

13. 简要介绍几种典型的加工工艺。

14. 简要介绍加工工艺的智能优化过程。

15. 简述智能 CAD 的结构及功能。试说明智能 CAD 系统的组成。

16. 简述智能 CAPP 的结构及组成，说明智能 CAPP 系统的技术特点。

17. 试说明智能工厂是如何发展起来的。简述智能工厂的基本特征。试对智能工厂的建设架构做一个简单的三维描述。

18. 简要说明智慧工厂的基本特征及技术架构。

第4章 智能制造生产管理

教学导航

【知识目标】

1. 了解智能制造生产管理新理念；熟悉建立 PLM 的方法；了解 PLM 未来的发展趋势。
2. 掌握 ERP 的管理思想；熟悉 ERP 系统的功能模块。
3. 熟悉 MES 的概念及其特征；熟悉 MES 的结构模型及其功能模块。
4. 了解智能调度的特点及其关键技术。

【能力目标】

通过学习，能初步学会运用 ERP 开展管理工作。

【素养目标】

通过管理实践，逐步深刻体会人对世界、对事物的认识过程是一个通过实践发现真理，又通过实践证实真理和发展真理；从感性认识而能动地发展到理性认识，又从理性认识而能动地指导革命实践，改造主观世界和客观世界的过程。一个人要健康成长，必须坚持参加社会实践。

4.1 智能制造生产管理新理念

企业传统的生产管理一般仅指对产品的生产工艺过程、所用设备、产品质量的检验与控制及其半成品、成品的管理。而智能制造的生产管理则是一个从产品研发、生产到报废、回收的完整的产品全生命周期的管理，不仅包括生产过程的管理，还包括企业资源计划、制造执行系统、供应链管理、客户关系管理以及信息物理系统等的管理。智能制造的生产管理融入了许多新的管理理念。

4.1.1 产品全生命周期的概念

在传统观念中，大多数人认为产品从被加工出来到投入使用，充其量算到报废，即算完成了一个产品的生命周期。

而今，人们则对产品的全生命周期给出了全新的定义。产品的全生命周期是指产品从社会需求提出至被淘汰回收的整个过程，即社会需求提出→适用性调查研究→产品研发设计→生产资料（包括原材料、配件、加工设备、人力、物力、财力）筹集→投入生产（包括按工艺流程组织、调度、工艺流转、质量检验、半成品存放、废次品处理）→成品管理→销售→售后服务（包括产品维护、收集意见反馈）→报废、回收处理→产品改进。显然，这种一贯制的管理模式比起传统的离散性管理来说是一种管理观念的有效性飞跃。

4.1.2 产品生命周期管理

1. 产品生命周期管理的概念

产品生命周期管理（Product Lifecycle Management，PLM）是智能制造系统的一个重要组成部分。它对产品从社会需求的提出到使用至被淘汰（或回收）的整个过程进行严格的流程控制管理，是对产品生命周期中全部组织、管理行为，包括产品需求分析、产品计划、概念设计、产品设计、数字化仿真、工艺准备、工艺规划、生产测试和质量控制、销售与分销、使用与维修及报废与回收等主要阶段的综合与优化。

有人认为，产品生命周期管理是一种以产品为核心的商业战略，是一种应用于单一地点的企业内部、分散在多个地点的企业内部、在产品研发领域具有协作关系的企业之间、超越单个企业边界的支持产品全生命周期的信息的创建、管理、分发和应用的一系列解决方案，是一种先进的企业信息化思想，是企业在激烈的市场竞争中降低成本、增加收入、加快产品上市的最有效的手段之一。PLM 将先进的管理理念和一流的信息技术有机地融入现代企业的工业和商业运作中，从而使企业在数字经济时代能够有效地调整经营手段和管理方式，以发挥企业前所未有的竞争优势。贯穿产品全生命周期价值链，企业的各个部门（可以是独立的企业）形成了一个完整、有机的整体。为了实现利益最大化，作为这个整体上的各部门之间需要紧密地协同运作，同时，这些部门的组合方式也在不断地发生变化。

2. PLM 的主要功用

根据世界知名咨询公司的调研报告，PLM 系统在发达国家制造业 IT 管理系统的应用上最受欢迎。根据 Aberdeen 公司的分析报告，其主要功用表现在以下方面：

1）原材料成本可节省 5%~10%。

2）库存流转率可提高 20%~40%。

3）开发成本可降低 10%~20%。

4）市场投放时间可减少 15%~50%。

5）质保费用可降低 15%~20%。

6）制造成本可降低 10%。

7）生产率可提高 25%~60%。

3. PLM 的建立方法

PLM 可保证将跨越时空的信息综合有机集成，以便在产品的全生命周期内充分利用

ERP、CRM、SCM 系统中的产品数据与智力资产。因此，为使 PLM 发挥最大的系统化价值，必须考虑能否将 ERP、CRM、SCM 等综合有机集成后发挥最大效用。考虑到企业各自不同的特点及需求，这几个系统的规划建设需分清轻重缓急，并按照企业的具体需求选择最佳综合方案，即“统一规划，按需建设，重在受益”。

（1）基于企业资源规划 PLM 系统

将企业资源管理中的物料需求计划（Material Requirement Planning，MRP）与产品数据管理（Product Data Management，PDM）、人力资源与项目管理（HR and Project Management）、采购与项目管理（Purchasing and Project Management）、财务与项目管理（Financials and Program Management）、生产管理与工程（Production Management and Engineering）有效地融入 PLM 系统中。

（2）以供应链管理为出发点组成 PLM 系统

将供应链规划（Supply Chain Planning，SCP）与产品数据管理、生产规划与项目管理（Production Planning and Program Management）、资源获取与产品数据管理（Resource Acquisition and PDM）、资源获取与协同产品设计（Resource Acquisition and Collaborative Product Design）、需求预测与产品组合管理（Demand Forecasting and Portfolio Management）有机地融合在一起，组成 PLM 系统。

（3）以客户关系管理为出发点组成 PLM 系统

将市场分析与产品组合管理（Marketing Analytics and Portfolio Management）、客户服务与产品数据管理（Customer Service and PDM）、销售预测与项目管理（Sales Forecasting and Program Management）、客户关系管理与客户需求管理（CRM and Customer Demand Management）、知识管理与产品组合管理（Knowledge Management and Portfolio Management）集成为一体，组成 PLM 系统。

4. PLM 的发展趋势

PLM 在未来几年将围绕以下几个重要的方向发展，见表 4-1。

表 4-1 PLM 的发展趋势

发展方向	具体方案
定制化的解决方案	要求软件供应商能快速响应企业需求，使系统成功实施并向深入方向发展，为此要求 PLM 可以提供定制化解决方案，积极响应企业对快速、稳定、安全且成本低廉的资产部署要求，并在此基础上，通过数据仿真模型和业务模型的运作来制定解决方案
高效多层次协同应用	PLM 已涵盖产品市场需求、概念设计、详细设计、加工制造、售后服务、产品报废回收等全过程，同时与企业其他信息系统间实现了深度集成，既在企业内部实现了广泛使用，又促进了产业链上下游企业间的协同。只有实现高效的协同应用发展，优化具体的业务执行流程，才可保证提高工作效率，进而提高企业的利润回报
多周期产品数据管理	由于企业对同一系统中的数据有不同的划分标准要求，因此同一产品数据会有不同的生命周期分析结果
知识共享与应用管理	知识管理系统能够把企业的事实知识、技能知识、原理知识与公司数据库中的显性知识组织衔接起来。企业多年积淀的数据会随着时间的增加而增加，让这些知识在企业内部方便、快捷地传播共享是非常重要的事情，首先要做到知识的有效获取，其次需要做好知识的传播工作，此外，通过知识的系统分类整理，形成体系化的企业知识管理流程规范，进而变成企业的无形资产

（续）

发展方向	具体方案
数字化仿真应用普及	企业对生产过程的仿真管理需求不断增加，现已形成成熟的基于数字化仿真的制造过程解决方案，进而帮助企业节约产品研发成本及时间。管理过程仿真主要服务于管理者的新业务制定过程。目前，各主要 PLM 厂商重点关注产品生产制造的仿真研究，而管理过程的仿真研究相对发展不够成熟，这也是将来 PLM 发展应用的热点

4.2 企业资源计划（ERP）系统

4.2.1 ERP 概述

1. ERP 的概念

ERP 的全称为企业资源计划。ERP 系统是以信息技术为基础的管理平台，通过科学、精准及系统化的管理方法，为企业及员工制定科学有效的具体决策执行方法。其中，智能信息化技术是它的技术基础。

在制造业内部管理中，常遇到这样一些问题：企业可能拥有卓越的销售人员推销产品，但是生产线上的工人却没有办法如期交货，车间管理人员则抱怨采购部门没有及时供应他们所需要的材料或配件；许多企业常常无法预测出所需要的物料量；财务部门因不能及时得到准确的仓库部门的数据，无法按时计算出制造成本等。当中国的企业界逐渐意识到这一问题的严重性时，国内外的 ERP 或制造资源计划（MRP）的软件厂商走进了中国市场，并且随着时间的推移，ERP 开始广泛被中国的企业界、理论界所认知。

关于 ERP 的概念可以从管理思想、软件产品、管理系统 3 个层次来理解。

1）ERP 是企业管理系统的体系标准，其实质是在 MRP Ⅱ基础上进一步发展而成的面向供应链的管理思想。

2）ERP 是综合应用浏览器/服务器（B/S）和客户端/服务器（C/S）体系、大型关系数据库结构、面向对象技术、图形用户界面、第四代语言（4GL）、网络通信等信息产业成果，以 ERP 管理思想为灵魂的软件产品。

3）ERP 是集企业管理理念、业务流程、基础数据、人力物力、计算机硬件和软件于一体的企业资源管理系统。

ERP 蕴涵的重要管理思想见表 4-2。

表 4-2 ERP 蕴涵的重要管理思想

管理思想	具体内涵
准时生产（JIT）管理思想	准时生产（Just-In-Time，JIT）可以用一句话来概括，即“只在需要的时候，按需要的量，生产所需的产品”
精益生产（LP）管理思想	精益生产（Lean Production，LP）的核心思想是，从生产操作、组织管理、经营方式等各个方面，找出所有不能为生产带来增值的活动或人员并加以排除
柔性制造（FM）管理思想	柔性制造（Flexible Manufacturing，FM）能根据装配作业配套需要，及时安排所需零件的加工，实现及时生产
敏捷制造（AM）管理思想	敏捷制造（Agile Manufacturing，AM）是通过先进的柔性生产技术与动态的组织结构和高素质人员的集成，着眼于获取企业的长期经济效益，用全新的产品设计和产品生产的组织管理方法来对市场需求和用户要求做出灵敏、有效的响应

为了帮助理解 ERP 的概念，这里特做以下几点说明：

① 对于企业来说，要理解企业资源计划，首先要明确什么是企业资源。简单地说，企业资源是指支持企业业务运作和战略运作的事物，即人们常说的“人”“财”“物”。可以说，ERP 就是一个有效地组织、计划和实施企业“人”“财”“物”管理的系统，它依靠计算机信息技术和手段来保证其信息的集成性、实时性和统一性。

② ERP 最初是一种基于企业内部“供应链”的管理思想，在 MRPⅡ的基础上扩展管理范围，给出新的结构。它的基本思想是将企业的业务流程看作是一个紧密联结的供应链，将企业内部划分成几个相互协同作业的支持子系统。

③ 最早采用这种管理方式的是制造业，主要考虑企业的库存物料管理，于是产生了物料需求计划（MRP）系统，同时企业的其他业务部门也都各自建立了信息管理系统，但彼此之间缺少关联，形成了信息孤岛。在这种情况下，MRP Ⅱ应运而生。它围绕“在正确的时间制造和销售正确的产品”这样一个中心，将企业的“人”“财”“物”进行集中管理。

④ ERP 可以说是 MRP 的一个扩展。它将系统的管理核心从“在正确的时间制造和销售正确的产品”转移到了“在最佳的时间和地点，获得企业的最大增值”；基于管理核心的转移，其管理范围和领域也从制造业扩展到了其他行业和企业；在功能和业务集成性方面，它都有了很大加强，特别是商务智能的引入使得以往简单的事物处理系统变成了真正智能化的管理控制系统。

2. ERP 的发展历程

ERP 作为企业管理技术，源于订货点法。随着工业化生产从离散型向规模化、集约化方向迅猛发展，以及科学技术的飞速进步，企业管理手段也在不断创新。经过较长时间的深化、拓展、蜕变、演化，特别是进入信息化时代以来，在网络通信技术、客户端/服务器体系结构和分布式数据处理技术发展的推动下，一种崭新的管理技术——ERP 也就应运而生了。ERP 的发展大致经历了如下几个阶段：订货点库存控制法阶段→基本 MRP（在需要的时候提供需要的数量的模式）阶段→闭环式 MRP（计划—实施—评价—反馈—计划）阶段→MRP Ⅱ阶段→ERP 阶段→ERP Ⅱ［协同商务（Collaborative Commerce 或 C-Commerce）］阶段，各阶段期望解决的问题见表 4-3。

表 4-3　ERP 的发展历程

发展阶段	企业经营期望解决的难题	解决的问题	理论依据
订货点库存控制法	降低库存成本；降低采购费用	如何确定订货时间和订货数量	库存管理理论
基本 MRP	追求低库存成本；手工订货发货；生产缺货频繁	如何根据主生产计划确定订货时间、订货品种、订货数量	库存管理理论；主生产计划；物料清单（BOM）
闭环式 MRP	计划偏离实际；手工完成车间作业计划	如何保证从计划制订到有效实施和及时调整	能力需求计划；车间作业计划；计划、实施、反馈与控制的循环
MRP Ⅱ	企求竞争优势；各子系统间缺乏联系，甚至彼此矛盾	如何实现管理体系一体化	决策技术；系统仿真技术；物流管理技术

（续）

发展阶段	企业经营期望解决的难题	解决的问题	理论依据
ERP	企求新技术，管理创新；适应市场的快速变化	如何在企业及合作伙伴（用户、供应商）范围内利用一切可利用的资源	事前控制；混合生产；供应链管理；JIT 和 AM 技术
ERP Ⅱ	互联网技术的成熟，强化了企业间的联系，形成了共同发展的生态链	如何利用协同商务资源，面向分布在整个商业社区的业务数据进行处理；超越传统制造、分销和财务管理的特定业务发展	协同商务理论；产业链理论；集成化、网络化、模块化、智能化；客户关系管理

3. ERP 系统的分类

（1）按功能分类

1）通用型 ERP 系统。一般只能完成买入卖出、仓库管理、产品分类、客户关系管理等基本通用功能。这些功能的实现只需系统具备基本的数据记录能力，无法增加满足企业特殊性质要求的功能接口。

2）专业 ERP 系统。必须根据企业的特殊性质要求提前设计定制，专业 ERP 系统在通用型 ERP 系统的数据记录功能基础上，基于不同人工智能算法，结合企业特色，可以实现管理服务的多元细致化设计。

（2）按所采用的技术架构分类

1）C/S 架构 ERP 系统。C/S 构架即客户端/服务器（Client/Server）架构。该架构需要使用高性能计算机、工作站或小型机，客户端需要安装专用的客户端软件。

2）B/S 架构 ERP 系统。B/S 架构即浏览器/服务器（Browser/Server）架构。该架构要求客户端必须安装一个浏览器（Browser）并保证它能通过网络服务器（Webserver）与数据库进行数据交互。

4. ERP 系统的特点

ERP 系统的特点见表 4-4。

表 4-4　ERP 系统的特点

特点	具体体现
集成性	将相关信息系统整合，通常根据公司内部的工作流和业务流进行生产、分销和财务等不同部分的集成，改进企业的经营运作方式，完善企业的现有业务流程和工作规范
先进性	系统的技术基础为计算机技术，具体涉及的计算机技术包括图形用户界面技术、客户端/服务器分布式结构及分布式数据处理系统等，还会整合人工智能、数据仓库等前沿的信息技术
个性化	系统为企业所有资源的整合、分配等决策提供了依据，而不同公司的具体情况千差万别，这就要求 ERP 系统具有很强的个性化，以适应不同企业的具体情况，帮助不同生产管理模式和不同业务活动的企业进行更贴合自身的决策

4.2.2　ERP 系统的功能模块

ERP 系统的子模块主要包括供应链管理、生产控制管理、财务管理和人力资源管理 4 个部分，每个模块各司其职并相辅相成。

1. 供应链管理模块

供应链管理模块是 ERP 系统的核心模块之一，其他各系统模块主要是对供应链管理模块的延伸与拓展。该模块主要由销售管理、采购管理和存货管理 3 个子模块构成，见表 4-5。

表 4-5 供应链管理模块的构成

<table>
<tr><th>子模块</th><th colspan="2">具体功能</th></tr>
<tr><td rowspan="4">销售管理模块</td><td colspan="2">该模块主要是对销售操作的各个环节的管理，如为企业相关人员提供对报价单、销售订单、交货单、发票及其他销售操作的管理。销售环节是 ERP 系统整个循环的起点，也是企业生产目的的实现。销售是企业生产价值的体现，是企业进行再生产的充分条件，直接决定着企业的生存和发展。销售管理的起点是销售预测和销售计划的制订，对销售产品、销售地区以及销售客户等信息进行统计分析，并对销售数量、销售利润、销售绩效和售后服务等做出全面评价。销售管理模块的主要功能如下</td></tr>
<tr><td>客户信息管理</td><td>销售管理模块可对客户档案信息及相关历史记录进行修改和更新，并可对客户信息进行有针对性的分类管理，如对老客户和新客户采取不同的管理模式，以达到保留老客户的同时争取新客户</td></tr>
<tr><td>销售单管理</td><td>销售管理模块对销售单的管理主要包括客户信用的查询与审核，产品库存信息的查询，不同产品的报价，订单录入、修改与跟踪，企业人员进行延期交货、分批发货或替代品发货的决策等，交货期间的确认与交货处理</td></tr>
<tr><td>销售统计分析</td><td>销售管理模块可将上述信息和功能进行整合与梳理，形成相关销售报表并输出统计分析信息</td></tr>
<tr><td rowspan="4">采购管理模块</td><td colspan="2">该模块的主要功能是为选择最优供应商提供决策依据，保持最优的安全库存并确定合理的采购数量。采购模块对供应商的评价标准包括价格、供货质量、交货期批量柔性、创新潜力和研发能力等，企业可据此有针对性地选择少量关系紧密的供应商。随着客户需求的个性化程度不断提高，企业不能完全按照库存生产，而要根据订单品种和订单数量来安排生产，这就对企业的库存管理和采购管理提出了更高的要求，从而促使企业将供应商管理纳入生产经营过程。采购管理模块的主要功能如下</td></tr>
<tr><td>采购订单管理</td><td>采购管理模块可提供交货情况和市场供应情况，以便为采购计划的制订提供依据。除此之外，采购管理模块可控制物料请购、收货、验收及入库的整个流程，如当物料入库时，相关的采购订单进行自动核对。通过建立和维护采购订单，该模块从 3 个方面降低了成本，提高了效率，即实现对采购合同的跟踪，对供应商交货进度的监督以及对采购活动的绩效评价</td></tr>
<tr><td>供应商管理</td><td>通过建立供应商档案，采购管理模块可利用最新的成本信息来调整库存成本。通过与供应商的谈判管理以及对报价的比较，可对采购价格进行合理控制，以获得最佳的经济效益。该模块可对供应商及采购部门进行绩效评估，协助采购人员完善薄弱环节，并与成本核算等部门进行有效的信息沟通，以方便企业各部门进行协同管理和共同进步</td></tr>
<tr><td>采购统计与分析</td><td>对采购价格和采购数量的相关数据进行统计与分析，为之后的采购计划的制订和采购物资的验收提供决策依据，跟踪和监督外购或委托加工物料的进度和状态，以保证在物料质量和成本合理的情况下使物料及时到达</td></tr>
<tr><td rowspan="4">存货管理模块</td><td colspan="2">该模块的主要目标是使企业维持合理的库存数量，既能保证正常的生产运转，又能尽量降低库存成本。该模块可整合不同部门的库存需求，动态调整库存状况，精准地反映库存的历史记录和变化趋势，使企业可以多方位、多角度地了解当前库存状况。存库管理模块还可根据不同的盘点方法进行库存清点。除此之外，该模块还可根据海量的库存数据输出库存分析报告，以进行库存管理的绩效评价。存货管理模块的主要功能如下</td></tr>
<tr><td>维持销售产品稳定</td><td>使终端的销售产品保持适量的库存，这对于销售预测型企业应对市场变化至关重要</td></tr>
<tr><td>维持生产稳定</td><td>采购活动往往消耗一定的时间，需要根据以往的生产数据和采购数据制订相应的提前期。采购活动存在延迟交货的风险，并可能影响企业的正常生产和销售，存货管理模块可以通过对数据的统计和分析更精确地计算采购提前期，进而降低生产风险，维持生产稳定，避免损失</td></tr>
<tr><td>平衡企业物流</td><td>对于物料采购、生产用料及产品销售等各个物流环节而言，库存起着平衡作用。企业在进行物料采购时，可根据资金占用等协调安排来料入库情况，同时在生产部门领料时平衡考虑库存能力及场地、人力等生产线情况，协调物料发放和库存管理</td></tr>
</table>

（续）

子模块	具体功能	
存货管理模块	平衡流动资金的占用	原材料、在制品及产成品是占用企业流动资金的主要部分。库存数量的多少是平衡流动资金的关键工具。找到平衡点会提高流动资金的利用效率

2. 生产控制管理模块

生产控制管理模块将整个生产过程有效地整合在一起，以达到产销平衡、有效库存等目的。与此功能相匹配，ERP 系统对各生产环节进行有效连接和整合，使生产活动成为连贯的整体，以尽量避免生产脱节和延误交货的情况出现。生产控制管理模块主要包括以下几个子模块，见表 4-6。

表 4-6　生产控制管理模块的构成

子模块	具体功能
主生产计划模块	主生产计划（Master Production Schedule，MPS）模块根据销售预测、销售订单以及生产计划来安排生产各环节的产品品种和数量。该模块将生产计划转化为产品计划，在综合考虑物料供应能力和设备负荷能力后，精确制订生产时间和生产数量的详尽生产进度计划。它的主要数据来源是生产计划、实际的销售订单和历史销售记录。该模块的功能如下 ①对生产车间的年度计划、季度计划和月度计划进行动态查询、录入、修改、统计和评价分析等，可生成主生产计划并根据具体情况进行相应的维护 ②对制订主生产计划所需要的各项参数进行设置 ③对主生产计划的具体执行情况进行查询 ④进行能力平衡 ⑤生成适应各部门的主生产计划表
物料需求计划模块	物料需求计划（Material Requirement Planning，MRP）是由 MPS 驱动运行的，处于 ERP 系统的计划层次。从定义而言，物料需求计划是对主生产计划各个环节对应的制造件和采购件的支持计划和时间进度计划。该模块的功能如下 ①采购恰当数量和品种的零部件。选择恰当的时间订货，尽可能维持最低的库存水平 ②及时取得生产所需的各种原材料及零部件，保证按时供应客户所需的产品 ③保持计划系统负荷的均衡 ④规划制造活动、采购活动以及产品的交货日期
能力需求计划模块	能力需求计划（Capability Require Plan，CRP）模块的主要功能是在初步确定物料需求计划后，平衡各个工作中心的负荷水平，并据此得出详尽的工作安排，以此确定所生成的物料需求计划就企业现有生产能力而言是否可行。因为能力需求计划针对当下的实际生产，着眼于短期安排，所以其具体功能如下 ①解决各个物料经过哪些工作中心加工的问题 ②计划各工作中心的可用能力和负荷量 ③计划工作中心各个时段的可用能力和负荷量
车间控制管理模块	生产控制管理模块的基础数据为生产指令、生产作业计划和生产资源利用等信息，核心环节为生产任务的分配和生产信息的反馈，可进行生产数据的收集查询和统计。车间控制管理模块是根据时间变化而变化的动态作业计划，先将作业分配到相应的车间，而后对分配的作业进行排序、监控等管理活动。生产车间具体实施产品的生产制造活动，是反映企业生产能力、生产负荷、生产动态、生产质量和生产成本等信息的直接数据来源，所以企业的信息管理系统只有动态而准确地掌握相关生产信息后，才能为科学决策提供科学依据

3. 财务管理模块

财务管理活动主要指企业的会计活动。ERP 系统中的财务管理模块主要包括会计核算和成本管理，其中会计核算部分主要包括总账管理、应收款/应付款管理、工资管理、现金管理、固定资产管理及财务决策，见表 4-7。

表 4-7 财务管理模块的构成

<table>
<tr><th colspan="2">子模块</th><th>具体功能</th></tr>
<tr><td rowspan="7">会计核算</td><td>总账管理</td><td>该模块是会计核算模块的核心部分，主要功能包括记账凭证的录入，日记账、明细账和总分类账的输出，以及会计报表的编制。该模块的具体功能为
①对会计核算单位、会计期间和科目、货币种类、税率和银行账户进行定义和设置
②可选择以自动生成或手工录入的方式编制记账凭证，将记账凭证进行过账，建立并维护日记账、明细账和总分类账
③进行报表的试算平衡，并生成试算平衡表，计算不同科目分摊的费用
④编制并输出资产负债表、现金流量表和所有者权益变动表
⑤对公司内部账务进行合并，处理公司内部的往来账务
⑥输出并打印各类会计报表</td></tr>
<tr><td>应收款/应付款管理</td><td>该模块的功能主要包括应付账款管理、发票管理及应付账款账龄分析等。该模块通过与存货管理模块和采购管理模块的集成，取代了大量烦琐的手工处理程序，并与销售订单和发票管理模块进行连接，自动生成各项业务的记账凭证，自动过入总账</td></tr>
<tr><td>工资管理</td><td>该模块可自动核算、分配和结算员工工资，并相应完成各项费用的计提。与此同时，工资管理模块可提供工资清单的打印和各项报表的汇总，自动生成相应的记账凭证，并自动过入总账。该模块的具体功能为
①自动核算、分配和结算员工工资，并相应完成各项费用的计提
②提供工资清单的打印和各项报表的汇总，自动生成相应的记账凭证，并自动过入总账
③可录入并维护工资计划，如对员工工资标准的设置</td></tr>
<tr><td>现金管理</td><td>该模块主要是进行现金支付的管理和维护。其具体功能为
①现金流的参数维护
②现金流的预测报表
③现金账簿的输入和维护
④现金账目表的定制和打印
⑤与控制现金管理相关的文件的录入与维护</td></tr>
<tr><td>固定资产管理</td><td>该模块的主要功能是对固定资产的原值变化以及折旧部分的计提进行核算和分配。企业管理者可借助该模块来了解固定资产的现状，并根据企业当前的生产经营状况进行相应管理。该模块的具体功能为
①记录和更新固定资产的增加、转移或报废的变动情况
②录入与维护固定资产购入单、内部转移单以及报废单等
③将固定资产的登记情况与固定资产卡片的内容进行核对
④计算固定资产的折旧值
⑤编制与固定资产相关的记账凭证
⑥查询与维护固定资产的具体情况</td></tr>
<tr><td>财务决策</td><td>该模块是财务管理的核心环节，其主要内容是提供与资金相关的决策，如资金筹集、资金投放与资金管理。该模块的具体功能为
① 对各项业务活动及成本中心的成本进行核算，控制企业的短期成本
② 执行订单与项目会计的工作，分析并控制企业资源的使用情况
③ 核算产品成本，并对各项业务活动涉及的产品成本进行分析
④ 对已售产品与服务的获利能力进行分析
⑤ 执行利润中心会计的工作，协助其他部分形成一个全方位的会计系统
⑥ 辅助管理层对企业进行控制活动</td></tr>
<tr><td colspan="2">成本管理</td><td>该模块的基础数据为会计核算数据，对此进行统计分析后，帮助管理人员进行预测、控制等管理决策。该模块的具体功能为
①根据往期的财务数据和统计分析制订下期的财务计划和财务预算
②根据产品结构、生产工序和采购成本等对各种产品的成本进行核算、统计分析与成本规划，并按照标准成本法或平均成本法进行成本维护
③提供财务绩效评估、银行账户分析等统计数据的图形查询功能</td></tr>
</table>

4. 人力资源管理模块

人力资源管理越来越受到企业的关注，人力资源管理模块被引入 ERP 系统后也愈加完善。该模块的构成见表 4-8。

表 4-8　人力资源管理模块的构成

子模块	具体功能
规划并管理企业的人力	根据不同企业的具体经营情况，规划并管理企业的人力资源结构和组织框架等
对员工信息进行管理	包括职工档案信息的管理以及对员工职位的分配等
对员工考勤进行管理	包括对员工出勤、加班等信息的记录，并以此为基础对员工绩效进行考核，对员工工资进行核算

4.2.3　ERP 系统的主要功用及效益

1. ERP 系统的主要功用

ERP 是一个复杂的系统工程，能帮助企业进行生产经营过程中物料、资源、生产计划、质量控制、销售、财务甚至人事、客户关系等各个领域的管理，现已具备十分强大的功能，见表 4-9。

表 4-9　ERP 系统具备的强大功能

功　能	具体体现
超越 MRP Ⅱ范围的集成功能	包括质量管理、试验室管理、流程作业管理、配方管理、产品数据管理、维护管理、管制报告和仓库管理
突破 MRP Ⅱ的两个局限	ERP 支持包括生产方式的混合，经营方式的混合，生产、分销和服务等业务的混合等混合方式的制造环境
支持能动的监控能力	ERP 的能动式功能表现在它所采用的控制和工程方法、模拟功能、决策及图形能力
支持开放的客户端/服务器计算环境	ERP 的软件支持技术包括要求客户端/服务器体系结构、图形用户界面、计算机辅助软件工程、面向对象技术、关系数据库、第四代语言、数据采集和外部集成

ERP 系统的软件支持技术是面向供应链管理、快速重组业务流程、实现企业内部与外部更大范围内信息集成的技术基础。

2. ERP 系统给企业带来的效益

ERP 系统给企业带来的效益大致可以从定量的和定性的两个方面来分析。

1）定量分析。据美国生产与库存控制协会（APICS）和我国相关研究机构的统计，使用 ERP 系统，可以为企业带来如下经济效益，见表 4-10。

表 4-10　定量分析 ERP 系统给企业带来的经济效益

效益项目	具体体现
降低库存	包括原材料、在制品和产成品的库存
提高劳动生产率	由于使用 ERP 系统，零件需求的透明度提高，计划也做了改进，能够做到及时与准确，生产线上的停工待料现象减少，可合理地利用资源，缩短生产周期
降低成本	ERP 系统把供应商看作是自己的长期合作伙伴，与之建立起稳定、共赢的关系。企业不仅可以从供应商那里获得及时的物料供应，还能降低采购费用、缩短采购时间、提高采购效率、减少库存而降低成本、增加利润
按期交货	ERP 系统是计划主导型的生产计划与控制系统，通过模拟手段进行计划和调整，充分利用信息反馈，使生产和销售达到平衡，可及时响应客户需求，并按时交货

（续）

效益项目	具体体现
把财务、业务系统集成为一体	财务人员可减少财务收支上的差错和延误，减少经济损失；销售人员可以准确核算成本，迅速报价，赢取市场业务
管理水平提高	使用ERP系统后，全员使用先进的、规范化的管理技术，使企业管理水平全面提高，管理人员减少，生产能力提高

2）定性分析ERP系统的功用，见表4-11。

表4-11 定性分析ERP系统给企业带来的效益

效益项目	具体体现
为科学决策提供依据	企业领导和各级管理人员通过应用ERP系统，可以随时掌握市场销售、生产和财务等方面的运行状况，根据用户的需求、产品的变化、技术的创新等，不断改善经营决策，提高企业的应变能力和竞争地位。高层管理者可以把自己的战略意图层层向下传递，把企业运营各过程用高、中、低层管理计划确定下来，同时收集下级的反馈意见，实现有计划、有控制的管理
全面提高企业员工的素质	ERP系统为企业员工提供了一个共享信息、分享知识、交流经验、学习技术的平台。经验表明，实施ERP后，企业员工素质和精神面貌发生了明显变化，团队精神得到发扬，涌现出一大批努力学习、刻苦钻研，既懂管理和生产，又善于应用计算机的复合型人才
提升企业的技术能力	ERP系统带动了制造业的运行，压缩了企业与市场的空间和时间距离，实现了产品设计开发快、生产快、销售快、结算快、反馈快、决策快，企业技术部门对外界的创新信息、用户对产品的改进要求以及社会上对产品缺陷的反馈意见，都能及时收集到，大大提升了企业的技术能力
提高企业整体管理水平	管理就是对信息的处理。企业各个管理层相互联系形成等级链、矩阵链，链条上的某一环节只是发挥着信息的收集、挑选和转发的“中转站”作用。如果这些工作由正规的信息系统来承担，反而会更快、更准、更全面。缩短等级链的长度和矩阵链的规模，简化人为的协调，即可提高效率。ERP系统实质上是现代企业管理思想与现代信息技术相结合的产物，所代表的不仅是管理手段的升级，更重要的是管理思想的创新。通过应用ERP系统，信息的接收和发布更为及时、全面，管理人员有更多的时间从事应该做的事情，即从事务主义中解脱出来，致力于实质性的管理工作，从而使管理工作更具成效
提高全员的工作质量	在ERP系统环境下，企业进行规范化管理，全体员工按企业运营计划完成自己的职务要求，企业的生产可以按部就班地进行，从而使企业的工作质量得以提高，并进一步影响生产率和产品质量
形成良好的企业外部效应	ERP系统的影响最终归结为企业外部效应的形成。企业的外部效应主要体现在3方面。①企业创新效应：ERP系统不仅可以在技术与工艺领域创新，还可以带动企业制度创新、组织结构创新；②企业形象效应：ERP系统的建立和完善，既可以迅速地将企业的经营状况传递给社会相关成员，还可以因拥有一个完整、高效的ERP系统，在消费者面前树立良好的企业形象；③企业营销效应：ERP系统是企业营销最重要的推动力，也是企业对外部效应和内部条件进行治理，将产品设计、生产、管理、服务和市场营销融为一体的黏结剂

ERP系统带来了企业的根本性的变革，统一了企业的生产经营活动，让企业更加适应现代社会的竞争，并能更充分地发挥自己的优势，取得更辉煌的发展。

据美国生产与库存控制协会资料显示，ERP系统能产生以下经济效益：

① 库存减少30%~50%。

② 延期交货情况减少80%。

③ 采购提前期缩短50%。

④ 停工待料情况减少60%。

⑤ 制造成本降低 12%。

⑥ 管理人员减少 10%的同时生产能力提高 10%～15%。

4.3 制造执行系统（MES）

4.3.1 MES 概述

1. MES 的概念

（1）MES 的产生

企业通过 ERP 系统实施企业资源计划管理，运用产品数据管理（PDM）系统来进行产品设计管理，采用数据采集与监控（SCADA）系统来监控生产过程。但它们的互相融合不够，还无法进行良好的双向信息交流，导致企业上层的计划缺乏有效的生产底层实时信息的支持，而底层生产过程自动化也难以实现优化调度和协调。制造执行系统（Manufacturing Execution System，MES）则有效地将计划与制造过程结合，促进企业信息化管理进程。MES 能够收集企业各方面信息，并时刻更新企业信息管理系统，进而从整体上改善企业的管理效率和管理水平。

制造执行系统协会（MESA）于 1997 年提出了包含 11 个功能模块的 MES 功能模型，这 11 个功能模块具体为：资源配置和状态模块、作业/详细调度模块、分配生产单元模块、文档控制模块、数据采集/获取模块、人力管理模块、质量管理模块、过程管理模块、维护管理模块、产品跟踪与谱系模块、性能分析模块。之后，MESA 在 2004 年提出了协同 MES 体系结构（C-MES）。

MES 的适应性很强，不仅局限于为进行单一大批大量生产的制造企业提供良好的信息管理服务，还能服务于既有多种小批量生产又有大批大量生产的混合型制造企业。

20 世纪 80 年代，我国最早引进 MES 的是宝钢集团。20 世纪 90 年代初期，我国逐渐重视 MES 和 ERP 系统，对其进行了跟踪研究，并着手进行试点运行。在这一时期，制造业界还提出了颇具中国特色的概念，如“人、财、物、产、供、销”“管控一体化”。

（2）MES 的定义

美国先进制造研究中心（AMR）将 MES 定义为：位于上层计划管理系统与底层过程控制系统之间的面向车间层的管理信息系统，它为生产操作人员和企业管理人员提供计划的执行、跟踪以及所有资源（人、设备、物料、客户需求等）的当前状态。

制造执行系统协会（MESA）对 MES 也给出了较为详细的定义：MES 能够通过信息传递对从订单下达到产品完成的整个生产过程进行优化管理。当生产车间发生实时事件时，MES 能够对此做出及时的反应和报告，并用当前的准确数据进行处理和指导。通过对状态变化的迅速响应使 MES 减少了企业内部无附加值的活动，有效地指导生产车间的生产运作过程，从而使其既能提高及时交货能力，改善物料的流通性能，又能提高生产回报率。MES 通过双向的直接通信在企业内部和整个产品供应链中提供有关产品行为的关键任务信息。

（3）MES 的特征

从 MES 的定义可看出，MES 具有如下 3 个显著特征：

1）优化车间生产过程。MES 是对整个生产车间制造过程的优化，而不是单一地解决某个生产的瓶颈问题。

2）收集生产过程数据。MES 必须提供实时收集生产过程数据的功能，并做出相应的分析和处理。

3）MES 是连接企业计划层与车间生产控制层的桥梁。MES 需要与企业计划层和车间生产控制层进行信息交互，通过连续的企业信息流实现企业信息的集成。

2. MES 的结构模型

（1）MES 的三层结构模型

企业的生产运作管理流程一般为 3 个层次，即计划层、执行层和控制层。

1）计划层按照客户订单、库存和市场预测情况，安排生产和组织物料。

2）执行层根据计划层下达的生产计划、物料和控制层的工作情况，制订车间作业计划，安排控制层的加工任务，对作业计划和任务执行情况进行汇总和上报；当生产计划变更、物料短缺、设备发生故障、出现加工质量等问题时，执行层将对作业计划进行及时调整，以保证生产过程正常进行。执行层处于企业计划层与控制层之间，存在大量的信息传递、交互与处理的过程。

3）控制层又称设备层，完成产品零件的加工或装配。

图 4-1 所示为企业信息化的三层结构模型：

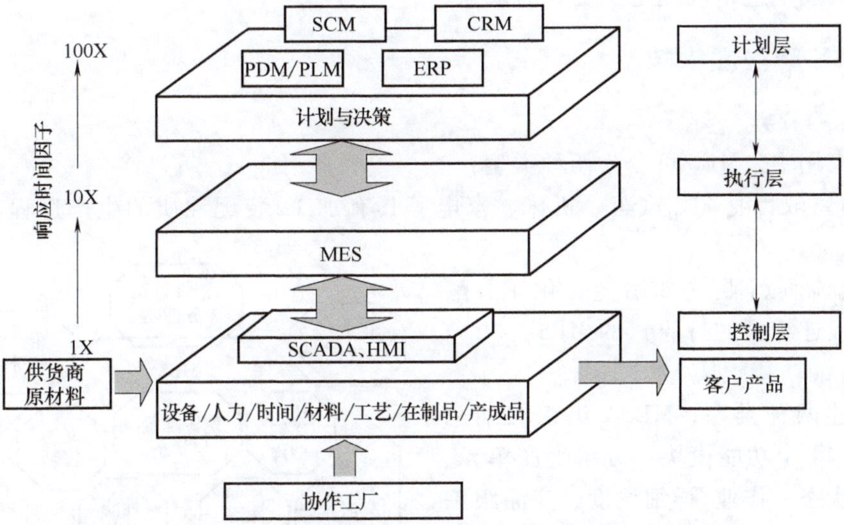

图 4-1　企业信息化的三层结构模型

1）计划层：在计划层普遍采用以 ERP 系统为代表的企业管理信息系统。

2）控制层：在企业的生产控制层则采用以数据采集与监控系统（SCADA）和人机界面（HMI）为代表的生产过程监控软件系统。

3）执行层：在计划层和控制层之间则是由 MES 构成的执行层，MES 作为计划层和控制层之间的桥梁，实现计划层和控制层之间的数据交换。

在企业信息化的三层结构模型中，MES 在计划管理与底层控制之间架起了一座桥梁，以实现两者之间的无缝连接。一方面，MES 可以分解和细化来自 ERP 系统的生产计划信息，形成作业指令，控制层按照作业指令完成生产加工过程；另一方面，MES 可以实时监控底层设备的运行状态、在制品（WIP）及作业指令的执行情况，并将它们及时反馈给计划层。

（2）三层结构模型的信息流

企业信息化的三层结构模型的信息流如图 4-2 所示。

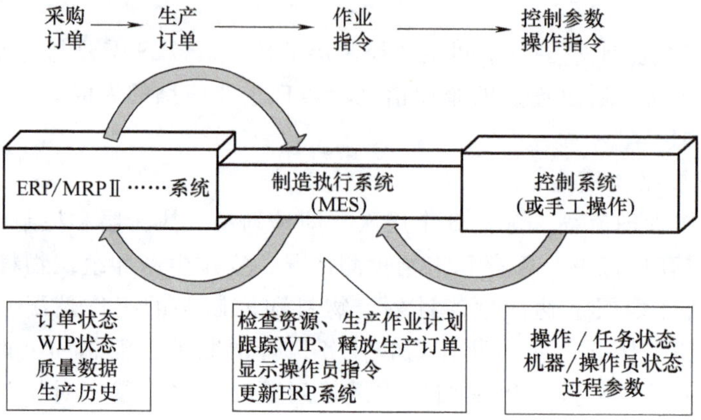

图 4-2　三层结构模型的信息流

MES 把生产计划与车间作业的现场控制联系起来，解决了上层生产计划管理与底层生产过程之间脱节的问题，打通了企业的信息通道，使企业生产计划的执行过程实现了透明化，为企业快速响应市场奠定了良好的基础。

4.3.2　MES 的功能模块

1. MES 的分类

在实际应用中，MES 可分为两种类型：

1）面向离散行业（如汽车、机床、家电等具有加工/装配性质的生产过程离散型的行业）的 MES。

2）面向流程行业（如冶金、化工、酿酒等生产过程连续型的行业）的 MES。

2. MES 的功能模块

针对上述两种类型，MESA 组织归纳总结出 MES 的 11 个功能模块：分派生产单元、资源配置与状态、作业/详细调度、产品跟踪与谱系、人力管理、文档控制、性能分析、维护管理、过程管理、质量管理以及数据采集/获取模块，如图 4-3 所示

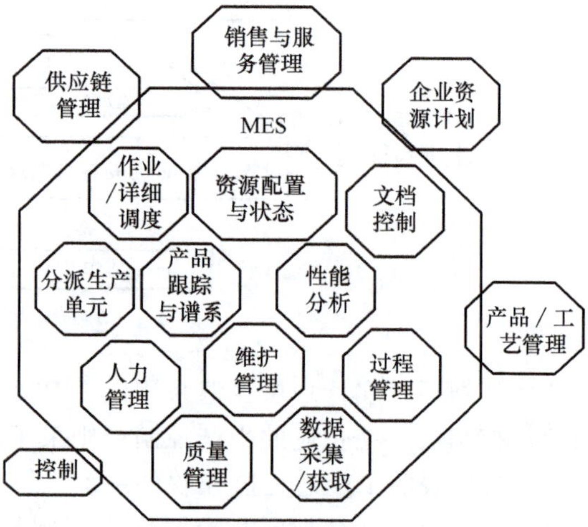

图 4-3　MES 功能模块

1）分派生产单元（Dispatching Production Units）模块：管理和控制生产单元的流程，以任务、订单、批次、数量以及作业指令对生产流程进行管理，针对生产过程中出现的突发问题及时修改作业指令，调整加工顺序，还可以通过重新安排生产和补救措施，改变已下达的计划，并利用缓冲区来控制生产单元的负荷。

2）资源配置与状态（Resource Allocation and Status）模块：管理车间资源状态及分配信

息。管理各种资源，如设备、工具、材料、辅助设备以及派工单、领料单、工卡等相关作业指令和文件，提供设备的实时状态，确保设备正常开工所必需的资源，对生产过程所需各种资源都要有详细的记录，以保证车间滚动作业计划顺利执行。

3）作业/详细调度（Operations/Detail Scheduling）模块：生成作业计划，安排作业顺序，按照在制品的优先级、属性、几何特征安排加工顺序或路径，使得设备的调整或准备时间最少；根据不同的加工路径以及加工路径的重叠与并行情况，通过计算它们的加工时间或设备负荷，从而获得较优的加工顺序或路径。

4）产品跟踪与谱系（Product Tracking and Genealogy）模块：提供在制品的状态信息，管理加工过程（从原料、在制品、零部件到成品）中每个生产单元的在制品，实时记录在制品的状态、物料（供应商、批号、数量等）消耗状况，在制品暂存、返工、报废、入库等情况，在线提供计划的实际执行进度，反映在制品和产品的当前状态情况，追溯产品在加工过程中的各项记录。

5）人力管理（Labor Management）模块：提供最新的员工状态信息，记录员工的作息时间、操作技能、变动和调整情况，员工的间接活动（如领料、备料、准备时间等），作为成本分析和绩效考核的依据。

6）文档控制（Document Control/Specification Management）模块：管理、控制与生产单元相关的记录，统一管理与生产单元、生产过程相关的文档或表单，如作业指令、操作指导书、工艺文件（配方）、图样、标准操作规程、加工程序、计划任务文档、质量信息记录文档、质量体系文档、批次记录、工程变更通知、交接班记录、批量产品记录、工程设计变动通知，以及文档的历史记录和版本等。

7）性能分析（Performance Analysis）模块：提供最新的生产过程信息，实时提供实际产出、预计产出、生产周期、在制品和产品的完工情况、质量数据的统计分析结果、与历史数据的对比结果、资源利用率以及车间直接费用等。

8）维护管理（Maintenance Management）模块：跟踪和指导设备及工具的维护活动，对生产过程中的设备（含刀具、夹具、量具、辅具）进行管理，记录设备的基本信息（加工范围、精度、对象、持续工作时间等），设备当前状态（设备负荷、可用性），设备维修计划，设备故障和维修情况。

9）过程管理（Process Management）模块：对生产过程进行监控，监测生产过程中的每项操作活动以及过程，使得生产单元有序、按时地执行作业指令；记录异常事件的详细信息（发生时间、现象、原因、等级等），并对异常事件做出报警或自动纠正处理。

10）质量管理（Quality Management）模块：记录、跟踪和分析产品及过程的质量。从生产过程实时采集质量数据，对质量数据进行分析、跟踪、管理和发布；运用数理统计方法对质量数据进行相关分析，监控产品的质量，同时判断潜在的质量问题；对造成质量异常的操作、相关现象和原因，提出纠正或校正的措施或质量改进意见和计划。

11）数据采集/获取（Data Collection/Acquisition）模块：通过数据采集接口来获取并更新与生产管理功能相关的各种数据和参数。通过手工或自动的方式实时获取加工过程中产生的相关数据，如对象、批次、数量、时间、质量、过程参数、设备启停时间、能源消耗等，这些数据可能存在于生产单元相关的文档或记录中、来源于底层 DCS 或 PLC 装置中或采用其他方式获得，是性能分析模块的数据源。

3. MES 的实现途径与工作流模型

（1）MES 的实现途径

图 4-4 所示为 MES 的实现途径，它可以通过应用程序接口（API）来与企业资源计划（ERP）、供应链管理（SCM）、销售与服务管理（SSM）、产品与过程工程（P&PE）、控制系统等进行数据交换，通过消息机制与后台管理进行数据交换，通过 OLAP 等工具与数据仓库进行数据交换，通过数据标准转换与数据库进行数据交换，最后根据 MES 数据模型进行分派生产单元、资源配置与状态、作业/详细调度等任务。

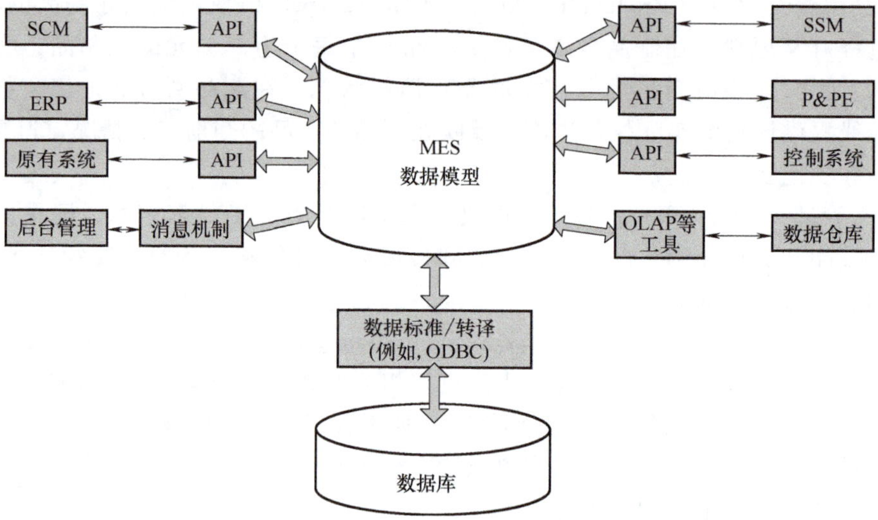

图 4-4　MES 的实现途径

这里用得最多的是 API，它是指软件系统不同组成部分衔接的约定，也可以作为两个应用系统之中的数据应用适配器接口来进行信息传递和数据交换。

（2）工作流 MES 模型

MES 数据模型非常多，最常用的是如图 4-5 所示的工作流 MES 模型。在制造过程中，为了缩短工序的等待时间，引入工作流 MES 模型，可以利用工作流引擎的支撑解释制造过程的过程定义。根据计划调度，获取制造过程执行时所需要的初始条件和执行参数生成各个批次的制造流程。在制造过程中，根据过程定义和工作流相关数据为生产过程进行导航，并给工人提供需要操作的批次任务项信息，然后通过任务项列表管理器对执行的任务进行管理，通过工人的反馈信息实现新的任务项到工作流任务表的添加、已经完成执行的任务项的删除等操作。在工作流 MES 模型中，每一道工序的数据包括开始条件、结束条件状态及加工数据。而对于工序之间的信息传递，则由控制连接弧和数据连接弧来控制。开始条件定义了工序在什么情况下才能开始执行，当满足转移条件，控制连接弧发生转移时，称控制连接弧所指向的工序被使能，即工序可能被执行。但工序是否真的开始执行，则需要通过工序内部开始条件的判断来决定，只有开始条件得到满足，工序才真正开始执行。结束条件定义了活动在什么情况下才能够结束，通过结束条件的设置，可以定义需要多次循环执行的活动。当工序执行完毕时，工序的结束条件就会被检验，如果为“True”，则通过控制连接弧，找到下一个待加工的工序，并通过数据连接弧发送加工所需的数据。

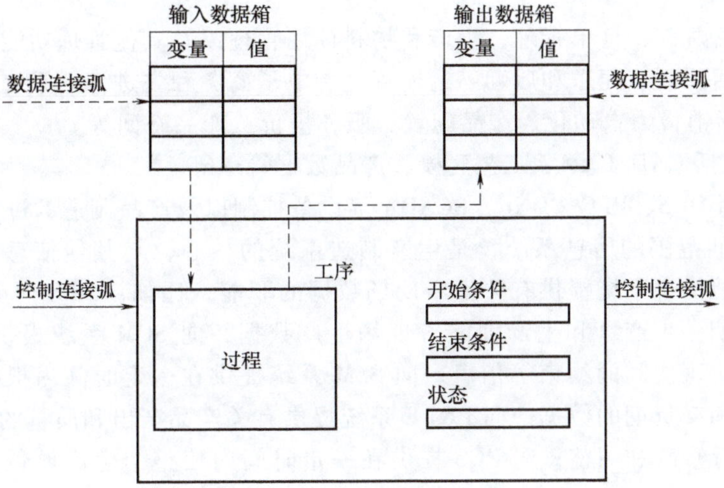

图 4-5　工作流 MES 模型

图 4-6 所示为任务表管理器给各个工人客户端发送任务项的实现方法：

1）工作流机是一个为工作流实例的执行提供运行服务环境的软件或“引擎”，是工作流执行服务的核心，是执行企业经营过程的“业务操作系统”的内核。

2）任务表是指分配给一个特定用户（或一组用户）处理的、由任务项组成的队列。

3）任务表管理器是一个软件模块，负责管理任务表，以完成与最终用户的操作交互。

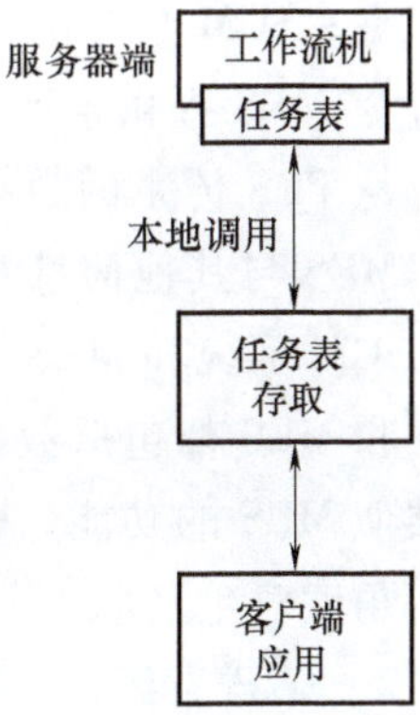

图 4-6　任务表管理器的实现方法

在工作流 MES 模型中，客户端应用与工作流机的交互是通过定义良好的接口来完成的，这个接口就是工作流任务表。在最简单的情况下，工作流机通过存取工作流任务表来完成特定任务到特定客户的分发过程，而工作流任务表管理器存取工作流任务表是为了获取任务项，将它们提供给用户进行处理，并得到处理结果。在实际车间中，当工人登录系统后，首先由工作流机从任务表中读取该设备对应的任务表并显示在该设备的显示屏上，其中也包括工序所需的加工数据，以指导工人进行加工。当一个工序完成后，根据过程定义和工作流相关数据，任务表从工人那里获取相关信息来更新任务表中的任务项，并利用工作流机获取下一道工序及其使用设备分派给相关工人，同时刷新工人客户端的任务表来实时通知该工人进行加工生产，并提供加工所需要的工艺规程文件等加工数据。

4.3.3　MES 与其他信息系统的交互

1. MES 与其他信息系统的关系

MES 是面向车间范围的信息管理系统，在其外部通常有企业资源计划（ERP）、供应链管理（SCM）、销售与服务管理（SSM）、产品与过程工程（P&PE）、过程控制系统（PCS）等面向制造企业的几个主流的信息系统，这些信息系统都有各自的功能和定位，在功能上又有一定的重叠。

ERP——包括财务、订单管理、生产和物料计划管理以及其他管理功能。

SCM——包括预测、配送和后勤、运输管理、电子商务和先进计划系统。

SSM——包括销售力自动化、产品配置、服务报价、产品召回等。

P&PE——包括 CAD/CAM、工艺建模、产品数据管理等。

PCS——包括 DCS、PLC、DNC、SCADA 等设备控制以及产品制造的过程控制。

MES 作为车间范围的信息系统，是生产制造系统的核心，与其他信息系统有着紧密的联系，具有向其他信息系统提供有关生产现场数据的职能，比如：MES 向 ERP 系统提供生产成本、生产周期、生产量和生产性能等现场生产数据；向 SCM 系统提供实际订货状态、生产能力和容量、班次间的约束等信息；向 SSM 系统提供在一定时间内根据生产设备和能力成功进行报价和交货期的数据；向 P&PE 系统提供有关产品产出和质量的实际数据，以便于 CAD/CAM 进行修改和调整；向 PCS 提供在一定时间内使整个生产设备以优化的方式进行生产的工艺规程、配置和工作指令等。

同时，MES 也需要从其他子系统得到相关的数据，例如：ERP 系统为 MES 任务分配提供依据；SCM 系统的主计划和调度驱动 MES 车间活动时间的选择；SSM 系统产品的组织和报价为 MES 提供生产订单信息的基准；P&PE 系统驱动 MES 工作指令、物料清单和运行参数；从 PCS 传来的数据用于测量产品实际性能和自动化过程运行情况。

MES 与其他信息系统也有交叉和重叠。例如，ERP 系统和 MES 都可以给车间分配工作；SCM 系统和 MES 都包括详细的调度功能；工艺计划和文档可来自 P&PE 系统或 MES；PCS 和 MES 都包括数据采集功能。但是，没有其他信息系统可替代 MES 功能，虽然它们有些类似 MES 的功能，但 MES 通常更关注车间生产的性能，并致力于车间运行的优化，从全车间角度对生产状态和运行物流、人力资源、设备和工具等进行总体把握。

2. ERP 系统、MES、PCS 的信息集成

MES 的主要功能是将 ERP 系统和底层的 PCS 衔接起来，形成从数字化生产设备到企业上层的 ERP 系统的信息集成。

在企业三层管理模式下，以 ERP 系统为企业上层的信息管理系统，担负企业生产经营计划物流管理、财务管理以及人力资源管理等管理任务；车间底层的 PCS 进行生产设备及生产过程的控制；MES 作为计划管理层与生产控制层之间的桥梁，既担负分解细化管理层计划、下传生产控制指令、调度现场资源任务，又要履行向计划管理系统提供有关生产现场数据的职能。

图 4-7 所示为 ERP 系统、MES、PCS 三者之间的信息流模型。MES 接收来自 ERP 系统的计划订单、物料清单、产品图样、资源需求、主生产计划、劳动力性能、库存状况、操作程序和协调计划等信息，将客户的需求转换成生产制造计划，进行作业计划与生产的调度，决定专用资源，并将订单完成情况、资源利用、人员及出勤、物料使用、库存统计等生产信息送回至 ERP 系统。

在企业生产过程中，MES 与 PCS 之间也有大量的信息传递。MES 需要为每一项生产订单向 PCS 下达作业指令、起止时间、控制参数并调整作业计划；PCS 实时将系统作业状态、设备状态、过程信息等反馈给 MES。

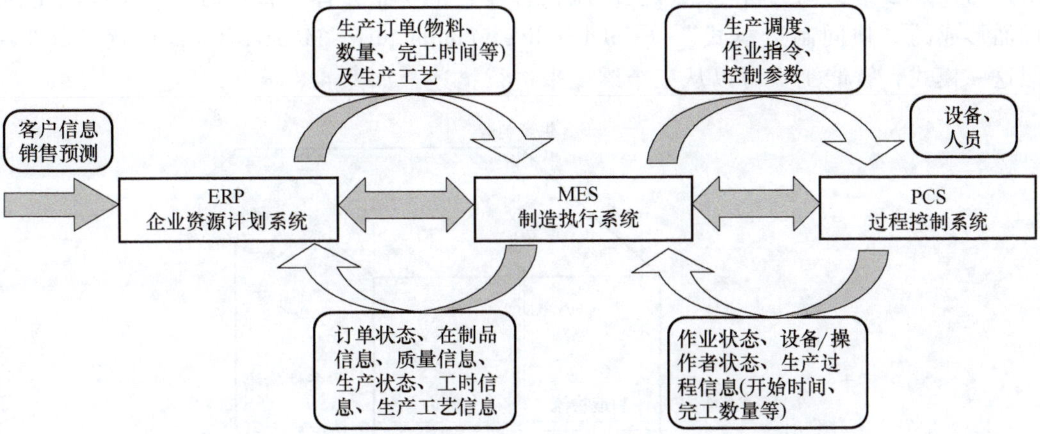

图 4-7　ERP 系统、MES、PCS 三者之间的信息流模型

4.3.4　MES 的发展趋势

20 世纪 70 年代，MES 概念被提出，经过多年的发展，MES 逐步成为企业信息化的重要环节，特别是随着智能制造时代的到来，MES 被放到了前所未有的重要位置。近年来 MES 的发展呈现出以下几点趋势。

1. MES 朝着新一代 MES 的方向发展

建立在 ISA-95 的基础上，易于配置与扩展，具有良好的集成性，能实现全球范围内的生产协同，具体表现如下：

1）一方面，新一代 MES 具有开放式、客户化、可配置、可伸缩等特性，可针对企业业务流程的变更或重组进行系统重构和快速配置；另一方面，当前 MES 正在和网络技术相结合，MES 的新型体系结构大多基于 Web 技术，支持网络化功能。

2）新一代 MES 的集成范围更为广泛，不仅包括制造车间现场，还覆盖企业整个业务流程。通过建立能量流、物流、质量、设备状态的统一数据模型，使数据适应企业业务流程的变更或重组的需求，真正实现 MES 软件系统的可配置。通过系统设计、制定开发标准，凭不同厂商的 MES 与其他异构的企业信息系统可以实现互联与互操作。

3）新一代 MES 应具有更精确的过程状态跟踪和更完整的数据记录功能，可以实时获取更多的数据，来更精确、及时地进行生产过程管理与控制，并具有多源信息的融合及复杂信息的处理与快速决策能力。

4）新一代 MES 支持生产同步性和网络化协同制造，能对分布在不同地点甚至全球范围内的工厂进行实时化信息互联，并进行实时过程管理，以协同企业所有的生产活动，建立过程化、敏捷化和级别化的管理。

5）逐步实行 MES 标准化（ISA-95）。MES 的标准化进程是推动 MES 发展的强大动力，国际上 MES 主流供应商纷纷采用 ISA-95 标准。

2. MES 成为智能工厂的核心

2000 年，针对生产制造模式新的发展，国际著名的咨询机构 ARC 详细地分析了自动化、制造业以及信息化技术的发展现状，针对科学技术的发展趋势对生产制造可能产生的影响进行了全面的调查，提出了多个导向性的生产自动化管理模式，指导企业制定相应的解决方案，为用户创造更高的价值。从生产流程管理、企业业务管理直到研究开发产品生命周期管理而形成的“协同制造模式”（Colaboralive Manufacturirg Model，CMM）就是其中一种。按照这一模式，智能工厂可以从三个维度来进行描述，如图 4-8 所示，

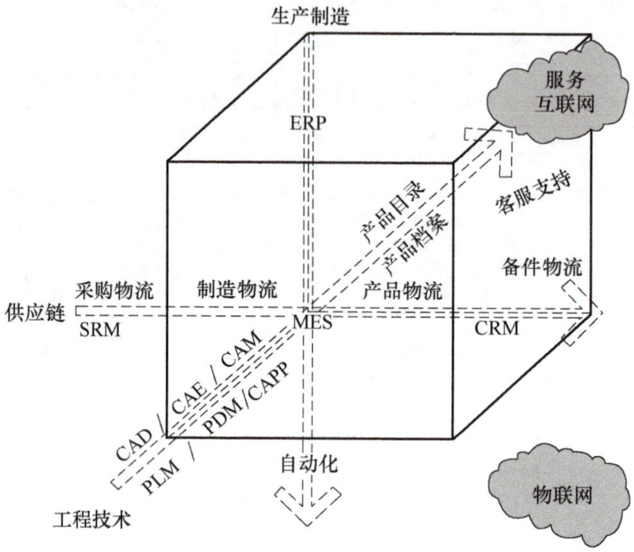

图 4-8　智能工厂的三个维度

1）生产制造：从 ERP 系统的产品计划出发，通过 MRP 展开上游生产环节的生产计划，把生产计划细化并派分到设备/人工，详细排程，并根据生产进展和异常进行动态排程、分批次管控或单台管控，进行设备联网采集和控制、采集实绩并报工。

2）供应链：通过 SRM、采购物流和制造物流，令外购、自制和外协物料“准时”调达生产现场，批量或单件管控，支持智能料架、AGV 和集配等，并对在线库、扣料、在制品和成品进行管控，支持生产判断和缺料预警。

3）工程技术：MES 管理模块化物料清单（MBOM）、辅助工艺或现场工艺，支持差异件指示、装配指示、现场看图和装配仿真等，并根据关重件、物流追溯和 MBOM 等形成产品档案。在“个性化生产”时代，产品档案是客服支持的主要数据源。

生产是工厂所有活动的核心，MES 是智能工厂三个维度的交叉点和关键点，是智能工厂的“大脑”。在智能制造时代，MES 不再只是连接 ERP 系统与车间现场设备的中间层级，而是智能工厂所有活动的交汇点，是现实工厂智能生产的核心环节。

3. MES 成为实现精益生产的关键环节

精益生产的含义为：运用多种现代管理方法和手段，以社会需求为依托，以充分发挥人的作用为根本，有效配置和合理使用企业资源，为企业谋求经济效益的一种新型企业生产方式。精益生产系统综合了单件生产与大批量生产的优点，既避免了前者的高成本，又避免了后者的僵化，其主要内容及特征如下：

1）坚持以用户为中心的策略，以销售部门作为企业生产过程的起点，产品开发与生产均以销售为起点，按订货合同组织多品种小批量生产。

2）产品开发采用并行工程方法和主查制，确保高质量、低成本、缩短产品开发周期，满足用户要求。

3）生产制造过程中实行“拉动式”的准时化生产，把传统的“上道工序推动下道工序”的生产优化为“下道工序拉动上道工序”的生产，杜绝一切超前、超量生产。

4）以人为中心，充分调动人的潜能和积极性，普遍推行“一人多机”操作，并把工人组成作业小组，不仅完成生产任务，而且参加企业管理，从事各种革新活动，提高劳动生产率；追求无废品、零库存、零故障等目标，以降低产品成本，保证产品多样化。

5）消除一切影响工作的“松弛点”，以最佳的工作环境、工作条件和工作状态从事最佳作业，从而追求尽善尽美。

6）注重主机厂与协作厂之间的相互依存，把主机厂与协作厂之间存在的单纯买卖关系变成利益共同的“血缘关系”，70%左右的零部件设计、制造委托给协作厂，主机厂只完成约 30%的设计、制造业务。

制造业演进历史在管理层面体现为先进管理技术和方法的不断提升，包括精益生产、6σ 法则、持续改善、卓越绩效等。精益生产是企业不断发展前进的灵魂和动力。

智能制造能够进一步满足用户的个性化需求，提出完全个性化定制，过程更透明、更智能，将精益生产的思想融入信息系统、嵌入式软件和智能设备中，最终的目标还是适时、适量、适品、高质量、短交期。在传统制造中，拉动靠纸质看板，报异常靠安灯，配送靠人工捡料；在数字化制造中，有 IT 和自动化数字工具支撑，现场生产拉动仓储物流，人机配合捡料，扫码 RFID 自动定位货位，先进先出；在智能制造中，机械手自动配料，AGV 自动补货（不需要看板）。智能制造的核心思想是精益生产。

精益生产的思想需要融入数字化制造的各个环节，业务场景通过相关 IT 系统和业务的融合应用，将精益思想逐步固化在日常管理和 IT 系统中，并通过制度确保效果的持续化，如图 4-9 所示。精益生产的理念是减少浪费，消除制造过程中多余的、不必要的消耗。传统精益基本上靠人的经验来发现这些浪费，因此难以分析清楚。现在通过企业信息系统掌握具体的、实时的生产信息，以支撑对生产过程瓶颈问题的准确分析。在此基础上，支持企业在

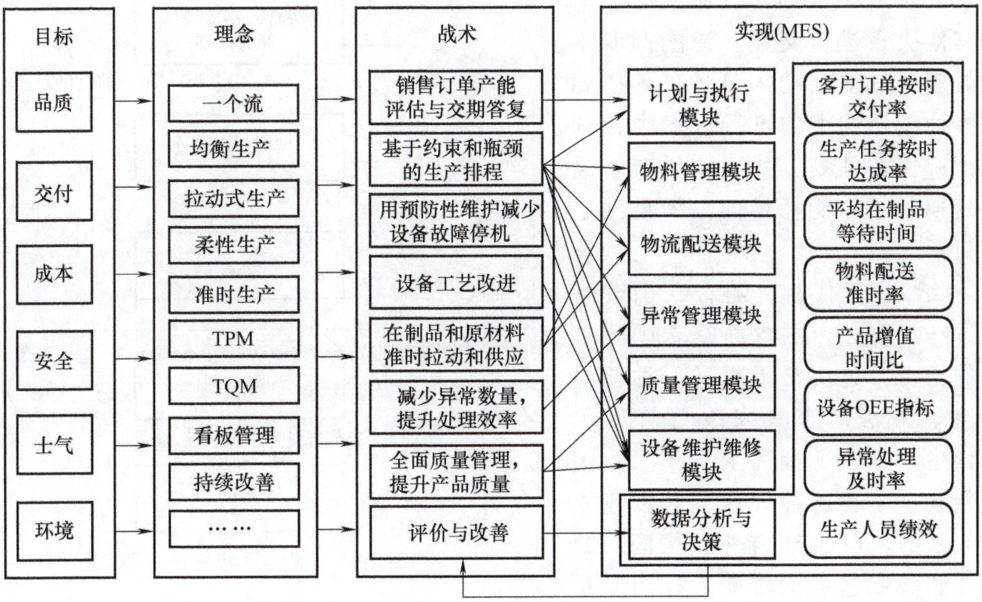

图 4-9　精益生产的实现

生产过程中实现精细化的生产管理与过程控制，从而减少浪费，实现精益生产。整个生产过程中处理变化的及时性、IT 信息传递的便利性与及时性为精益生产的实现提供了可靠支撑。

MES 是贯彻精益生产理念的一个平台，精益生产的规章制度及其落实都可以在 IT 系统中固化和体现出来。从传统精益推进到数字化精益，必须要经历信息化的深度应用。总体来说，先进的生产管理方式要靠先进的技术来推动。反过来，先进的技术也要与先进的生产管理方式融合起来。

4.4 智能调度

4.4.1 经典调度问题简介

1. 调度的概念与功能

制造业是国民经济的主体，是立国之本、兴国之器、强国之基。制造业是指利用物料、能源、设备、设施、工具、资金、技术、信息和人力等中的某种资源，按照市场要求，通过制造过程，将资源转化为可供人们使用和利用的大型工具、工业品与生活消费产品的行业。在这种从资源到产品的转化过程中，调度起着不可替代的作用。调度问题几乎存在于工程科学的所有分支领域。所谓调度，就是将有限的资源在合理的时间内分配给若干个任务，以满足或优化一个或多个目标。调度不只是将工作任务进行排序，还需要根据得到的排序确定各个任务的开始时间和结束时间。调度问题既是典型制造领域的核心问题，也是智能制造领域的核心问题之一。

科学合理的调度能够使转化高效化、资源利用率最大化，是产品从研发走向大规模使用的必经之路。制造系统中的信息流如图 4-10 所示，调度必须与工厂的其他决策进行交互。智能调度不仅需要处理错综复杂的约束条件，还要从无穷多种满足约束的可行方案中找到优化的生产作业计划，从而使生产率最高、拖延期最短、能耗最低，满足预定的调度目标。

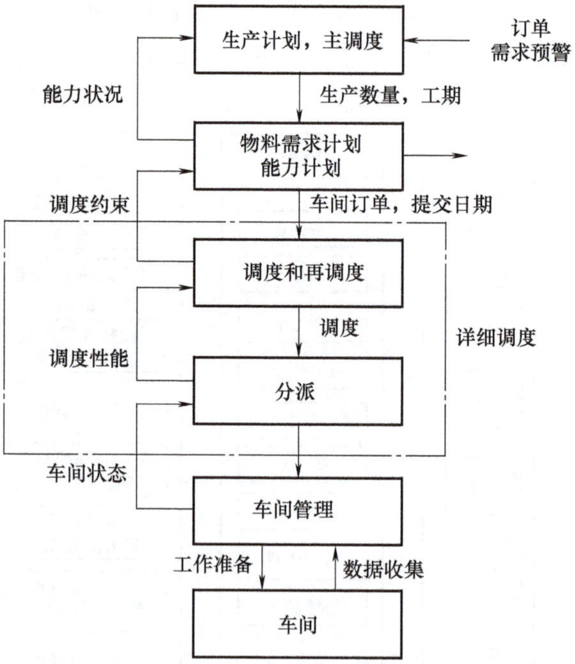

图 4-10　制造系统中的信息流

20 世纪 90 年代初，随着我国改革开放的进一步深化，国内面临着国际市场竞争的压力，迫切希望通过一种新的管理理论、方法与工具来改善管理水平、降低生产成本、提高生产率。我国的调度领域正是在这种背景下逐步建立并发展起来的。在近 30 年中，中国从制造大国开始向制造强国转变。在调度及相关学科的支持下，制造业基本完成了现代化转型，成为国家发展的基石。未来智能制造的发展更加离不开智能调度的研究与技术进步。

2. 经典调度问题

（1）单机调度问题

单机调度问题是指一台可以完成所有工件加工的机器，一组相互独立的工件，其中每个工件仅包含一道工序；给定工件的加工时间、交货期等所有信息，求解加工顺序，从而优化一个或多个目标。

单机调度的加工环境十分简单，是其他所有加工环境的特例。但是，任何复杂机器环境里的调度问题通常可以分解为若干单机问题，所以研究单机问题不仅可以加深对单机调度的认识，也能为更复杂生产环境的调度研究提供启发。

（2）并行机调度问题

并行机调度问题是指一组相互独立的工件，每个工件仅包含一道工序，一个包含多台加工设备的并行机组；给定工件的加工时间、交货期等所有信息，需要同时确定工件的加工顺序和机器分配，从而优化一个或多个目标。

并行机调度将加工资源纳入并行管理，既是对单机调度的推广，也是混合流水车间调度的特例。

在并行机调度问题中，机器负载率的平衡通常是首要关注的目标，它是提升整个并行机组效率的瓶颈。并行机组可以根据机器的特性分为同速并行机、异速并行机和不相关并行机。

（3）流水车间调度问题

典型的流水车间调度问题包括置换流水车间调度问题和混合流水车间调度问题。

置换流水车间调度问题是指 n 个工件在 m 台机器上进行加工，每个工件在各台机器上加工顺序一致，同时限制每个工件只能在各台机器上加工一次，并且每台机器一次只能加工一个工件，各工件在各台机器上的加工时间已知。该调度问题就是如何安排工件在第一台机器上的加工顺序，使得某种指标最优。置换流水车间调度问题是一个复杂的组合优化问题。随着工件数量的增加，解空间的大小将呈指数级增长，对于大规模问题，很难找到满意的解决方案。

混合流水车间调度是在置换流水车间调度的基础上加入了机器选择。混合流水车间调度问题是指 n 个工件在 m 个阶段的流水线上进行加工，各阶段至少有一台机器且至少有一个阶段存在多台机器，在每一阶段上各工件均要完成一道工序，并且可任意选择该阶段某台机器进行加工。该调度问题就是如何安排工件的加工机器及其在每台机器上工件的加工顺序，以使得某种指标最优，如图 4-11 所示。

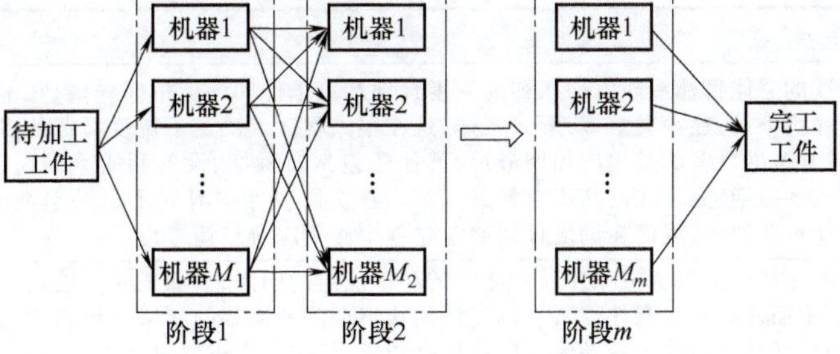

图 4-11 混合流水车间调度问题示意图

（4）作业车间调度问题

作业车间调度问题是指 n 个工件在 m 台机器上进行加工，每个工件有特定的工艺，每个工件使用机器的顺序及其每道工序所花的时间已知。该调度问题就是如何安排工件在每台机器上的加工顺序，使得某种指标最优。

相对于流水车间调度问题而言，作业车间调度问题的加工工艺不统一，因此具有了更高的复杂度。而在柔性作业车间调度问题中，加入了机器的选择过程，每个工件可以在不同的机器上加工，使得求解难度进一步上升。

（5）开放车间调度问题

开放车间调度问题是在作业车间调度的基础上，进一步松弛工序的约束，即 n 个工件在 m 台机器上加工，每个工件包含 m 道工序，并且每个工件的工序处理顺序是任意的，每道工序均有确定的加工时间。该调度问题就是如何安排工件在每台机器上的加工顺序和各工序的顺序，使得某种指标最优。其中，不同工件的工序以及同工件的工序之间没有先后约束。

4.4.2 智能调度概述

1. 智能调度的发展历程

20 世纪初，在 Henry Gantt 和其他先驱者的努力下，调度问题开始在制造业中受到重视。

20 世纪 50 年代到 20 世纪 70 年代，由于计算机和编程技术还不普及，研究主要集中在理论探讨上，求解方法主要是数学规划方法，例如整数规划、分支定界、动态规划等。这一时期，由于提出数学规划方法较为困难，能够快速地得到近似最优解的启发式算法得到发展。

20 世纪 70 年代，随着计算复杂性理论的出现，人们意识到数学规划方法仅适用于小规模问题，对于中到大规模问题显然是不合适的。于是，启发式算法成为研究重点。

20 世纪 80 年代以后，随着人工智能技术的兴起以及计算机技术的发展，智能优化方法开始发展起来，例如禁忌搜索、模拟退火、人工神经网络等。从此，智能调度进入快速发展阶段，新的算法如遗传算法、蚁群算法、粒子群优化等不断涌现。智能调度的研究有力提升了制造业的运作效率，促进了相关产业的快速发展。

2. 智能调度的特点

生产调度的对象与目标决定了智能调度具有复杂特性，其突出表现为调度目标的多样性、调度环境的不确定性和问题求解过程的复杂性，见表 4-12。

表 4-12 智能调度的特点

特点	具体表现
多目标性	生产调度的总体目标一般由一系列的调度计划约束条件和评价指标构成，在不同类型的生产企业和不同的制造环境下，往往种类繁多、形式多样，这在很大程度上决定了调度目标的多样性。对于调度计划评价指标，通常考虑最多的是生产周期最短，其他还包括交货期、设备利用率最高、成本最低、最短的延迟、最小提前或者拖期惩罚、在制品库存量最少等。在实际生产中有时不只是单纯考虑某一项要求，由于各项要求可能彼此冲突，因而在调度计划制定过程中必须综合权衡考虑
不确定性	在实际的生产调度系统中存在种种随机的和不确定的因素，如加工时间波动、机床设备故障、原材料紧缺、紧急订单插入等各种意外因素。调度计划执行期间所面临的制造环境很少与计划制订过程中所考虑的完全一致，其结果即使不会导致既定计划全作废，但也常常需要对其进行不同程度的修改，以便充分适应现场状况的变化，这就使得更为复杂的动态调度成为必要

（续）

特点	具体表现
复杂性	多目标性和不确定性均在调度问题求解过程的复杂性中得以集中体现，并使这一工作变得更为艰巨。众所周知，经典调度问题本身已经是一类极其复杂的组合优化问题，即使是单纯考虑加工周期最短的单件车间调度问题，当10个工件在10台机器上加工时，可行的半主动解数量大约为$k(10!)^{10}$（k为可行解比例，其值为0.05~0.1），而大规模生产过程中工件加工的调度总数简直就是天文数字。如果再加入其他评价指标，并考虑环境随机因素，问题的复杂程度可想而知

调度问题的复杂特性，制约着相关技术的应用与发展，使得该领域内寻求有效方法的众多努力长期以来难以完全满足实际应用的需要。智能调度的出现，为解决调度问题提供了新的方法。同时，也正是因为存在如此巨大的挑战，多年来，对于这一问题的研究吸引了来自不同领域的大量研究应用人员，提出了若干现行的方法和技术，在不同程度上对实际问题的解决做出了各自的贡献。

3. 智能调度的关键技术

智能调度的关键技术就是调度方法的求解技术。鉴于该技术涉及的数学知识有一定深度和难度，在此仅做引导性的介绍。

智能调度的关键技术主要有以下几项。

（1）数学规划方法与求解器

数学规划方法是较早地用于求解车间调度问题的方法。混合整数规划方法（Mixed integer Programming）是常用的求解调度问题的数学方法。该方法限制部分决策变量必须是整数，有研究人员认为使用混合整数规划方法求解调度问题在计算上是不可行的。用于求解调度问题比较成功的数学方法有拉格朗日松弛（Lagrangian relaxation）法和分解方法（Decomposition Method）。拉格朗日松弛法已经用于解决作业车间调度问题。分解方法将原问题分解为多个小的易于求解的子问题，将子问题求出最优，该方法也已用于求解调度问题。

分支定界法（Branch And Bound Method）是主要的枚举策略之一。它用动态结构分支来描述所有的可行解空间，这些分支隐含有要被搜索的可行解。该方法也被大量地用于求解车间调度问题。

目前，建立的数学规划模型可以通过求解器来求解。求解器是一类封装好的优化算法程序包，研究人员可以用它来优化调度等复杂问题，而不需要自己编写算法代码。常用的求解器包括CPLEX、Gurobi、MOSEK等。GAMS（通用代数建模系统）是美国GAMS公司在20世纪90年代开发的一种旨在建立和求解大型复杂数学规划问题的软件，具有较高的通用性。

（2）启发式算法

车间调度问题的研究与运筹学的发展基本同步。早在1975年，中国科学院研究员越民义、韩继业在《中国科学》上发表了论文《n个零件在m台机床上的加工顺序问题》，是我国调度理论研究的开始。研究人员倾向于设计具有多项式时间复杂度的确定型方法，以期求出车间调度问题的最优解。这些方法包括整数规划、动态规划和分支定界法等。

实验表明，绝大多数的调度问题是NP完全问题。研究人员不再追求用精确算法来求出该问题的最优解，而是通过近似算法在可以接受的时间内寻求该问题的满意解，因此提出用启发式算法来求解该问题。

1）优先分配规则。优先分配规则（PDR）是分配一个优先权给所有待加工的工序，然后选择优先权最高的加工工序先加工，接下来按优先权次序依次进行排序加工。该方法具有容易实现和较小时间复杂性的特点，是在实际应用中解决调度问题的常用方法。

2）基于瓶颈的启发式方法。基于瓶颈的启发式（Bottleneck Based Heuristics）方法是彻底解决单一机器排序问题的算法。

（3）智能优化方法

智能优化方法是一类受生物智能或物理现象所启发的随机搜索算法，目前在理论上还远不如传统优化算法完善，往往也不能确保解的最优性。但从实际应用上看，这类算法一般不要求目标函数和约束的连续性与凸性，甚至有时都不需要解析表达式，对计算中数据的不确定性也有很强的适应能力。调度领域的智能优化方法主要包括进化算法、群智能优化算法、局部搜索算法、人工智能算法等。

4. 智能调度的发展趋势

（1）当前面临的问题

尽管车间调度问题已经成为热点研究领域，许多学者也在这一领域产出了许多成果，但是车间调度问题的研究仍然面临着许多问题。为了提高求解结果和方法的通用性，通常会使用数学模型对问题进行求解。但数学模型的求解效率低，且只能对小规模问题进行求解。为了提高问题的求解效率和对大规模问题进行求解，学者们提出用智能优化算法对问题进行求解。但智能优化算法的求解结果具有一定的不稳定性，同时智能优化算法的通用性较低，需要针对特定的问题设计特定的优化过程。现在又有学者提出将数学模型与智能优化算法相结合的求解思路，但两者之间如何结合、结合之后怎样求解，仍然需要研究和探索。

（2）未来发展趋势

车间调度优化是提高企业生产率的关键，因此对车间调度问题的研究必然越来越受到重视，其主要的发展趋势有以下几点：

1）伴随着生产工艺的复杂化、生产任务的大批量化、生产场景的多样化等趋势，对调度问题的研究必将朝着更加贴近生产实际问题的方向发展，例如问题中包含实际生产约束、串/并行的多车间协同调度、动态调度等。

2）伴随着上下游企业之间的联盟、面向用户的生产模式的发展等，分布式生产调度问题必然会成为一个重要的研究方向。

3）随着智能车间的发展，车间调度问题与其他生产问题的联系正在逐步加强，这必然会形成一个更加复杂的耦合问题，如车间调度问题与工艺规划问题的结合、车间调度问题与物流运输问题的结合等，这些问题的研究对提高企业生产效益具有重要意义。

习题与思考题

1. 何谓产品全生命周期？何谓 PLM？如何建立 PLM？
2. ERP 是如何发展起来的？其重要管理思想有哪些？
3. ERP 系统有何特点？有哪些功能模块？
4. MES 有何特征？试简要描述 MES 的结构模型。
5. 试简要说明智能调度与传统生产调度的差异。

第5章

智能制造物流管理及其他智能管理

教学导航

【知识目标】

1. 熟悉供应链管理的基本原则和程序。

2. 熟悉客户关系管理系统的基本功能与特点；了解客户关系管理系统的功能。

3. 熟悉人机交互工程的起源与发展；了解虚拟现实中的人机交互及其应用。

4. 了解信息物理系统的基本概念及其特征；了解信息物理系统的结构体系。

5. 了解精益管理的生产体系；熟悉精益管理在企业管理中的作用；熟悉精益管理的关键环节，掌握精益管理的管理方法；熟悉精益管理的物流管理流程。

【能力目标】

通过学习，能初步制作206轴承的精益生产管理方案。

【素养目标】

通过社会实践，充分认识辩证唯物论的知行统一观：实践、认识、再实践、再认识，这种形式，循环往复以至无穷，而实践和认识之每一循环的内容，都比较地进到了高一级的程度。这就是辩证唯物论的全部认识论，这就是辩证唯物论的知行统一观。

5.1 供应链管理（SCM）系统

5.1.1 SCM 概述

1. SCM 的含义

供应链管理（Supply Chain Management，SCM）是以提高企业个体和供应链整体的长期绩效为目标，对传统的商务活动进行总体的战略协调，对特定公司内部跨职能部门边界的运作和在供应链成员中跨公司边界的运作进行战术控制的过程。SCM 就是要整合供应商、制造部门、库存部门和配送商等供应链上的诸多环节来降低供应链的成本，促进物流和信息流的交换，以求在正确的时间和地点，生产和配送适当数量的正确产品，提高企业的总体效益。

SCM 通过多级环节提高整体效益，每个环节都不是孤立存在的。这些环节之间存在着错综复杂的关系，形成网络系统，同时这个系统也不是静止不变的，不但网络间传输的数据不断变化，而且网络的构成模式也在实时进行调整。供应链管理的范围如图 5-1 所示。

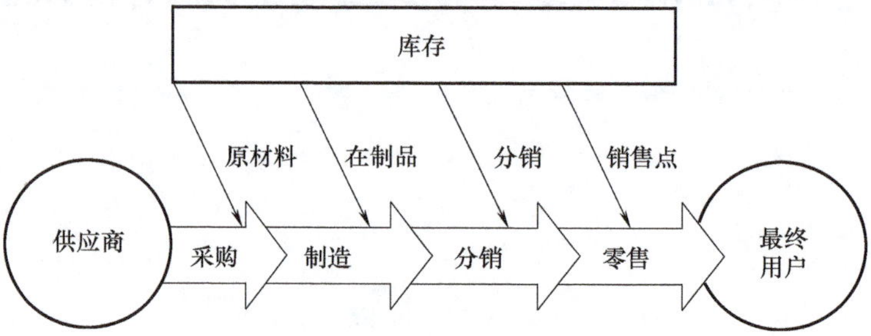

图 5-1　供应链管理的范围

2. SCM 的管理思想

随着各种自动化技术和信息技术在制造企业中的不断应用，制造生产率已被提高到了相当高的程度，制造技术本身的开发潜力开始变小。为了进一步挖掘降低产品成本和满足客户需要的潜力，人们开始将目光从企业内部生产过程转向产品全生命周期中的整个供应链，即从原材料和零部件采购、运输、加工制造、分销直至最终送到客户手中的过程。这一过程被看成是一个环环相扣的链条，这就是供应链。而 SCM 就是指对整个供应链系统进行计划、协调、操作、控制和优化的各种活动和过程，其目标是实现“6R”，即将客户所需的正确的产品（Right Product）能够在正确的时间（Right Time），按照正确的数量（Right Quantity）、正确的质量（Right Quality）和正确的状态（Right Status）送到正确的地点（Right Place），并使总成本最低。

实施 SCM 应贯彻两条原则：

1）要把企业内部以及节点企业之间的各种业务看作一个整体。

2）在空间上重新规划企业的供销厂家分布，以充分满足客户需要，并降低经营成本。

前文所述 ERP 对所有的生产资源进行统一集成和协调，使之作为一个整体来运作，以实现节约交易成本、降低存货水平、降低采购成本、缩短循环周期、增加收入和利润的经营目标，让供应链管理真正成为有竞争力的武器。

3. SCM 的特征

SCM 有如下特征：

1）以客户满意为最高目标，以市场需求的拉动为原动力。

2）企业之间关系更为紧密，共担风险，共享利益。

3）把供应链中所有节点企业作为一个整体进行管理。

4）对工作流程、实物流程和资金流程进行设计、执行、修正和不断改进。

5）利用信息系统优化供应链的运作。

6）缩短产品完成时间，使生产尽量贴近实时需求。

7）减少采购、库存和运输等环节的成本。

以上特征中，1）、2）、3）是供应链管理的实质，4）、5）是实施供应链管理的两种主要方法，而6）、7）则是实施供应链管理的主要目标，即从时间和成本两个方面为产品增值，从而增强企业的竞争力。

5.1.2 供应链管理

1. 供应链管理的基本原则

供应链管理的基本原则见表5-1。

表5-1 供应链管理的基本原则

基本原则	具体内容
以消费者为中心	将消费者按照履约要求进行分类，并努力调整业务运营，以满足消费者的要求
贸易伙伴之间密切合作，共享利益，共担风险	供应链企业之间的关系是合作伙伴关系，如果没有合作伙伴关系，供应链的一体化就难以实现
促进信息充分流动	整合销售与运营计划，确保企业内部销售部门和运营部门之间、供应链合作伙伴之间对于客户需求信息的实时沟通
制订客户驱动的绩效指标	引导供应链上所有企业的行为，并对每个企业的表现进行评价和跟踪

2. 供应链管理的程序

供应链管理的程序如下：

（1）分析市场竞争环境，识别市场机会

分析市场竞争环境就是识别企业所面对的市场特征，寻找市场机会。企业可以根据波特模型提供的原理和方法，通过市场调研等手段，对供应商、客户和竞争者进行深入研究；企业也可以建立市场信息采集监控系统，开发对复杂信息的分析和决策技术。

（2）分析客户价值

所谓客户价值是指客户从给定产品或服务中所期望得到的所有利益，包括产品价值、服务价值、人员价值和形象价值等。供应链管理的目标在于不断提高客户价值，因此，营销人员必须从客户价值的角度来定义产品或服务的具体特征，而客户的需求是驱动整个供应链运作的源头。

（3）确定竞争战略

从客户价值出发找到企业的产品或服务定位之后，企业管理人员要确定相应的竞争战略。根据波特竞争理论，企业获得竞争优势有三种基本战略形式，即成本领先战略、差别化战略和目标市场集中战略。

（4）分析企业的核心竞争力

供应链管理注重的是企业核心竞争力，强调企业应专注于核心业务，建立核心竞争力，在供应链上明确定位，将非核心业务外包，从而使整个供应链具有竞争优势。

（5）评估、选择合作伙伴

供应链的建立过程实际上是一个合作伙伴的评估、筛选和甄别的过程。选择合适的对象（企业）作为供应链中的合作伙伴，是加强供应链管理的重要基础，如果企业选择合作伙伴不当，不仅会降低企业的利润，而且会使企业失去与其他企业合作的机会，抑制企业竞争力的提高。评估、选择合作伙伴的方法很多，企业在具体运作过程中，可以灵活地选择一种或多种方法。

（6）供应链企业运作

供应链企业运作的实质是以物流、服务流、信息流和资金流为媒介，实现供应链的不断增值。具体而言，就是要注重生产计划与控制、库存管理、物流管理与采购、信息技术支撑体系这四个方面的优化与建设。

（7）绩效评估

供应链节点企业必须建立一系列评估指标体系和度量方法。反映整个供应链运营绩效的评估指标主要有产销率指标、平均产销绝对偏差指标、产需率指标、供应链总运营成本指标及产品质量指标等。

（8）反馈和学习

信息的反馈和学习对供应链节点企业非常重要。相互信任和学习，从失败中汲取经验教训，通过反馈的信息修正供应链并寻找新的市场机会是每个节点企业的职责。因此，企业必须建立一定的信息反馈渠道，从根本上演变为自觉的学习型组织。

3. 供应链管理的重点及内容

作为供应链中各节点企业相关运营活动的协调平台，SCM 应把重点放在以下几个方面。

（1）供应链战略管理

SCM 本身属于企业战略层面的问题，因而在选择和参与供应链时，必须从企业发展战略的高度考虑问题。它涉及企业经营思想，在企业经营思想指导下的企业文化发展战略、组织战略、技术开发与应用战略、绩效管理战略等，以及这些战略的具体实施。供应链运作方式、为参与供应链联盟而必需的信息支持系统、技术开发与应用以及绩效管理等都必须符合企业经营管理战略。

（2）信息管理

信息管理是 SCM 的重要方面之一。信息以及对信息的处理质量和速度是企业能否在供应链中获益的关键，也是实现供应链整体效益的关键。信息管理的基础是构建信息平台，实现供应链的信息共享，通过 ERP 和合作性策略模式（Vendor Managed Inventory，VMI，是一种以客户和供应商双方都获得最低成本为目的，在一个共同的协议下由供应商管理库存的模式）等系统的应用，将供求信息及时、准确地传递到相关节点企业，从技术上实现与供应链其他成员的集成化和一体化。

（3）客户管理

客户管理是供应链的起点。如前所述，供应链源于客户需求，同时也终于客户需求，因此 SCM 是以满足客户需求为核心来运作的。通过客户管理详细地掌握客户信息，从而实现预先控制，在最大限度地节约资源的同时，为客户提供优质的服务。

（4）库存管理

SCM 就是利用先进的信息技术，收集供应链各方以及市场需求方面的信息，减少需求预测的误差，用实时、准确的信息控制物流，减少甚至取消库存（实现库存的“虚拟化”），从而降低库存的持有风险。

（5）关系管理

通过协调供应链各节点企业，改变传统的企业间进行交易时的“单向有利”意识，使节点企业在协调合作关系的基础上进行交易，从而有效地降低供应链整体的交易成本，实现供应链的全局最优化，使供应链上的节点企业增加收益，达到双赢的效果。

（6）风险管理

信息不对称、信息扭曲、市场不确定性以及其他政治、经济、法律等因素可能会导致供应链上的节点企业运作风险，因此必须采取一定的措施尽可能地规避这些风险。例如，通过提高信息透明度和共享性、优化合同模式、建立监督控制机制，在供应链节点企业间合作的各个方面、各个阶段建立有效的激励机制，促使节点企业间的诚意合作。

从 SCM 的具体运作来看，SCM 主要涉及供应管理、生产计划、物流管理和需求管理四个领域。

SCM 的具体内容如下：

1）物料在供应链上的实体流动管理。

2）战略性供应商和客户合作伙伴关系管理。

3）供应链产品需求预测和计划。

4）供应链的设计（全球网络的节点规划与选址）。

5）企业内部与企业之间物料供应与需求管理。

6）基于供应链管理的产品设计与制造管理、生产集成化计划、跟踪和设计。

7）基于供应链的客户服务和物流（运输、库存和包装等）管理。

8）企业间资金流管理（汇率、成本等问题）。

9）基于 Internet/Intranet 的供应链交互信息管理。

4. 实施供应链管理的意义

SCM 模式是顺应市场形势的必然结果，SCM 能充分利用企业外部资源快速响应市场需求，同时又能避免自己投资带来的建设周期长、风险高等问题，赢得产品在成本、质量、市场响应和经营效率等各方面的优势，增强企业的竞争力。

（1）SCM 能提高企业间的合作效率

在现代社会，大部分产品的制造需要各种企业的分工协作才能完成。在合作生产的过程中，众多的供应商、生产商、分销商和零售商构成了供应链冗长的、复杂的流通渠道，企业之间的合作效率极低。SCM 的实质是跨越分隔客户、厂家、供应商的有形或无形的屏障，把它们整合为一个紧密的整体，并对合作伙伴进行协调、优化管理，使企业之间形成良好的合作关系。

（2）SCM 可提高客户满意度

SCM 是真正面向客户的管理，供应链从客户开始，到客户结束。从前的生产是大批大量生产，但随着客户越来越多个性化需求的出现，现在的生产要求满足客户的不同需求。SCM 把客户作为个体来进行管理，并及时把客户的需求反映到生产上，能够做到对客户需求的快速响应，因而不仅满足了客户的现有需求，还能挖掘客户的潜在需求，可以根据客户的历史记录，分析客户的潜在需求，在客户想到之前把客户需求的产品生产出来。

（3）SCM 是企业新的利润源泉

SCM 的思想与方法目前已在许多企业中得到了应用，并且取得了很大的成就。相关调查表明，通过实施 SCM，企业可以降低 SCM 的总成本，提高准时交货率，缩短订单满足提前期，提高生产率，提高绩优企业资产运营业绩，降低库存等，从而提高企业的经济效益。

5.1.3　智能供应链

智能供应链是指通过泛在感知、系统集成、互联互通、信息融合等信息技术手段，将工业大数据分析和人工智能技术应用于产品的供销环节，实现科学的自动化物流智能供应链系统，使供销过程管理智能决策，提升运作效率，并为企业创造新价值。与传统的供应链不同，数字化制造背景下的智能供应链更加强调信息的感知、交互与反馈，从而实现资源的最优配比。其主要功能包括自动化物流、全球供销过程集成与协同、供销过程管理智能决策、客户关系管理等，如图 5-2 所示。

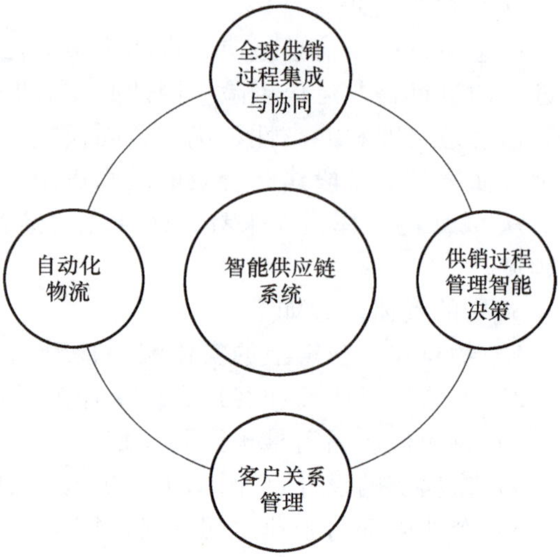

图 5-2 智能供应链系统功能

1. 自动化物流

自动化、可视化的物流技术以物联网广泛应用为基础，利用先进的信息采集、信息传递、信息处理和信息管理技术，通过信息集成技术和物流业务的集成，建立物流信息化系统，配置自动化、柔性化和网络化的物流设施和设备、可实时定位的运输车辆等，并采用 RFID 等物联网技术，实现物品流动的定位、跟踪、控制，实现物流全过程优化和资源优化，完成运输、仓储、配送、包装、装卸等多项物流活动，确保各项物流活动高效运行。

2. 全球供销过程集成与协同

通过工业互联网、大数据等技术，推动整个供销过程中客户、供销商直接全面的互联互通。利用智能工具监控整个供销过程，从而通过持续改进，有效地对供销资源进行监督和配置。建立全球协同的供销网络，优化资源配比，建立供销集成式的共享平台，最大化地降低供销成本，实现客户和供销商的双赢。

3. 供销过程管理智能决策

在供销过程中，通过大数据分析等技术，帮助客户和供销商更好地分析潜在的风险和制约因素，从而对供销方案进行有效的筛选和评估，从各种备选供销方案中选择最合适的方案，并依托人工智能技术，通过历史案例学习，实现供销方案的自动化制定和决策，从而提高决策响应速度，降低人工干预程度。

4. 客户关系管理

客户关系管理（CRM）是指以客户为核心，企业和客户之间在品牌推广、销售产品或提供服务等场景下所产生的各种关系的处理过程，其最终目标就是吸引新客户关注并转化为企业付费客户、提高老客户留存率并帮助介绍新客户，以此来增加企业的市场占有率及利润，提高企业竞争力。

5.2 客户关系管理（CRM）系统

5.2.1 CRM 概述

1. CRM 的概念

在信息经济时代，客户对产品和服务满意与否已经成为企业发展的决定性因素，客户对企业的信任程度越高，企业竞争力就越强，产品的市场占有率就越大，企业盈利就越丰厚。

哈佛大学经过调查研究做出以下结论，发人深省，佐证了客户关系的重要性：

1）5年之内，大多数企业会失去一半既有客户。

2）获得一个新客户的成本是保持一个老客户成本的5倍。

3）20%的客户产生了企业80%的利润。

4）在传统经济环境下，一个客户会影响8～10人，而在信息经济环境下，一个客户会影响制约85人。

在这一背景下，客户关系管理（Customer Relationship Management，CRM）便应运而生了。其实，在ERP概念中，已经强调了对供应链进行整体管理，其中已包含对客户的管理，之所以还要针对客户管理单独提出一个概念，主要原因是：ERP主要局限于实现企业内部资金流、物流与信息流的一体化管理，着眼于节省支出，虽然涉及客户管理，但并没有很好地实现对供应链下游（客户端）的管理。

CRM是一种以“客户关系一对一理论”为基础，旨在改善企业与客户之间关系的新型管理机制，是一个不断加强与客户交流，不断了解客户需求，并不断对产品及服务进行改进和提高，以满足客户需求的、连续的过程。其内涵是企业利用信息技术和互联网技术实现对客户的整合营销，是以客户为核心的企业营销的技术实现和管理实现。CRM注重的是与客户的交流，企业的经营是以客户为中心，而不是传统的以产品或以市场为中心。为方便与客户沟通，CRM可以为客户提供多种交流的渠道。通常CRM包括销售管理、市场营销管理、客户服务系统以及呼叫中心等方面。以客户为中心，提高客户满意度，培养、维持客户忠诚度，在今天这个电子商务时代显得日益重要。CRM正是改善企业与客户之间关系的新型管理机制，越来越多的企业运用CRM来增加收入、优化盈利性、提高客户满意度。

CRM主要支持企业的市场营销、销售和客户服务三大核心业务。在智能制造模式中，为了适应智能服务和智能管理的要求，企业CRM必须应对新的挑战，必须充分利用对客户数据的分析，更加准确地理解客户的需求，并针对客户需求定制产品和服务。企业必须更加注重实施数据驱动下的个性化营销、精准营销、交叉营销以及智慧营销，同时利用智能化在线服务系统更加及时、准确、高效地为客户提供智能化、个性化的服务，有效提升服务的质量和效率，更大程度地提高客户的满意度和忠诚度，实现智能化的客户关系管理。

客户关系管理的概念可以从系统、理念和软件三个层面来阐述。

1）CRM是一种融合现代管理思想和理念的一整套技术解决方案，是一项涵盖客户管理许多方面的系统工程。

2）CRM是一种管理理念，其核心思想是“以客户为中心”，视客户（包括最终客户分销商和合作伙伴）为最重要的企业资源，通过完善的客户服务、深入的客户分析，保证实现客户的最大价值。其主要策略有：以客户为中心、视客户为资源、通过客户关怀来提高满意度。

3）CRM是一种管理软件和技术，它将最佳的商业实践与数据挖掘、数据仓库、销售自动化、大数据及云计算等信息技术紧密地结合在一起，为企业的销售、客户服务和决策支持等提供一个全新业务自动化的解决方案，使企业实现由传统企业模式向基于互联网的现代企业模式的转化。

CRM作为ERP中销售管理的延伸，比ERP更进一步专注于销售、市场营销、客户服务和支持等方面的管理，通过鼓励客户消费为企业增加收入。运用 ERP 可以带来企业运作效率的提高，而 CRM 通过管理与客户间的互动，努力减少销售环节，降低销售成本，发现新的市场和渠道，提高客户价值、客户满意度、客户利润贡献率和客户忠诚度，最终实现客户满意度的提高。CRM 突出了销售管理、市场营销管理、客户服务与支持等方面的重要性。CRM 与 ERP 系统集成运行才能真正解决企业供应链下游的管理。

2. CRM 的思想观念

基于互联网的电子商务正在改变着社会经济各个行业的传统经营模式，尤其是彻底改变了企业与客户之间的关系。激烈的市场竞争要求企业的经营理念从“以产品为中心”转向“以客户为中心”，即谁能把握住客户的需求并以最快的速度做出响应，谁能吸引新客户、保持老客户，谁就能取得最终的胜利。那么，如何实现“以客户为中心”的经营模式呢？CRM 为这个问题提供了解决的方案。

CRM 是遵循客户导向的发展战略，对客户进行系统化的研究，通过改进对客户的服务水平，提高客户的忠诚度，不断争取新客户和商机，力争为企业带来长期稳定的利润。

ERP 贯彻 CRM 的思想观念不仅可以实现企业与客户之间良好的交流，也为企业与合作伙伴之间共享资源、共同协作提供了基础，还可以根据不同的客户提供不同的服务。ERP 在市场营销、销售实现、客户服务和决策分析四大业务领域都体现了其巨大的价值。

5.2.2 CRM 的基本功能和特点

1. CRM 软件的基本功能

CRM 软件的基本功能包括客户管理、潜在客户管理、联系人管理、时间管理、销售管理、电话营销和电话销售、营销管理和客户服务等，有的软件还包括呼叫中心、合作伙伴关系管理、知识管理、商业智能和电子商务等。

实施 CRM 的价值在于：

1）可以整合客户、企业和员工资源，优化业务流程。

2）可以提升企业销售收入。

3）可以提升企业、员工对客户的响应、反馈速度和应变能力。

4）可以改善企业服务，提高客户满意度。

CRM 软件的基本功能见表 5-2。

表 5-2 CRM 软件的基本功能

功能	具体内涵
客户管理	主要功能包括客户基本信息、与此客户相关的基本活动和活动历史联系人的选择、订单的输入和跟踪、建议书和销售合同的生成
潜在客户管理	主要功能包括业务线索的记录、升级和分配，销售机会的升级和分配以及潜在客户的跟踪
联系人管理	主要功能包括联系人概况的记录、存储和检索；跟踪与客户的联系，如时间、类型、简单的描述和任务等，并可以把相关的文件作为附件；客户内部机构的设置概况
时间管理	主要功能有日历；设计约会、活动计划，有冲突时，系统会提示；进行事件安排，如约会、会议、电话、电子邮件和传真；备忘录；进行团队事件安排；查看团队中其他人的安排，以免发生冲突；把事件的安排通知相关的人；任务表；预告/提示；记事本；电子邮件；传真

（续）

功能	具体内涵
销售管理	主要功能包括组织和浏览销售信息；对销售业务给出战术、策略上的支持；对地域（省市、邮编、地区、行业、相关客户和联系人等）进行维护；把销售员归入某一地域并授权；地域的重新设置；根据利润、领域、优先级、时间和状态等标准，客户可定制关于将要进行的活动、业务、客户、联系人和约会等方面的报告；提供类似网络论坛的功能，客户可把销售秘诀贴在系统上，还可以进行某一方面销售技能的查询；销售费用管理；销售佣金管理
电话营销和电话销售	主要功能包括电话本、生成电话列表，并把它们与客户、联系人和业务建立关联；把电话号码分配到销售员；记录电话细节，并安排回电；电话营销内容草稿；电话录音，同时给出书写器，客户可做记录；电话统计和报告；自动拨号
营销管理	主要功能包括产品和价格配置器；在进行营销活动（如广告、邮件研讨会，网站和展览会等）时，能获得预先定制的信息支持；把营销活动与业务、客户联系人建立关联；显示任务完成进度；提供类似公告板的功能，可张贴、查找、更新营销资料，从而实现营销文件、分析报告等的共享；跟踪特定事件；安排新事件，如研讨会、会议等，并加入合同、客户和销售代表等信息；信函书写、批量邮件，并与合同、客户、联系人和业务等建立关联；邮件合并；生成标签和信封
客户服务	主要功能包括服务项目的快速录入；服务项目的安排；调度和重新分配；事件的升级；搜索和跟踪与某一业务相关的事件；生成事件报告，服务协议和合同；订单管理和跟踪；问题及其解决方法的数据库
呼叫中心	主要功能包括呼入呼出电话处理；互联网回呼；呼叫中心运行管理；软电话；电话转移；路由选择；报表统计分析；管理分析工具；通过传真、电话、电子邮件、打印机等自动进行资料发送；呼入呼出调度管理
合作伙伴关系管理	主要功能包括公司数据库信息设置存取权限，合作伙伴通过标准的Web浏览器以密码登录的方式对客户信息、公司数据库、与渠道活动相关的文档进行存取和更新；合作伙伴可以方便地存取与销售渠道有关的销售机会信息；合作伙伴通过浏览器使用销售管理工具和销售机会管理工具，如销售方法、销售流程等，并使用预定义的和自定义的报告；产品和价格配置器
知识管理	主要功能包括在站点上显示个性化信息；把一些文件作为附件贴到联系人、客户和事件概况上；文档管理；对竞争对手的Web站点进行监测，如果发现变化会向客户报告；根据客户定义的关键词对Web站点的变化进行监视
商业智能	主要功能包括预定义查询和报告；客户定制查询和报告；可看到查询和报告的SQL代码；以报告或图表形式查看潜在客户和业务可能带来的收入；通过预定义的图表工具进行潜在客户和业务的传递途径分析；将数据转移到第三方的预测和计划工具上；柱状图和饼图工具；系统运行状态显示器；能力预警
电子商务	主要功能包括个性化界面、服务；网站内容管理；订单和业务处理销售空间拓展；客户自助服务；网站运行情况的分析和报告

2. CRM的特点

1）能给中小企业带来正面的投资回报。该系统所收集的通信、采购与互动信息加深了企业对客户的了解，简化了知识管理，并运用这些知识来提高销售额，扩大回报。

2）大幅改善中小企业的销售流程，为销售活动的成功提供了保障。它缩短了销售周期，加强了潜在客户的机会管理，杜绝了由于潜在客户管理不当而造成的损失，信息更加集中，销售人员也更加有的放矢。通过分析这些客户交易信息，未来交易的成功率得到了大幅提高；能让中小企业更加简捷地预测销售业绩，测量企业绩效，能更深入地挖掘横向与纵向的销售机会，创造一个评估销售流程的平台，识别出现的问题、最新的趋势及潜在的机会，直接或间接地增强企业的盈利能力。

3）为中小企业员工访问共享知识库提供了一个绝佳的途径。它便捷、有效地向员工提供了客户的相关信息，帮助他们进行正确的决策，同时也巩固了企业与客户之间的联系，及时判别出客户未来的需求，并设法满足这些需求。借助这一数据库中的客户历史数据，企业能更好地了解客户行为，分析客户喜好，从而有针对性地提供更优秀的产品及服务。

4）可让中小企业了解哪些渠道将会帮助他们提高营收，该怎样把公司中的各种设施、技术、应用和市场等有机地结合在一起。作为一种关键的 CRM 组件，销售队伍自动化（SFA）能直接或间接地挖掘客户购买潜力，提高企业盈利。

5）帮助中小企业增进客户满意度，打造更多忠诚客户，加强自己的竞争优势。它可帮助中小企业优化电子商务、广告战略等经营活动，管理并分析客户组合，改善市场活动的成效。通过将订单、客户服务、销售、支付、仓库与库存管理、包装以及退货等流程融为一体，显著降低了中小企业的经营成本，节省了时间与可用资源。

3. CRM 的发展趋势

近年来，随着信息技术的进步，CRM 的发展也呈现很大变化。

（1）CRM 移动化

移动 CRM 系统是一个集移动通信技术、智能移动终端、虚拟专用网络（VPN）、身份认证、地理信息系统（GIS）、WebService 和商业智能等技术于一体的移动客户关系管理软件。移动 CRM 系统将原有 CRM 系统上的客户资源管理、销售管理、客户服务管理和日常事务管理等功能迁移到手机上，既可以像一般的 CRM 系统一样，在公司的局域网里进行操作，也可以在外出时通过手机进行操作，只需下载安装相应的 App 即可。由于账户、密码等登录信息与计算机端相同，故可随时随地查看信息及使用平台所提供的所有功能。

（2）CRM 网络化

云计算的全球化使传统 CRM 软件已逐渐被 WebCRM（又称为“在线 CRM”“托管型 CRM”或“按需 CRM”）所取代，越来越多的客户倾向于采用 Web 来管理 CRM。WebCRM 集合了当今最新的信息技术，包括电子商务、多媒体技术、数据仓库、数据挖掘、专家系统和人工智能等。

5.2.3 常见的 CRM 软件

1. Oracle CRM

Oracle CRM 是全球最全面的客户关系管理软件之一。Oracle CRM 支持完整的商业过程，需求的产生、订单以及合同的管理、客户服务管理等都集成在其中。Oracle CRM 提供了最广泛和最深入的 CRM 解决方案组合，从销售队伍自动化到支持社交的商务智能，可满足所有客户接触点的需求，并提供丰富的功能来支持各种规模企业的特定业务需求，以提供卓越的客户体验。

Oracle CRM 拥有针对 20 多个行业的 1000 多项行业功能。这些行业包括汽车与工业制造、消费品、零售业、通信、旅游以及运输业等。Oracle CRM 采用端到端的业务流程，提供嵌入式实时商务智能，能够广泛地进行业务部署，主要由集成的销售、市场营销、服务、电子商务和呼叫中心应用五个“功能应用组件”构成。Oracle CRM 软件不仅可与 Oracle Applications 相集成，还可与第三方的 ERP 应用软件相集成。

2. 用友 CRM

用友 CRM 是一套基于 B/S 架构，专为中小企业提供包括客户管理、销售管理和项目管理等应用的在线客户关系管理系统。用友 CRM 主要分为三个产品线：用友 T 系列 CRM 客户管理系统——简单版本的客户资源管理系统；用友 U8V11 下的 CRM 模块——与 ERP 集成的 CRM 系统；用友 Turbo CRM 系统——具有战略高度的全盘 CRM 系统，其下拥有标准的 CRM 产品及各行业插件。用友 CRM 的主要功能有：融合多种沟通渠道，充分共享客户沟通动态信息；全面整合客户的动态业务信息；360°客户关系展示；客户生命周期管理。

5.3　人机交互工程

5.3.1　人机交互工程的起源与发展

1. 人机交互工程的含义

目前，人机工程学领域公认的关于人、机、环境的具体含义如下：

1）人——指操作者或使用者。

2）机——泛指人操作或使用的物，如工业产品、设备设施、建筑结构、环境规划、生活用品等。

3）环境——指人、机所处的周围环境，如作业场所和空间、物理化学环境和社会环境。

人们应用系统工程的观点，分析研究人与机器、人与环境以及机器与环境之间的相互作用，为设计操作简便、省力、安全、舒适，人-机-环境的配合达到最佳状态的工程系统提供理论和方法，从以下三个角度来展开研究工作，见表 5-3。

表 5-3　研究人机交互工程的角度

研究角度	具体内容
系统角度	系统是由发生交互作用的若干子系统结合而成的具有特定功用的有机综合体 人机交互并非孤立地以人、机和环境为研究对象，而是从系统化的视角出发，把人、机、环境视为具有交互作用的有机综合体
人机界面角度	人机交互关系的接口被定义为人机界面。人机界面的形式与内容取决于想要表达的人机关系，如下图所示 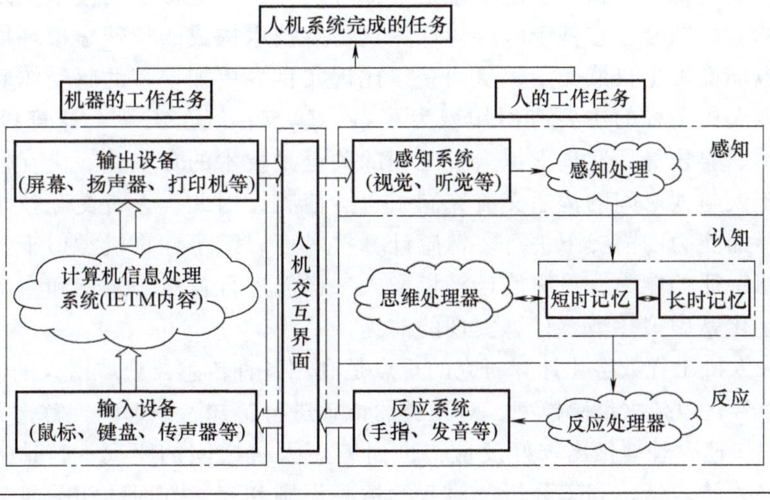
作业效能角度	人的作业效能是指在一定要求下人完成具体任务所体现出的成果与效率

2. 人机交互工程的起源与发展

事物发展取决于事物内部矛盾。当人操作和控制系统的能力无法达到系统的要求时，人们就确认了人机交互工程这门学科。

人机交互工程主要经历了 3 个发展阶段，见表 5-4。

表 5-4 人机交互工程经历的发展阶段

发展阶段	具体表现
经验人机工程 （20 世纪初至 20 世纪 30 年代）	该阶段机械设计的重点落实在基于力学、电学、热力学等工程技术的原理设计上，而人机关系的重点是使操作工人培训后可以快速适应机器的操作，其研究重点是心理学、时间研究和动作研究 时间研究需要测定和研究作业动作和时间，从而确定最佳工作方法。动作研究也称为工作研究、工作设计或是方法工程，研究重点是分析得出最佳的操控方法，以保证节约人力、提高效率、充分降低时间成本，进而达到提高经济效益的目的
科学人机工程 （20 世纪 40 年代至 20 世纪 50 年代末）	实验证明了人的因素对整个体系正常运转的重要性。因此，对设计师而言，仅有工程技术知识是不够的，还必须具备生理学、心理学、人体测量学、生物力学等方面的知识 这一阶段的发展重点是分析工业与工程设计中人的因素，以使机器适应人的安全操作要求。该阶段的主要发展成果是人机工程学作为独立学科开始崭露头角，国际工效学联合会由此成立
现代人机工程 （20 世纪 60 年代以来）	军备竞赛和太空竞赛促使人机工程开始向民用领域纵深发展。目前，人机工程成果可以指导针对特殊人群的产品设计 现代人机工程学发展可总结为以下三点 ① 机械设备的设计保证在不超越人的能力极限的前提下完成对机器的操作 ② 在以上基础上通过科学周密的实验研究完成具体的机械装备设计 ③ 设计过程中需综合运用心理学、生理学、功能解剖学、物理学、数学、工程学等各方面的知识 综上所述，可以发现该阶段的研究方向是有机整合人-机-环境，进而使设计的系统具有最高综合效能

5.3.2 虚拟现实中的人机交互

1. 虚拟人机工程

虚拟人机工程的技术理论基础是虚拟现实技术。虚拟现实技术实现了人的想象力和电子学理论的有机结合。它基于多媒体计算机仿真技术构成的特殊虚拟环境，使用户通过传感系统与虚拟环境发生自然交融，从而获得比现实世界更加丰富的感受体验。

虚拟人机工程的主要应用领域为军事、建筑、汽车工业、计算机网络、服装设计、化工、医学、娱乐等。实现虚拟人机工程的关键是技术的自主性、交互性与沉浸性。

由于人与人之间的沟通交流充满了自然情感，因此，人机交互技术应该在计算机具有情感交互感知能力的前提下进行。情感计算技术可以赋予计算机类似于人的视察、理解和生成各种情感特征的能力，最终使计算机像人一样能进行自然、亲切和生动的交互。在这个过程中，数字化是虚拟化情感计算实现的前提。

未来人机工程数字化计算研究的重点是利用各种传感器获取由人的情感所引起的生理及行为特征信号，以建立情感模型，对人类的情感进行感知、识别和理解，并在此基础上对用户的情感表现快速合理地做出友好反应，进而缩短人机之间的距离，营造真正和谐的人机环境。目前，在人脸表情、姿态分析、语音的情感识别和表达方面的相关研究取得了不少进展。

2. 虚拟现实与人机交互的技术本质

虚拟现实是一种界面。在人和虚拟环境交互的过程中，必须满足的关键技术要求见表 5-5。

表 5-5 人和虚拟环境交互过程中的关键技术要求

技术要求	具体内容
可视性	可生成和显示不同要求的虚拟现实环境
可感知性	虚拟环境与人之间可交互感知
可说明性	自然界的原则、规则、规范等可数字化、机制化表达
心理学模型	人机交互技术研究过程中需基于虚拟现实建立人机交互心理学模型。经典的模型有 DESK TOP 中的人机交互模型等

心理学模型（MHP）的核心系统为认知系统，包括知觉、认知、运动处理器。典型的认知系统为 GOMS 认知模型，该模型是早期人机交互领域应用十分广泛的用户行为模型，解释了交互的完整经过，即 Goals——目标，指任务最终要达到的结果；Operations——操作，在任务实现过程中所产生的行为；Methods——方法，即实现目标的一系列操作过程；Selection Rules——选择方法的规则，是用户要遵守的判定规则，以确定在特定环境下所使用的方法。这是一个人机交互-信息传递框架。人机交互的关键技术架构如图 5-3 所示。

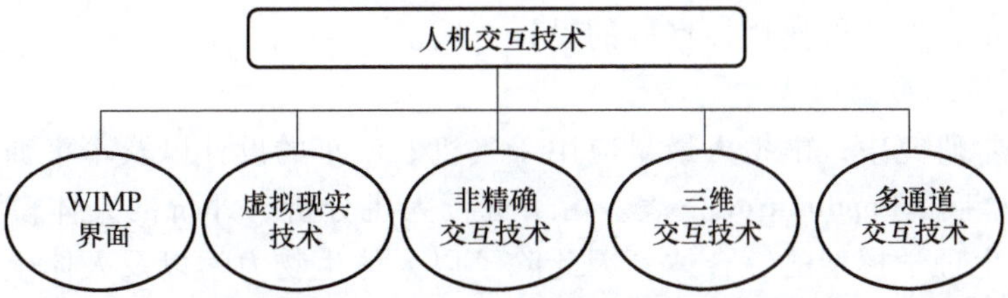

图 5-3 人机交互的关键技术架构示意图

受交互装置和交互环境的影响，交互技术无须对用户输入进行精确测量，所以本质上属于一种非精确的人机交互（模糊控制）技术。

三维交互技术是一种需要先在计算机中创建产品的三维模型，然后利用交互设计软件完成交互程序的设定，进而使用户通过鼠标等交互设备实施人机交互的新兴技术。

为适应计算机系统未来长远发展的需求，人机界面应能通过时变媒体实现三维、非精确及隐含的人机交互。为达到这一目的，需要使用多通道交互技术。

在交互过程中，需要综合采用视线、语音、手势等新的交互通道、设备和技术，使用户利用多个通道以自然、并行、协作的方式进行人机对话。为了高效自然地进行人机交互，需要对来自多个通道的精确和不精确的输入进行整合，以捕捉用户的交互意图。

3. 虚拟现实与人机交互的关键技术设备

人机之间的交互感知需要多种特种设备作为技术支撑，只有这样才能保证参与者能更好地体验虚拟现实中的沉浸感、交互性和想象力。其中，关键的技术设备有立体显示设备、跟踪定位设备、虚拟声音输出装置、人机交互设备、3D 建模设备、虚拟现实硬件系统的集成设备等。

4. 人机交互虚拟现实技术在我国制造业应用中面临的问题

为促进人机交互虚拟现实技术在我国制造业中的广泛深入应用，应重视解决以下问题。

1）各种资源的整合与协同问题。即如何有效组织人力资源和现有的知识与技术资源，以保证各方面专家可有效利用现有条件、方法与工具完成虚拟现实在制造业中的研究与开发。

2）实时三维图形生成和显示技术问题。

3）全息建模和细节捕捉问题。

4）如何在虚拟产品设计、虚拟工艺设计、虚拟生产加工、虚拟装配、虚拟企业以及虚拟设备、原料和产品供应链中共享和继承模型数据，以及这些数据的可重用性问题。

5）虚拟装配中的碰撞和零件碰撞变形以及力反馈问题。

此外，在以上新技术应用过程中，受我国制造业发展层级不高问题的制约，产生了新技术应用效率和成本难以平衡的问题。因此，在后续技术推广应用过程中，对这个问题应该深入考虑并予以解决。

5.3.3 虚拟现实技术在人机工程中的应用

1. 虚拟现实技术在作业场所模拟中的应用

虚拟现实技术可以在开始建设车间之前对车间设计的人机工程学特性进行评估。首先，将工作场所的设计图样直接转换为三维虚拟工作场所，之后在场所中建立虚拟人并通过一定的交互接口对人们在工作场所中的工作情况进行模拟。然后，对虚拟人的工作模拟输出数据进行分析，以分析工作场所设计中存在的缺陷，进而在设计的上游环节对设计方案进行调整，从而节约成本，并获得使用性良好的设计方案。

2. 虚拟现实技术在虚拟人中的应用

在人机工程学研究中，虚拟人最早应用于飞机、汽车的设计以及军事训练等。最早的虚拟人模型于 1967 年由 Popdimitrov 发表。由于进行人机分析、评价的人体模型极其复杂，是多种生物力学、生理学模型的综合体，因此除了以人体生物力学以及人体生理学为基本参照外，建模过程还必须考虑人体行为和功效学特性，以完成人机分析、评价。

在产品生命周期的制造阶段，人体仿真可以帮助确定以下问题：

1）头部和眼睛是否跟踪同一个物体。

2）头部和眼睛是否保持自己的位置。

3）身体躯干位置如何，以及如何弯曲。

4）人体如何保持平衡，是否需要调整。

5）骨盆的方向如何。

6）四肢、膝盖、脚的位置如何。

7）人体作业过程中某一关节、肌肉的受力如何；人体使用相关产品的疲劳感如何等。

通过虚拟人体仿真，可以完成传统测量方法难以完成的测试与评价项目。

3. 虚拟现实技术在人体运动仿真中的应用

传统的人机工程学研究中需要利用影像来记录人们的活动，以便对行为进行分析。目前的动作捕捉技术可以更好地对人的行为进行捕捉。当然，这需要预先完成真实的人-机-环境的构建工作。例如骨科手术过程往往需要对植入的义肢、固定连接骨头的钢板的受力情况等进行分析评估。由于不可能去找志愿者来完成相关实验，所以此时虚拟现实技术就提供了极佳的解决方案。

5.3.4 人机工程在数字化设计与制造中的应用

1. 虚拟制造

虚拟制造技术是近些年来先进制造技术领域内的一门新兴技术。它基于数字化建模技术、计算机仿真技术和分析优化技术，在产品设计阶段或产品制造之前，对产品的未来制造全过程及其关键品质影响因素进行实时并行模拟分析，以对产品性能、成本和可制造性进行预测，从而使产品开发周期和成本达到最优，进而促使生产率最优。

虚拟制造具有以下特点：

1）无需实物样机就可对产品性能进行预测，从而节约制造成本并缩短产品开发周期。

2）可以在产品开发中尽早发现问题，以便及时进行反馈修正。

3）通过软件模拟完成产品开发。

4）可基于 Intranet 或 Internet 进行企业管理，以确保制造活动并行进行。

虚拟制造可分为以设计为中心的虚拟制造、以生产为中心的虚拟制造和以控制为中心的虚拟制造。

（1）以设计为中心的虚拟制造

以设计为中心的虚拟制造可为设计者提供产品设计阶段所需的制造信息，以保证设计获得最优结果。

1）在计算机网络的支持下，设计部门和制造部门之间可高效协同工作。

2）建立统一的制造信息模型，可以对数字化产品模型的仿真分析与优化工作进行有效指导，从而在设计阶段对所设计的零件甚至整机进行加工工艺分析、运动学和动力学分析、可装配性分析等可制造性分析。

（2）以生产为中心的虚拟制造

以生产为中心的虚拟制造可建立虚拟的制造车间现场环境和设备，辅助工艺人员对生产计划和生产工艺进行分析改进，从而保证产品制造过程实现最优化。基于此，可以充分、高效地利用现有的企业资源（如设备、人力、原材料等）对产品的可生产性进行分析与评价，进而对制造资源和环境的优化组合提出合理建议，最终生成精确的生产成本信息，为生产计划与调度合理化决策提供指导。

（3）以控制为中心的虚拟制造

以控制为中心的虚拟制造可提供涵盖整个设计制造过程的虚拟环境，基于全系统的控制模型对现实加工过程进行仿真，进而评价产品的设计、生产计划和控制策略。它以全局最优化控制为目标，通过云计算、智慧互联网完成对不同地域的产品设计、产品开发、市场营销、加工制造等关键环节的精准协调控制。

2. 虚拟产品开发

虚拟产品开发基于计算机仿真和产品生命周期建模技术平台，综合使用计算机图形学、人工智能、网络技术、数据库技术、并行工程、多媒体技术和虚拟现实技术，完成数字化试验模型的构建，以取代实物试验模型进行仿真、分析。通过在计算机虚拟环境中对产品设计、分析、测试、制造等整个开发过程进行相应的映射，使用交互性、沉浸性和想象性技术对产品开发环境进行高度逼真化模拟，让用户直接参与到产品开发中来，直接测试和感受产品的使用性能，保证全局一次性最优开发过程成功实现，进而有效提高产品的设计制造质量，缩短设计周期，降低设计成本。

虚拟产品开发过程中，需要进行数字工厂布局设计、工艺规划和仿真优化。布局设计阶段需要通过人机工程学校验才算符合要求。在工艺规划阶段，必须按照相关工艺流程和工序工位工步合理配置相关加工设备、工作人员、机器人、AGV、夹具等。在仿真优化阶段，需要根据生产大纲、人机工程学原理和加工装配单元仿真结果，进行人机工程仿真计算，进而完成人的动作时间、工作姿态、疲劳强度等重要参数的评估工作，最终为生产作业的优化评估奠定重要基础。

5.4 信息物理系统（CPS）

5.4.1 CPS 概述

1. CPS 的基本概念

信息物理系统（Cyber Physical System，CPS）又称赛博物理系统，是物联网的升级和发展。CPS 中所有的网络节点、计算、通信模块和人自身属于系统中的一部分。

CPS 能够经由通信网络对局部物理世界发生的感知和操纵进行可靠、实时、高效的观察与控制，从而实现大规模实体控制和全局优化控制，实现资源的协调分配与动态组织。智能制造系统中的各子系统正是借助 CPS 才能摆脱信息孤岛状态，实现系统之间的连接和沟通。

CPS 是融合了计算（Computation）、通信（Communication）和控制（Control）技术（又称 3C 技术）的智能化系统，如图 5-4 所示。它从实体空间的对象、环境、活动中进行大数据的采集、存储、建模、分析、挖掘、评估、预测、优化、协同，并与对象的设计、测试和运行性能表征深度有机融合，是实时交互、相互耦合、相互更新的网络空间（包括机理空间、环境空间与群体空间），进而通过自感知、自记忆、自认知、自决策、自重构和智能支持，促进工业生产的全面智能化。

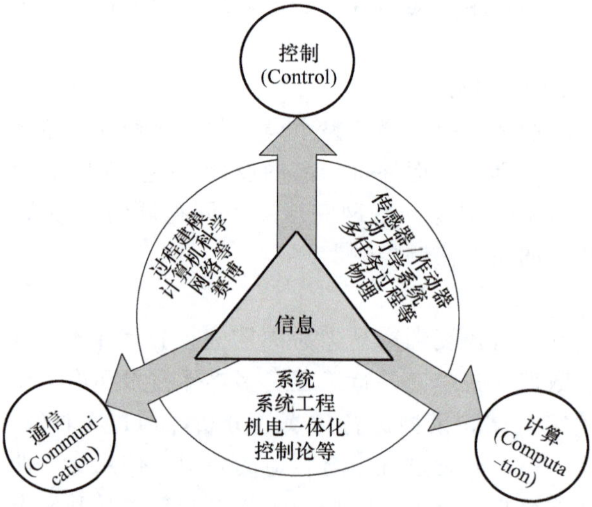

图 5-4　CPS 的概念模型示意图

1）本质上，CPS 是以人-机-物的融合为目标的计算技术，从而实现人在时间、空间等方面控制的延伸，因此人们又将其称为“人-机-物”融合系统。

2）微观上，CPS 通过在物理系统中嵌入计算与通信内核，实现计算进程（Computation Processes）与物理进程（Physical Processes）的一体化。计算进程与物理进程通过反馈循环

(Feedback Loops) 方式相互影响，实现嵌入式计算机与网络对物理进程可靠、实时和高效的监测、协调与控制。

3）宏观上，CPS 是由运行在不同时间和空间范围内的、分布式的、异构的系统组成的动态混合系统，包括感知、决策和控制等各种不同类型的资源和可编程组件。各个子系统之间通过有线或无线通信技术，依托网络基础设施相互协调工作，实现对物理与工程系统的实时感知、远程协调、精确与动态控制和信息服务。

2. CPS 的特征

CPS 具有与传统的实时嵌入式系统以及监控与数据采集系统不同的特殊性质。结合 CPS 的概念的描述，可总结出 CPS 的特征，见表 5-6。

表 5-6　CPS 的特征

特征	具体表述
学科融合	CPS 的产生涉及传感器网络、物联网和嵌入式系统等多个工程学科的融合以及诸如汽车、航空航天、生物医疗、能源控制等各个不同领域的技术。要时刻关注这些相关学科和领域的最新动态和技术变革可能会对系统设计造成的影响，最终实现物理世界和信息世界的深度融合
异构性	CPS 包括地理位置隔离、功能结构各异的异构子系统，这些系统都是独立自治的，同时也互相通信
安全性	CPS 具有分布式、大规模等特点，在许多重要特殊领域都有应用，比如在智能电网中，如果信息世界出现了问题，有可能导致电能的过度损耗甚至整个电网的瘫痪。因此要提高 CPS 的安全性，这不仅需要考虑系统的复杂性，还要对系统自身在不同场景下的防御机制和应对策略进行综合考虑
深度嵌入性	随着嵌入式技术的深入应用和发展，分布式系统的终端设备会兼具执行和传感两大功能。同时，微型计算机终端也将计算融入其中，终端设备就具备了基本的自治力，会使信息世界和物理世界融合得更密切
实时性	物理世界出现的一些事件决定了 CPS 必须在限定的时间内快速响应，否则可能出现灾难性后果，如地震预警。所以在很多的应用领域，实时性是影响系统可靠运行的关键
数据为中心	CPS 各个层级的组件与子系统都围绕数据融合向上层提供服务，数据沿着从物理世界接口到用户的路径一路不断提升抽象级，用户最终得到全面的、精确的事件信息
高度自主性	组件与子系统都具备自组织、自配置、自维护、自优化和自保护能力，可以支持 CPS 完成自感知、自决策和自控制
可靠性	在检测和感知物理世界中的动态对象时，随时会出现不可预见的状况，这就需要 CPS 有较强的自适应能力和自学习能力，以保证系统的正常运行，同时保证系统的可靠性和鲁棒性

5.4.2　CPS 的结构体系

1. CPS 结构体系的一般形式

CPS 结构体系的一般形式如图 5-5 所示，由决策层、网络层和物理层组成。

1）决策层通过语义逻辑计算，实现用户、感知和控制系统之间的逻辑耦合。

2）网络层通过网络传输计算，连接 CPS 在不同空间与时间的子系统。

3）物理层体现的是感知与控制计算，是 CPS 与物理世界的接口。

众所周知，自然界中的各种物理量的变化绝大多数是连续的，或者说是模拟的，而信息空间则是数字的，充斥着大量的离散量。从物理空间到信息空间的信息流动，首先必须通过各种类型的传感器将各种物理量转变成模拟量，再通过模拟数字转化器变成数字量，而为信息空间所接受。从这个意义上说，传感器网络也可视为 CPS 中的一个重要组成部分。

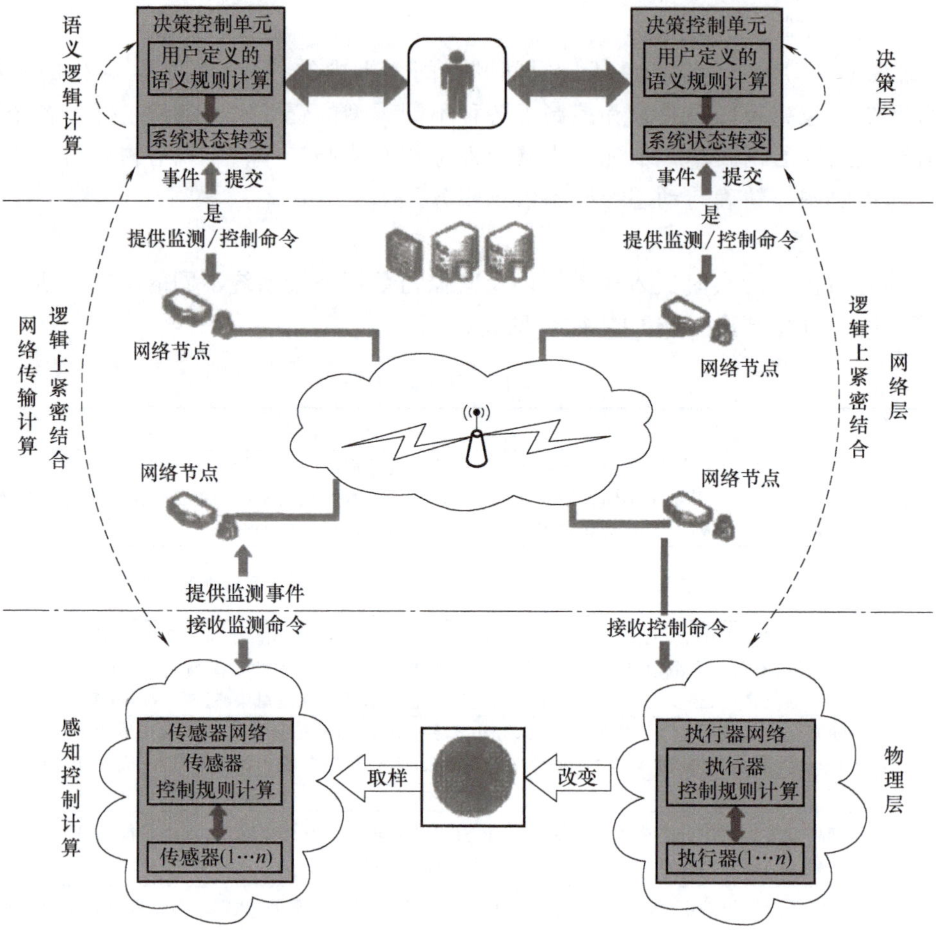

图 5-5　CPS 结构体系的一般形式

2. CPS 的基本组件

在现实环境中，大量的传感器以无线通信方式自组织成网络，协同完成对物理环境或物理对象的监测感知。传感器网络对感知数据做进一步的数据融合处理，并将得到的信息通过网络基础设施传递给决策控制单元，决策控制单元与执行器通过网络分别实现协同决策与协同控制。

CPS 的基本组件包括传感器（Sensor）、执行器（Actuator）和决策控制单元（Decision-Making Control Unit）。其中，传感器和执行器是一种嵌入式设备，传感器能够监测、感知外界的信号、物理条件（如光、热）或化学组成（如烟雾）；执行器能够接收控制指令，对受控对象施加控制作用；决策控制单元是逻辑控制设备，能够根据用户定义的语义规则生成控制逻辑。基本组件结合反馈循环控制机制如图 5-6 所示。

CPS 是运行在不同时间和空间范围内的闭环（多闭环）系统，且感知、决策和控制执行子系统大多不在同位置。逻辑上紧密耦合的基本功能单元依存于拥有强大计算资源和数据库的网络基础设施，如互联网、数据库、知识库、服务器及其他类型数据传输网络等，能够实现本地或者远程监测，并影响物理环境。

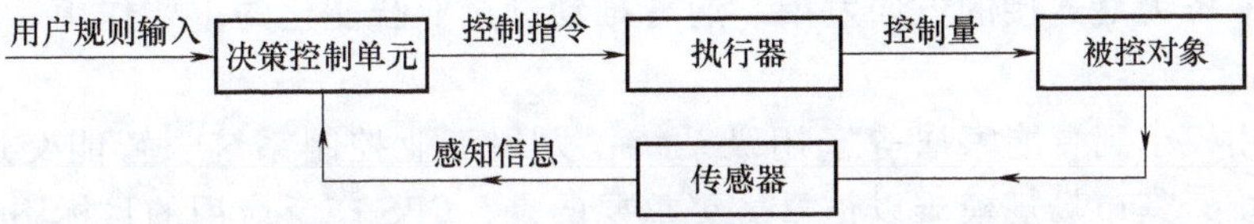

图 5-6 基本组件结合反馈循环控制机制

5.4.3 CPS 的应用

1. CPS 与智能制造

CPS 对智能制造具有非常重要的意义。

(1) 让世界互联

CPS 的意义在于将物理设备联网，特别是连接到互联网上，使得物理设备具有计算、通信、精确控制、远程协调和自治五大功能。

本质上来说，CPS 是一个具备控制属性的网络，但它又有别于现有的控制系统。如今，基于嵌入式计算系统的工业控制系统遍地开花，但这些控制系统基本上属于封闭系统，即使其中一些工控应用网络具有联网和通信的功能，这种网络一般也仅限于工业控制总线，网络内部各个独立的子系统或者设备难以通过开放总线或者互联网进行互联，而且它们的通信功能普遍较弱。而 CPS 则把通信放在与计算控制同等的地位上。在 CPS 所强调的分布式应用系统中，物理设备之间的协调是离不开通信的。CPS 对网络内部设备的远程协调能力、自治能力、所控制对象的种类和数量，特别是网络规模上都远远超过现有的工业控制网络。

从理论上来讲，CPS 可使整个世界互联起来，就如同互联网在人与人之间建立互动一样，CPS 也将深化人与物理世界的互动。

(2) 涵盖物联网

CPS 的出现，使得物联网的定义和概念明确起来。物联网就是主要应用在物流领域的技术，物与物之间的互联无非就是“各报家门”，知道对方“何许人也”。而相对于将物与物相连的物联网技术，CPS 要求接入网络的设备具备更加精确和复杂的计算能力。如果从计算性能的角度出发，把一些高端的 CPS 的客户端、服务器比作“高大健硕”的，那么物联网的同类应用则可视为“瘦小羸弱”的，因为物联网中的通信大都发生在物品与服务器之间，物品本身不具备控制和自治能力，也无法进行彼此之间的协同。海量运算是很多 CPS 接入设备的主要特征。

在 CPS 中，物理设备指的是自然界的一切客体，既包括冷冰冰的设备，也有活生生的生物。现有互联网的边界是各种终端设备，人们与互联网通过这些终端设备来进行信息交换。而在 CPS 中，人可以成为 CPS 网络的“接入设备”，这种信息的交互可能是通过芯片与人的神经系统直接互联实现的。尽管物联网技术也能做到把无线电射频芯片嵌入人体，但其本质上还是通过无线电射频芯片与读写器进行通信，人并没有真正参与其中。然而在 CPS 中，人的感知十分重要。

总而言之，CPS 可以促使虚拟网络与实体物理系统互相整合。在制造业中，它促使企业建立全球网络，把产品设计、制造、仓储、生产设备融入 CPS 中，使信息得以在这些相互独立的制造要素间自动交换、接受动作指令、进行无人控制。CPS 能够引领制造业不断向着设备、数据、服务无缝连接的方向发展，起着推动制造业智能化的重要作用。

2. CPS的机遇与挑战

CPS的应用，小到智能家居等家用级系统，大到工业控制系统、智能交通系统等国家级、世界级系统，其市场规模难以估量。更重要的是，CPS广泛应用的目标不仅仅是要简单地将诸如家电等产品连在一起，还要催生出众多具有计算、通信、控制、协同和自治功能的设备。

下一代工业将建立在CPS之上。随着CPS的发展和普及，使用计算机和网络实现功能扩展的物理设备将无处不在，它们必将推动工业产品和技术的升级换代，极大地提高主要工业领域各行业设备和重大基础设施的竞争力。CPS不仅会催生出新的行业，甚至会重新调配现有产业布局。

CPS既昭示着无限前景，又带来了极大的挑战。这些挑战很大程度上来自控制与计算之间的差异。通常，控制领域是通过微分方程和连续的边界条件来处理问题的，而计算则建立在离散数学的基础上；控制对时间和空间都十分敏感，而计算则只关心功能的实现。因此，这种差异将给计算机应用科学带来基础性的变革。

5.5 精益管理（LP）

5.5.1 LP的含义

1. LP的来历

精益管理（Lean Production，LP）一词来源于外界对日本丰田汽车公司20世纪60年代以来优秀管理模式的描述。起初人们用“JIT（准时化）生产”来总结该公司在生产管理方面的特殊优点，后来欧美的企业管理研究人员又将这种生产管理模式称为“Lean Production”，即精益生产。随着在这方面的深入研究，人们突破原来仅仅涉及的生产领域，逐步扩大到企业其他职能管理当中去，形成了不少以精益思想为基础的通用精益管理理论要点。

2. LP的定义

LP是一系列有效的综合管理活动。它包括受精益思想、精益意识支配的人事组织管理、现场管理、流程管理与结果控制管理等活动。

1）LP的本质特点是精益思想贯穿始终。精益思想是与企业价值流密切相关的思维体系。

2）LP的起点应该是从企业管理实践未开始之前，就按照精益思想来设计企业流程和运作，当然也需要在过程中持续改善。

LP可以这样定义：LP是企业树立持续追求高效及最大价值流的思想与意识，并自始至终优化人事组织、运作流程、现场状态、结果控制的一系列管理活动。

LP源于精益生产，但高于精益生产。精益生产是在日本丰田式生产方式（Toyota Production System，TPS）的基础上，由众多专家通过对多个制造厂的调查和对比分析、总结提炼，最终形成的，并拓展了精益生产理论体系，将其认定为系统的提高生产率的生产模式，同时还指出精益生产是一个包含了多种制造技术的综合技术体系，是工业工程技术在企业中的具体应用，且提出了精益生产的技术体系，如图5-7所示。

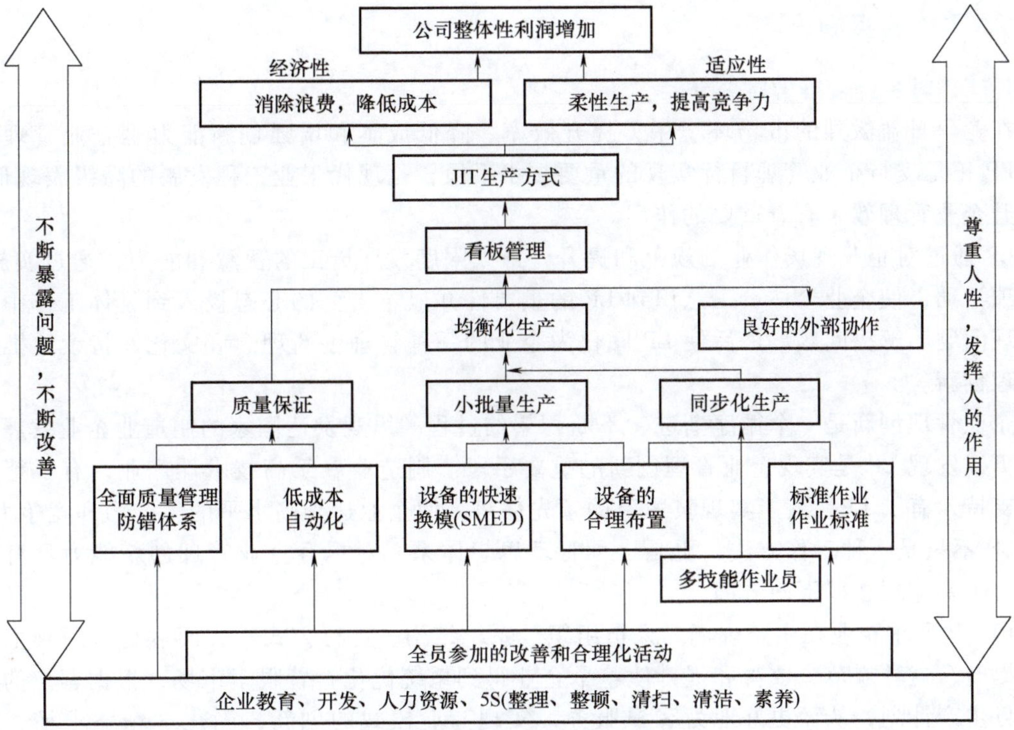

图 5-7　精益生产的技术体系

综上所述，精益生产是一种以工业工程技术为核心，以消除浪费为目标，围绕生产过程进行提升的管理形式。随着时代的发展，这种管理形式也在不断演化，其核心由以准时生产为中心的精益生产转变为以提升管理效率为中心的精益管理。

精益管理是以人为本、以团队为组织细胞，按照用户要求进行产品开发、确定产品价值的快速满足用户多样性、个性化需求的一种管理方式。由此可见，在精益生产基础上发展起来的精益管理，比精益生产在应用领域、实现目标、应用方式、关注范围等方面更具有适应性。精益生产与精益管理的对比见表 5-7。

表 5-7　精益生产与精益管理的对比

项目	精益生产	精益管理
应用领域方面	企业内部	面向环境、面向用户、面向服务、面向投资、面向供应链的企业内部和外部结合
实现目标方面	消除生产过程中的浪费	消除管理浪费，提升管理效率，创造更好的质量、更快的灵活度
应用方式方面	强调一线员工要形成队伍，参与改善	强调激发从高层管理者到一线员工、从职能人员到辅助人员的工作热情。在持续改善过程中，挖掘和发挥全体员工而不仅是专业队伍的创造性
关注范围方面	生产过程	整个业务处理过程

由表 5-7 可知，源于精益生产的精益管理由最初在生产管理系统中的成功实践，不断上升到企业经营和战略管理层面，成为指导企业经营管理的理念、思想及模式。

5.5.2 LP 的实施

1. LP 对企业管理的重要作用

在竞争日益激烈的市场环境中，提升效率、降低成本和增强创新能力是企业管理的目标，LP 正是支持企业管理目标实现的重要技术手段，是现代工业工程发展的高级表现形式，对提升企业管理效果有着重要的作用。

LP 通过对企业现场作业的规范和提升，最大限度发挥员工的智慧和能力，通过实施 LP 的各项活动，使企业全体员工意识到 LP 的重要性并以主人公的心态投入到具体工作中，不断发现问题、解决问题，最后使 LP 固化为企业的一种管理创新理念和文化，持续地推进企业管理创新。

企业管理创新是一个循序渐进、不断积累的过程。纵观发达国家的制造业企业发展的过程，可以发现 LP 是实现企业管理创新的重要手段。制造业属于高技术性产业，有了精益生产的支持，有了 LP，就能实现技术上的领先优势，使企业达到高水平的生产力和竞争力。

LP 不只是一种工作方法，更是一种管理思想体系，对提升企业管理创新能力具有重要作用，主要体现在以下两方面：

1）LP 要求企业在生产现场、人员组织、系统结构、运行方式等方面进行不断规范、改善和提升，这种规范、改善和提升使整个企业得到系统优化，着眼于市场，根据客户的需求来制订生产计划，从而更好地为客户服务，实现商业模式的创新，固化“精益求精、以人为本”等精益生产和精益文化理念，提升企业员工的职业素养。

2）管理学中有句名言“你想推什么，就要考核什么”。LP 也不例外，其有效实施也需要一个有效的考核体系。LP 要求绩效考核指标必须直接或间接承接企业整体目标与愿景，绩效考核应该更加注重对于团队的考核，对 LP 实施情况的考核与创新绩效管理的目标相一致，实际也属于创新绩效考核的范畴。

2. LP 实施的可行性分析

（1）企业外部环境

LP 从起源到发展，经过众多学者及企业的不断考察与试用，已经日趋成熟，形成一套完整的思想及管理体系。从实践情况来看，LP 在世界上很多国家的大型企业都得到了应用并取得了很好的效果，不少大型制造企业都遵循 LP 理念对企业推行优化方案。

（2）企业内部环境

实施 LP 对企业管理有较高的可行性。然而，从企业内部环境和实践经验结合来看，企业实施精益生产的管理改善需要有一定的企业文化、人员素质、培训体系、企业目标等作为支撑，企业实施 LP 时仍旧会存在各种各样的问题和风险，这些问题都会成为企业实施 LP 的绊脚石，主要表现在：

1）一般来说，每个企业都有自己独特的文化思想，LP 必须根据企业的不同而灵活改变，在推行 LP 时一定会遇到某些难题，可能会使企业管理人员实施时失去坚持的信心。

2）员工的文化水平、工作能力参差不齐，尤其是一些基层员工，职业素质不太高，对于新理念的接受意愿比较低，从而影响整个团队的主动性和积极性，使得 LP 实施时间拉长。

3）LP 的实施是一个缓慢的循序渐进的过程，一般短期内难以产生明显的优化效果，导致员工没有足够的成就感，从而影响工作的积极性。

因此，在应用 LP 的实践过程中，必须充分掌握企业的自身现状，认真消除不利因素，整合企业有限的人力物力资源，将 LP 与企业充分结合、融会贯通。通过持续的实践与优化，摸索出一套本企业化的 LP 模式，将 LP 彻底地融入企业中，并获得良好的社会效益和经济效益。

3. 实施 LP 的目标

（1）总体目标

实施 LP 的目标主要是帮助企业实现零缺陷、零故障、零浪费、高效率、优质量生产管理效果。虽然在实际运营中，要全面实现这样的目标是相当困难的，但高效率以及优质量不仅是每个企业所追求的目标，更是其最核心的竞争力。因此，以此为目标，运用 LP 逐步推动企业进行循序渐进的自我完善，最终实现生产率提高、产品质量提升，进而赢得更高的客户满意度，在市场竞争过程中立于不败之地。

（2）优化组织管理

1）建立 LP 领导小组。LP 领导小组是确保 LP 活动顺利进行的领导核心。在 LP 小组的领导下，在 LP 理念的指导下，为快速有效推进 LP，充分调动员工积极性，培养优秀的管理团队，应严格按照计划推行 LP，促进精益生产，方便精益生产各个环节活动的开展，使生产任务能顺利地完成。

建立 LP 领导小组，首先应结合车间管理机构挑选确立 LP 领导小组成员，其次规定 LP 领导小组的职责并对小组成员进行培训。

2）加强班组建设。班组是企业生产活动中最基础的一级管理组织，是企业组织生产经营活动的基本单位，是企业 LP 工作的立足点。全面加强班组建设，实现班组建设的科学化、制度化、规范化，是开展 LP 活动的基本保证条件。班组建设的基本要求是：细化并确定班组成员的岗位职责、权限和任务，班组成员应人人熟知本岗位职责内容，保证各岗位工作职责之间没有重叠和断点，并且每项工作都能找到明确的责任人；岗位职责与分工既要体现出各自独立、彼此有分工，又要体现出相互协作与支撑；班组的岗位设置与职责分工要体现流程的顺畅。

根据班组建设的相关要求，结合车间现状，将员工合理地分组，制定班组成员的职责，并以班组为单位进行培训学习，通过举行研讨、比赛、评比等活动，以更有效的方式去学习 LP 知识等，带动员工的积极性、创造性，促进 LP 理念深入企业员工之心。

组织管理是开展 LP 的基础，企业要达到 LP 事半功倍的实施效果，必须首先从组织管理工作着手。

（3）完善 LP 结构

LP 是一项高端的综合管理技术，它具有一个完整全面的结构体系。企业要想顺利、有效地开展 LP，必须首先建立完善的 LP 结构。LP 结构如图 5-8 所示。

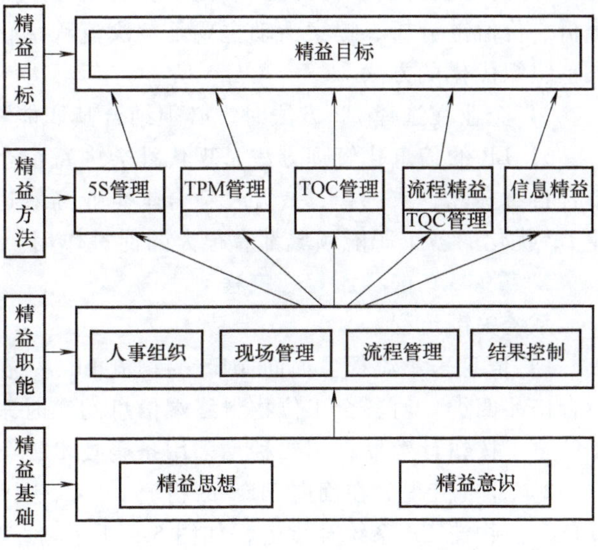

图 5-8　LP 结构

5.5.3 LP的关键环节

1. 明确LP的核心职能

LP主要包括对人事组织、运作现场、运作流程与结果控制四大职能领域的持续优化。明确LP必须优化的这些职能以及这些职能的关系，对企业管理人员来说非常重要。

(1) 人事组织管理

LP的人事组织管理可以为企业提供适应企业现状和未来发展的组织结构和员工队伍。人是企业中最活跃的因素，也是决定性的因素，LP的人事组织管理是企业LP是否能够得以顺利开展的关键之一。LP的优化是其他职能优化的保证。

(2) 运作现场管理

LP的现场管理是目前我国企业最热门的优化职能，主要由5S现场管理方法优化而来。现场管理的优化是企业实施LP的先导，其表现出的人人参与、时时检点、持续改善等特点，将企业的LP实践逐步引向深入。

(3) 运作流程管理

LP的流程管理是企业LP最重要的内容。如果不对流程持续优化，那么要想让企业的价值流变得更高效、更大流量，那将只能是一纸空谈。企业流程再造应该贯彻到企业平常的管理当中，企业人员应当在流程管理方面持续追求精益。

(4) 结果控制

LP要达到精益目标，必须对企业管理的结果控制加强优化。这些结果包括阶段性成果和最终结果。TQC管理就是一种比较成熟的结果控制方法。

2. 掌握LP的管理方法

LP方法是指为使LP职能达到精益目标的实践途径。精益方法可谓层出不穷，必须把握以下几点：

1) 按照解决的职能内容不同，5S管理、全面生产维护（TPM）、快速换模（SMED）是解决运作现场优化的方法。全面质量管理（TQC）主要是解决结果控制优化的方法。战略分析、价值链分析、提案活动主要是解决流程优化的方法。人力资源管理的系列方法是解决人事组织优化的方法。

2) 企业在选择LP方法时，必须结合其职能领域的目标来综合考虑，进行系统组合。

3) LP的信息化管理方法是现代社会中每个企业必须要掌握和运用的方法。每个企业应结合自身实际，或选择、或开发适合本企业高效运作的LP信息化管理方法，该类方法对企业LP优化的各个职能领域都有很大的促进作用。

3. 掌握LP的物流管理流程

系统关键流程

1) 信息采集流程。面向MES的物流LP系统将车间物料分为原材料、半成品、成品和不合格品四类。对各个工位物料终端信息的实时采集可以采用三种方式：第一种是采用低成本的电子按钮计数器；第二种是采用条码技术；第三种是采用射频识别（RFID）技术。

2) 补货流程。在面向MES的物流LP系统中，所有补货流程都由企业配送中心工作人员负责。物流LP系统补货流程如图5-9所示。车间各个工位的补货申请不再由各个工位的工人操作，而是由配送中心人员通过物流LP系统对各个车间各个工位进行实时监控。

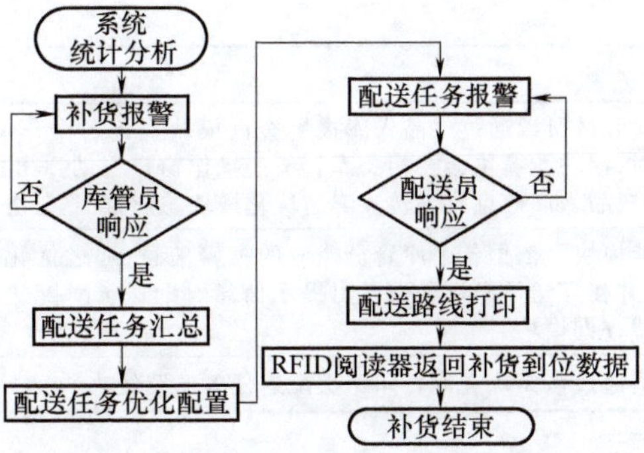

图 5-9　物流 LP 系统补货流程

4. 系统功能模型

建立面向 MES 的离散制造业物流 LP 系统功能模型，如图 5-10 所示。

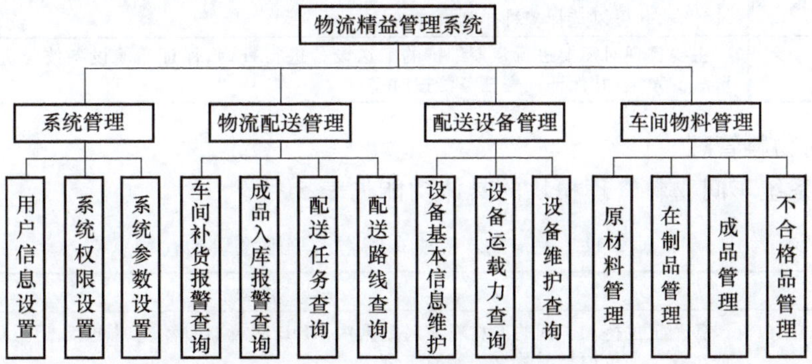

图 5-10　物流 LP 系统功能模型

（1）物流 LP 系统系统管理模块的主要功能见表 5-8。

表 5-8　物流 LP 系统系统管理模块的功能

功能	具体内涵
用户信息设置	主要设置系统的用户等级、新增用户和删减用户以及对用户信息的更新维护
系统权限设置	主要设置不同等级用户的使用权限
系统参数设置	主要设置各个工位原材料的补货点、补货预警点及经济补货量等参数；设置生产线终点工位成品的最高库存量等参数；设置各配送设备的运输能力以及配送设备空载率的计算参数等

（2）物流配送管理

物流 LP 系统物流配送管理模块的主要功能见表 5-9。

（3）配送设备管理

物流 LP 系统配送设备管理模块主要实现对配送设备基本信息的维护以及相关的信息查询，见表 5-10。

表 5-9　物流 LP 系统物流配送管理模块的功能

功能	具体内涵
车间补货报警查询	配送中心库管员可以查询自己负责的各个工位的库存明细，也可以查询所有补货报警的统计报表。当有补货报警信息时，该功能模块会在计算机桌面弹出一个报警信息提醒库管员。若库管员响应该报警信息，则该补货信息自动转入配送优化模块，进行配送任务的安排

（续）

功能	具体内涵
成品入库报警查询	成品库管员可以通过成品入库报警查询模块查询各个车间成品的车间库存明细。当成品需要入库时，该功能模块会在相关库管员的操作窗口自动弹出报警信息。若库管员响应该报警信息，则该成品入库信息自动转入配送优化模块，进行配送任务的安排
配送任务查询	该功能模块会依据各个库管员响应的报警信息，通过优化模块，自动生成某个运输设备的配送任务，并在配送员操作界面弹出提示信息。配送员对配送任务进行确认操作后，将自动转入配送路线查询模块
配送路线查询	配送员通过该模块查询打印每次配送任务的路线表

表 5-10　物流 LP 系统配送设备管理模块的功能

功能	具体内涵
设备基本信息维护	主要维护配送设备的基本信息，如名称、型号、运载力、维护周期、维护记录、驾驶人、购买时间、预计报废时间等
设备运载力查询	可以按照运载力、驾驶人等不同条件查询可用运输车辆；可以查询所有可用运输设备的明细统计表，并可以选择多种排列顺序等
设备维护查询	主要实现对需要进行定期维护的配送设备进行查询，保证运输设备按时进行检查维护，避免事故的发生，并保证配送任务能按时完成

（4）车间物料管理

物流 LP 系统车间物料管理模块的具体功能见表 5-11。

表 5-11　物流 LP 系统车间物料管理模块的功能

功能	具体内涵
原材料管理	各个工位待加工区的原材料实时数据由 RFID 阅读器自动实时更新，通过原材料管理模块实现对各个工位原材料数据的实时查询
在制品管理	通过各个工位已加工区的 RFID 阅读器自动实时更新在制品数据，可以进行在制品信息统计和生成报表，同时为 MES 中生产进度监控子系统提供进度数据
成品管理	通过最后一道工序的已加工区，RFID 阅读器实时更新成品信息。通过本模块，物流人员可以实时查询车间成品库存情况，并可以进行报表统计，同时与 MES 的生产进度监控子系统和 ERP 系统中的销售管理子系统进行信息共享
不合格品管理	对于质检出现问题或损坏的零部件，集中在车间的不合格品区，并安装专门的 RFID 阅读器。用户可以通过本模块实现对不合格品的查询并进行相关处理

习题与思考题

1. 何谓 SCM？试说明 SCM 的基本原则和程序。
2. 试说明 CRM 的基本功能与特点。CRM 软件的基本功能有哪些？
3. 何谓人机交互工程？人机交互工程主要经历了哪些发展阶段？
4. 虚拟现实与人机交互的技术本质是什么？人机交互的关键技术架构如何？
5. 人机工程在数字化设计与制造中有何应用？
6. 何谓 CPS？CPS 有哪些特征？
7. 简要介绍 CPS 结构体系。试说明如何应用 CPS。
8. 何谓 LP？实施 LP 的目标有哪些？LP 对企业管理有哪些重要作用？
9. LP 的关键环节是什么？
10. 简要说明 LP 的物流管理流程。

第6章

智能制造案例

教学导航

【知识目标】

1. 了解建设智能制造工厂需要开展哪些方面的基础工作。
2. 了解各企业开展智能制造工作的经验。

【能力目标】

通过学习，能对某中型企业提供一个开展智能制造工作的初步设想。

【素养目标】

马克思主义的哲学不在于懂得了客观世界的规律性，因而能够解释世界，而在于拿了这种对于客观规律性的认识去能动地改造世界。我们要通过学习实例，高度重视自己科技意识的培养，要使自己成为科技创新的主力军。

6.1 智能制造的践行者——胜利精密

6.1.1 便携式电子产品结构模组精密加工智能制造新模式

苏州胜利精密制造科技股份有限公司（下文简称“胜利精密”）于 2003 年在苏州高新区成立，是苏州民营科技型企业集团。该公司在中国、波兰、日本等国家拥有多家全资、控股和参股子公司，产品涉及精密制造、智能制造、新能源等领域，2016—2018 年名列中国民营企业 500 强。

胜利精密的“便携式电子产品结构模组精密加工智能制造新模式”项目，入选 2018 年工业和信息化部智能制造试点示范项目。该项目以“三国六化一核心”为指导，以国产装备、国产数控系统、国产工业软件，搭建云数据平台，高度集成和融合硬件和软件，实现了数字化、网络化、智能化的国家智能制造示范工厂，引领制造转型升级。

随着消费者对便携式电子产品的小型化、外观等方面的要求，以苹果等高端品牌为首的厂商，越来越多地采用金属结构件，使得便携式电子产品金属结构件精密加工发展迅速。但是，目前我国便携式电子产品的金属结构件的智能制造装备与生产数字化、信息化管理系统相对落后，加工效率低、质量不稳定、生产成本较高，不能完全满足客户的期望和公司发展的要求。

为了面向未来产品升级快、多品种、高品质、快速交付的市场要求，胜利精密需要进一步提升产品质量稳定性、提升产品加工效率、降低产品成本。因此，需要通过本项目尽快提升企业的智能制造水平，并通过项目的成果，带动我国高精金属加工行业智能制造水平的总体提升。

胜利精密计划通过数字化智能制造系统的应用，提升公司信息化、智能化、协同化水平，实现基于自动化调度的实时制造数据集成，实现全制造过程数据透明化，数据一致性；建设适合便携式电子产品结构模组金属加工制造的智能化制造系统，提高生产率，提高产品质量，降低制造成本，以应对未来的挑战。

6.1.2 项目背景

本项目目标是打造高度柔性化自动生产线系统，在国产 CAPP、PLM、MES、云数控系统等工业软件支持下，实现便携式电子产品结构模组在批量定制环境下的高质量、规模化、柔性化生产。项目整体目标如下：

1）采用国产钻攻加工中心及数控系统，节省设备采购和维护成本。

2）采用机器人技术，可以节省人力 60%以上，提高工作效率 25%以上，大幅缓解企业用工紧缺状况。

3）通过作业计划优化和实时生产响应技术，减少设备空转时间，设备能源利用率提升 10%以上。

4）通过对产品制造过程中质量状态及趋势的实时监控，产品不良率降低 20%以上，降低生产成本，提升企业的盈利水平。

5）应用 PLM 技术建立便携式电子产品结构模组的全生命周期数据管理体系，应用三维 CAPP 实现智能化工艺规划，通过工艺优化仿真技术，缩短产品研制周期 30%以上，使企业的创新性研发能够及时、迅捷地响应客户和市场的需求，进而提升企业的核心竞争力。

6）实现基于自动化调度的实时制造数据集成，实现制造数据透明化，数据一致性能够支持协同要求，为公司积累自动化、信息化、智能化转型经验，使得柔性制造、个性化制造在企业落地。

7）大量采用国产数控机床和系统、机器人、在线视觉检测设备，有助于打破国外行业垄断，有利于促进国内钻攻中心、数控系统、机器人和智能检测设备行业的发展。

8）在项目实施过程中，培养研发型专业技术人员 50 名，应用型专业技术人员 100 名，新知识新技能再培训 400 人次，为企业推广智能制造打下人才基础。

9）大力发展绿色制造技术，降低能源消耗和对环境的影响，打造本行业绿色工厂标杆。

6.1.3 项目实施规划

本项目结合胜利精密的新产能建设计划，采用国产高速高精钻攻中心及数控系统、自动化生产线与机器人、便携式电子产品结构模组智能清洗和包装装备、工业软件等软硬件装备，建设形成便携式电子产品结构模组精密加工数字化智能车间。项目总体技术方案如图6-1所示。

1）通过利用100M专线接入，利用互联网安全协议（IPsec）实现集团异地连接；车间内部局域网与办公网采用安全隔离措施。

2）采用华中数控研制的自主知识产权的数控系统、富强科技提供的高端钻攻中心、苏州华数提供的机器人、凡目视觉提供的2D/3D视觉检测设备、富强科技提供的AGV、立体仓库等装备，建设自动化生产线。

3）采用创景可视研发的PostEngineer系统实现车间的布局设计、三维建模、运行仿真和优化。

4）采用开目3D/CAPP实现智能化三维工艺规划和加工过程仿真，采用开目PLM系统实现产品数据的全生命周期管理，保证设计、工艺、制造等产品数据的完整性、一致性、有效性。

5）采用艾普工华MES，实现作业优化排产、自动化现场设备数据采集和控制、物流跟踪、质量管理、制造资源管理等，并与ERP、PLM、CAPP等系统集成，建立数字化车间智能制造与管理网络系统。

6）由应用单位胜利精密、各设备提供商、工业软件提供商共同实现软硬件系统的综合集成，建设高速高精加工云数控平台，实现车间制造大数据分析和制造车间决策支持。

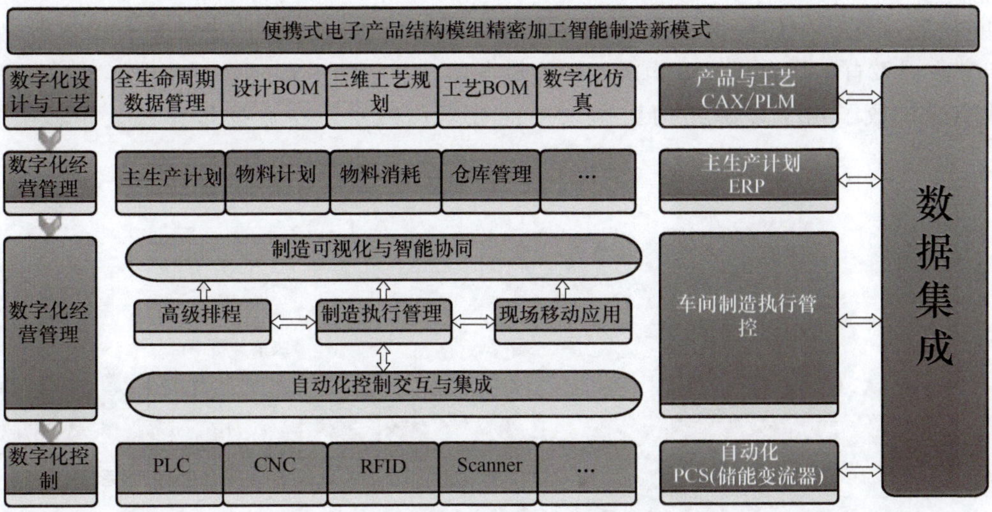

图6-1 项目总体技术方案

6.1.4 项目实施情况介绍

本项目分为上、下两层，由总共179台高速钻攻中心、10台高速高精钻攻中心、96台六关节机器人组成了19条机加工生产线，每条生产线配备独立的工件清洗机和高精度激光在线检测机，其中一层8条，二层11条。根据场地条件，每条生产线配备4~5台上下料机器人、7~12台钻攻中心。除线头线尾的机器人外，线中机器人配置地轨，负责3~4台钻攻中心的上下料操作。另外还有一条由6台打磨机器人组成的自动打磨线。现场配备一座总容量为 3260 个库位的数字化立体仓库，分上、下两层部署，利用 7 台 AGV 为 19 条机加工生产线配送物料、回收工件。另外还在二层配置有一座智能刀具库，利用 RFID 系统，通过刀具管理系统对整个车间的刀具进行管理。智能车间整体布局如图 6-2 所示。

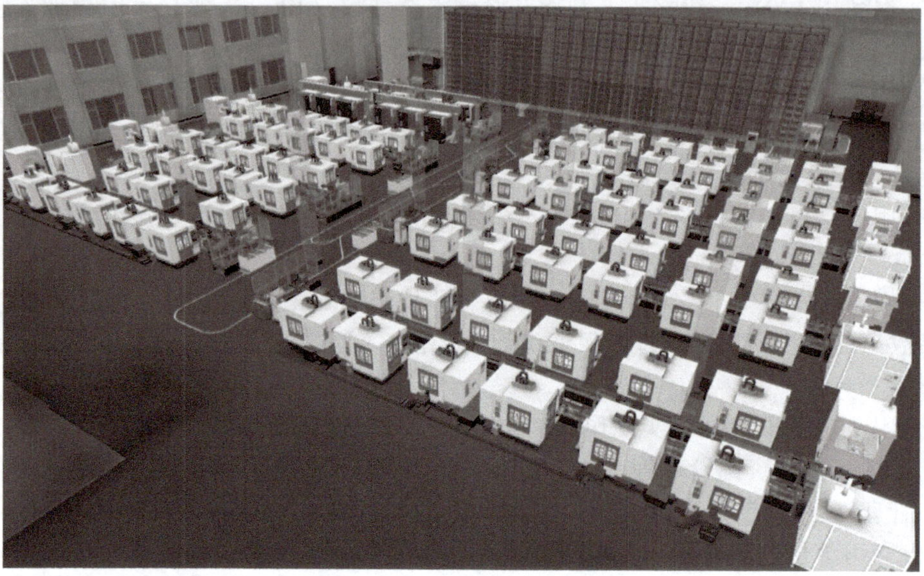

图 6-2　智能车间整体布局

如图 6-3 所示，工厂按纵向集成的技术需求，分为四个层次。最底层是由高档数控机床、机器人以及自动化物流设备构成的智能设备层，在智能设备层之上，由各类传感器、数据采集装置构成了用于多源异构数据采集的数据传感层，在数据传感层之上，由 MES、

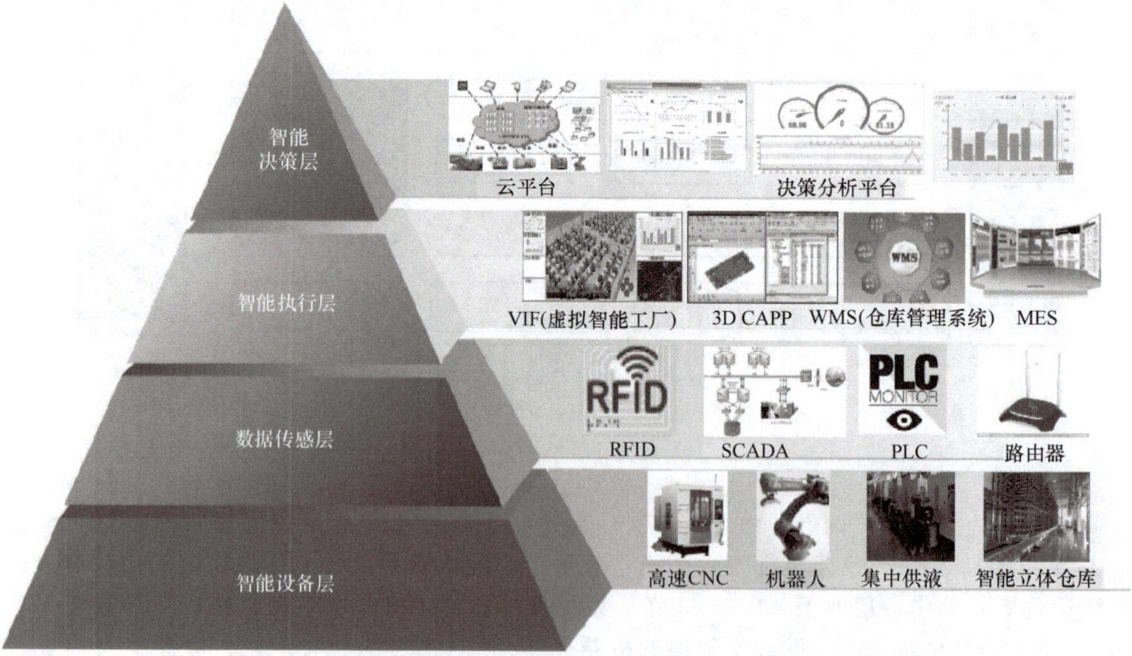

图 6-3　智能制造工业软件系统集成方案

3D CAPP 等智能软件构成了智能执行层，最后由大数据中心、展示终端等构成了智能决策层。通过信息的功能清晰的层次划分及各层次之间有机的整合，形成了拓扑结构合理、兼容性强、具有先进性的国产集成方案。

6.1.5 效益分析

通过本项目实施，胜利精密引入国产先进数控系统、机器人、高端 CNC 等高端制造装备，建立适合离散产品制造行业金属加工制造的智能化制造系统，以便携式电子产品结构模组铣削、钻攻加工为主要试点环节，进一步提升自动化、信息化、智能化水平，预期将取得如下经济效益与社会效益。

1）实现基于自动化调度的实时制造数据集成，实现全公司制造数据实时性、一致性及透明化，并能够支持上下游企业之间的协同要求，为公司积累自动化、信息化、智能化转型经验，使得离散产品的柔性制造、个性化制造真正在企业落地。

2）通过对产品制造过程中质量状态及趋势的实时监控，产品不良率降低 20%以上，降低生产成本，有利于长远促进企业毛利增长，提升企业的盈利水平。

3）通过工艺优化仿真技术，降低研制周期并提高制造过程透明化水平，缩短产品研制周期 30%以上，使企业的创新性研发能够及时、迅捷地响应客户和市场的需求，进而提升企业的核心竞争力。

4）逐步采用机器人技术，可以节省人力 60%以上，提高工作效率 25%以上，这对于解决企业用工紧缺问题起到了巨大作用。

5）全部采用配置国产数控系统的 CNC 加工中心，以大幅节省设备采购和维护成本，促进国产钻攻中心和数控系统生产行业的技术进步与发展。

6）培植一批在智能制造领域积极推广国产装备、国产软件的高水平的现场实施人员和应用团队，打造一批具有自主创新能力的智能制造解决方案供应商，实现安全可控的国产化智能制造技术体系。

作为工业和信息化部 2018 年智能制造试点示范项目，本项目为“中国制造 2025”探索了新的应用方向和模式。在项目建设过程中，有许多制造业企业和职业教育院校纷纷前来参观考察，在了解项目设计、建设、使用情况并与项目团队深入交流之后，结合各家实际情况和需求，均能在项目中发现某些技术或产品可以引入，用于解决企业生产中的某些问题或者为智能制造人才培养提供更加全面和新颖的教育内容与方式，因此也提升了项目参与单位在行业内的知名度和企业形象，提升了市场竞争力，将来可在更广泛的范围内，在区域、行业中进行推广，形成对区域、行业和国家智能制造的示范作用和带动作用。

6.2 智能工厂的样板——格力电器

格力电器成立于 1991 年，是一家集研发、生产、销售和服务于一体的国际化家电企业，主要从事空调及生活电器类产品的研发、生产和销售，目前拥有格力、TOSOT 及晶弘三大品牌，主营家用空调、中央空调、空气能热水器和电冰箱等产品，生产出 20 个大类、400 个系列、12700 多种规格的产品，用户超过 3 亿。

格力电器作为行业领头羊、业务覆盖全国范围的优秀国企，在信息化的应用部署上完全依照工业和信息化部为加快建设制造强国、推动信息化和工业化深度融合的国家战略，因地制宜，编制并贯彻落实切合本企业的信息化和工业化融合发展规划。

格力电器高层领导大力推动两化融合，于2013年2月成立信息化委员会，多次深入学习和探讨《关于积极推进“互联网+”行动的指导意见》《关于深化制造业与互联网融合发展的指导意见》《国家信息化发展战略纲要》和《信息化和工业化融合发展规划（2016—2020年）》等文件精神，充分利用信息化手段优化企业业务管理流程，提高组织工作效率，降低企业运营风险，提升企业管理水平，加快企业信息化规划的建设及信息化与自动化融合，提高企业经济效益，增强核心竞争力。

格力电器多年坚持两化融合战略不动摇，目前已搭建的信息系统有200多个，覆盖企业经营管理的方方面面，包括企业事务处理系统、资源管理系统和决策支持系统等。格力电器凭借众多信息系统的支撑和信息化技术的广泛应用，不断提升信息化在企业经营管理上应用的深度和广度，为企业增效。格力电器根据其产品品种多、工序多、协作多等生产管理特点，从销售订单生成到生产完工入库，再到产品应收应付进行全过程的严密管控，有效解决了销售环节、生产环节、采购环节、库存环节和成本环节的管理难题，并且能随企业发展按需扩展，帮助企业降低生产成本，提升生产效益，向精细化管理转型。格力电器智能化实施方案如图6-4所示。

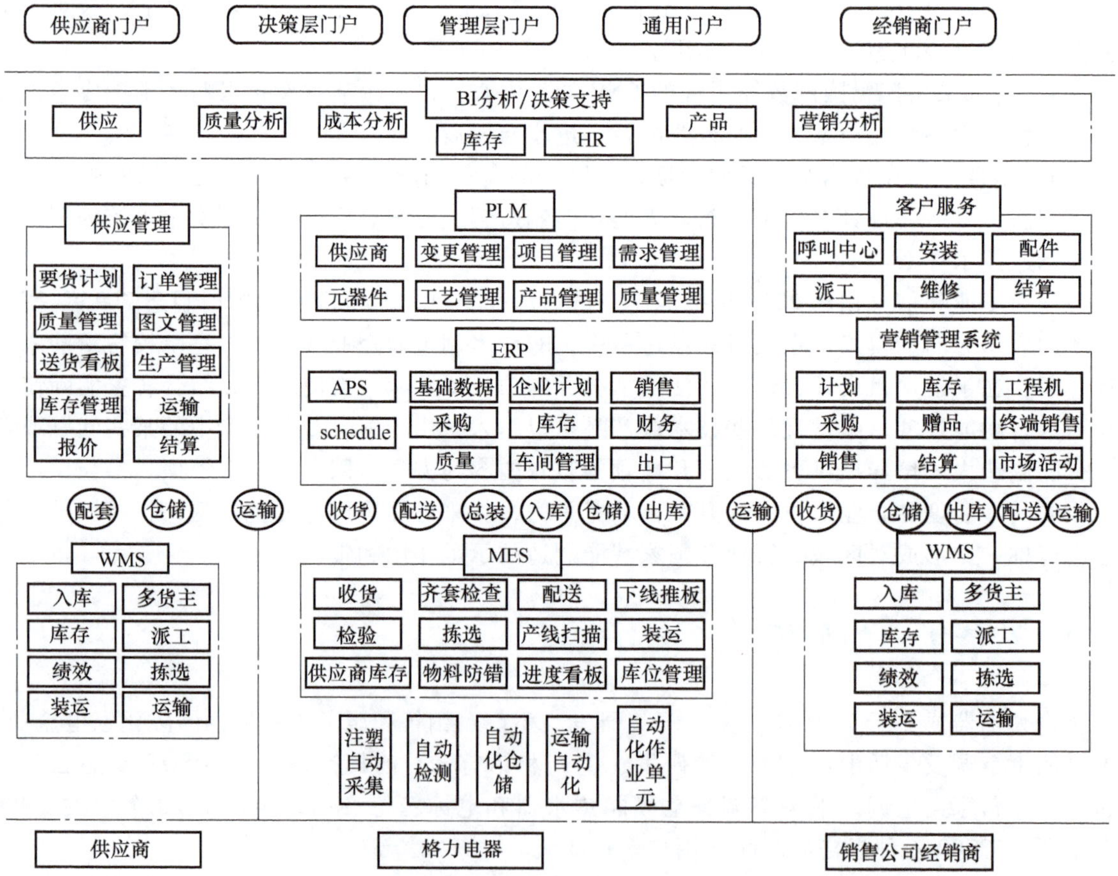

图6-4 格力电器智能化实施方案

6.2.1 营销过程——商务电子化

为实现销售目标、利润目标及客户满意度目标，格力电器逐步整合各级销售的客户服务，建立虚拟的集中化管理服务中心，安装维修任务的系统集中调度管理；建立贯通整个销售渠道的订单管理系统，实现线上及线下的订单全过程跟踪；采用客户关系管理系统，以客户为核心，集中管理售前、售中和售后全过程，实现对客户订单、交付、财务及技术要求等信息的集中管理。

6.2.2 研发过程——一体化的数字设计

为严格控制产品成本、开发过程和质量，格力电器采用PLM平台应用架构，建立集团层面的多组织产品研发管理平台，实现需求管理、零部件管理、项目管理、知识管理和工艺管理等；建立价格数据库及分析模型，在设计阶段控制产品成本，提升产品质量；建设和完善标准库，实现标准库和开发工具集成，提高零部件通用化、标准化程度。

6.2.3 生产制造——自动化数字工厂

为实现在人均生产率不断提升的情况下，严格控制生产过程的质量、材料损耗率，并保证产品的准时交付，格力电器建立了作业排产系统，实现生产技术准备工作系统自动检查；整合人员、设备、物料、质量等即时信息，建设现场集控中心，实现现场管理可视化、智能化；搭建质量控制管理综合平台，实现各类技术质量标准“按步骤现场一站式指导”功能，为“第一次将事情做对”提供信息保证，大幅度提高各类质量数据的采集、统计和分析效率，从技术上实现“减非增效”。格力电器进一步打造无纸化首检系统，通过核对订单涉及的机型信息、客户要求及环保属性等信息，扫描现场使用的物料，进行物料清单（BOM）明细或估计材料匹配，实现对生产质量和明细的严格把关；通过在线防错扫描平台，在车间生产现场通过扫描关键管控物料上粘贴的条码和正在生产的订单信息（MES条码或订单号），系统实现两者的后台关联，进行BOM明细或估计材料及至CDF供应商的核验比对，在线实时提醒生产现场客户物料是否使用正确，在生产环节就将质量隐患排除，并在后续工序对防错结果进行监控。关键物料的入库监控在生产环节强制校验，大大减少了关键物料用错用少的质量事故，提高了生产管理水平和质量控制力度。

6.2.4 物流过程——自动化和精益化

为降低物流成本，严格控制呆料，保证准时交付，格力电器建立了集团级统一的仓储作业平台，实现物资可用库存实时监控及自动配送，逐步延伸覆盖到供应商仓库及渠道仓库；通过集成MES和物流拣选与运输自动化系统，减少物流人工成本；应用现场通信工具提高异常的响应速度，实现原材料类的落地结算，控制材料损耗。

6.2.5 配送过程——物资采购

为控制采购成本，优化采购供应链，格力电器建立了物料成本数据分析模型，根据市场产成品定价，为物料定价提供依据；建立大数据及分析模型，自动确定最佳供应商（如钢材等）大宗原材料分配方案，根据供应商分配规则，建立供应商分配模型，订单核定后通过 B2B 平台直接发布到供应商，减少业务员中间传递环节；建立零星采购网上交易系统，对接内部的零星采购需求，提高效率；建立集团统一的仓储作业平台，实现物资可用库存实时监控及自动配送。

6.2.6 计划过程——模型化

为实现产销平衡，提升计划达成率与库存合理控制水平，格力电器建立了集团产-供-销-运计划模型，及时预测市场需求、产能、库容、运输和人员等匹配问题，保证均衡生产。

6.2.7 集团管控——数据集中

为实现集中管理集团人力资源、财务数据，格力电器实施集团人力资源管理平台，八大模块统一平台运作，资源共享，建立集团层的服务中心，制定服务标准及系统化流程，提高响应及时性和服务请求的闭环管理水平；建立集团层面的资产数据库，所有的设备、管理和维修保养服务在一个统一的平台上进行运作；设备、模具和工装等采用 RFID 标签管理，将位置、保养和使用等相关信息写入标签，实现资产有效管理。

6.2.8 集团管控——产品质量

格力电器通过建立质量主题数据库，整合筛选零部件检验测试数据、实验室产品测试数据、生产过程质量数据及售后维修质量数据，建立检验数据自动采集及分析模型，保障自动化生产环境下产成品的质量可靠性；建立产品故障预测模型与零配件需求分析模型，合理确定配件库存，降低成本，提高客户满意度。

随着格力电器信息系统的完备和两化融合的不断深化，多系统之间的资源整合、智能生产的路线也日渐明显。智能工厂是未来工业生产完全自动化之后的更高层次的模式，是现代工厂信息化发展的新阶段。为大力发展智能工厂，格力电器着力打造更前端的数字工厂，并以此为导向，利用物联网技术和设备监控技术加强信息管理，准确清晰地掌握生产线数据，减少人工干预，加快企业生产装备智能化改造，努力将自动化工厂模式向智能工厂模式转变，构建更加高效节能、绿色环保的制造工厂。

1）信息感知。格力电器大力推行最前沿的传感器、RFID 等技术应用的升级换代，提升产供销全方位信息收集的水平。其覆盖范围包括市场信息采集、人员信息采集、设备基础信息采集、设备运行信息采集、产品生产信息采集、用户信息采集以及销售物流信息采集等。

2）互联互通。格力电器通过各种途径，实现信息之间的互联和共享。由此，加快网络、控制、管理和数据平台纵向集成的软件工程、信息系统的建设显得尤为重要。除了确保 ERP 系统、MES、PLM 系统、CRM 系统、办公自动化（OA）系统、电子商务系统和知识管理系统等高效运转，智能工厂还需要具备基础的信息模型、业务模型、工艺模型以及相关的知识库、专家库等，方能实现所收集信息与企业原有基础信息的共享和沟通。

3）智能处理。通过对收集的数据以及原有的信息进行分析处理，实现各项智能化应用，包括信息的可视化展示、生产过程预测预警、生产优化处理以及相关流程的决策分析，推动网络协同智造。

6.3 智能制造的笃行者——宝钢股份

6.3.1 宝钢股份智慧制造系统

宝山钢铁股份有限公司（以下简称“宝钢股份”）的智慧制造定位于满足制造全球化、精益化、协同化、服务化和绿色化的发展趋势，助力实现“从钢铁到材料，从制造到服务，从中国到全球”的战略目标。

宝钢股份智慧制造系统构建在宝钢股份信息物理系统平台上，主要包括智能制造、智慧设备、智慧安全、智慧物流、智慧能源、智能机器人和智慧工作环境七部分。

智慧制造管理在合同排产、物料匹配、作业排产和生产调度等方面优势明显，有助于提升信息系统的自动化和智能化程度，支撑生产管理人员从单调、程序化的工作中解放出来，把精力集中在创新和增值业务上，有效降低库存、增加产出、平衡物流、降低成本、准时交货，成为企业优化生产组织、提升制造管理能力和水平的强力引擎。

1. 智能合同排产

基于有限产能的合同排产，对整个工厂范围内的合同、机组和库存进行整体优化平衡，包括产能的平衡、物流的平衡及库存的平衡；确定合同在整个生产工艺路径中各工序的计划加工日期，动态跟踪工厂各机组产能的占用情况以及物流状况，预测合同交货期和库存趋势，针对生产的异常波动和市场的变化迅速调整生产计划。

2. 智能物料匹配

针对合同与物料需要进行脱挂或匹配关联操作的业务需求，基于匹配规则及优化匹配策略，实现自动的合同与物料匹配，通过向导式操作、规则与策略动态维护以及自动匹配等功能，降低匹配难度，提高匹配结果的正确性、合理性和效率。

3. 智能作业排产

强调上下游工序生产计划的工序紧密衔接，将各工序相对独立的见料编排计划转变成工序作业计划一体化编制，从而精确平衡物流，提高热装热送比，实现资源的均衡分配，提高资源利用率，有效降低生产成本，缩短生产制造周期，降低在制品库存，为实现按周交货提供有力的保障。

4. 智能炼钢调度

支持多种优化策略，满足多种炼钢生产约束的出钢计划自动编制，尽可能减少每一炉次的等待时间，确保各炉次在同一工序上时间不冲突、实现连浇的顺行；以甘特图方式直观展示出钢计划，并支持在图形中直接编辑交互，使调度人员快速掌握计划信息和产能安排，便于快速进行出钢计划调整，从而提高炼钢调度人员的工作效率。

5. 虚拟仿真

以主要产线工序和仓库为背景，分析工序和仓库中涉及的物流形态及相关工艺、规程等信息，建立多智能体工厂仿真系统，研究不同智能体之间的关系，建立智能体之间的通信机制。对产线工序和仓库的运作效率进行仿真和评估，找出生产薄弱环节和运作过程中可能出现瓶颈的设备，并根据仿真结果对作业计划进行完善，使生产过程更稳定、物流更平衡，从而提高运作管理水平，降低运作成本。

6. 工序质量一贯分析与控制

构建纵向集成管理系统 L0、L1、L2、L3 到 L5（L0、L1、L2、L3、L4、L5 为宝钢股份内部术语），收集结构化缺陷数据及非结构化图像数据，集中存储大数据，深度挖掘分析，移动平台展示：横向贯通炼钢、热轧、冷轧的三条机组产线及宝钢股份国际剪切中心，满足上、下工序间的缺陷数据传递，在线进行产品的质量控制和管理。

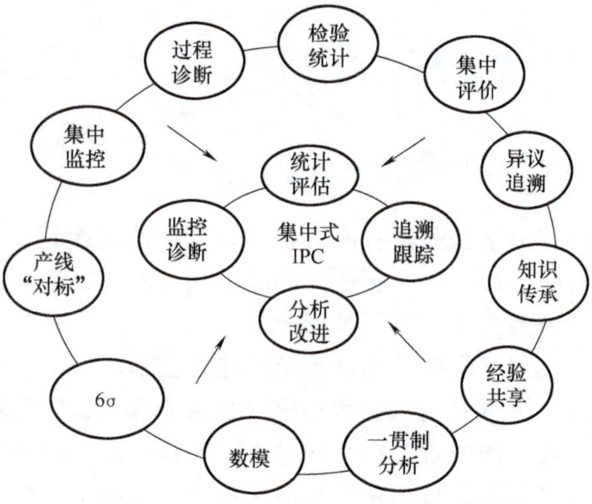

图 6-5　一贯分析与控制系统示意图

如图 6-5 所示，构建含表面及性能等产品特性的一贯分析与控制系统，提升缺陷工序分离及成因分析效率；构建 PFMEA（过程失效模式与影响分析）及 CP 应用平台；通过实时采集制造全过程的质量数据，对从原料直至成品出厂全过程所涉及的“人、机、料、法、环”等关联性因素进行监控、分析和管理，达到提高产品质量、符合用户需求、行业管理要求以及提高质量管理效率的目的。

7. 全流程物流跟踪及盈利分析

构建一个面向市场的产品成本预测与管控体系，提高成本精细化管控能力，具体工作内容如下。

（1）物流跟踪及现货归户

1）物流跟踪：跟踪物料全流程合同信息、物流信息、质量信息和生产工艺信息等，构建全流程物料树，实现全流程物流跟踪。

2）成材率分摊：实现钢水量分摊、工序投入量分摊、板坯全流程分摊，将最初投入量分摊到每一个材料上，真实反映每一个物料、品种和用户等多维度成材率情况。

3）现货归户：按“谁产出谁负责”的主原则对现货材料进行追溯，合理分摊到相应期货合同上。

4）物流分析：在全流程物流追踪和现货归户的基础上，进行多维度分析展现，支持用户深入分析、挖掘，及时发现制造过程中的薄弱点，为全流程成本盈利分析提供物流数据基础，进一步提升公司价值化管理水平。

（2）全流程成本测算

1）数据预处理：基于成本对象的要求，重置材料的投入产出关系及投入产出量，将扩展工序关联到相应的主工序。

2）成本对象生成：基于对象定义，将实际物流工艺路径和工艺信息转化为全流程基本成本对象和扩展成本对象，计算成本对象的实际成材率和铁液比，对废次品进行分摊。

3）成本结转计算：按平行结转、综合结转和工序结转三种方式计算全流程实际路径下的标准成本。

4）合同物料成本匹配：将基于成本对象计算出来的成本结果匹配到当月明细合同物料的成本信息中。

（3）全流程盈利分析

1）全流程成本盈利分析：以合同的投入、产出跟踪为基础，从准发、结算和结案三个统计点分别计算盈利，实现质量现货和合同现货的全流程追溯，揭示现货归户对产品盈利能力的影响，重点关注对成本影响较大的工序的追加成本，真实、完整地反映产品盈利能力水平。

2）T+1预测：以全流程成本计算结果为依据，预测次月的成本和盈利情况，为公司产品定价、资源安排和合同接单等提供支撑。

（4）计划值与成本标准

拓展、完善指标体系，包括热轧、厚板、冷轧、薄板和硅钢等工序的基本标准和扩展标准；追加工艺的计划值与成本标准生成、修订功能。

（5）新产品目标成本预测

参考CE（成本和盈利能力管理信息）系统及预算系统产品标准，设计新产品工艺路径及钢铁材料和合金成分构成，并根据各机组成材率和小时产量目标要求，测算新产品目标成本。通过审核和授权机制监控设计的合理性，旨在将技术人员的产品设计转换为成本设计，识别出“成本差异”（如不同精炼方式、机清/手清及不同热处理方式等），并辅助技术人员在产品设计环节进行成本优化。

（6）原料质量成本

实现全方位掌控炼钢主原料——煤和矿石的各类质量及使用情况。计算分析从采购原材料到高炉用料之间生产环节各类成本损失情况，实现原材料质量成本分析丰富化和精准化，为降低质量损失提供有效帮助，实现降本增效目标。

8. 智能工厂在线控制

随着生产、控制、管理水平和客户要求越来越高，这些生产现场的实时数据对于生产、设备等的管理来说就显得尤为重要。随着计算机容量越来越大以及云平台技术的出现，这样的数据采集和存储成为可能。在线工艺控制包括以下内容。

（1）实时数据采集

该子项目将研究哪些生产、设备等的实时数据可以采集，以何种方式进行传输，并以大数据存储方式放置在云平台上。

存储的数据如何提取，需要提供方便的数据存储、提取、统计和展现等工具。

（2）自动化集成平台

对于智能制造来说，需要将全流程的控制系统紧密结合起来，实现数据的全面关联和共享。在整合数据的基础上，使用分布式部署的方式，融合所有的控制系统，使不同的控制模型之间可以相互协作、不断优化，持续提高生产工艺水平，提升产品质量。

在过程控制计算机应用系统开发平台的基础上，研究可以实现全面集成的自动化集成平台。通过自动化集成平台，可以结合大数据云平台提供的生产优化指导信息，在生产过程中充分调用现场的控制系统的能力，利用大数据的分析结果，使用相互协作的智能控制应用及模型系统进行生产控制，在生产控制层级进行智能制造的精细控制和最优实现。

（3）基于大数据技术的数据分析

宝钢股份每条生产线基本都设置了数学模型，这些数学模型对于宝钢股份的产品质量、产量发挥着重要的作用。近30年来，宝钢股份积累了大量的生产数据、材料数据和操作数据，这些大数据对于分析宝钢股份产品质量、数模控制精度以及进行其他需求分析有重要作用。从积累的数据中能挖掘出大量有用的信息，对于模型精度的提高、产品生产优化等具有重要意义。

（4）视频、PDA 以及过程数据的链接

为了实现建设数字化宝钢股份的目标，视频与实时数据具有很强的关联性。在分析实际的生产过程故障或质量问题时，往往需要结合各方面的信息。但是这些信息是分离存储的，存储的方式又不相同，因此需要研究一套具有不同媒体集结功能、检索方便的综合监控系统，这对于设备的维护、故障的分析和质量的监控都具有十分重要的作用。

（5）工业以太网建设

工业以太网已成熟地应用于各种工业控制系统中。由于工业控制系统对网络可靠性、安全性的要求较高，改变原来星形或总线型的网络结构为具有冗余功能的环形结构已是一种必然的趋势。在控制点多、数据量大、分布广、可靠性要求高的控制系统中，应用具有冗余功能的千兆以太工业环网对系统性能的提升具有重大意义。

6.3.2 宝钢股份的智慧制造实践

宝钢股份作为全球领先的现代化钢铁联合企业，积极践行智能制造战略，力求实现转型发展。本案例以 1580 智能车间改造项目为切入点，提供一个观察国内生产企业开展生产环节数字化转型的窗口。

1. 项目简介

宝钢股份是全球领先的特大型钢铁联合企业，是《财富》世界 500 强中国宝武钢铁集团有限公司的核心企业。2000 年 2 月，宝钢股份由原上海宝钢集团公司独家创立。同年 12 月，在上海证券交易所上市。2017 年 2 月，完成吸收合并武钢股份后，宝钢股份拥有上海宝山、南京梅山、湛江东山、武汉青山等主要制造基地，成为全球碳钢品种最为齐全的钢铁企业之一。

公司年报显示，2018 年宝钢股份营业收入 3048 亿元，同比增长 5.4%，归属于上市公司股东的净利润为 216 亿元，同比增长 12.5%。宝钢股份 2019—2024 年发展规划进一步强化“成本变革、技术领先、服务先行、智慧制造、城市钢厂”五大能力建设，持续推进宝武整合工作，强化项目举措有效实施，以实现协同效益最大化。

2. 项目背景

钢铁工业是重要的基础工业部门，是发展国民经济与国防建设的物质基础。国内钢铁产业链已经非常完整，但是也面临产能过剩、降本增效、节能减排等挑战。国内钢铁工业处于结构调整、转型升级的关键阶段，“互联网+”战略、“中国制造 2025”战略的提出，为钢铁工业的转型升级带来重大机遇。中国钢铁工业的结构调整不是简单地去产能，而是与技术进步相结合，提高高附加值产品比例，通过集约化和专业化提高生产率和弹性，实现供需结构的匹配。

宝钢股份作为全球领先的现代化钢铁联合企业，积极践行智能制造战略，力求实现转型发展。2014 年起，宝钢股份开始组织开展智慧制造的系统筹划，组建虚拟团队，选择钢铁制造的核心环节——热轧作为智能车间的试点，通过与西门子、IBM 等业内专家交流，结合自身摸索和研究，在国内钢铁工业首先制定了智慧制造专项规划，构建了集智能装备、智能工厂、智能互联为一体的智慧制造体系。

宝钢股份 1580 产线投产于 20 世纪 90 年代，年产热轧卷 400 万 t。该产线自动化、信息化建设基础较好。但与世界一流先进水平相比，产线自动化率、产品质量和关键消耗指标等仍存在一定差距，具有一定的改造空间。2016 年 9 月，宝钢股份正式启动 1580 智能车间改造项目，以期搭建一个自动化、无人化、智慧化的平台来实现产品的生产管理。这种生产线改造，对于宝钢股份而言，非常具有挑战性，具体表现在三方面：一是智能制造属于领先技术，如何应用需要摸索；二是板坯库无人化项目在全球范围内应用少，如何应用同样需要摸索实践；三是项目的投入运营需要做大量的准备。

宝钢股份 1580 智能车间改造（图 6-6），是我国钢铁业唯一正式入围国家工业和信息化部《2015 年智能制造试点示范专项行动实施方案》试点示范的项目。

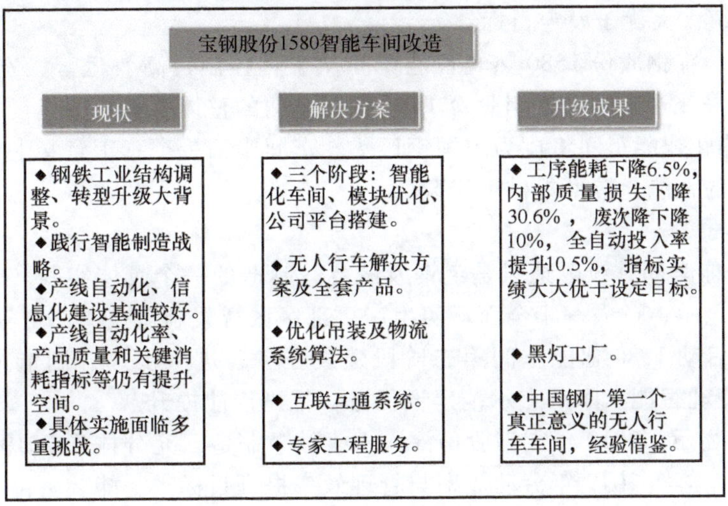

图 6-6　宝钢股份 1580 智能车间改造

3. 数字化逻辑和方案

施耐德电气作为全球领先的能效与自动化领域专家，成为此次项目改造的服务商之一。结合施耐德电气前期研究，宝钢股份计划通过三个阶段来实现此项目。

第一阶段，通过智能化车间改造，为 1580 产线搭建自动化、信息化、可视化平台，实现板坯库管理智能化、行车无人化。为此，宝钢股份策划细分了六大类实施模块，具体为智能装备、智能节能、智能可视、智能模型、智能诊断、智能物流，每个模块下属若干具体项目。第二阶段，进一步优化几大模块的作用，实现生产过程进一步稳定，效率进一步提升。第三阶段，从公司层面上搭建一个大的平台，贯通沟通订单到生产管理立项，到过程制造，甚至到成品出厂、技术服务等，为用户提供更好的产品。

在 1580 板坯库智能车间升级项目中，施耐德电气提供了包括断路器、变频器、可编程控制器、安全可编程控制器、开关、Fluxx 软件管理平台及 EMS 能源管理系统等在内的无人行车解决方案及全套产品、优化吊装及物流系统算法、互联互通系统和专家工程支持，使得 1580 热轧智能车间实现了无人化值守，为宝钢股份智能制造转型升级提供了切实保障。

4. 项目成果

2016 年，宝钢股份决定与施耐德电气进行合作，将 1580 板坯库内的六台行车全部改造成无人行车。2017 年，宝钢股份热轧 1580 板坯库的无人化行车调试成功。

在宝钢股份热轧 1580 智能车间，实现了以下功能：

1）无人化板坯库，自动识别板坯信息，板坯可自动吊装至指定位置。

2）全流程质量监控，实时调控炉内燃烧状态，节约能耗；翘扣头检测，保持中间坯的质量；实时动态智能调整轧制过程；根据过程参数，实现成品性能预报。

3）机器人应用，机器人自动喷涂编号。

4）智能点检，远程终端随时查看、诊断设备状态。

公开信息显示，宝钢股份热轧 1580 智能车间示范试点基本建成，技术经济指标改善明显，工序能耗下降 6.5%，内部质量损失下降 30.6%，废次降下降 10%，全自动投入率提升 10.5%，指标实绩大大优于设定目标。

借助服务商，宝钢股份 1580 热轧智能车间从工程控制、高效运营、安全可靠、智能化运营等多方面显著提升，并为宝钢股份 1580 智能车间的整体智慧制造建设提供了坚实保障。完工后的 1580 热轧智能车间将成为中国钢厂热轧车间中第一个真正意义上的无人行车车间，为我国钢铁工业的智能化转型提供了经验。

5. 数字化远景

1580 热轧智能车间升级改造只是宝钢股份智慧制造的一个具体实践。宝钢股份 2018 年可持续发展报告显示，过去一年全面落实生产厂部区域智慧制造蓝图，全年启动智能装备改造项目 104 个；启动 1580 智能车间第二阶段建设任务，进一步提升制造过程自动化水平；全面启动 C008 冷轧智能车间试点示范建设任务，推进产能提升。

2018 年年报显示，2019 年宝钢股份深入探索智慧制造，充分体现 2019—2024 年智慧制造专项规划内容，落实 2019 年劳动效率与管理效率提升目标：智能装备由工序/工厂，拓展组合成流程；专业层面加大数字化补缺，形成系统性突破；以大数据化为重点，与人工智能结合形成点、面突破。

从更大层面看，宝钢股份的“智慧钢厂路线图”为：面向钢铁产品全生命周期，以物联网、互联网、云计算、大数据等新技术与宝钢股份全供应链的深度融合应用为基本路径，逐步提升宝钢股份制造装备、全供应链管控、分析决策过程的智能化水平，构建集智能装备、智能工厂、智能互联于一体的智能制造体系。

在宝钢股份智慧钢厂建设过程中，除了施耐德电气，其他服务商包括西门子、海尔集团、霍尼韦尔等也不同程度地参与其中，助力宝钢股份智慧制造进程。

6.3.3 宝山基地炼铁厂烧结智慧制造正式投运

近期，宝山基地“烧结设备远程运维诊断平台”和“智慧成本管控平台”正式上线投运。员工可通过“烧结设备远程运维诊断平台”，实时查看设备运行参数，实现了一机在手、精准巡检。员工也可以查看“智慧成本管控平台”，实时调阅班、日、月成本、能耗等数据，实现全过程智慧成本管控，变“马后炮”为“先手棋”。

宝钢股份宝山基地炼铁厂烧结分厂现有三台 600m^2 的烧结机，烧结矿年产能超过 2100 余万 t。近几年，烧结单元“四个一律”指数不断提升，人员越来越精干高效，员工劳动强度下降明显，智慧制造成效显著。智慧制造没有完成时，高质量发展只有进行时，面对新挑战，炼铁厂主动谋划智慧制造新篇章，奏响大数据应用新乐曲，推动烧结智慧制造再上新台阶。

1. 一机在手，精准巡检

烧结工艺涵盖原料准备、抽风烧结、冷却、筛分和取样分析等几大环节，传动带、电动机等设备多。如果把烧结机比作一艘大船，那么这艘大船需要各种设备的温度、振动、声音、跑偏和打滑等信号的及时准确传输才能沿着正确的航向前行。三班巡检和点检等人员每天步行万米，穿梭在各设备之间，通过“望、闻、问、切”等方式巡检和维护设备状态，确保设备正常运转、各类信号准确传输。但巡检线路长、区域大、设备多，巡检任务繁重，如果遇到突发故障，员工更是疲于奔命，部分岗位劳动强度偏高，从事岗位工作年数久，极易造成员工身心疲倦，不但影响员工健康，而且也容易导致烧结这艘大船的故障不断，甚至停机中断航程。

如何既能保证信号的及时准确传输，又能减轻三班巡检和点检员工的工作强度和劳动负荷？经过烧结智能团队的努力，“烧结设备远程运维诊断平台”终于开发成功并上线运行。该平台借助各种异音光缆、检测装置，将设备状态集中展示在计算机或手机 App 中，构建视频调用、组态控制、状态预警、设备健康和系统集成五大模块，开发设备树配置、基础信息配置、状态集中展示、报警事件管理、用户权限配置、接口功能、设备状态可视化管理应用功能，巡检人员只需要打开软件，每条传动带、每台电动机等设备状态就以图表等形式可视化展示、一览无余，设备健康指数、报警状态和次数等异常状态醒目显示，提醒员工对该设备重点排查、确认，有的放矢，实现一机在手、精准巡检。

2. 变“马后炮”为“先手棋”

降低原燃料及能源介质消耗是追求极致效率的重要方面。烧结技术人员以往都是人工跟踪烧结成本数据，需在公司专业数据平台中一个个查找矿石、燃料、水、电、风、气的消耗等，部分数据甚至要依赖职能部门月度数据计算得出，“马后炮”式的成本、工序能耗等管控严重滞后，已经不能适应极致效率的要求，开发智慧成本管控平台已经是烧结“战危机、创一流”的迫切需要。

烧结智能团队对每一个消耗数据抽丝剥茧排查，解决了电耗数据自动读取难题，比对修正数据，实现了混匀矿大堆消耗的化整为零和精准测算，打通了财务部平台成本预算数据与智慧成本平台堵点，终于开发上线了“智慧成本管控平台”。以前只能下月初才能检查对比上月的生产成本，时效性不佳。现在员工可以随时查看各机组各班组的班、日、月成本、能耗等关键数据，通过实时监控对比、偏差计算，及时预警、分析成本和提示能耗异常，实现全过程智慧成本管控，变“马后炮”为“先手棋”。

6.4 西门子双星轮胎智能化技术解决方案

6.4.1 设计标准

该方案设计参考国际标准 ISA-95，对企业架构层级进行定义，全面构建各个层级的能力，打造全新的智能工厂。

6.4.2 建设数字工厂的关键因素

（1）先进工厂管理理念

数字工厂的建设需要采用先进的生产管理模式，并结合公司自身的生产特点进行突破和创新，实现生产管理的敏捷制造、准时交货、精益高效和质量至上的目标。

（2）敏捷制造

要求数字工厂能够敏捷响应市场需求的多样性变化，具有支持多品种小批量生产的动态调整能力。

（3）准时交货

要求数字工厂能够有效缩短产品的研发、生产周期，做到按照用户要求的交货期保质保量完成任务。

（4）精益高效

数字工厂追求精益的生产率和管理能力，通过精细化管理，以最小的投入达到最大的产出。

（5）质量至上

要求数字工厂通过全过程在线质量监控及六西格玛（6σ）质量管理，实现一次性成功投产并满足用户对产品的质量要求。

（6）产品生命周期管理（PLM）

在数字工厂内部，涵盖产品制造及装配前期评估、工艺设计、工艺仿真、工厂布局模拟、虚拟生产线运行、工艺信息发布以及制造运营管理。

（7）产品制造及装配前期评估

提前介入设计工作，提前进行虚拟工艺验证和评估工作。

（8）工艺设计

体现为基于知识和流程驱动下的工艺规划及结构化工艺设计，覆盖多种专业工艺设计工作，支撑零件加工工艺、数控工艺、特种工艺、热处理工艺、装配工艺、大修工艺和试车工艺等方面的全三维工艺设计能力。以工序、工步为对象，直接基于产品模型进行工艺编制、数控加工、质量检验，实现数字化设计与工艺信息传递以及全三维结构化工艺编制与管理。

（9）工艺仿真

支持通过工艺仿真进行工艺验证和优化。零件加工仿真主要是数控加工仿真和虚拟机床仿真、装配产品仿真、人机工程仿真等。

（10）三维工厂

基于 Web 的在线作业指导，直接从 Teamcenter 服务器获取工艺内容。展示内容包括工艺结构、工序流程图、操作描述、零组件配套表、工艺资源和三维模型。三维模型包含对应的工序组合视图。

（11）车间布局及物流优化

建立三维数字化车间或工厂的资源布局，包括工厂中所用的各种资源，通过三维工厂设计能清晰地了解工厂设计、布局与安装过程；具备物流优化生产线评估能力，验证安装操作的可达性，进行装配过程路径分析和物料搬运过程模拟仿真等。

（12）虚拟运行与调试

将数字模型与真实的工厂数据相连接，来自不同领域的工程师采用专家知识库及公共模型进行工作，在实际生产实施前，可以虚拟进行生产与调试，检测各项指标。其中专家知识库包含工艺知识库，是指经过验证的典型工艺知识，典型零件普通加工、NC 加工、铸造、锻造、装配、试车、检验工艺等经验类知识。

（13）制造执行系统

通过该系统实现自动/柔性化生产线与 PLM 和 ERP 系统的连接和贯通。MES 部分主要包含智能排程、生产计划、物料管理、质量管理、设备管理和能源管理等功能模块。

（14）制造执行管理

面向制造企业车间执行层的生产信息化管理系统，可以为企业提供包括制造数据管理、计划排程管理、生产调度管理、库存管理、质量管理、人力资源管理、工作中心设备管理、工具工装管理、采购管理、成本管理、项目看板管理、生产过程控制、底层数据集成分析以及上层数据集成分解等管理模块。

（15）智能排程

自动接收 ERP 下发的销售订单，并依据设备产能、物料信息、人员信息、设备日历、工序约束关系等进行智能分析和排程，并将排程结果传递给 MES 计划模块，排程结果最终到达班组和机台。

（16）生产计划

生产计划包含密炼车间、压延车间、成形车间和硫化车间的计划管理，自动接收排程模块的排程结果。

（17）物料管理

物料管理包含物料主数据、物料清单和物料追溯功能，满足轮胎的胶料、半成品和胎胚的追溯要求。

（18）质量管理

质量管理包含质量标准和模板管理，过程质量收集和展示，X 光机、均匀性、动平衡等质检设备的信息集成工作。

（19）设备管理

设备管理包括设备台账、设备基准、设备点检/巡检、设备润滑和设备综合分析等内容。

（20）能源管理

能源管理包含水、蒸汽、电的数据收集以及能源统计分析。

6.4.3 全集成自动化（TIA）

（1）数据采集与监控（Supervisory Control And Data Acquisition，SCADA）

数据采集与监控系统具备实时数据采集、信息显示、设备控制、报警处理、历史数据存储及显示（趋势）等能力。

（2）工业网络（Industry Network）

工业网络主要是指构造整个生产现场的网络，实现设备互联互通，同时与办公网络连接，建立企业整体网络环境，未来根据需要连接到互联网，建立广义的企业网络环境。

（3）物流自动化

物流自动化包括仓储自动化、仓储到车间的物流自动化、车间内物流自动化等。

（4）生产线自动化

生产线自动化实现各种设备、工装、工具、测量仪器等的自动化，联网和数据的实时采集等，将引入工业控制 PLC、新一代工业机器人、工位终端 HMI、现场总线、传感器、物料射频识别、全集成自动化、先进数控机床和先进生产线等。通过上述组件帮助能源装备制造企业打造软件与软件互联、软件与硬件互联的解决方案。图 6-7 所示为软硬件互联互通的示意图。

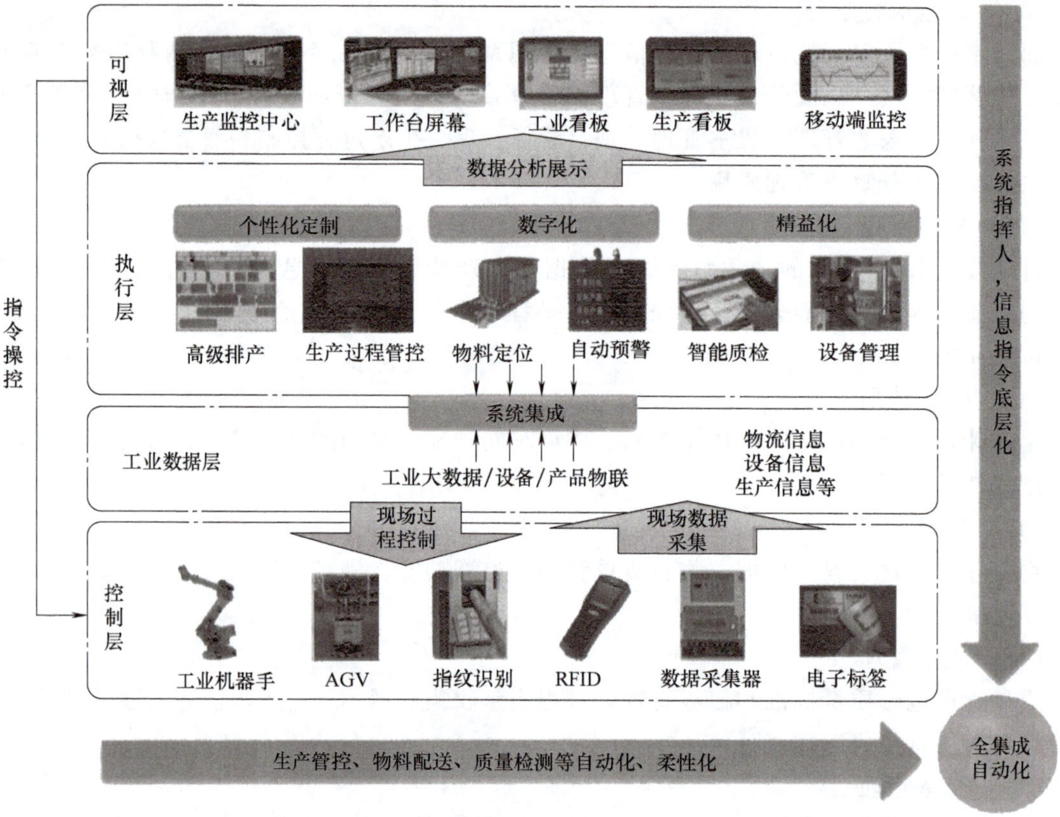

图 6-7　软硬件互联互通的示意图

6.4.4　解决方案的内容

1. 企业层和管理层

这主要是指产品研发的 PLM 和企业管理的 ERP 层面。尤其是应用 PLM 中的数字化制造技术，实现工厂的数字化建模和仿真分析，并基于虚拟工厂展现和操控生产，为数字工厂奠定基础，通过产品全生命周期的数字制造和虚拟制造实现工程信息化，通过 ERP 和综合管理平台打造管理信息数字化。在车间层的技术与生产管控方面，通过工艺评估、工艺设计及仿真实现工厂指导思想的数字化，通过工厂规划支撑车间优化和生产线优化，通过新型仓储管理自动调度物料和运送物料，通过生产运营管理实现生产订单、在制品、质量、设备利用率、工装、刀具及物料等的全方位管控。

2. 操作层

操作层主要是执行和发布各种生产指令，实现产品、工艺、设备、测量仪器等各种数据的传递和采集。图 6-7 所示的第三层到第四层需要全面采用工业网络实现其统一联网，并最终与第一层和第二层的局域网贯通，为网络化工厂奠定基础。

3. 控制层和现场层

这里主要是接收操作层的指令，来实现现场层的各种硬件的自动化控制和驱动，确保其准确执行。现场部分主要是生产线现场的各种设备、工装、工具、测量仪器和物流设施等。

在上述五层架构下，数字工厂将通过制造评估、工艺设计、生产运营管理、全集成自动化控制以及生产线的构造，开展业务活动并协同工作，未来工作流程可描述如下。

1）制造前期评估。主管工艺人员负责使用数字化手段提前介入设计工作，在设计早期进行可制造性评估工作，达到设计工艺并行工作，同时数字化将作为重要手段，用来验证工艺可行性和制造可行性。

2）工艺规划。主管工艺人员接收设计部门下发的设计数据，制订工艺方案，对工艺过程进行规划。

3）设计和制造资源。智能工厂在工艺设计环节引入工艺专家库和工艺知识库，以知识驱动模式快速而高效地进行工艺设计工作。

4）生产订单。生产计划员接收下发的生产计划，并进行任务分解。

5）生产排程。智能工厂根据接收的生产订单或计划要求，按照现有生产能力自动进行数据化高级排产。

6）工具和数控程序管理。智能工厂根据工位机床加工质量自动传输和调取 NC 程序进行制造加工，同时自动对刀具信息进行数据化管理。

7）内部物料流转。根据生产指令和工艺要求信息，仓储物流系统自动拾取物料进行物料配套，通过传送带或 AGV/RGV 将物料传送到生产线边库，并按照加工定位要求摆放物料。

8）生产制造执行。智能工厂建立运输工装绑定射频识别系统，自动跟踪在制品的状态和位置。

9）自动化生产线/柔性单元。智能工厂将根据知识和专家库，自动选择刀具、制造路径，达到自适应和自主优化制造的要求。

10）生产线/设备数据采集与监控。监控数控机床运行状态（开关机、主轴转速、进给率、运行时间和加工时间等），同时采集生产过程的详细数据信息；监控装配生产线运行状态（开关机、力矩、转矩、装配位置等），同时采集产品装配过程的详细数据信息。

11）质量检验。质检人员按照前期质量规划和工艺规程在规定的环节进行质量检验，对质量数据进行实时监控，同时对检验结果进行信息数据收集。如果不合格，进入不合格品处理流程，使用生产运营管理的智能诊断分析功能对问题做出快速反应。

12）任务完成。对设备状态等进行数据采集。工序操作结束后，生产调度员接收任务完整的数据信息，按照智能制造系统的指令重新指派或调整加工任务。

13）大数据分析。提供综合的生产运营管理各方面的关键数据信息，通过数据分析，各个层面的管理人员都能按照企业的总体营运目标实时地开展智能化管理，提高决策的前瞻性，并提高整体的资产效益，按照业务和生产的目标持续改善营运水平。

习题与思考题

1. 试分析建设智能制造工厂需要开展哪些方面的基础工作。
2. 从本章智能制造实例中你受到了哪些启发？

第7章

智能制造的发展前景展望

教学导航

【知识目标】

1. 了解智能制造的发展趋势，熟悉实施智能制造的五个步骤。

2. 了解制造业的相关政策法规和市场需求；了解数字工厂和智能制造系统的原理和应用，熟悉未来制造的新形态。

3. 重点掌握智能制造的“三要、三不要”原则，熟悉智能制造的五大集成；了解智能制造行业的发展前景。

4. 了解智能制造对生态文明建设的推动作用。

【能力目标】

1. 通过学习，能初步运用智能制造系统进行生产管理和优化，具备创新和改进制造流程的能力。

2. 通过学习，能初步具备分析和解决制造过程中的问题的能力。

【素养目标】

通过学习，逐步深刻认识到，我们必须牢牢把握科技进步大方向，抢占科技创新的制高点，依靠科技创新走上世界科技强国之路。

7.1 智能制造的发展前景

7.1.1 智能制造技术的发展方向

狭义“智能制造”的预期目标是“使智能机器在没有人工干预的情况下进行小批量生产”。随着智能制造内涵的扩展，智能制造的目标已变得非常宏大。如前所述，“工业 4.0”指明了 8 个领域的建设目标；“中国制造 2025”战略指出，实施智能制造可给制造业带来“两提升、三降低”。以下结合不同行业的产品特点和需求，从 4 个方面对智能制造技术的发展方向做进一步阐述。

1. 智能制造应满足用户的个性化定制需求

产品的个性化来源于用户多样化与动态变化的定制需求，未来的企业必须具备提供个性化产品的能力，才能在激烈的市场竞争中生存下来。智能制造技术可以从多方面为个性化产品的快速推出提供支持。

2. 智能制造为实现复杂零件的高品质制造创造条件

航空、航天、船舶和汽车等行业中，存在许多结构复杂、加工质量要求非常高的零件。例如，航空发动机的机匣，就是典型的薄壳环形复杂零件，其外表面分布有安装发动机附件的凸台、加强肋、减重型槽及花边等复杂结构，壁厚变化明显。用传统方法加工时，其加工变形难以控制，质量一致性难以保证，变形量的超差将导致发动机在服役时发生振动，严重时甚至会造成灾难性的事故。对于这类复杂零件，采用智能制造技术，在线检测加工过程中力-热变形场的分布特点，实时掌握加工中工况的时变规律，并针对工况变化即时决策，使制造装备自律运行，可以显著提升零件的制造质量。

3. 智能制造在保证高效率的同时，能实现可持续制造

可持续制造是对制造业的必然要求。从环境方面考虑，可持续制造首先要考虑的因素是能源和原材料消耗。这是因为制造业能耗占全球能源消耗的33%，许多制造企业通常优先考虑效率、成本和质量，对降低能耗认识不够。智能制造技术能够有力地支持高效可持续制造。

1）通过传感器等手段实时掌握能源利用情况。

2）通过能耗和效率的综合智能优化，获得最佳的生产方案，并进行能源的综合调度，提高能源的利用效率。

3）通过制造生态环境的一些改变，可以进一步从大系统层面实现节能降耗。

4. 智能制造能提升产品价值，拓展价值链

产品的价值体现在“研发-制造-服务”的产品全生命周期的每一个环节，根据制造业的“微笑曲线”理论，制造过程的利润空间通常比较低，而研发与服务阶段的利润往往更高，采用智能制造技术有助于企业拓展价值空间。

1）通过产品智能化升级和产品智能设计技术，可实现产品创新，提升产品价值。

2）通过产品个性化定制、产品使用过程的在线实时监测、远程故障诊断等智能服务手段，可创造产品新价值，拓展价值链。

7.1.2 智能制造的发展趋势

而今，人们充分运用智慧制造、数字孪生、生命周期大数据等技术让智能制造造福于人类，并向更深层次发展。

智慧制造旨在通过物联网、互联网等网络的融合实现对现有的制造模式与理念的整合、延伸以及拓展，从而形成一种兼容性较高的制造模式，能够最大程度上满足智能制造的发展需求。

数字孪生也被称为数字双胞胎和数字化映射。数字孪生是指充分利用物理模型、传感器、运行历史等数据，集成多学科、多尺度的仿真过程。它作为虚拟空间中对实体产品的镜

像，反映了相对应物理实体产品的全生命周期过程。

智能制造产生的数据呈现爆发式的增长，制造企业从大量的数据当中能够挖掘出丰富的资料与知识，可以进一步增强企业洞察商机的能力，有助于促进企业的长效发展，提高产品生产的效率和质量。

智能制造正在经历一场由数字化制造到数字化、网络化制造，再到数字化、网络化、智能化制造的不断深化发展的过程，如图 7-1 所示。

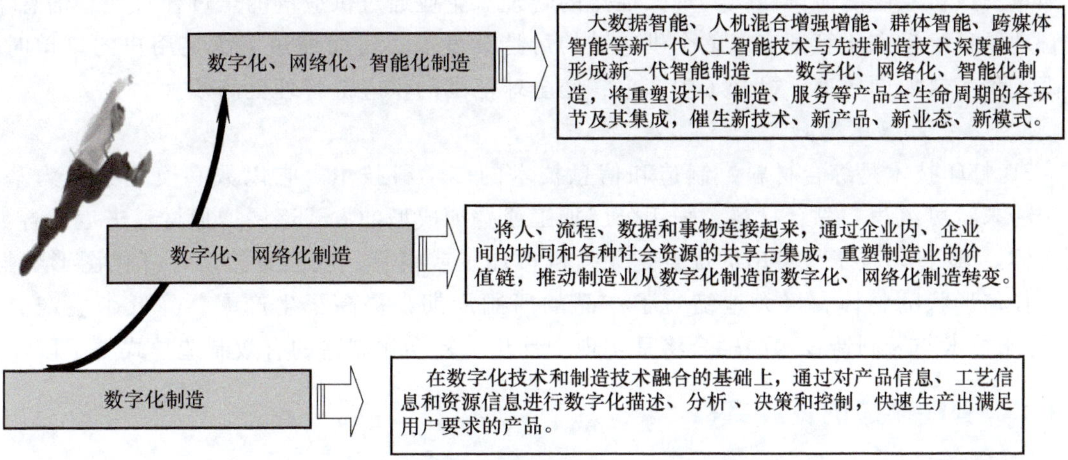

图 7-1　智能制造不断深化发展的过程

21 世纪将是智能化在制造业获得大发展和广泛应用的时代，将从以下 5 个方面引发制造业的变革。

1. 创建全系统、全过程应用的建模与仿真技术

建模与仿真已是制造业不可或缺的工具与手段，是企业迈向数字化、智能化的战略路径，已成为当代先进制造体系的具体体现，代表了数字化制造的未来。基于模型的工程、基于模型的制造和基于模型的维护是数字化企业系统模型中的三个主要组成部分，涵盖从产品设计、制造到服务完整的产品全生命周期业务，从虚拟的工程设计到现实的制造工厂，直至产品的上市流通，建模与仿真技术始终服务于产品生命周期的每个阶段，为制造系统的智能化及高效研制与运行提供了使能技术。

2. 工业机器人和柔性生产线将得到全面推广

当今技术工人短缺，用工成本上涨，而使用机器人和柔性生产线可以较好地解决这一问题。以工业机器人为代表的自动化制造装备在生产过程中应用日趋广泛，利用机器人的高精度操作，提高产品品质和作业安全，可以让企业在市场竞争中立于不败之地。目前，在汽车、电子设备、奶制品和饮料等行业已大量使用基于工业机器人的自动化生产线。

3. 物联网和服务互联网在制造业中将发挥重要作用

基于物联网和服务互联网构成的制造服务互联网实现了制造全过程中制造工厂内外人、机、物的共享、集成、协同与优化。通过虚拟网络——信息物理系统，整合智能机器、储存系统和生产设施；通过物联网、服务计算和云计算等信息技术与制造技术的融合，构成制造服务互联网，实现软硬制造资源和能力的全系统、全生命周期、全方位的感知、互联、决

策、控制、执行和服务化，使从入厂物流配送到生产、销售、出厂物流和服务，实现宽泛的人、机、物、信息的集成、共享、协同与优化的云计算制造，同时支持了制造企业从制造产品向“制造产品+制造服务”的综合模式发展。

4. 普遍关注供应链动态管理、整合与优化

供应链管理是一个复杂、动态、多变的过程，更多地应用物联网、互联网、人工智能和大数据等新一代信息技术，使用可视化的手段来显现数据，采用移动化的手段来访问数据，更加重视人机系统的协调性，实现人性化的管理。企业通过供应链的全过程管理、信息集中化管理及系统动态化管理实现整个供应链的可持续发展，进而缩短了满足用户的订单时间，提高了价值链协同效率，提升了生产率，使全球范围的供应链管理更高效。

5. 3D 打印技术得到广泛应用

3D 打印技术是综合材料、制造和信息技术的多学科技术。它以数字模型文件为基础，运用粉末状可沉积、黏合材料，采用分层加工或叠加成型的方式逐层增加材料来生成各类三维实体。3D 打印技术最突出的优点是无须机械加工或模具，就能直接从计算机图形数据中生成任何形状的物体，极大地缩短了产品的研制周期，提高了生产率，降低了生产成本。3D 打印技术与云制造技术的融合将是实现个性化、社会化制造的有效制造模式与手段。

7.1.3 智能制造的发展目标

由于信息化与工业化、信息技术及制造技术的深度融合，智能制造将引发制造业的革命。智能制造发展的目标如下。

1. 产品创新——生产装备和产品的数字化和智能化

将数字技术和智能技术融入制造所必需的装备及产品中，使装备和产品的功能获得极大的提高，主要体现在以下 3 个方面，见表 7-1。

表 7-1 生产装备和产品的数字化和智能化

项目	具体体现
智能制造装备和系统的创新	①使数字化制造装备（如数控机床、工业机器人）得到快速发展，大幅度提升了生产系统的功能、性能与自动化程度 ②这些技术的集成进一步形成柔性制造单元、数字化车间乃至数字工厂，使生产系统的柔性自动化程度不断提高，并向具有信息感知、优化决策和执行控制等功能特征的智能化生产系统方向发展
智能产品不断诞生	例如，数码相机 ①采用互补金属氧化物半导体（Complementary Metal Oxide Semiconductor，CMOS）代替原始胶片感光，实现了照片的数字化获取 ②采用人工智能技术实现人脸的识别，自动选择感光与调焦参数，可使普通摄影者获得逼真而清晰的照片
改变为用户服务的方式	例如，在传统的飞机发动机、高速压缩机等旋转机械中植入小型传感器 ①实现对设备进行破坏性损伤的预警、寿命的预测及最佳工作状态的监控 ②设备智能化改变了产业的形态，使制造商不仅为用户提供智能化的设备，还可以为用户提供全生命周期的服务 ③服务收入常常超过卖设备的收入，从而推动制造商向服务商转型

2. 制造过程创新——制造过程的智能化

制造过程的智能化主要体现在以下 2 个方面，见表 7-2。

表 7-2　制造过程的智能化

项目	具体体现
设计过程创新	在虚拟现实、计算机网络和数据库等技术的支持下，采用面向产品全生命周期、具有丰富设计知识库和模拟仿真技术支持的数字化、智能化设计系统，可在虚拟的数字环境中并行、协同实现产品的全数字化设计，结构、性能和功能的模拟仿真与优化，极大地提高产品设计质量和一次研发成功率
制造工艺创新	数字化和智能化技术 ①将催生加工原理的重大创新 ②工艺数据的积累、加工过程的仿真与优化、数字化控制、状态信息实时检测及自适应控制等技术的全面应用，将使制造工艺得到优化，极大地提高制造的精度和效率，大幅度提升制造工艺水平

3. 管理创新——管理信息化

管理的信息化将使企业组织结构、运行方式发生明显变化，主要体现在以下 3 个方面，见表 7-3。

表 7-3　管理信息化

项目	具体体现
扁平化	由人、计算机和网络组成的信息系统使传统的金字塔式多层组织结构变成扁平化的组织结构，大大提高了管理效率
开放性	制造商、生产型服务商及用户在一个平台上生成一个无边界、开放式协同创新平台，代替传统的内生、封闭及单打独斗式的创新
柔 性	企业按照用户的需求，通过互联网无缝集成社会资源，重组成一个无围墙的、高效运作的柔性企业，快速响应市场需求

4. 制造模式和产业形态发生颠覆性变化

以数字技术、智能技术为基础，在互联网、物联网、云计算和大数据的支持下，制造模式、商业模式及产业形态将发生重大变化，主要体现在以下 5 个方面，见表 7-4。

表 7-4　制造模式和产业形态发生变化

项目	具体体现
个性化的批量定制生产将成为一种趋势	通过互联网，制造企业与用户、市场的联系更为密切，用户可以通过创新设计平台将自己个性化的需求及时传送给制造商或直接参与产品的设计，而柔性的制造系统可以高效、经济地满足用户的诉求，新的个性化批量定制生产模式将成为一种趋势
进入全球化制造阶段	制造资源的配置已经突破了企业、社会和国家的界限，正在全球范围内寻求优化配置，物流、资金流、信息流在全球经济一体化及信息网络技术的支持下突破国界流动，世界已进入了全球制造时代
制造业的产业链优化重构使企业专注于核心竞争力的提高	无处不在的信息网络和便捷的物流系统，使研发、设计、生产、销售和服务活动被分解、外包、众包到全球，一个企业只需要专注于自己核心业务的提高。当今世界，一个企业竞争力的强弱已不在于拥有多少资源和多少核心技术，而在于整合社会化、国际化资源的能力
服务型制造将逐渐成为主流业态	当前，制造业发展的主动权已由生产者向消费者转移，经济活动已由以制造为中心日渐转变为以创新和服务为中心，产品经济正在向服务经济过渡，制造业也正在由生产型制造向服务型制造转变。在信息环境下的制造服务业以技术、知识和公共服务以及信息服务为主，融入了信息技术和智能技术的创新设计和服务是服务型制造的核心
电子商务的应用日益广泛	通过信息技术，特别是网络技术，把制造企业与相关的配套企业及用户的采购、生产、销售和财务等业务在电子商务平台上进行整合，不仅有助于增加商务活动的直接化和透明化，而且提高了效率、降低了交易成本。可以预期，电子商务将会无所不在，越来越多地代替传统的、店铺式的销售方式和商务方式

7.2 智能制造的推进实施

7.2.1 推进与实施智能制造的原则

全球制造业发展历史告诉我们，不同工业时代都有其需要解决的问题和自身发展的规律，若是想走捷径或是跨越过去，其结果可能会是事倍功半。在分析总结制造技术发展和我国制造业特点基础上，专家提出推进和实施智能制造的“三要、三不要”原则，即“一要标准规范先行，二要支撑基础强化，三要对 CPS 理解全面”和“不要在落后的工艺基础上搞自动化，不要在落后的管理基础上搞信息化，不要在不具备数字化、网络化基础时搞智能化”。这对顺利展开智能制造活动显然是大有裨益的。

1. 智能制造的“三要”原则

（1）标准规范要先行

先进标准是指导智能制造顶层设计、引领智能制造发展方向的重要技术保障，必须前瞻部署、着力先行。工业发达国家在制定未来制造发展战略的同时，相关的国际组织也制定颁布了多个关于智能制造方面的参考架构模型，为智能制造发展先行制定相应的标准规范，用以指导和规范智能制造的顶层设计、体系构建和具体实施。国际电工委员会 IEC/TC 65（工业过程测量、控制和自动化技术委员会）于 2016 年 10 月公布了技术规范文件 IEC/PAS63088《智能制造——工业 4.0 参考架构模型（RAMI4.0）》，在工业 4.0 中的资产、组件、组件的管理壳等方面，给出了统一的系统架构国际标准，是第一个针对智能制造的国际标准前导性文件，对各国智能制造发展起到了重要指导作用。美国、日本、法国等依此制定了相应的智能制造框架和模型。

我国有关研究所和标准制定委员会在上级部门的指导下，于 2015 年 12 月制定了《国家智能制造标准体系建设指南（2015 年版）》，经过修订后又颁布了《国家智能制造标准体系建设指南（2018 年版）》，提出了智能制造标准化参考模型和智能制造标准化体系框架。智能制造标准化体系框架规划了智能制造技术标准布局和工作，有关部门和标准化机构按照此框架已制定和颁布了一批智能制造标准规范，我国制造业将以先进标准引领、倒逼“中国制造”智能转型和向中高端升级。

（2）支撑基础要强化

智能制造的关键技术、核心软件和安全保障是支撑基础，推进和实施智能制造必须加强基础性支撑技术和关键技术的研究开发，加强智能制造基础能力建设，为智能制造发展提供坚实的支撑基础。从标准体系和前沿热点技术视角出发，开展各类相关技术的研发。

（3）CPS 理解要全面

CPS 是工业 4.0 和智能制造的核心，在推进和实施智能制造的过程中，必须全面理解 CPS 的意义和实质。

1）CPS 实质上表示的是一种实现控制的机制（或机构），它具有系统感知、运算、通信、决策、控制等机制和能力，可实现对系统中物质、能量和信息的控制。CPS 是一个包含了计算、网络和物理实体的复杂系统，在计算、通信和控制技术的有机融合与深度协作基础上，通过人机交互接口实现虚拟对象和物理进程的交互，实现在赛博空间中以远程、可靠、实时、安全、协作和智能化的方式操控一个物理实体。

2）从智能制造的角度，CPS 涵盖了小到智能产品、智能制造装备，大到智能制造单元、智能生产线、智能工厂和智能服务的各个方面，涉及制造系统和制造活动的纵向集成、横向集成和全生命周期的端到端工程。通过数字化技术将实体设备、单元、生产线甚至整个工厂的各个层次进行建模和映射——数字孪生，实现数字化的双胞胎。不仅实现“人-机-物”的连接，而且使各种设备具有计算、通信、控制、协同和自治功能，从而构建出真正的智能制造的 CPS——CPPS，帮助企业实现设备状态监测、预测性维护、生产过程优化等多种功能，为企业提供更精准的决策支持。

3）CPS 是将虚拟空间中的数字化建模、仿真、优化等计算功能及活动，与物理空间中实体对象的各种设备、单元、生产线、工艺过程等的控制的深度融合，经由网络化的通信来实现。

4）在智能制造实践中建立和应用 CPS，是一个从低到高、从小到大、从简单到复杂、从局部到全局的循序渐进的发展过程，需要根据行业特点、技术能力、装备水平、工艺水平、投入产出等条件，明确目标、统筹规划、分步实施、量力而行，不能期望一蹴而就。

2. 智能制造的“三不要”原则

（1）不要在落后的工艺基础上搞自动化

有专家指出：“在落后的工艺基础上搞自动化是没有出路的”。这一观点明确告诉我们：工艺是制造的基础，在落后的工艺基础上实施自动化，只会事倍功半。研究工艺新方法，改进工艺技术，优化工艺过程，是在工业 2.0 阶段真正提升“自动化”水平的前提。应该准确把握现代制造工艺及装备的发展趋势，掌握先进适用的加工工艺技术，解决好在自动化过程中的工艺优化和工艺创新。只有这样，才能推动制造过程自动化、信息化和智能化地发展。

现代制造工艺及装备的发展趋势是高速化和复合化、精密化和微细化、自动化和数字化及智能化、绿色化和安全化。先进加工工艺涉及的专业范围宽、关键技术多、应用面广并且处于不断发展中，高性能数控加工、超精密加工、机器人化加工、多点阵列无模成形、高能束流加工、增材制造、增减材复合制造和材料结构一体化制造等就是几项代表性先进工艺技术。

（2）不要在落后的管理基础上搞信息化

制造业信息化是将信息技术、自动化技术、现代管理技术与制造技术相结合，实现产品设计制造和企业管理的信息化、生产过程的自动化、制造装备的数控化以及制造服务的网络化，有效改善制造企业的经营、管理、产品开发和生产等各个环节，提高产品质量和生产率，降低成本，追求更好的 T（Time）、Q（Quality）、C（Cost）、S（Service）、E（Environment）目标模型，从而增强企业的创新能力，全面提升制造业竞争力。但数字化、信息化已不是单纯的技术问题，而是一场与管理、机制和观念密不可分的变革，必须在先进制造和现代管理的理念及基础上实现信息化，这涉及先进制造的模式和现代企业管理理念及技术。先进制造模式及技术包括成组技术（Group Technology，GT）、并行工程（Concurrent Engineering，CE）、精益生产（Lean Production，LP）、敏捷制造（Agile Manufacturing，AM）、虚拟制造（Virtual Manufacturing，VM）、绿色制造（Green Manufacturing，GM）、大规模定制（Mass Customization，MC）；制造企业现代管理理念及模式包括企业资源计划（Enterprise

Resource Planning，ERP）、供应链管理（Supply Chain Management，SCM）、产品生命周期管理（Product Lifecycle Management，PLM）、客户关系管理（Customer Relationship Management，CRM）。

（3）不要在不具备数字化、网络化基础时搞智能化

实现数字化转型是迈向智能制造的前提，工业4.0、智能制造不可能一蹴而就，而是必须要经过数字化、网络化阶段。进行信息化与工业化的深度融合，要先解决好制造技术、制造过程、制造系统和生产管理中的数字化、网络化等问题，才能奠定迈向智能化的基础。

数字化是将各种复杂变化的信息转变为可以度量的数据、数字，基于这些数据、数字建立起数字化模型，并引入数字计算机进行处理的过程。数字化技术的发展，使得声音、文字、图像、信号等各种信息都可以数据的形式进行编码、解码，从而可以实现信息采集、转换、计算、存储和传输等过程的标准化和高速化。信息技术的基础是计算机和网络技术，数字化则是计算机和网络技术的基础。数字化技术与制造技术、管理技术相融合，并应用于产品全生命周期的设计、制造及管理活动，使制造企业、制造系统与生产过程、生产系统不断实现数字化，即产生了数字化制造。

网络化是指利用通信技术和计算机技术，把分布在不同地点的计算机及其他电子终端设备互联，按照一定的网络协议相互通信，以使用户可以共享软件、硬件和数据资源。先进的网络技术与制造技术相结合，即形成了网络化制造。网络化制造是按照敏捷制造的思想，采用Internet技术，建立灵活有效、互惠互利的动态企业联盟，有效地实现研究设计、生产和销售各种资源的重组，从而提高企业的市场快速响应和竞争能力的制造模式。

智能制造的大厦必须要以坚实的数字化技术和网络化技术作为基础，数字化制造技术包括数字化设计/工艺、数字化制造装备。

7.2.2 推进与实施智能制造

1. 智能制造的主攻方向——五大集成实现价值

2015年5月，国务院印发《中国制造2025》，明确了建设制造强国的战略任务和重点，是我国实施制造强国战略的第一个十年行动纲领。智能制造是《中国制造2025》的主攻方向，是落实制造强国战略的重要举措，是我国制造业紧跟世界发展趋势、实现转型升级的关键所在。

实现智能制造，需要智能制造的四大元素（智能产品、人、物料、工厂）有效地组合，也需要把客户集成、智力集成、纵向集成、横向集成、价值链集成五方面集成起来，通过这五方面的集成，把制造的价值凝聚在一起，从而产生更大的价值。

（1）客户集成

客户是智能制造的中心，通过一定的智能技术把客户的需求有机集成起来，一定会使制造的价值倍增。

客户的集成有两种情形：

1）大量的差异化需求。虽然每个需求都不相同，但是需求总量很大。此即“范围经济”，通过多样化创造价值。

2）个性化需求中的共性集中。此即“范围经济”中的“规模经济”，价值更大。

在智能制造体系中，客户就是一个智能元素，他们拥有智能手机、平板电脑，通过移动网络可以有效地把客户集成到智能制造环境中来。

智能制造体系集成客户的过程是：通过通信工具（例如二维码）把客户吸引到相应的网站，下载App，客户注册、登录App后就进入了一个互动的社区。在这个社区中，客户可以预定产品、提出建议、根据所见产品变更需求，或者与其他客户进行交流和分享感受。客户可以邀请亲朋好友加入到这个社区，从而让客户的群体产生倍增。对于喜欢不同产品的客户还可以建立更加有针对性的细分社区空间，把客户融入产品创造过程中。这样一个过程就是对客户的集成，将零散需求变成一个有机整体，驱动制造创新。因此，客户应该是智能制造的开端。

（2）智力集成

可以说，世界就是企业的研发部，世界也是企业的人力资源部。互联网、移动互联网的发展，使企业可以集成全世界的智力，形成企业的最强大脑。

1）可以集成全世界的大数据资源，分析研究各种趋势。

2）可以集成全世界的最权威的专家，引领趋势。

3）可以集成全世界最优秀的制作人员，精工细作。

（3）纵向集成

在智能工厂内部，通过纵向集成，把传感器、各层次智能机器、工业机器人、智能车间与产品有机地整合在一起。同时，确保这些信息能够传输到ERP系统中，对横向集成以及端到端的价值链集成提供支持。这种纵向集成构成了工厂内部的网络化制造体系。这个网络化制造体系由很多的模块组成，这些模块包括模型、数据、通信、算法等所有必要的需求。模块化的网络制造体系可以根据需要对模块的拓扑结构进行重组，从而可以很好地满足个性化产品生产的需求。网络化制造体系能够根据不同产品发出的指令来组织完成生产。

纵向集成具有如下特点：

1）确保不同层次的设备和传感器的信号传输到ERP层面，提供对横向集成以及端到端集成的数据支持。

2）为了满足智能制造的可变性，进行模块化和可重用性的开发是很重要的。

3）对智能系统进行功能性描述时，纵向系统其实也就是智能工厂系统。

按照国际模型，一个工厂的纵向系统由过程控制系统、制造执行系统、资源计划系统三层结构组成。智能工厂就是这三层的上下贯通，每一层模块化，共同组成一个智能平台，并建构生产数据中心。这样就可以实现智能产品和智能设备之间的数据流动，从而实现数据自动采集、数据自动传输、数据自动决策、自动操作运行、自主故障处理等。

（4）横向集成

横向集成是指将各种不同的制造阶段的智能系统集成在一起，既包括一个公司内部的材料、能源和信息（如原材料、生产过程、产品外出物料、市场营销等）的配置，也包括不同公司之间的价值网络的配置。横向集成与纵向集成、价值链集成整合起来构成了智能制造网络。

横向集成通过互联网、物联网、云计算、大数据、移动通信等全新技术手段，对分布式的智能生产资源进行高度的整合，从而构建起在网络基础上的智能工厂间的集成。

横向集成也是实现价值链集成的基础，没有横向集成，也就没有价值链集成。

（5）价值链集成

一个产品的生产过程可能包括产品需求确定、产品设计、产品规划、产品工程、生产、销售服务等多个价值链环节，每个环节可能由不同的企业完成。所谓的价值链集成就是要把这种在一个企业之中或者多个企业之间的产品从需求分析开始直到销售服务全价值链集成起来，确保个性化的产品能够实现并获得一定的经济效益。

传统产品生产中，端到端的价值链集成一般通过 CAX、PLM、MES、ERP 等系统的数据接口来实现。智能制造体系中，将通过 CPS 底层的无缝集成来实现，同时 CPS 与 PLM、MES、ERP 之间通过纵向集成实现数据交互。

价值链集成的意义在于，它可以确保即使是唯一生产的个性化产品，也能够在整个价值链上被准确地、高效地生产出来。同时，价值链集成把横向集成和纵向集成连接在一起，实现了端到端的价值最大化，从而最大化地满足了客户的需求。

可以说，价值链集成是实现客户价值的途径，横向集成和纵向集成则是保障了实现这种价值的最大化，他们共同组成了智能制造体系。

通过这五大集成，把分布在各个环节上的智能元素联系起来，形成了能够创造价值的网络体系。这些价值网络通过节点和连接不断产生增值。

2. 企业实施智能制造的具体步骤的建议

对于不同的行业、不同的领域或是不同的企业，具体实施智能制造会有各自不同的技术路线和解决方案。一般来说，推进智能制造实施的技术路线大体可以分为：需求分析、网络基础设施建设、互联可视的数字化、现场数据驱动的动态优化、虚实融合的智能生产 5 个具体步骤，如图 7-2 所示。

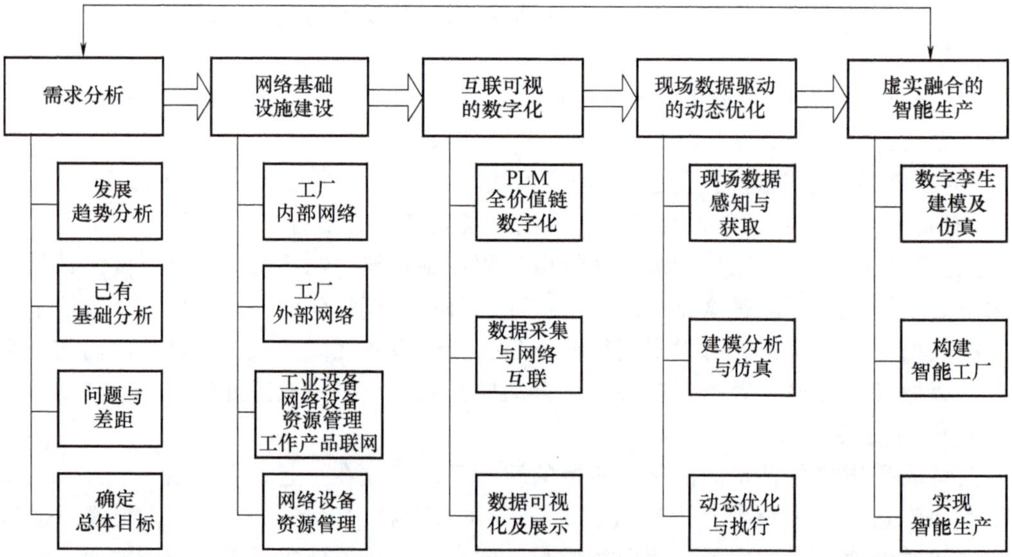

图 7-2　实施智能制造的五个步骤

（1）需求分析

需求分析是指在系统设计前和设计开发过程中对客户实际需求所做的调查与分析，是系统设计、系统完善和系统维护的依据。需求分析主要涉及发展趋势、已有基础、问题与差距、目标定位等内容。

（2）网络基础设施建设

为了实现企业各种设备和系统之间的互联互通，必须加强网络化建设，主要包括工厂内部网络、工厂外部网络、工业设备/产品联网、网络设备、网络资源管理等，既涉及现场级、车间级、企业级设备和系统之间的内部纵向集成网络化制造，还涉及企业信息系统、产品、用户与云平台之间的横向集成互联场景。因此，网络互联为实现企业内部纵向集成和企业外部横向集成提供网络互联基础设施和技术保障。在网络互联基础建设中，还必须考虑网络安全和信息安全问题。

（3）互联可视的数字化

互联可视的数字化主要内容包括产品全生命周期价值链的数字化、数据采集与网络互联、数据可视化及展示。

以产品生命周期管理为基础，把产品全价值链的数字化、制造过程数据获取、产品及生产过程数据可视化作为智能化的第一步，实现对数字化和数据可视化呈现，此为初级的智能化。

（4）现场数据驱动的动态优化

现场数据驱动的动态优化主要内容包括现场数据感知与获取、建模分析与仿真、动态优化与执行等。

现场数据驱动的动态优化，本质上就是以工厂内部“物理层设备-车间制造执行系统-企业资源管理信息系统”纵向集成为基础，通过对物理设备、控制器、传感器的现场数据采集和分析处理，获得对生产过程、生产环境的状态感知，进行数据建模分析和仿真，对生产运行过程进行动态优化，做出最佳决策，并通过相应的工业软件和控制系统精准执行，完成对生产过程的闭环控制。

（5）虚实融合的智能生产

虚实融合的智能生产是智能制造的高级阶段，主要内容包括数字孪生建模及仿真、构建智能工厂、实现智能生产。这一阶段将在实现产品全生命周期价值链端到端的数字化集成、企业内部纵向管控集成和网络化制造、企业外部网络化协同这三大集成的基础上，进一步建立与产品、制造装备及工艺过程、生产线/车间/工厂和企业等不同层级的物理对象映射融合的数字孪生，并构建以 CPS 为核心的智能工厂，全面实现动态感知、实时分析、自主决策和精准执行等功能，进行信息物理融合的智能生产，实现高效、优质、低耗、绿色的制造和服务。

7.3　智能制造的未来展望

7.3.1　未来制造的新特征

1980 年出版的由美国未来学家托夫勒编写的《第三次浪潮》中指出，人类社会继农业社会、工业社会两次浪潮后出现“第三次浪潮”（即信息社会），预测未来工业的生产方式具有如下的主要特征：

1）小规模、定制化。

2）在大城市以外地方的工业生产与日俱增。

3）利用更少的能源，消耗更少的原料，使用更少的零部件，以及要求更多的智能设计。

4）工厂的许多机器由消费者自己远距离地遥控而不是由工人直接操作。

德国“工业 4.0”描绘未来工厂的生产场景与托夫勒的预测不谋而合——规模化定制、移动互联/工业物联网、云制造、信息物理融合生产等；《中国制造 2025》中提出的信息化与工业化深度融合下的数字化制造、网络化制造、智能化制造的发展主线，也与其有异曲同工之妙。2018 年，欧盟发布的《制造未来-愿景 2030》中，将未来欧洲制造的愿景定位在具有竞争力的（Competitive）、可持续的（Sustainable）和韧性的（Resilient）制造，也让人们看到了未来制造的新形态和关键特征。

7.3.2 未来制造的新形态

如前所述，工业 4.0、智能制造的内涵和特征非常丰富且仍在研究发展过程之中，但考察工业社会新技术革命历程和未来人类社会的发展需求，结合日新月异的新一代信息技术和人工智能技术发展状况，对未来制造形态和特征方面可能出现的新趋势做如下展望。

1. 混合制造

混合制造（Hybrid Manufacturing）是近 10 年里迅速发展起来的在单台机床上将增材制造与传统加工方法相结合的一种新制造模式。其中，增材制造也称为 3D 打印，用来在一个零件上快速成型所需零件或结构的基体，同时采用数控铣削等传统的减材制造进行切削、磨削、抛光等加工，最终获得满足设计要求的零件。图 7-3 所示为金属直接激光沉积增材制造与 5 轴联动数控铣削结合的混合制造，左侧为对金属粉进行激光沉积的增材制造，右侧为钻孔（右上）和铣削法兰侧面（右下）。

图 7-3 “金属直接激光沉积增材制造+5 轴联动数控铣削”混合制造

未来混合制造将可能进一步发展为“增材（Additive）+等材（Formative）+减材（Subtractive）”多工艺混合制造、“数控机床（CNC）+机器人（Robot）”多机一体化混合制造、“金属材料（Metal）+复合材料（Composite Material）”多材料混合制造、“光（Optical）+机（Mechanical）+电（Electrical/Electronic）”多能源复合制造等更多形式的混合制造模式。

2. 韧性制造

“韧性”原本是指“在遇到意外需求时反弹应变的能力”，即人或社会系统对变化和不确定性的外部环境所具有的应变弹性、柔性、适应性和可恢复力，或者说是具有从困难或困境中快速得到恢复的能力。韧性制造（Resilience Manufacturing）的概念是从人文科学的这一概念借用而来的。21 世纪以来，全球互联和一体化表明相互依赖性增加，同时也意味着脆弱性在变大。持续的气候变化、不断恶化的环境条件、城市化、地缘政治动荡、突发大规模传染性疾病、自动化程度增加、新兴市场和社会变化等，都要求未来制造业具备更强的能力应对不稳定的环境。因此，未来制造业体系必须是一种韧性制造系统，即具有韧性、适应性和可恢复力，以应对快速变化和难以预测的环境，克服混乱，适应不断变化的市场需求。

韧性制造具有如下特征：

1）使用关键的性能指标 Q（Quality，质量）、C（Cost，成本）、D（Delivery，交货周期）、F（Flexibility，柔性）、S（Safety，安全）来衡量韧性。

2）以 6σ（六西格玛）作为关键的韧性驱动因素。

3）实施技术和供应链整合。

4）需要旨在实现制造供应链韧性的运作模式，模型需要包含战略和业务两方面的内容。

5）新产品开发时间和上市时间缩短了。

6）系统重构、供应链重组、有基于系统的韧性视图。

7）具有业务灵活性、制造策略和新产品开发的敏捷性。

8）能改善安全性、降低流程可变性、编纂和分享隐性生产知识、提高反应能力、提高劳动力和机器效率。

9）整合精益、敏捷性和可持续性，以实现制造业的韧性。

10）制备基于知识的视图，实行知识管理以提高公司核心竞争力，并及时梳理公司的变革过程。

3. 移动制造

移动制造（Mobile Manufacturing）的主要思想是开发和使用可移动的制造模块，这些模块可以迅速组合成一个完整的制造系统，并被重新配置为新产品和进行缩减以处理新的生产需要。在移动制造模式中，生产能力可以作为一种可移动和灵活的资源来提供，这种资源可以快速定制，以满足客户的需要。移动制造的一种应用场景是大型/超大型零部件的现场加工，利用可移动的加工装备在被加工对象所在场所进行配置、校准和定位，现场对大型和超大型零部件进行加工。图 7-4 所示为波音公司的移动式轨道机器人钻孔加工装置，可在飞机机身蒙皮曲面上沿轨道行走并完成钻孔加工。

图 7-4　移动式轨道机器人钻孔加工装置

4. 软件定义制造

近几年来出现了软件定义系统（Software Defined System，SDS）这一概念，如软件定义网络（Software Defined Networking，SDN）、软件定义天线（Software Defined Antenna，SDA）等。“软件定义 X”被引入到制造业后，则出现了软件定义机器、软件定义供应链、软件定义制造等应用于工业的相应概念。

软件定义制造（Software Defined Manufacturing，SDM）是指生产过程由与硬件解耦的软件定义和实现其可编程序、可重构和自适应功能的一种制造模式。SDM 的基本思想是将产品的全部生成过程与生产对象的物理特性相分离，仅在制造之前不久，将所需的生产对象用软件定义，以便能够制造特定的产品。SDM 描述了基于产品描述派生生产（制造）步骤的过程。此时产品描述独立于生产技术而决定产品的几何形状、材料、质量和功能，生产技术仅在制造描述中以制造、运输和装配步骤等形式进行定义。SDM 在产品制造以前并没有与生产对象的直接链接，只有在软件中才能以可执行生产步骤的方式来描述。描述物理系统行为的本地服务则被称为软件定义工厂（Software Defined Factory，SDF）。

5. 可持续制造

现在，制造系统的边界已从工厂大门扩展到外部更广阔的空间，能源和资源效率在生产设施中起着重要的作用，同时工厂的生态系统也已成为决定性的关键影响因素，人们越来越关注制造业在资源利用和减少消耗方面的运作效率和效益，以保护自然环境生态，实现可持续发展，可持续制造（Sustainable Manufacturing）和生态型工厂的概念应运而生。为了以正确的时间、正确的制造成本生产出质量和数量正确的商品和提供服务，需要从机器设备行为和能源相关的关键性能指标、基于技术的服务（Technical Based Service，TBS）、生产系统规划、生产管理、再制造和回收等方面入手，将传统的线性生产过程智能化地重组为循环和网络化的“生产-消费-再循环”系统，建设生态型工厂，实现生态、高效、可持续性的制造。

可持续制造的目标是建立绿色生态、可持续发展和有竞争力的制造系统（无论工厂的位置或规模如何），它带来了未来制造模式的诸多变化，见表 7-5。

表 7-5　未来制造模式的变化

范式	当前	未来	描述
整体思维	建筑效率、产品效率、过程效率等相分离	整体系统的效率	消费者关系、绿色产品 必须理解、分析和改善整体系统
智慧城市	生产与生活环境分离	城市的所有人都共享	人们居家工作和生产 社会利益相关者对工厂和生产的了解增加 整体城市的资源利用和能效
聚焦交叉学科	单一性视角	多面性视角	标准化 KPI（关键绩效指标） 专注于整体系统的标准化方法 集成工具以支持分析和决策
集成化视角	设计→生产→销售	协作过程、不断迭代	设计、生产与销售在连续循环中融为一体 基于群体资源协同产品开发 全生命周期观点应用于工厂
云制造	生产集中于一地	分布式制造	采用增材制造技术生产 柔性小规模生产 根据需求连续生产
建立共识	单一愿景	多个愿景融合	将不同股东的不同利益及目标融合在一起 受新的立法和规章约束
新基础设施需求	刚性基础设施	柔性基础设施	工厂设施的不同需求（如小型化、可移动临时结构等） 新物流概念

7.3.3　未来工厂的设想

智能制造对未来的制造企业将提出越来越高的要求，要求在贯彻“优质、高效、低耗、绿色、安全”这个主题时，具有更大的灵活性、更短的上市时间、更合理的成本、更高的效率以及质量。可以预测未来制造工厂将会是互联型、自治型、生态型和信息物理融合的工厂。

1. 互联型工厂（Internet Factory）

未来企业通过互联网打通企业运营的“信息孤岛”，构建网络互联的工厂，应用IoT技术实现产品、物料等统一标识，实现生产和物流过程的数据采集，通过网络进行连接，构建SCADA、MES和ERP，并实现协同和集成。

2. 自治型工厂（Autonomous Factory）

未来的制造业将充分利用智能传感器、控制器、大数据、物联网、云计算、人工智能等新一代的信息技术，进一步通过互联建立起基于CPS的工厂。在未来的工厂里，机器将能够智能地制造产品，工厂将具有自预测（Self-Predict）、自感知（Self-Aware）、自比较（Self-Compare）、自决策（Self-Decision making）、自配置（Self-Configure）、自组织（Self-Organize）、自执行（Self-Executive）、自维护（Self-Maintain）等高度自治的特点，具体体现如下的功能特征：

1）具备允许实时适应需求变化的柔性。

2）实施现场跟踪，不仅安排适时生产产品，而且提供生产该产品的工艺方法。

3）对整个制造过程进行安全检查，可以在发生故障时进行快速和准确的召回。

4）机器能够与专家联系，可以远程预测和排除故障，并可通过互联网更新、提高性能。

5）根据客户的需求指导生产，并且能够生产个性化产品，实现脚本化生产周期。

6）生产根据能源成本及其全天供应情况进行优化，提高工厂的能源效率。

7）除了改善工作人员的安全保障外，工厂还赋予人们更大的价值。

3. 生态型工厂（Eco-Factory）

今后的工厂应是一种生态型工厂。所谓生态型工厂，即工厂与城市融为一体，人与环境和谐相处，“生产-消费-再循环”，实现可持续发展。

1）工厂布局高度灵活，既能适应物流、生产系统的重构和扩展，又能适合消费者、生产者、管理者之间的交流。

2）机器人在工厂里不仅仅能辅助人类操作员执行困难或危险的任务，还具有更好的移动性和更强的智能化，越来越多地承担“制造者”的角色。

3）随着大众化定制时代的到来，为了经济地制造具有最佳性能的定制部件，供应商网络和通常隔绝的专业技术部门必须维持紧密的交流。

4）体现自给自足的机制，致力于资源和能源的可持续管理，利用风能、太阳能、地热能和生物能进行生产，并进一步通过闭合水循环和原材料循环利用进行补充，形成一个“生产-消费-再循环”的可持续生态系统。

4. 互联和透明的信息物理融合工厂（CPS-Factory）（也称赛博物理融合工厂）

产品、生产和性能这三大制造指标实现数字孪生，将重新定义产品全生命周期中端到端的过程，帮助制造企业实现产品生命周期闭环，加快产品上市的速度，降低生产设计和维护的成本，同时还可实现相应生产过程中的灵活配置、柔性制造，确保生产质量可被持续跟踪和改进，最终保证整个企业的生产率不断地提高。

制造大数据分析将为传统制造企业带来数据的透明化和可视化，西门子驱动系统的数字化平台 SIDRIVE IQ App 使工程师和管理人员实时监控生产线及设备的运行状态、有效使用和分析数据变得轻而易举。它通过 MindSphere 评估驱动数据，能够为工厂和设备用户提供针对已安装驱动系统的数据透明度，简化管理并优化维修服务，并且保证数据传输是安全和有效的。

云服务和工业互联网平台使得数字化服务新业务模式应运而生，它们将机器设备甚至整个工厂连接到数字化世界，通过开放的编程接口，用户可共同参与开发，让用户决定设备或者边缘设备运行的内容以及云端的内容，用户可以根据自己的行业专长来决定将数据上传到云端或边缘设备中，最终实现产业的“集成-连接-协作”，共同营造一个全新的生态环境。以云服务和工业互联网平台为基础，将建立一种全新的“增材制造+减材制造”在线协作平台和开放的生态系统，即混合制造网络系统，为未来制造提供“软件+硬件+网络”的新的数字化解决方案。

7.3.4 展望

1. 未来智能制造的发展前景

近 30 多年来，人们孜孜不倦地在进行智能制造的理论研究，并持续不断地深化和拓展智能制造关键技术研发和应用实践。新一轮科技革命为智能制造技术的发展进步提供了新的驱动力，也为智能制造的应用实践展示了广阔的前景，未来的智能制造将呈现崭新的面貌。

1）制造企业除了拥有实体的硬件软件系统和制造工艺装备以外，还将拥有大数据、模型、信息和知识。数据和知识将成为企业新的核心资产，并成为企业的基础能力和竞争力，数据和知识将在企业价值创造中发挥巨大作用。

2）制造技术和制造系统将呈现更加复杂的数字化、网络化和智能化特征。先进制造技术与新一代信息技术、新一代人工智能等新技术深度融合将充分体现这些特征。

3）在纵向集成和网络化制造系统、价值网络的横向集成、贯穿全价值链的端到端集成这三大集成和数字孪生基础上，虚实融合的信息物理生产系统（CPPS）将成为现实。

4）制造新形态和工厂新模式将不断涌现。混合制造、韧性制造、移动制造、可持续制造、软件定义制造等新理念和新模式将使未来的工厂面目一新，互联型工厂、自治型工厂、生态型工厂等将呈现于世。

5）数字化、网络化和智能化将为未来制造企业的转型、互联和升级提供一条必由的发展途径，生产组织和制造模型将呈现全球化、协同化和服务化特征。

2. 智能制造是人类生态文明建设的推动力

习近平总书记指出：生态文明是人类社会进步的重大成果。21 世纪，由工业文明向生态文明转型，这将是人类新的文明变革。

生态文明是指人类遵循人、自然、社会和谐发展这一客观规律而取得的物质与精神成果的总和，是以人与自然、人与人、人与社会和谐共生、良性循环、全面发展、持续繁荣为基本宗旨的文化伦理形态。它是基于人类对于长期以来主导人类社会物质文明的农业文明和工业文明的反思基础上形成的。

随着全球经济的快速发展，各国制造业在生产制造环节中所产生的污染废弃物，致使生态环境遭到严重破坏，进而影响了人类的正常生活。因此，提倡以“环境保护”为前提的绿色发展，智能制造应运而生，这对我国的生态文明建设具有划时代的发展意义。

首先，生态文明与智能制造之间存在着密切的关联。智能制造的发展需要充分考虑资源利用效率和环境保护，以实现可持续发展。在智能制造过程中，通过智能化的生产设备和系统，可以有效减少能源消耗和环境污染，实现资源的高效利用和循环利用。因此，智能制造可以为生态文明的建设提供技术支持和保障。

其次，生态文明与智能制造之间相互影响。生态文明的理念可以促进智能制造的发展，推动企业转变发展方式，实现绿色生产。通过推广清洁生产技术和绿色制造理念，可以减少对环境的负面影响，提高资源利用效率，实现循环经济。同时，智能制造的发展也可以为生态文明的实现提供支撑，通过智能化的生产方式和管理模式，可以降低对自然资源的需求，减少环境污染，实现生产与环境的协调发展。如果说互联网改变了人们的消费模式，那么智能制造将彻底改变生产模式，重构整个价值链的实现方式。智能制造以人工智能、物联网和大数据为核心技术，通过智能化的生产流程和高效的资源利用，为生态文明建设提供了新的推动力。

（1）优化资源利用

传统制造业中，往往需要大量的人力投入，而智能制造则可以通过机器人和自动化设备来完成一些繁重、危险或重复性的工作，可以实现生产过程的自动化和智能化，减少人力资源的浪费，从而减少人力资源的消耗。智能制造在生产过程中通过优化生产流程和提高资源利用效率，实现资源的最大化利用。

传统制造业中，往往存在着设备利用率低、生产率低下的问题，而智能制造通过物联网和大数据技术，实现了设备之间的互联互通和信息共享，通过实时监测和数据分析，可以及时发现设备故障和生产瓶颈，从而提高设备的利用率和生产率。

传统制造业中，往往存在着资源浪费和环境污染的问题，而智能制造可以通过废弃物的分类、回收和再利用，实现资源的循环利用和再生利用，可以最大程度地减少资源的浪费和环境的污染。

（2）实现环境保护

传统制造业中，往往存在着废气、废水和固体废物的排放问题，而智能制造可以通过优化生产流程和改进工艺，减少污染物的排放。通过实时监测和数据分析，及时发现和纠正生产过程中的污染源，从而减少污染物的排放；通过减少污染物的排放和提高能源利用效率，实现对环境的保护；通过环境监测和数据分析，实现对环境质量的监测和评估。

传统制造业中，往往存在着能源浪费和能源利用效率低下的问题，而智能制造可以通过提高能源利用效率，减少能源的消耗。通过智能感知和控制技术，优化设备的运行和管理，实现设备的智能调度和能源的动态分配，实现能源的高效利用，从而减少能源的浪费和消耗。

（3）影响可持续发展

从行业专家和新闻报道收集的事例可知，智能制造对可持续发展的影响是相当大的。

1）根据爱立信的数据，到 2022 年底，全球有大约 290 亿台智能设备。虽然这些设备中的大多数都是为了让家庭更舒适并节省水电费和其他成本而出售的，但有些设备也能减少能源使用和污染。

2）制造业是世界上最大的产业之一，自工业化以来就以尖端技术为标志，智能设备和技术帮助制造业和其他行业消除人类习惯造成的浪费，经过智能微调可以更有效地控制机器，更快地发现危险、减少危险的发生。

3）采用智能检漏仪，自动提醒用户发现如马桶不停地运转或厨房水槽下滴水缓慢等泄漏问题，用户可以有条不紊地调整管道，帮助减少水浪费和泄漏带来的损失。

4）使用智能灯节省能源和金钱，采用智能恒温器减少家庭供暖和制冷的能源消耗。

5）采用智能传感器监控农场，适时打开和关闭肥料流，更有针对性地使用水和杀虫剂等化学品，限制农场的化学浸出和温室气体排放，更快地捕获危险气体泄漏。

由此可见，生态文明是在对以人类为中心观点解构基础上的新型的、适合人与自然和谐共处的文明形态，是对传统工业文明的超越。智能制造是破解环境及资源约束，实现节能减排、高效发展，以及生态文明的必由之路。

3. 我国智能制造的发展前景

（1）智能制造将是我国新质生产力的核心要素之一

新质生产力是 2023 年 9 月习近平总书记在黑龙江考察调研期间首次提到的新的词汇。

众所周知，生产力是指人们在劳动生产中利用自然、改造自然以使其满足人的需要的客观物质力量。生产力是由客观物质要素构成的复杂系统，其结构的基本要素包括劳动者、劳动资料、劳动对象。新质生产力则是由科学技术革命性突破、生产要素创新性配置、产业深度转型升级而催生的当代先进生产力，它以劳动者、劳动资料、劳动对象及其优化组合的跃迁为基本内涵，以全要素生产率提升为核心标志。新质生产力有别于传统生产力，涉及领域新、技术含量高，依靠创新驱动是其中关键。新质生产力代表一种生产力的跃迁，它是科技创新在其中发挥主导作用的生产力。新质生产力主要涵盖了新能源、新材料、先进制造、电子信息、大科技行业、大制造行业、大健康行业以及数字经济新基建等多个领域。新质生产力的提出，不仅意味着以科技创新推动产业创新，更体现了以产业升级构筑新竞争优势、赢得发展的主动权。回顾前面所论述的智能制造的创新形成过程、概念、特征、应用及优势可知，智能制造正是新质生产力的核心要素之一。

1）加快培育新质生产力的措施。有关负责人指出，加快培育新质生产力要把握好 3 点：

① 打造新型劳动者队伍，包括能够创造新质生产力的战略人才和能够熟练掌握新质生产资料的应用型人才。

② 用好新型生产工具，特别是掌握关键核心技术，赋能发展新兴产业，改造提升传统产业。

③ 塑造适应新质生产力的生产关系。通过改革开放着力打通束缚新质生产力发展的堵点卡点，让各类先进优质生产要素向发展新质生产力顺畅流动和高效配置。

2）加快培育新质生产力的政策举措。为了加快培育新质生产力，具体而言，有 6 个方面的政策举措：

① 畅通教育、科技、人才的良性循环，弘扬科学家精神和企业家精神，营造鼓励大胆创新的良好氛围。

② 加快完善新型举国体制，发挥好政府的战略导向作用，让企业真正成为创新主体，让人才、资金等各类创新要素向企业聚集。

③ 支持战略性新兴产业和未来产业发展，激励企业加快数智化转型，实现实体经济与数字经济的深度融合。

④ 加快建设全国统一大市场，持续优化民营企业发展环境，真正发挥超大规模市场的应用场景丰富和创新收益放大的独特优势。

⑤ 健全要素参与收入分配机制，激发劳动、知识、技术、管理、数据和资本等生产要素活力，更好体现知识、技术、人力资本导向。

⑥ 扩大高水平对外开放，不断改善营商环境，加强知识产权保护，形成具有全球竞争力的开放创新生态，与全球企业和人才共享中国的发展红利。

3）以科技创新引领现代化产业体系建设的重点工作。以科技创新引领现代化产业体系建设，重点要做好3个方面的工作：

① 健全新型举国体制，抓好关键核心技术攻关。既要发挥好政府的战略导向作用，也要发挥好企业的创新主体作用。

② 大力推进新型工业化，增强产业核心竞争力。要积极主动适应和引领新一轮科技革命和产业变革，大力发展数字经济，加快发展人工智能，打造生物制造、商业航天、低空经济等若干战略性新兴产业，开辟量子、脑科学等未来产业新赛道，鼓励绿色低碳产业发展；要运用数智技术、绿色技术等先进适用技术为传统产业注入新动能，加快实现转型升级。

③ 凝练产业需求，优化创新体系布局。要根据产业的当下急需和长远发展需要，再凝练部署一批关系全局、影响长远的国家重大科技项目，进一步发挥好国家实验室体系等国家战略科技力量的作用。

新质生产力，起点是“新”，关键在“质”，落脚于“生产力”。从以上各项可以看出，党和政府对数智化技术、智能制造都极其关注，将其作为摆脱传统经济增长方式，具有高科技、高效能、高质量特征，发展新质生产力的战略科技力量、核心要素。

（2）智能制造行业发展政策

智能装备制造业作为全面推进实施《中国制造2025》的重点行业，是我国成为制造强国的强大装备支撑，是国民经济发展尤其是工业发展的基础。为全面推进实施《中国制造2025》设计的顶层规划和路线图，有序实现制造强国的战略目标，促进工业结构的整体转型升级，近年来，我国陆续出台了一些针对制造业和装备制造业的产业政策，见表7-6。

表7-6　我国智能制造最新政策汇总一览表

日期	政策名称	主要内容
2019.11	《关于推动先进制造业和现代服务业深度融合发展的实施意见》	到2025年，形成一批创新活跃、效益显著、质量卓越、带动效应突出的深度融合发展企业、平台和示范区，企业生产性服务投入逐步提高，产业生态不断完善，两业融合成为推动制造业高质量发展的重要支撑

（续）

日期	政策名称	主要内容
2018.8	《国家智能制造标准体系建设指南（2018年版）》	智能制造是落实我国制造强国战略的重要举措，加快推进智能制造，是加速我国工业化和信息化深度融合、推动制造业供给侧结构性改革的重要着力点，对重塑我国制造业竞争新优势具有重要意义
2018.4	《工业和信息化部办公厅关于开展2018年智能制造试点示范项目推荐的通知》	工业和信息化部开展2018年智能制造试点示范项目推荐工作，项目推荐条件包括项目技术应处于国内领先或国际先进水平，项目使用的关键技术装备、工业软件需安全可控
2018.1	《国家智能制造标准体系建设指南（2018年版）》（征求意见稿）	到2019年，累计制修订300项以上智能制造标准，全面覆盖基础共性标准和关键技术标准，逐步建立起较为完善的智能制造标准体系
2017.10	《高端智能再制造行动计划（2018—2020年）》	到2020年，突破一批制约我国高端智能再制造发展的拆解、检测、成形加工等关键共性技术，智能检测、成形加工技术达到国际先进水平；发布50项高端智能再制造管理、技术、装备及评价等标准；初步建立可复制推广的再制造产品应用市场化机制；推动建立100家高端智能再制造示范企业、技术研发中心、服务企业、信息服务平台、产业集聚区等，带动我国再制造产业规模达到2000亿元
2016.12	《智能制造发展规划（2016—2020年）》	加快智能制造装备发展。聚焦感知、控制、决策、执行等核心关键环节，推进产学研用联合创新，攻克关键技术装备，提高质量和可靠性。面向《中国制造2025》十大重点领域，推进智能制造关键技术装备、核心支撑软件、工业互联网等系统集成应用，以系统解决方案供应商、装备制造商与用户联合的模式，集成开发一批重大成套装备，推进工程应用和产业化
2016.11	《“十三五”国家战略性新兴产业发展规划》	大力发展智能制造系统。加快推动新一代信息技术与制造技术的深度融合，开展集计算、通信与控制于一体的信息物理系统（CPS）顶层设计，探索构建贯穿生产制造全过程和产品全生命周期，具有信息深度自感知、智慧优化自决策、精准控制自执行等特征的智能制造系统，推动具有自主知识产权的机器人自动化生产线、数字化车间、智能工厂建设，提供重点行业整体解决方案，推动传统制造业智能化改造。建设测试验证平台，完善智能制造标准体系
2016.8	《装备制造业标准化和质量提升规划》	到2020年，工业基础、智能制造、绿色制造等重点领域标准体系基本完善，质量安全标准与国际标准加快接轨，重点领域国际标准转化率力争达到90%以上，装备制造业标准整体水平大幅提升，质量品牌建设机制基本形成，部分重点领域质量品牌建设取得突破性进展，重点装备质量达到或接近国际先进水平
2016.5	《国务院关于深化制造业与互联网融合发展的指导意见》	到2025年，制造与互联网融合发展迈上新台阶，融合“双创”体系基本完备，融合发展新模式广泛普及，新型制造体系基本形成，制造综合竞争实力大幅提升
2016.4	《智能制造试点示范2016专项行动实施方案》	在总结2015年专项行动经验的基础上，2016年将继续坚持“立足国情、统筹规划、分类施策、分步实施”的方针，进一步扩大行业和区域覆盖面，全面启动传统制造业智能化改造，开展离散型智能制造、流程型智能制造、网络协同制造、大规模个性化定制、远程运维服务5种智能制造新模式的试点示范，继续注重发挥企业积极性、注重智能化持续增长，注重关键技术装备安全可控，注重基础与环境培育，逐步探索与实践有效的经验和模式，不断丰富成熟后在制造业各领域全面推广
2016.3	《中华人民共和国国民经济和社会发展第十三个五年规划纲要》	实施高端装备创新发展工程，明显提升自主设计水平和系统集成能力。实施智能制造工程，加快发展智能制造关键技术装备，强化智能制造标准、工业电子设备、核心支撑软件等基础。加强工业互联网设施建设、技术验证和示范推广，推动“中国制造+互联网”取得实质性突破。培育推广新型智能制造模式，推动生产方式向柔性、智能、精细化转变。鼓励建立智能制造产业联盟

（3）我国智能制造行业的发展前景展望

1）政策利好行业发展。智能制造装备水平是影响我国制造业甚至整体经济发展质量高低的重要因素之一。2021年12月，工业和信息化部发布《“十四五”智能制造发展规划》，提出到2025年智能制造装备和工业软件技术水平和市场竞争力显著提升，市场满足率分别超过70%和50%，大力发展智能制造装备。国家高度重视智能制造装备产业发展，不断出台的利好政策显示了国家对发展智能制造的决心，为智能制造装备产业提供了良好的政策环境，我国智能制造装备行业迎来大发展时期。

2）制造业对自动化、智能化的需求逐渐增强。2010年以前，我国快速增长的劳动人口和较低的人力成本带来的人口红利，有效促进了我国制造业的快速发展。但近年来我国劳动力人口出现负增长，占总人口比例下降。随着人口红利逐渐消失，用工成本增加，国内越来越多的制造业开始导入自动化设备、自动化生产线，实现少人化作业。未来，随着工业自动化技术成熟度的逐渐提升，制造业对自动化、智能化装备的需求将越来越旺盛。

3）人才驱动智能制造发展。发展智能制造需要高技能的人才。据《智能制造领域人才需求预测报告》预测，到2025年，智能制造工程技术人员缺口数量将接近100万人。为应对人才缺口，我国围绕设计人才、应用人才和服务人才三个方面发力培养智能制造相关的人才，同时吸引外部人才为我所用。这些人才将驱动我国智能制造行业发展。

习题与思考题

1. 简要论述智能制造的发展方向和趋势。
2. 智能制造的发展目标有哪些？
3. 如何理解推进实施智能制造“三要、三不要”的内容和实质？
4. 你认为未来工厂应该具有哪些特征？试描述一幅你所憧憬的未来工厂的蓝图。
5. 试简要论述智能制造对生态文明建设的作用。
6. 你觉得智能制造的发展前景如何？

参考文献

[1] 任长春，舒平生. 智能制造概论［M］. 北京：机械工业出版社，2021.
[2] 王晋，刘祖伦，鲁洪建. 智能制造基础及应用研究［M］. 北京：文化发展出版社，2020.
[3] 李培根，高亮. 智能制造概论［M］. 北京：清华大学出版社，2021.
[4] 王芳，赵中宁. 智能制造基础与应用［M］. 2 版. 北京：机械工业出版社，2022.
[5] 李方园. 智能制造概论［M］. 北京：机械工业出版社，2021.
[6] 李琼砚，路敦民，程朋乐. 智能制造概论［M］. 北京：机械工业出版社，2021.
[7] 刘强. 智能制造概论［M］. 北京：机械工业出版社，2021.
[8] 吴拓. 机械制造工程［M］. 4 版. 北京：机械工业出版社，2021.
[9] 吴拓，蔡菊. 现代企业现场管理与 ERP 系统［M］. 北京：机械工业出版社，2019.
[10] 吴拓. 智能制造概论［M］. 北京：北京教育出版社，2023.
[11] 李晓雪. 智能制造导论［M］. 北京：机械工业出版社，2019.
[12] 邓力凡. 智能加工技术［M］. 北京：北京理工大学出版社，2015.